Klaus Spiekermann

Naturwissenschaft als subjektlose Macht?

Monographien und Texte zur Nietzsche-Forschung

Begründet von

Mazzino Montinari · Wolfgang Müller-Lauter
Heinz Wenzel

Herausgegeben von

Ernst Behler · Eckhard Heftrich
Wolfgang Müller-Lauter · Heinz Wenzel

Band 24

1992

Walter de Gruyter · Berlin · New York

Naturwissenschaft als subjektlose Macht?

Nietzsches Kritik physikalischer Grundkonzepte

von

Klaus Spiekermann

1992

Walter de Gruyter · Berlin · New York

Anschriften der Herausgeber:

Prof. Dr. Ernst Behler
Comparative Literature GN-32
University of Washington
Seattle, Washington 98195, U.S.A.

Prof. Dr. Eckhard Heftrich
Germanistisches Institut der Universität Münster
Domplatz 20–22, D-4400 Münster

Prof. Dr. Wolfgang Müller-Lauter
Klopstockstraße 27, D-1000 Berlin 37

Prof. Dr. Heinz Wenzel
Harnackstraße 16, D-1000 Berlin 33

Redaktion:

Johannes Neininger, Ithweg 5, D-1000 Berlin 37

Die Deutsche Bibliothek – CIP-Einheitsaufnahme

Spiekermann, Klaus:
Naturwissenschaft als subjektlose Macht : Nietzsches Kritik physikalischer Grundkonzepte / von Klaus Spiekermann. – Berlin ; New York : de Gruyter, 1992
Zugl.: München., Univ., Diss., 1990 u. d. T.: Spiekermann, Klaus: Nietzsches Kritik naturwissenschaftlicher Grundkonzepte
ISBN 3-11-012832-2

Printed in Germany
Druck: W. Hildebrand, Berlin
Buchbinderische Verarbeitung: Lüderitz & Bauer, Berlin

Vorwort

Die "Herrschaft über die Natur", notiert Nietzsche im Sommer 1880, sei "die fixe Idee des 20. Jahrhunderts". Dieses Buch wäre nicht geschrieben worden, wenn ich Nietzsches tiefgründende Ambivalenz in seiner Be-Wertung der Naturwissenschaften, ihrer philosophischen, historischen und vitalen Bedeutung, nicht auch noch für die *unsere* aktuelle hielte. Nietzsches aversiv-faszinierte Nähe zur (Natur-)Wissenschaftlichkeit wird immer noch unterschätzt. Immerhin nennt der theoretische Physiker und Philosoph C.F. v. Weizsäcker die Entdeckung des *Machtfaktors* in den physikalischen Grundkonzeptionen die originäre Leistung Nietzsches. Was der Mensch in der Naturwissenschaft erreicht, ist nicht Herrschaft *über* die Natur, sondern Macht *in* der Natur, und oft gegen sie. Der Glaube an die Wertfreiheit des Unternehmens ist vielleicht im Schwinden begriffen, seine Machtförmigkeit aber ungebrochen. Keine von Menschen gemachte politische und ökologische Katastrophe unseres Jahrhunderts, kein Krieg gegen Menschen oder die Natur, wozu nicht wert-vergessene Wissenschaftler die wirksamen Instrumente geliefert hätten. Die machtförmige Interpretation von Natur und Wirklichkeit, im Namen 'objektiver Wahrheitssuche', verleiht ihren Protagonisten das saubere Gewissen ('sie benutzten es nie') und bestimmten Kulturen/Gesellschaften, die diese Macht 'wertneutral' und immoralistisch ausspielen, die technologische Überlegenheit – die dann implizit der moralischen Rechtfertigung von sozialen Ungleichheiten, neokolonialer Ausbeutung und imperialen Akten der Menschenvernichtung dient (wie jüngst erlebt). Nietzsche wollte, wie er im Nachlaß 1887/88 sagt, "die Geschichte der nächsten zwei Jahrhunderte" erzählen, in denen er ein "Zeitalter der Barbarei" heraufziehen sieht: und "die Wissenschaften werden ihm dienen" (so 1880/81). Insofern geht die Entdeckung des Machtfaktors, des Praxischarakters schon *in* den theoretischen Grundkonzepten der Naturwissenschaft, d.h. schon im Entschluß, Natur einer objektivierenden Perspektive zu unterwerfen, über die Tragweite der physikalischen 'Grundlagenkrise' weit hinaus.

Diese aber, die Erschütterung des objektiven Wahrheitsanspruchs im mechanistischen Weltbild, den zur Zeit von Nietzsches Tod vehement einsetzenden 'Paradigmenwechsel', nahm er – und nicht nur die Auswirkungen für Welt-Bild und Lebensgefühl, sondern auch z.B. die Rolle der Zeitlichkeit im elementaren Quanten-Geschehen – wie übrigens kaum ein Denker *oder Physiker* seiner Zeit, intuitiv in Gedanken-Experimenten vorweg. Es könnte sich zeigen, daß Nietzsches Grundlagenkritik auch für eine veränderte Wirklichkeitsauffassung in Relativitäts- und Quantentheorie höchst bedenkenswert und an-stößig bleibt. Er weist die Sprach-, Geschichts- und Subjektabhängigkeit einer Wissenschaft nach, die immer schon ein 'anthropomorphes', metaphorisches Handeln, *Praxis* ist: auch und gerade, wo sie die Wirklichkeit logisiert und mathematisiert, d.h. aber *semiotisiert*, und ihre *Zeichen-Welt* mit Wahrheit über Natur verwechselt. Nietzsche hält den 'Atomisten' seiner Zeit vor, in ihrem Interpretieren das *Subjekt* zu vergessen (Nietzsches 'Interpretation' soll selbst ein 'subjektloser Vorgang' sein). Bedeutende Vertreter und Interpreten der Quantentheorie heute halten ihre Deutung nur für konsistent, wenn nicht nur der abstrakte Beobachter, sondern reale, ganzheitliche Subjekte und ihre Geistigkeit vorausgesetzt werden. Die naturwissenschaftliche Methode eliminiert aber systematisch alles Individuelle, Subjektive, Historische. Auch Nietzsche kritisiert wissenschaftliche 'Wahrheit', die 'mechanistische Unsinnigkeit alles Geschehens' (GM II,12) vom leibhaft-lebendigen *Subjekt* her – dessen ontologisch-existentielle Eigenständigkeit und Unhintergehbarkeit er philosophisch leugnet: das Subjekt selbst ist nur subjektive Interpretation! – Kommen wir aber aus der 'fortgesetzten Zeichen-Kette von immer neuen Interpretationen und Zurechtmachungen' heraus? Naturwissenschaft als geschichtliche Gestalt und Praxis ist wie jede Sache, die sich in einer Art Einheit 'kristallisiert' hat, 'schwer zu analysieren' oder zu definieren: "alle Begriffe, in denen sich ein ganzer Prozess semiotisch zusammenfasst, entziehen sich der Definition; definirbar ist nur Das, was keine Geschichte hat" (l.c.). Exakt definierbar sind quantifizierende physikalische Kategorien; als 'letztgültige Wahrheit' aufgefaßt, gehören sie zum szientistischen Selbstmißverständnis. Naturwissenschaft ist wie der Mensch, der sie handhabt, selber Teil der Natur, ein bemächtigender Interpretationsprozeß. Nietzsches Grundlagenkritik *und* ihre kritische Analyse müßte die geschlossene Kette von semiotischen Zeichen (in der etwa die poststrukturalistische, dekonstruktive Nietzsche-Lektüre gefangen bleibt), den Interpretationszirkel in der Wissenschaftsbewertung und in der Nietzsche-Interpretation durchbrechen.

Von wo her aber könnte einer verselbständigten, hybriden Technologisierung aller Lebensbezüge Widerstand erwachsen, von wem könnte eine "Gegenbewegung" gegen den "immer ökonomischeren Verbrauch von Mensch und Menschheit, zu einer immer fester in einander verschlungenen 'Maschinerie' der Interessen und Leistungen" (N.Herbst 1887 10[17]) ausgehen, wenn nicht von verantwortlichen *Subjekten* – als den Trägern einer möglichen 'Moralität' der Wissenschaft? "Je vollkommener die Maschine, desto mehr Moralität macht sie nötig" (schreibt Nietzsche Sommer 1875). Nur entzieht Nietzsche, dank seines zwiespältigen Gegensatzdenkens über Macht *und* Moral und seiner Leugnung aller Wahrheit und Ordnungsstrukturen in der Natur und der Sprache, seiner *eigenen* Kritik das mögliche ethische und logische Fundament... wodurch aber seine Kritik und ebenso seine Frage nach einem 'neuen Wozu?' aller Wissenschaft nichts an Relevanz und Aktualität für uns einbüßen muß! Auch als Naturwissenschafts-Kritiker sah er – wie Max Frisch sich ähnlich über Brecht äußerte – viele Dinge so unerbittlich scharf, weil er so viele *andere* Dinge unerbittlich *nicht* sah.– Nietzsche ist antiszientistisch, nicht antiwissenschaftlich eingestellt; er bekämpft den Realitätsverlust durch eine 'Machinalisierung der Menschheit', die 'Verkleinerung und Anpassung der Menschen an eine spezialisierte Nützlichkeit', den '*ökonomischen* Optimismus' (N. Herbst 1887 10[17]). Trotz der proklamierten Eliminierung des Subjekts verteidigt er den reicheren Lebens-Anspruch der Individuen, die seiner Interpretation nach im Altertum freier waren, doch in den unendlichen mathematischen Horizonten des modernen naturwissenschaftlichen Weltbildes gehemmt und verkürzt erscheinen. So lesen wir in 'Homer's Wettkampf' (1872): "Der moderne Mensch ist dagegen überall gekreuzt von der Unendlichkeit, wie der schnellfüßige Achill im Gleichnisse des Eeleaten Zeno: die Unendlichkeit hemmt ihn, er holt nicht einmal die Schildkröte ein" – der moderne Achill löst das Paradox auf seine Weise, indem er, mit 'Unendlichkeits-Chimären' rechnend und mit der Macht seiner praktikablen Formeln die 'Natur vergewaltigend', die Konkurrentin, die Schildkröte ausrottet... Was Nietzsche von den Besitzenden und der 'Gefahr im Reichtum' sagt, müßte a fortiori für den Besitzer machtvoller Technologien gelten: "Nur wer *Geist* hat, sollte Besitz haben: sonst ist der Besitz *gemeingefährlich*" (MA II,310).

Das vorliegende Buch ist die etwas überarbeitete Fassung meiner Dissertation, die 1990 von der philosophischen Fakultät der Ludwig-Maximilians-Universität in München angenommen wurde: die entscheidende Anregung und Ermunterung zu deren Entstehung verdanke ich Herrn Prof.Dr.Dr. *Reinhard Löw*. Wesentlich sind für meine Arbeit außerdem das *exemplum* und die Interpretationen eines Lehrers der frühen Jahre, des nunmehr bald neunzigjährigen *Ernesto Grassi* geworden: seine *Verteidigung des individuellen Lebens* gegen eine sich verselbständigende, bildlos-verarmte Wissenschafts-Rationalität, aus dem Geist einer existentiell verbindlichen, erneuerten Deutung der humanistischen Tradition (– in der Möglichkeiten zur *Rettung des Subjektiven* bereitlägen, die Nietzsche, trotz vergleichbar intensiver Suche nach einer schöpferischen und inventiven, phantasie-entsprungenen Philosophie, letztlich ablehnte bzw. ignorierte).

München/Kempten, Sommer 1991 *K.S.*

Inhalt

Einleitung

> Die normale Wissenschaft... ermöglicht sich die Arbeit, indem sie diejenigen Fragen nicht stellt, die ihr jeweiliges Paradigma hinterfragen.
>
> C.F. von Weizsäcker

Ernsthafte Nietzsche-Interpretation wird heute kaum noch bereit sein, an neuen Nietzsche-Legenden mitzuwirken und "aus dem Philosophen der Erkenntnisleidenschaft einen Bildner neuer Mythen"[1] oder einen Pseudoreligions-Stifter machen wollen. Nietzsches eigentliches Denken, so Mazzino Montinari, sei "wesentlich ein antimythisches Denken"[2] – dies trifft grundsätzlich für seine Entmythologisierung einer allzu selbstsicheren Wissenschaft zu, die ihre Methoden und Teilwahrheiten für wertneutral, vorurteilsfrei und 'objektiv' hält. Der experimentelle Denker der ewigen Wiederkehr, oder der 'Züchtungs-Experimentator' mit 'der Menschheit', war – Ausdruck seiner ambivalenten Haltung zur Wissenschaft – freilich ernstlich bemüht, naturwissenschaftliche Interpretamente anders, 'höher' auszudeuten und in quasimythische Weltentwürfe einzubringen. Ein Jahrhundert nach Nietzsches 'Zusammenbruch' findet der – durchaus dogmatisch vorgetragene – Glaube an die Religion der ewigen Wiederkehr keine seriösen Anhänger mehr. Die wirkliche Religion vermochte er nie zu destruieren oder auch nur zu treffen (das allerspäteste Jesusbild in JGB und AC stellt geradezu den Sieg eines möglichen "Martyriums des *Wissens um die Liebe*" (JGB 269) über den wiederkehr-heischenden dionysischen Typus dar): wohl aber den modernen szientistischen Religionsersatz einer unhinterfragten Wissenschaftlichkeit – den selbstüberheblichen Glauben an letzte Wahrheiten der Naturwissenschaft.

"Hybris ist heute unsre ganze Stellung zur Natur, unsre Natur-Vergewaltigung mit Hilfe der Maschinen und der so unbedenklichen Techniker- und Ingenieur-Erfindsamkeit...", schrieb Nietzsche im Juli 1887 (GM III,9). Die von einer hybriden Wissenschaft produzierten Schrecken haben in der geschichtlichen Realität längst alle seismographischen Warnungen und Diagnosen, wie sie Nietzsche und andere

---

[1] W. Müller-Lauter: Ständige Herausforderung. Über Mazzino Montinaris Verhältnis zu Nietzsche. In: N-St 18 (1989), S. 32-82; hier S. 42. Vgl. ebd. Anm. 20, wonach die "Rede vom Mythischen", wenn deutlich vom "traditionellen Begriffsgebrauch" unterschieden werde, "durchaus angebracht sein" kann. - Nietzsche destruierte das 'Mythische' im aufklärerischen und damit auch im szientistischen Denken; das hinderte ihn nicht, einen neuen Typus szientifisch gefärbter 'Mythen' zu schaffen, die nicht mitvollzogen, sondern 'ironisch distanziert' selbst entmystifiziert werden sollten.

[2] M. Montinari im Schlußwort der Diskussion über seinen Vortrag: Nietzsche und Wagner vor hundert Jahren, in N-St 7 (1978), S. 300 f.

Denker früh erstellten, eingeholt. Schon das naiv-optimistische Erkenntnisstreben seiner Zeit verstand Nietzsche als Überhebung: der Glaube an die Naturwissenschaft, als eines der erfolgreichsten Unternehmen der Menschheit, war zumeist ungebrochen. Als Emil Du Bois-Reymond 1872, beim 50. Jubiläum der Naturforscherversammlung in Leipzig, die Grenzen des noch Unbekannten abzustecken versuchte, wurde weniger das 'Ignoramus, Ignorabimus' gehört, als vielmehr seine Rede von der Naturwissenschaft als der "Weltbesiegerin unserer Tage"[3].

Nietzsches Kritik der Naturwissenschaften ist zunächst eine Reaktion auf den seinerzeitigen Fortschrittsoptimismus: Bacons und Descartes' Ambitionen schienen sich endlich zu erfüllen. In Bacons Nova Atlantis erwarten die Wissenschaftler "die Erkenntnis der Ursachen und Bewegungen sowie der verborgenen Kräfte in der Natur und die Erweiterung der menschlichen Herrschaft bis an die Grenzen des überhaupt Möglichen"[4], und nicht geringer waren Descartes' Hoffnungen: wenn die Geschicklichkeit des 'artisan' sich mit dem philosophischen Intellekt verbünde, würde die Wissenschaft die "Erfindung unendlich vieler mechanischer Künste, kraft deren man mühelos die Früchte der Erde und alle deren Annehmlichkeiten genießen könnte", ermöglichen, um uns "auf diese Weise zu Herren und Eigentümern der Natur zu machen" – diese Einstellung herrschte, wenn auch nicht immer unwidersprochen, vor und bestimmte besonders Nietzsches Zeitgenossen[5]. Wenn auch in den Naturwissenschaften noch einiges zu lernen und zu tun war, schien der Weg doch klar vorgezeichnet: *mehr* Wissenschaft, *mehr* Technik, um zu 'totalem' Verständnis alles Existierenden zu gelangen, es zu einem Instrument menschlicher Wunschvorstellungen zu machen und so unsere natürliche Umwelt unter völlige Kontrolle zu bringen. Doch wuchsen auch die moralischen und philosophischen Bedenken, untergründig in der Geistesgeschichte stets fortwirkend, gegen die Verwissenschaftlichung von Mensch und Natur; wie John Passmore sagt: "From the earliest days, however, such vast ambitions, theoretical and practical, have aroused a measure of unease. Antiscience is almost as old as science"[6]. Zwar gestanden auch einige Metaphysiker zu, Wissenschaft könne 'alles' erforschen, auch den Menschen,

---

[3] Emil Du Bois-Reymond: Über die Grenzen des Naturerkennens, und: Die sieben Welträtsel. Zwei Vorträge. 7. Aufl. Leipzig 1916, S. 15. - Du Bois-Reymonds agnostischer Skeptizismus propagierte den Glauben an eine Welterkenntnis nach rein mechanischen Prinzipien bei ansonsten unlösbaren Grundproblemen. Er provozierte damit die Angriffe Haeckels: *alle* Fragen an die Natur sind entweder lösbar oder - metaphysische Scheinprobleme; was ungelöst bleibt, *ist* eben metaphysisch. Dazu Rescher, S. 204 ff.

[4] Bacon, Nova Atlantis. Dt. Ausg. in: Der utopische Staat. Übers. und hrsg. von K.J. Heinisch. Reinbek 1960, S. 205.

[5] Als Max Planck im Jahre 1874 seine physikalischen Studien in München aufnahm, schilderte ihm sein Lehrer Philipp von Jolly "die Physik als eine hochentwickelte, nahezu voll ausgereifte Wissenschaft, die nunmehr, nachdem ihr durch die Entdeckung des Prinzips der Erhaltung der Energie gewissermaßen die Krone aufgesetzt sei, wohl bald ihre endgültige stabile Form angenommen haben würde. Wohl gäbe es vielleicht in einem oder dem anderen Winkel noch ein Stäubchen oder ein Bläschen zu prüfen und einzuordnen, aber das System als Ganzes stehe ziemlich gesichert da, und die theoretische Physik nähere sich merklich demjenigen Grade der Vollendung, wie ihn die Geometrie schon seit Jahrhunderten besitze". (Max Planck: Vom Relativen zum Absoluten. In: Vorträge und Erinnerungen. Darmstadt [10]1975, S. 169).

[6] John Passmore: Science and its Critics. London 1972, S. 2, verweist u.a. auf Platon, die Komödien des Aristophanes, die Satiren Swifts, auf Goethe und William Blake - "Not only is antiscience directed

doch Bacons übersteigerter Ehrgeiz sei einzuschränken, die Wissenschaft könne nicht vorgeben, 'letzte Ursachen und Gründe' zu finden; und viele große Naturwissenschaftler selbst teilten diesen wohldifferenzierenden Skeptizismus und spielten dadurch, so Passmore, die doppeldeutige Rolle des Häretikers, der die Lehre zugleich kritisiert *und* erneuert.

Auch Nietzsches Stellung zur Wissenschaft ist durchaus zweideutig und ambivalent. Das erwachende Machtbewußtsein des modernen Menschen, in Form des wissenschaftlich-methodischen Zugriffs auf Natur in und außer ihm, nimmt sich *nur* gemessen an der (im Sinne Nietzsches) *alten* Moral "wie lauter Hybris und Gottlosigkeit" aus (GM I,11): denn Nietzsche will auch der gewalttätigen Seite des Übermenschen bis hin zum "losgelassenen Raubtier" ihre Unschuld zurückgeben, die sich dann aber auch in technologischer Bezwingung der Natur auslassen könnte[7]. Im Kampf gegen die Moral des Ressentiments und ihres überkommenen Statthalters, eines Gottes als "irgendeiner angeblichen Zweck- und Sittlichkeitsspinne hinter dem großen Fangnetz-Gewebe der Ursächlichkeit" (GM III,9) ist positive Wissenschaftlichkeit als Mittel willkommen, alles kausal- oder teleologiebestimmte Denken eines inhärenten religiösen Ressentiments zu bezichtigen. Im Entwurf seines Weltbilds der ewigen Wiederkehr, deren 'Religion' er nicht nur prophezeit, sondern das er mit physikalischen Beweisen zu untermauern sucht, macht allerdings Nietzsche selbst von einer (Willen-zur-Macht-)Kausalität größten Maßstabs Gebrauch: "Auch Zarathustras zweiter Gedanke, der der ewigen Wiederkehr, stützt sich argumentativ auf kausal-naturwissenschaftliches Denken"[8]; er verwendet, stets in Gegensätzen denkend, Kategorien exakter Wissenschaft, die zu entmythologisieren er anderwärts bestrebt war. Gerade Nietzsches prinzipielle Kritik an den Grundlagen und Vorannahmen, an Grundkonzepten und -kategorien neuzeitlicher Naturwissenschaft und an deren Mythos der Objektivität soll einer – ihrerseits durchaus kritischen – Prüfung unterzogen werden.

Die eigentlich naturwissenschaftlichen Reflexionen Nietzsches sind, wie die Versuche der Wiederkehr-Beweise, überwiegend im nicht von ihm edierten Werk zu finden; dies bedingt eine stärkere Gewichtung des Nachlasses und darin bislang weniger beachteter Texte. Eine gewisse Unklarheit der Textlage ist übrigens auch durch die kritische Ausgabe von Colli und Montinari noch nicht zur Gänze behoben: es ist offenkundig, aber im Einzelfall zuweilen nicht exakt zu entscheiden, wie viel Nietzsche anderen von ihm studierten Autoren, also der naturwissenschaftlichen

---

against science, indeed, but against the abstracting, analytic intellect, in the supposed interests of the intuitive imagination." Der Antiszientismus wandte sich nicht gegen die Wissenschaft als solche, wohl aber gegen "any attempt to extend the reign of science beyond its proper, very limited, sphere"; was sich auch von Nietzsches Wissenschaftskritik sagen ließe. Für Kierkegaard (Tagebuch 1846. In: Die Tagebücher 1834-1855. Übers. von Theodor Haecker. München [4]1953, S. 243) ist es Blasphemie, den menschlichen Geist nur-naturwissenschaftlich behandeln zu wollen, was kommende Katastrophen befürchten läßt: "Alles Verderben wird zuletzt von den Naturwissenschaften kommen", sagt Kierkegaard S. 241.

[7] Siehe hierzu Robert E. McGinn: Nietzsche on Technology. In: Journal of the History of Ideas (41), New York 1980, S. 679-91.

[8] Weizsäcker 1981, S. 75. Siehe hierzu K. Spiekermann: Nietzsches Beweise für die ewige Wiederkehr. In: N-St 17 (1988), S. 496-538.

Literatur seiner Zeit, direkt verdankt; zahlreiche Notate im Nachlaß und beträchtliche Teile des publizierten Werks – besonders die auf exakte Wissenschaftsresultate sich beziehenden – dürften mit einiger philologischen Akribie noch als wörtliche oder paraphrasierende Zitate bzw. Exzerpte zu entschlüsseln sein[9].

Interpretierbar und verständlich sind die Dicta zur Naturwissenschaft, ihre Intention, aber auch dann, wenn nicht in jedem Einzelfall bekannt ist, gegen welchen gerade gelesenen Autor oder Text sich ein Satz richtet, bzw. wen Nietzsche eben paraphrasiert; die möglichen und tatsächlich vertretenen Positionen, zeitgenössische wie spätere, sind im 'exakteren' Bereich der Naturwissenschaft mehr oder minder bekannt. Somit darf Nietzsche hier eher "beim Wort genommen werden" als irgendwo sonst; d.h. der Perspektivismus als Perspektive braucht hier nur bedingt pro Nietzsche in Anspruch genommen zu werden; aber Naturwissenschaft als Ganzes ist für Nietzsche nur eine perspektivische Sehweise: eine Anerkennung naturwissenschaftlicher Normen- und Regelsysteme widerspräche fundamental der von Nietzsche angestrebten Auflösung *jedes Wahrheitsanspruchs*: daher seine stete Beunruhigung durch die Wissenschaften, die sich als (letzt)gültige Deutung der Realität verstehen.

Unter Grundlagen und Grundkategorien seien im folgenden jene Konzepte verstanden, die den 'harten Kern' neuzeitlicher objektivierender Naturwissenschaft ausmachen: der Glaube an eine rationale Erkenn- und Beherrschbarkeit der Natur überhaupt, an die objektive Gültigkeit und Wahrheit naturwissenschaftlicher Aussagen, an die logisierenden und mathematisierenden Methoden; an eine Naturgesetzlichkeit (bzw. Notwendigkeit und Zufall); der Glaube – oder Nichtglaube – an Ordnung und Einheit in der Natur. (Darstellung und Kritik von Nietzsches eigener 'Physik' oder 'Biologie' bzw. seiner Darwinismuskritik, seines auf Naturwissenschaft gegründeten 'Weltbilds' selbst, muß einer späteren Arbeit vorbehalten sein.) Die bisherige Nietzsche-Literatur weist zwar eine Reihe von Einzeluntersuchungen zu speziellen naturwissenschaftlichen Bezügen auf – an umfangreicheren früheren Werken wären A. Mittaschs Buch über Nietzsche als Naturphilosoph und Schlechta/Anders über die 'verborgenen Anfänge seines Philosophierens' zu nennen –, etwa über Nietzsches Analyse der Kausalität, über die Einflüsse Boscovichs oder J.R. Mayers; eine kritische Gesamtbewertung seiner 'Grundlagenkritik' der Naturwissenschaft jedoch wurde bislang nicht unternommen.

Die Frage ist: wie weit hat Nietzsche mit seiner früh einsetzenden Grundlagenkritik philosophisch recht – und auch: wie weit bewährt sich diese Kritik vor der – durchaus philosophisch geführten – Diskussion neuerer Resultate der Naturwissenschaft, v.a. der modernen Physik, die ja seit Nietzsches Tod entscheidende Wandlungen und

[9] Zur naturwissenschaftlichen Lektüre Nietzsches siehe z.B. Mittasch 1952 und Schlechta/Anders 1962. Den exemplarischen Nachweis, daß Nietzsches Denken ohne seine naturwissenschaftlichen Studien unverstanden bleibt, führt W. Müller-Lauter: Der Organismus als innerer Kampf. Der Einfluß von Wilhelm Roux auf Friedrich Nietzsche. In: N-St 7(1978) 189-235: eine grundlegende Analyse der gegenseitigen Durchdringung von Willen-zur-Macht-Philosophie mit der Rezeption biologischer Forschungsresultate der Zeit. - Ein markantes Beispiel, wie auch im publizierten Werk Nietzsches noch Entdeckungen bisher unbekannter wichtiger Quellen zu machen sind, lieferte jüngst H.E. Lampl: Flair du livre: Friedrich Nietzsche und Théodule Ribot. In: N-St (1989), S. 573-86.

'Grundlagenkrisen' erlebte, die er zuweilen intuitiv vorweggenommen hat? Wo trifft sie die, innerhalb der Wissenschaft meist nicht hinterfragten, apriorischen Vorannahmen der Naturwissenschaft in ihrem verdeckten, nichtbeachteten Grund? Worin bestünde ihre Aktualität für eine Überwindung des nur-szientistisch verkürzten Weltbildes? Aber auch – und dies wäre bedeutsam für eine Wertung von Nietzsches Denken selbst –: Wo werden im Fortgang einer radikalen und oft ambiguen Wissenschafts- und Erkenntniskritik wiederum die Fundamente dessen destruiert, was sie gerade bewahren und retten will bzw. könnte, nämlich die Voraussetzungen einer vom Menschen erfahrbaren und vom Subjekt verantwortbaren natürlichen Wirklichkeit? Es geht um die Stichhaltigkeit der Nietzscheschen Kritik an naturwissenschaftlichen Einzelkategorien und seiner Diagnose der von ihm erspürten Grundlagenkrise, und um die Frage, ob seine alles durchsetzende Erkenntnisskepsis nicht eben das mit-auflöst, was seine Kritik am Denken und Nicht-Denken der Wissenschaft erst authorisieren könnte. Wie immer diese Interpretation von Nietzsches Reflexion über Naturwissenschaft ausfallen mag – und Nietzsche selbst empfiehlt seinen Interpreten eine Haltung "ironischen Widerstandes" an, in einem Brief an C. Fuchs vom Juli 1888 –, im Prozeß dieses doppelten Fragens könnte seine Wissenschaftskritik ihre bleibende Aktualität erweisen, vielleicht auch als ein argumentativer Beitrag zu theoretischem und praktischem Widerstand gegen ein sinnentleertes wissenschaftliches Tun, gegen die bedrohliche Auflösung von 'Sinn' in der von Wissenschaft beherrschten Alltags- und Lebenswelt: insoweit wir, vielleicht schon jenseits des 'linguistic turn' und der nur-analytischen Philosophie angelangt, wieder legitim nach dem Sinn und humanen Zweck aller wissenschaftlichen Praxis fragen dürfen[10] – welcher Sinn nur in einer *Vielfalt* der Welterfahrungen zu finden ist, die den philosophischen Dialog mit den Naturwissenschaften immer mit einschließt.

Eine solch dialogische Haltung zur Naturwissenschaft seiner Zeit nahm Nietzsche vehement ein, wenngleich fast ohne Dialogpartner. Seine Ablehnung einer 'sittlichen Weltordnung' und, daraus gefolgert, jeglichen Fortschritts im Human-Gesellschaftlichen, sein Antipodentum zum Platonischen Idealismus, sein antimetaphysischer Affekt schlechthin, leben *auch* aus und von dem Pathos positiver Wissenschaftlichkeit der Zeit. Nur macht Nietzsches 'totale Kriegserklärung' gegen idealistische Sinnrelikte jeder Provenienz vor den vorausgesetzten Grundlagen der Naturwissenschaft nicht halt. Er entdeckt in ihnen vielmehr fast all das, was er angreift, und er kritisiert die Wissenschaft selbst als moralisierende Wertung, als vergebliche Sinngebung der Welt. In seiner sowohl destruktiven wie erzieherischen Gesamttendenz wird ihm die Wissenschaft zum Kampfmittel und Angriffsziel zugleich. Doch als Nietzsche schließlich gezwungen ist, ein 'ariston' als undefinierten Sinn und als letztes telos aller Lebens- und Machtsteigerung frei zu setzen, ist sein elementares Ziel die Rettung einer sinnvollen Lebenswelt (nicht nur im Husserlschen, phänomenologischen Sinne), vor allen abstrakt-lebensfeindlichen Tendenzen einer totalisierenden Verwissenschaftlichung; die Wissenschaft hat sich sonach vor dem Leben, allerdings auch das Leben vor der Wissenschaft zu rechtfertigen.

---

10 Sinngemäß äußerte sich Paul Ricoeur in einem Gespräch, Bayer. Rundfunk 19. Juni 1988.

Eine intensive Rezeption und Reflexion naturwissenschaftlicher Methoden und Weltbild-Entwürfe ist von Beginn an konstitutiv für Nietzsches Denken, das Weizsäcker zufolge "den Sieg der Wissenschaft über Religion und Metaphysik" deklariert, also den geistigen Sieg der Naturwissenschaft als des "harten Kerns der Neuzeit"; alles andere in Nietzsches Philosophie, seine wesentlichen Prophetien vom Übermenschen bis zur ewigen Wiederkunft, sei "ohne diese Prämisse undenkbar", und die "naturwissenschaftlichen Fakten oder Meinungen bleiben die pièce de résistance im Wirbel der Leidenschaften und Interpretationen"[11]. Gerade die aversive Nähe zur Naturwissenschaft – so nahe, daß der schier tägliche Kampf nicht ausbleibt – schärft Nietzsches kritischen Blick für ihre apriorisch vorausgesetzten, in ihrer Verdecktheit wirksamen und in der Wirkung mitunter fatalen Vorannahmen und Konzeptionen: ihre latenten Voraussetzungen müssen entlarvt werden; denn die Naturwissenschaften, so betont ein nach-denklicher und bedeutender Vertreter der Zunft, nämlich C.F. von Weizsäcker, haben nicht unrecht und irren nicht unbedingt in dem, was sie sagen, sondern in dem, was sie verschweigen. Aus der – ursprünglich frei gewählten und gesetzten – beschränkten Sehweise wächst der Naturwissenschaft eine Macht zu, die nicht nur in der "angewandten Wissenschaft", sondern auch schon in der Grundlagenforschung die technischen Manipulationsmöglichkeiten maßlos erweitert und den Einfluß auf die Natur vervielfacht. Nietzsche nimmt nicht nur manche philosophischen bzw. erkenntnistheoretischen Probleme und Dilemmata der modernen Physik vorweg, sondern seine Grundlagenkritik der Naturwissenschaft, seine spezifische 'Idiosynkrasie' für Macht-Ausübung und Machtfragen, noch in den subtilsten und sublimiertesten intellektuellen Konzepten und Abstraktionen, könnte die Augen öffnen für praktisch-moralische Dimensionen bei der Anwendung naturwissenschaftlicher Erkenntnisse auf die Lebenswelt, auf ein von Hans Jonas gefordertes und begründetes Prinzip Verantwortung hin, da die qualitativ völlig veränderte Natur unseres technologischen Handelns (das bereits im Setzen naturwissenschaftlicher Prämissen beginnt, denen die Natur unterworfen werden soll) "eine ganz neue Dimension ethischer Bedeutsamkeit aufgetan hat"[12]. Unsere Reflexion auf Nietzsches Wissenschaftskritik könnte den Blick auf jene neue Dimension der Verantwortlichkeit schärfen – auch wo diese nicht mit der 'totalen (Selbst-)Verantwortlichkeit' des Wiederkehr-Verkünders zusammenfällt.

---

[11] C.F. von Weizsäcker: Nietzsche (Referat 1981 in Heidelberg). In: Wahrnehmung der Neuzeit. München - Wien 1983, S. 70-105. Hier S. 74 und 75 f. Siehe auch Weizsäcker: Ein Blick auf Platon. Stuttgart 1981, im Vorwort, S. 4: "Die Wissenschaft verhält sich nicht wesentlich anders als die Menschen im täglichen Leben, mit denen Sokrates spricht. Sie tut gute Arbeit, sie redet recht vernünftig darüber, aber von der Vernunft dessen, was sie tut, Rechenschaft zu geben, das vermag sie nicht." In dem Sinne kann Nietzsches Wissenschaftskritik als eine Weise des sokratischen Befragens der Naturwissenschaft gelten (nach Art der platonischen Frühdialoge), das den Boden für eine Ethik der Naturwissenschaft mit bereiten hilft. - Nötig wäre eine Ethik schon der wissenschaftlichen *Erkenntnis*weise; nicht erst eine solche der Abschätzung der *Folgen* von Wissenschaft - wie der Züricher Theologe Hans Weder (bei der Ev. Akademie Tutzing 1989: BR 9.4.1989) sagt: denn wer erkenntnistheoretisch sich angewöhnt hat, die Welt als 'Material' zu behandeln, wird sich dies in der Anwendung und Praxis der Wissenschaft kaum abgewöhnen können!

[12] Hans Jonas: Das Prinzip Verantwortung. Versuch einer Ethik für die technische Zivilisation (1979). Frankfurt 1984, S. 15.

I. Sinnkrise der Naturwissenschaft – Nietzsches ambivalente Stellung und seine kritische Methode

... weit entfernt von der kalten und verächtlichen Neutralität des sogenannten wissenschaftlichen Menschen...

'Schopenhauer als Erzieher'

Jeder Umgang mit der Wissenschaft hat nach Nietzsche leidenschaftlich dem 'Leben' und der Steigerung des Daseins zu dienen; und wo am Grunde der stets 'sezierenden' wissenschaftlichen Tätigkeit der Nihilismus lauert, kann dies noch ein 'Symptom der Stärke' sein (N. Herbst 1885 – Herbst 1886 2 [174]). Kühl-objektivierende, unpersönliche 'Wissenschaftlichkeit' liegt Nietzsche fern, auch wenn er diese Attitüde pädagogisch-taktisch einsetzt: dann dienen naturwissenschaftliche Denkweise und Resultate als rhetorische Überwältigungsmittel. Im folgenden wird ein "weniger geräuschvoller, analytischer verfahrender Nietzsche"[1], der Kritiker naturwissenschaftlicher Grundkategorien zu Wort kommen und die eher 'nüchterne Grundstruktur seines Denkens' bloßgelegt. Zuvor noch einiges zur Grundintention und kritischen Vorgehensweise Nietzsches.

Er habe "im Grunde nichts von der endgültigen Aufklärung eines Problems wissen", sondern dessen 'Leidenschaft' festhalten wollen[2] – diese Einheit von existierend-interpretierendem Denker und seinen oft sich widersprechenden Aussagen zur Wissenschaft, auch wo sie sachlich beim Wort zu nehmen sind, ist in der Vielfalt der Nachlaßfragmente nicht aus den Augen zu verlieren. Wegen des Fragment- und Experimentalcharakters dieser Aufzeichnungen sollten einzelne Aussagen nicht isoliert herausgelöst werden; sie stehen stets in Zusammenhang mit verwandten, übergreifenden, vielleicht antithetischen Themen des 'großen Erziehers'.

'Wissenschaftstheoretiker' ist Nietzsche nicht: seine naturwissenschaftlichen Dicta sind vielmehr integrierender Teil des "Versuch(s) einer neuen Auslegung alles Geschehens", wie der Untertitel zur ersten Nennung des 'Willen zur Macht' als Titel eines geplanten Werkes lautet (N. August – September 1885 39 [1]). Das 'Sein im Ganzen' versucht Nietzsche, auch unter naturwissenschaftlicher Perspektive, zu interpretieren. Jedes Weltbild, und gerade ein wissenschaftliches, kann dann bestenfalls "Auslegung, nicht Erklärung" sein; was explizit für Nietzsches späterhin ausufernde Verwendung des Willen-zur-Macht-Begriffs gilt, den er zur "*Interpretation* der

---

1 Arthur C. Danto: Friedrich Nietzsche. In: Klassiker des philosophischen Denkens, Bd. 2, hrsg. v. N. Hoerster, München ³1985, S. 232.

2 Lou Andreas-Salomé: Friedrich Nietzsche in seinen Werken, Wien 1894.

physikalisch erfaßbaren Wirklichkeit" benutzt; wo der Machtwille nicht mehr allein auf das Lebendig-Organische beschränkt wird, sondern umgekehrt das Leben als nur *eine* Form der vielen Willen zur Macht erscheint (so besonders in den Aufzeichnungen vom Juni-Juli 1885): in dem vieldeutigen Willen-zur-Macht-Konzept gipfeln alle früheren Bemühungen, Vorrang und Anspruch des 'stärkeren Lebens' in den Kultur- wie Naturerscheinungen – auch physikalischer wie chemischer und organischer Art – zu sichern[3]. An vielen Nachlaßstellen finden sich freilich spezifisch sachhaltige, differenziertere Notate über wissenschaftliche Fakten und Einzelfragen, häufig Frucht einer ausgedehnten naturwissenschaftlichen Lektüre, und zuweilen ein überraschender Blick auf problematische physikalische Forschungsergebnisse, die wenige Jahre nach Nietzsches 'Zusammenbruch' zu einem Umsturz im wissenschaftlichen Weltbild führten.

Auch Naturphilosoph im eigentlichen Sinn ist Nietzsche nicht (wie Mittasch ihn sieht). Nietzsche experimentiert mit dem 'Ganzen', das den Menschen unbedingt angeht (obwohl er andererseits nur unwesentlicher Teil dieses 'Ganzen' ist: tote und lebendige Natur setzt Nietzsche, vor allem in den Tautenburger Aufzeichnungen von Juni – August 1882, einander gleich, was in Zusammenhang mit dem 'kosmischen Gefühl' des Wiederkehr-Impetus zu sehen ist) – das den Menschen übersteigt und vielleicht 'auslöscht'. Der Mensch, selbst eine anthropomorphe Fiktion, steht weniger vor einer von sich her seienden Natur, als vielmehr vor notwendig sich aufdrängenden Entscheidungen; das Ganze von Natur und Kosmos zwingt uns zur Praxis einer existentiellen Auslegung, denn Interpretieren ist ein Handeln; im Mittelpunkt steht ein pädagogisches Interesse größten Stils. Dadurch hängt aber auch – zumindest für den Interpreten von Nietzsches "Naturbeflissenheit"[4] – die kritische Reflexion der Naturwissenschaft *und* dessen, was der Mensch mit und in der Wissenschaft *tut*, immer schon mit praktisch-ethischen Fragen zusammen. Somit wäre von der Untersuchung von Nietzsches Grundlagenkritik eine Klärung des 'existentiellen Verhältnisses' des Menschen zur Natur und Naturwissenschaft zu erhoffen; ebenso die Rückbesinnung aufs eigentliche Humanum in und gegenüber moderner Wissenschaft, eine kritischere Haltung zu deren übersteigerten Geltungsansprüchen; mögliche Wege zur Überwindung des cartesianisch-dualistischen Ansatzes, dem die neuzeitliche Wissenschaft ihren Siegeszug verdankt – schließlich ein Beitrag zur aktuellen Frage nach Begründung einer Wissenschafts-*Ethik*, einer tragfähigeren Moral wissenschaftstreibender Menschen sowie derer, die den Verkürzungen eines reduktiven Weltbilds (oft unbewußt) ebenso ausgesetzt sind wie den desaströsen Folgen für Um- und Innenwelt. Daß äußerer Zerstörung von Natur wie innerer der Humanität und des Menschenbildes zunächst unauffälligere Weltbild-Fixierungen, reduktionistische Festlegungen in der abstrahierenden 'reinen' Naturwissenschaft und ihrer Begriffswelt *vorausgehen*, dies hat Nietzsche analysiert und soll im Nach-Denken seiner Wissenschaftskritik demonstriert werden.

---

[3] Hierzu Figl 1982, S. 47.

[4] Siehe A. Mittasch: Friedrich Nietzsches Naturbeflissenheit, Heidelberg 1950

Nietzsche selbst beschwört die Umwertung 'alter' Werte und den Untergang der 'alten Moral' herbei – und setzt ihn in Analogie mit dem Umsturz des physikalischen Weltbilds. In dem berühmten Aphorismus 'Der tolle Mensch' (FW 125) wird die Verkündigung des 'Todes Gottes' als Verlust aller 'Mitte' und jedes Horizonts, nicht nur metaphorisch, in Beziehung gebracht zum kosmologischen Relativismus des modernen Weltbilds, in welchem der Mensch sich höchst zufällig als 'Zigeuner am Rande eines nichts-bedeutenden leeren Alls' (mit Jacques Monod zu reden) vorfindet und empfindet. Der Mathematiker und Physiker Pascal konnte noch aus der in der Neuzeit schaudernd erkannten Stellung des Menschen mitten zwischen zwei ungeheuren Unendlichkeiten ein erneuertes humanes Selbstbewußtsein schöpfen. Mit dem von Nietzsche proklamierten Tod Gottes, wie mit der Relativierung und Hypothetisierung der Welt durch die moderne Wissenschaft, ist nunmehr "der Horizont weggewischt", der "Horizont des Unendlichen" aufgerissen (FW 124): "Giebt es noch ein Oben und ein Unten? Irren wir nicht wie durch ein unendliches Nichts?" (FW 125). So *wertet* Nietzsche die Folgerungen aus dem Weltbildwandel, und Theorie und Wertung, stellt Weizsäcker fest[5], sind untrennbar bei ihm; die letzten weltanschaulichen und praktischen Konsequenzen eines szientifisch verkürzten Weltgefühls und der Sturz des Gottesbildes sind engstens verbunden. Wenn der Gottestod[6] eine *Tat* des Menschen ist, und zwar eine Tat, deren Größe laut Nietzsche "zu groß für uns" sein könnte, obwohl wir 'nicht wissen, was wir tun', – so wären in den Wissenschaften und in einer perfektionierten Technik womöglich die gleichen potentiellen Täter am Werk, die auch, als objektiv Forschende, zumeist nicht wissen, was sie realiter *tun*? Und die mitunter, direkt oder auf längere Sicht, "Mörderisches" tun – nur daß es nicht 'bloß' ein hypothetischer oder lebendiger Gott ist, sondern der leibhafte Mensch, der "unter unseren Messern verblutet" (FW 125)? Nietzsche allerdings erhofft sich von dieser 'größten aller Taten' den Eintritt einer 'höheren' als alle bisherige Geschichte; wohingegen das Tun einer entfesselten Forschung eher auf den realen Untergang in der 'Banalität des Bösen' hinzudeuten scheint[7].

Wo Nietzsche als inneren Antrieb wissenschaftlicher Tätigkeit einen Herrschafts- und Machtwillen gegenüber der Natur entdeckt und entlarvt, stößt er auf den nihilistischen Grundzug jener Naturwissenschaft, die sich als letztgültige Wahrheit mißversteht. Darin eben *bestimmt* letztlich für Nietzsche die Wissenschaft in ihrer modernen Gestalt über das Schicksal von Metaphysik und Moral: der Verhängnischarakter der christlichen Moral (die noch im wissenschaftlichen Gesetzesglauben steckt) erweist sich für ihn, sowie deren sanktionierender Grund fragwürdig geworden ist[8]. Er habe gesehen, so G. Rohrmoser, "daß ein Ideal objektiver Erkenntnis, das die fühlende, wollende und schätzende Subjektivität für ihren Vollzug so radikal

---

[5] Weizsäcker: Nietzsche-Vortrag 1981, S. 75.

[6] Hierzu E. Biser 1962, S. 41.

[7] N. Sommer 1872 – Anfang 1873 19 [206]): "Wenn ich von der furchtbaren Möglichkeit rede, daß die Erkenntniß zum Untergange treibt, so bin ich am wenigsten gewillt, der jetzt lebenden Generation ein Compliment zu machen: von solchen Tendenzen hat sie nichts an sich. Aber wenn man den Gang der Wissenschaft seit dem 15ten Jahrhundert sieht, so offenbart sich allerdings eine solche Macht und Möglichkeit."

[8] Siehe G. Rohrmoser: Nietzsche und das Ende der Emanzipation. Freiburg 1971, S. 12-13.

ausschaltet, wie das die moderne Wissenschaft tut, nur auf dem Boden einer Moralität möglich war, die im christlichen Gott ihren tragenden Grund und ihr sanktionierendes Prinzip hatte." Fällt das moralische Prinzip weg, bleibt als losgelöstes Ziel entfesselter Forschung nur "Weltvernichtung", im Sinne einer aus ihr resultierenden Zerstörung jedes objektiven Sinnes, wovon Nietzsche zu einem frühen Zeitpunkt überzeugt war (N. Winter 1869/70 – Frühjahr 1870 3 [11]). Als Moral- und Metaphysik-*Kritik* bejaht Nietzsche die neuzeitliche Naturwissenschaft; als Metaphysik-Ersatz bekämpft er sie, und spart nicht an "Ironie gegen die, welche das Christenthum durch die modernen Naturwissenschaften *überwunden* glauben" (N. Herbst 1885 – Herbst 1886 2 [96]). Beide gegenläufigen Tendenzen – die metaphysik-kritischen und die metaphysik-verdächtigen – schlagen sich schon in den naturwissenschaftlichen Grundprinzipien und in Nietzsches ambivalenter Haltung nieder; sein Wille, konstatiert Rohrmoser, sei es von Anfang an, die moderne Welt zu zwingen, sich selbst in ihren eigenen letzten Konsequenzen, d.h. auch in der "Aufhebung eines objektiv vorgegebenen Sinns", *und* die Herausforderung, einen Sinn zu *schaffen*, anzunehmen. Welche Tendenz die stärkere sein wird, darüber wird unsre *Art* von Wissenschaftlichkeit wesentlich entscheiden: ob wir in der Barbarei des "theoretischen Menschen", die praktische Naturzerstörung im Gefolge hat, oder in einer neuen existentiellen Sinngebung Fortschritte machen[9]. Zu der Interpretation der Nietzscheschen Wissenschaftskritik als radikalen Versuch, die aus der modernen Naturwissenschaft erwachsenen Forderungen konsequent zu Ende zu denken – und daraus eine 'neue', adäquate Ethik abzuleiten –, dazu kann die hier vorliegende 'Kritik der Grundlagenkritik' bestenfalls Vorarbeit sein.

Die fundamentale Kritik und Infragestellung der mathematisch-logischen und erkenntnismäßigen Voraussetzungen der Naturwissenschaft bildet Nietzsches spezifische Reaktion auf eine spezifisch abendländische Problematik: sie erfüllt eine in der rationalistischen Naturwissenschaft kulminierende "Teleologie der europäischen Geschichte" (mit Husserl zu sprechen), und ist eine mögliche Antwort auf das "Versagen einer rationalen Kultur"[10]. Eine vergleichende Interpretation von Nietzsches Wissenschaftskritik und des späten Husserls Analyse ihrer 'Sinnkrise' wäre philosophisch ergiebig: auch Husserl kritisiert, wenngleich bei anderen Intentionen und Folgerungen, von der 'Lebenswelt' her jene einzigartige "Urstiftung" einer rationalistischen Wissenschaftskultur, deren 'Entelechie' in der griechischen

[9] N. Winter 1880-1881 8 [61]): "NB Ein Zeitalter der Barbarei beginnt, die Wissenschaften werden ihm dienen!"; im weiteren hält Nietzsche die Erhaltung alles 'Höheren' für möglich nur 'durch eine Gemeinschaft freier Einzelner', d.h. von 'synthetisierenden Übermenschen' (Müller-Lauter), insoweit der 'Übermensch' der eigentliche künftige Mensch ist. – Jonas (1979, S. 280 f.) kritisiert das Übermensch-Konzept als eine Steigerung "in endlos offenen Horizont" hinein, wohin auch die Stoßrichtung der technologischen Utopie weist, mit der sich der Steigerungswillen vermengen *kann*: "nach dem Tode Gottes, dem endgültigen Verlust der Transzendenz (wird vom 'Übermenschen') eine vorher nicht gekannte 'Härte' und 'Tapferkeit' verlangt", die auch die vermeintlichen Pioniere der technischen Natur-Vergewaltigung für sich in Anspruch nehmen könnten... ohne "für die Herbeiführung der höheren Menschen" zu sorgen; was *dafür* "konkret getan werden kann, darüber findet sich bei Nietzsche kein Wort" (Jonas 281).

[10] Husserliana VI 347

Entdeckung von Ratio und Logik wurzelt und zur neuzeitlichen mathematisierten, sinnentleerten "technisierten Naturwissenschaft" führt; deren telos im Unendlichen liegt und so alle Horizonte aufreißt; die einen Universalitätsanspruch erhebt und "deren Eigentümlichkeit es ist, letzhin-zu-verantwortende, *unbedingte Wahrheit* zu wollen"; deren 'Fortschritt' scheinbar in einen "offenen, endlosen Zukunftshorizont", letztlich aber in Sinnleere führt[11]. Und auch für Husserl tritt die Sinnkrise als *Selbst*auflösung der modernen Wissenschaft, als Wendung der verdrängten, nichthinterfragten Sinnverkürzungen in ihren Grundkategorien *gegen sich selbst* zutage: "alle großen Dinge gehen durch sich selbst zugrunde, durch einen Akt der Selbstaufhebung" (GM III, 27).

Auch Nietzsche restituiert – gleichsam wider Willen, da für ihn die Philosophie ebenfalls keine 'Wahrheit' findet – das ursprünglich immer *kritische* Verhältnis der Philosophie zu den Einzelwissenschaften[12], indem er deren Anspruch, mit Teilerkenntnissen die Totalität des Wirklichen zu fassen, als ihr perennierendes Selbstmißverständnis angreift.

Freilich gab und gibt es philosophisch reflektierende Naturwissenschaftler; Weizsäcker sagt in seinem Vortrag 'Gottesfrage und Naturwissenschaften'[13]: "Philosophie stellt diejenigen Fragen, die nicht gestellt zu haben die Erfolgsbedingung des wissenschaftlichen Verfahrens war", d.h. aber, daß die wissenschaftliche Methodik (und Nietzsche spricht vom Sieg der Methode *über* die Wissenschaft) von den Grundfragen (nach Natur, Leben, Raum, Zeit etc.) absieht und nicht einmal ihre ersten Prämissen und Prinzipien zu klären fähig ist. Nietzsche *stellt* jene Fragen, wenngleich seine Antwortversuche dort, wo die radikale Erkenntnisskepsis alle wissenschaftlichen *und* philosophischen Klärungsbemühungen um die Phänomene schon im voraus vereitelt, häufig in Paradoxien enden: so daß ihm nur der Ausweg in einen neu- und selbstschaffenden, zweilen auch wild-spekulativen Umgang mit naturwissenschaftlichen Erkenntnissen bleibt: als Teil seiner 'großen Praxis'. Dort soll der Naturwissenschaft als bewußt eingesetztem *Mittel* eine wesentlich erzieherische Rolle zukommen: auf Wirkung und 'Einverleibung' angelegt, wird sie ihm Mittel zur Persönlichkeits-Steigerung und rückt dann in die Nähe der Kunst, wird außerdem willkommene Verbündete im Kampf gegen Metaphysiker und 'Hinterweltler'. – In einem Nietzsche-Referat von 1981 meint Weizsäcker[14], diese Philosophie erkläre den "Sieg der Wissenschaft über Religion und Metaphysik", aber sie deklariere zugleich "als das Wesen der Wissenschaft die Kunst, als das Wesen der Kunst die Macht, als das Wesen der Macht das Leben selbst, die Welt. Eine Kette von Schritten ins Unbekannte"; dieser Weg ins Unbekannte soll im folgenden nicht

---

[11] E. Ströker: Einleitung zu Husserls 'Krisis...'. Hamburg 1982, S. XVI u. XVIII.

[12] Dieses kritische Verhältnis von Philosophie zur Einzelwissenschaft war von Coluccio Salutati bis Vico Gegenstand humanistisch-rhetorischer Diskussion; auf diese philosophisch bedeutsame, oft als 'nur-literarisch' verkannte Tradition konnte Nietzsche, aus Unkenntnis, sich niemals beziehen. Vergl. die Texte und Interpretationen in E. Grassi: Humanismus und Marxismus. Zur Kritik der Verselbständigung von Wissenschaft. Reinbek 1973.

[13] 1977/78; in: Weizsäcker 1983, S. 167.

[14] 'Nietzsche', in: Weizsäcker 1983, S. 74.

zuende verfolgt, sondern ein festerer Boden nachprüf- und kritisierbarer naturwissenschaftlicher Konzepte gewonnen werden.

Ein 'Pathos der Distanz' gegenüber der Wissenschaft hält Nietzsche von Beginn an durch, auch in der 'positivistischen Periode': er experimentiert und spielt mit *ihrem* Pathos (gaya scienza!), rebelliert auch gegen sie mit dem ganzen "experimentellen Stil seines Daseins"[15], treibt ein dialektisches Spiel zwischen Wissenschaft und Kunst auf dem 'Spielplatz' dessen, was "sich die Philosophie nennt" (M 427) mit dem Ziel der "Verschönerung der Wissenschaft" durch Philosophie mittels "Täuschung der Augen"; deshalb sei "Unbestimmtheit, Unvernunft und Träumerei in sie einzumischen", und auf die erstrebte Wirkung kommt es an, wo Nietzsche das Studium der Naturwissenschaft preist. Die frühen – 'verborgenen'- naturwissenschaftlichen Anfänge, der "brennende Durst", "Physiologie, Medizin und Naturwissenschaften" zu studieren, da ihm "die *Realitäten* fehlten" (EH, KSA 6/325) sind bekannt; Schlechta/Anders betonen zurecht, im Nachlaß von 1872 – 1875, in Vorarbeiten und naturwissenschaftlichen Exkursen der Basler Vorlesungen entfalte sich bereits "der eigentliche Nietzsche, der hier schon sein Problem und damit seine Sprache gefunden" habe und die Grundpositionen, von denen aus er seine Grundlagenkritik betreibt[16]: der nihilistische Charakter der Erkenntniskritik; die Auffassung der 'Wahrheit' als lebensbedingende Lüge und als Spiegelung der menschlichen Innenwelt, der Wissenschaft als wirklichkeits-schaffendes, ausdeutendes Anthropomorphisieren; die Sehweise, daß der "Zweck der Wissenschaft" die "Weltvernichtung" sei (N. Frühjahr 1872/1873 3 [11]); sowie die durchgängige Ausrichtung an den Vorsokratikern: denn Nietzsche "mißt umgekehrt (zur gewöhnlichen Blickrichtung!) die neuere Philosophie und die moderne Wissenschaft an diesen früheren Denkern"[17], diese setzen auch Maßstäbe für Nietzsches Kritik der Grundbegriffe zeitgenössischer Naturwissenschaft (besonders seit den Baseler Vorlesungen). An beides, an die Texte aus den Anfängen der (Natur-)Philosophie wie an Aussagen und Meinungen zeitgenössischer Wissenschaft, geht Nietzsche als *Philologe* heran, den er nie verleugnet; aber als ein Philologe, der *wertet* und umwertet. Ein Wert ist für ihn immer ein real Be-Wirkendes: die dort charakteristische Ablösung objektivierender Theorie und Forschung wird daher von Nietzsches Interesse am Aspekt subjekt-relativer Lebenswelt her unterlaufen. Wenn der Perspektivismus "unzählige Auslegungen" eines jeden Textes erlaubt und sogar fordert, so gilt dies gleichermaßen für naturwissenschaftliche 'Tatsachen'-Feststellungen – die dann auch nur Interpretationen sein können. Die Wissenschaftskritik hat, wie Nietzsches gesamtes Denken, ihren "einheitsstiftenden Fokus" dann auch "nicht im *Wahrheits*-Anspruch dieses Denkens", sondern im "praktischen Wirkungswillen", in der pragmatischen Wahrheitsabsicht[18]. Die

---

[15] E. Fink 1960, S. 53.

[16] Schlechta/Anders 1962, S. 34. – Schlechta/Anders' These, die späteren Denk-Schichten Nietzsches seien schon in diesen frühen Notizen und Exkursen Nietzsches enthalten, wird bezweifelt von W.Ch. Zimmerli (briefl. Mitteilung an Verf. v. 21.5.1987).

[17] Schlechta/Anders 1962, S. 34 ff.

[18] R. Löw: Nietzsche, Sophist und Erzieher, Weinheim 1984, S. 3. – Die Berufung auf R. Löws These (Nietzsches pragmatische Wahrheitsabsicht) impliziert nicht, Nietzsche auf einen (sich selbst und aller

Wirkungen selber "verführen zur Annahme von unbewiesenen 'Wahrheiten'" (N. Sommer 1872 – Anfang 1873 19 [103]), die Wahrheiten liegen, in uns und miteinander, 'im Kampf'. Trotz der Schwierigkeiten mit dem Wahrheitsanspruch von Nietzsches Denken: es muß, wenn der 'Wert für das Leben' entscheidet – wobei unsere je eigenen Wertschätzungen und perspektivischen Definitionen von 'Leben' mit-urteilen – dennoch angemessenere und unangemessenere Auslegungen geben. Wäre *nur* Irrtum möglich, bliebe nur das Schweigen: Nietzsche spricht, schreibt – und erklärt im Grunde den Irrtum nicht, weil es außer diesem, im Erkennen der und Reflektieren über Natur, nichts gibt. Die von Heidegger gestellte Frage, ob die Wissenschaft *denkt*, wäre von Nietzsche zu bejahen: und *weil* sie denkt, lügt sie – zumindest vor dem 'Leben'; was wiederum an Wittgensteins berühmten Satz erinnert, daß, wenn alle wissenschaftlichen Fragen 'gelöst' wären, unsere eigentlichen 'Lebensprobleme' noch gar nicht berührt wären. Es bleibt die Einsicht Nietzsches, daß die Naturwissenschaft keine Wahrheiten, sondern nur Wahrscheinlichkeiten, keine Erklärungen, sondern nur interpretierende Beschreibungen geben kann; aus der praktischen Wahrheitsabsicht folgt die Kritik an *der* Wissenschaft, die vermeintlich letzte Wahrheiten zu verkünden hat.

Allen Begriffen Nietzsches, gerade auch in seiner Wissenschaftskritik, haftet ein Charakter der Doppeldeutigkeit und ein dialektisches Moment an; in jeder behaupteten These ist die vom Urheber schon mitgedachte Antithese enthalten: der Angriff auf ein naturwissenschaftliches Konzept (wie z.B. das der Kausalität) will dieses selbst und zugleich die ihm zugrundeliegende falsche Wertvorstellung desavouieren – u.U. aber auch 'retten', etwa dann, wenn diese Wertvorstellung ihrerseits von einer positivistisch-aufgeklärten Wissenschaft längst über Bord geworfen ist. Das Objekt der Kritik erscheint meist janusartig, mit *einem* polemischen Schwertstreich sollen zwei (oder mehr) gegensätzliche Aspekte erledigt und gegeneinander ausgespielt werden. Die Zweideutigkeit und janusköpfige Form von Nietzsches Wissenschaftskritik zeichnen Spaemann/Löw treffend folgendermaßen: "Nietzsches häufig polemische Kritik an Moral, Werten, Erkenntnis, Wahrheit usf. hat immer den Charakter einer zweifachen Negation. Neben dem direkten Angriff wird gleichsam

---

Philosophie) "bloßen Widersprechenden" zu fixieren, sich der philosophischen "Auseinandersetzung mit dessen Denken" zu überheben – wie Politycki 1989 an Löw kritisiert, indem er die Thesen des Autors von 'Nietzsche, Sophist und Erzieher' auf den Buchtitel reduziert. Die Frage, "was Nietzsche 'wirklich' gemeint hat" (Löw 121), ist meist unfruchtbarer und weniger angemessen als die, was er gewollt hat, praktisch bewirken (oder auch kritisch destruieren) wollte. (Vgl. Matthias Politycki: Umwertung aller Werte? Deutsche Literatur im Urteil Nietzsches. Berlin – New York 1989, S. 33.) Wir brauchen Nietzsche auch nicht zum 'destruktiven Denker' zu verkleinern, wenn uns seine *kritische* Leistung *über* sein "Ja-Sagen zu neuen Werten" (Politycki 45, unter Berufung auf Peter Gast!) geht. In der pragmatischen Dimension erfolgt auch Nietzsches Naturwissenschaftskritik: die Umdeutung aller Seins- und Substanzannahmen (Atome) in ein Geschehen zwischen dynamischen Machtquanten hat Handlungs- oder 'Praxis'charakter; nur löst sich dieser Praxisbegriff, der keine handelnden Subjekte mehr kennt, selber auf! Nietzsches pragmatische Intentionen 'in die Praxis umzusetzen', erweist sich als – unmöglich oder als fatal, "weil bei ihm alles in Labyrinthe, in Undurchführbares, in Dilemmata ausläuft. Er hat Möglichkeiten bis zu dem Punkt durch-reflektiert, wo ihre Undurchführbarkeit sichtbar wird." (Bernhard Taureck: Nietzsche und der Faschismus. Eine Studie über Nietzsches politische Philosophie und ihre Folgen. Hamburg 1989, S. 186).

auf einem Nebenkriegsschauplatz die *bisherige* Kritik am selben Phänomen, wie sie etwa Naturwissenschaft, Atheismus etc. vortragen, als Unverständnis, Ressentiment, Dummheit entlarvt"[19]. Eindeutig ist die Stellungnahme zur Naturwissenschaft, auch als kontradiktorische, niemals; zutreffend charakterisiert sie Müller-Lauter als "ambivalent"[20], und nicht nur in der 'aufklärerischen' mittleren Phase spielt Nietzsche die naturwissenschaftliche Denkweise in pragmatischer Wahrheitsabsicht aus. Trotz z.T. gegensätzlicher Interpretation glaubt auch er, wie die Physiker und Kosmologen seiner Zeit, daß die Welt "einen 'nothwendigen' und 'berechenbaren' Verlauf" haben müsse (JGB 22). Mögen die mechanistischen Theorien wie immer die Wirklichkeit verkürzen und zurechtbiegen (in jeder Interpretation drängt ein Wille zur Macht!), sie machen doch die Realität "auch leichter *berechenbar*", und schließlich benötigt Nietzsche die positive Wissenschaftlichkeit für seine eigenen kosmologischen Mythen-Entwürfe.

Nietzsches buntem 'Kaleidoskop der Selbsteinschätzungen', so meint E. Biser[21], entspreche die Wiedersprüchlichkeit seiner Urteile, seine thematischen Antworten auf Zeitfragen schlügen häufig ins Gegenteil um[22]; die Kontinuität aber liegt sozusagen im permanenten Umsturz der Wertungen; die Gemeinsamkeit mit der positiven Wissenschaft (so Biser) zumindest in der ständigen "Aufforderung zur Umkehr gewohnter Wertschätzungen und geschätzter Gewohnheiten". Nicht zu übersehen ist auch eine bei Nietzsche oft vorherrschende "spielerische Attitüde" (GM III, 12) in allem Extremismus und Pathos; kaum je ist etwas 'wörtlich zu nehmen' – am ehesten noch in konkret-naturwissenschaftlichen Aussagen, in Fragen ihrer Plausibilität.

Dies könnte Leitmotiv für die Bemühung sein, Nietzsches Grundlagenkritik der Naturwissenschaft nachzuvollziehen und sie auf ihre Stringenz zu prüfen: die gewohnten Wertschätzungen und Vor-Urteile der Wissenschaft infrage zu stellen, das zu hinterfragen, was Husserl die Habitualisierungen oder Sedimentierungen neuerer Wissenschaftlichkeit nannte: um die Verdeckungen der mathematisch-idealisierten Weltvorstellung sichtbar und damit die Rechte der vor- und überwissenschaftlichen Lebenswelt geltend zu machen (d.h. der Welt, in der wir und auch der Wissenschaftler immer schon praktisch handelnd leben); wozu (Husserl zufolge) auch ein Rückgang auf die scheinbar 'naive Sprechweise des Lebens' vonnöten ist, die natürlich Reflektivität einschließen muß, und die imgrunde auch Nietzsche wählt.

Das Unternehmen wäre somit ein doppeltes: d.h. auch ein Versuch aktueller Wissenschaftskritik *im* kritischen Nachvollzug von Nietzsches Reflexionen. Leitendes

---

19 Spaemann/Löw: Die Frage Wozu? München 1983, S. 204.

20 W. Müller-Lauter: Das Willenswesen und der Übermensch. Ein Beitrag zu Heideggers Nietzsche-Interpretation. N-St 10/11 (1981/82), S. 160, Anm. 38.

21 E. Biser: Das Desiderat einer Nietzsche-Hermeneutik. N-St 9 (1980), S. 13.

22 Einen 'typischen Verlauf' der Entstehung aller Grundgedanken, zumindest in Nietzsches späteren Jahren, beobachtet in drei Stufen schon L. Andreas-Salomé (1894, S. 142/143): "... zuerst das Anknüpfen an einzelne letzte Konsequenzen der modernen Erfahrungswissenschaft, dann ein Umschlagen seiner Gemütsstimmung in der Auffassung solcher Ergebnisse, ihre Zuspitzung und Übertreibung bis aufs äußerste, und endlich, daraus fließend, seine eigenen neuen Theorien."

Interpretationsprinzip der Analyse kann sein, was E. Biser[23] das gewissermaßen 'romantische', doch in der Nietzsche-Interpretation legitimierte Erkenntnisprinzip nennt, nämlich sich "gerade durch das Unvollendete des Fragmentarischen zu fortführenden, das Ungesagte ergänzenden Gedanken inspirieren" zu lassen.

---

[23] E. Biser 1980, S. 36

II. Erkenntnisnihilismus und Erkennbarkeit der Natur

> Der Erkennende verlangt nach Vereinigung mit den Dingen und sieht sich abgeschieden – dies ist seine Leidenschaft. Entweder soll sich alles in Erkenntniß auflösen oder er löst sich in die Dinge auf – dies ist seine Tragödie...
> Nietzschc, Frühjahr – Herbst 1881 11 [69]

In seinem Denken vereinigt Nietzsche den perspektivischen Gegensatz zwischen einer abgründigen Erkenntnisskepsis und einem, zuzeiten kraftvoll einstimmenden,Echo auf den triumphierenden 'Hahnenschrei des Positivismus'. Viele Zeitgenossen glaubten, die Erkenntnis der physikalischen Welt stünde unmittelbar vor dem krönenden Abschluß. Die Selbstsicherheit der Naturwissenschaften in der zweiten Hälfte des 19. Jahrhunderts war verfrüht, sie steuerten nicht dem Hafen endgültig gesicherter Erkenntnis über die Natur, sondern ihrer tiefsten Grundlagenkrise zu. Vor dem bevorstehenden (echten) Paradigmenwechsel erscheint Nietzsches Wissenschaftskritik als zuweilen vorsichtig tastender, dann wieder gewaltsamer Versuch, der von ihm erahnten Revolution in den wissenschaftlichen Erkenntnisgrundlagen 'phänomenologisch' gerecht zu werden.

Eine verengte erkenntnistheoretische Fragestellung – verengt, da seit Parmenides und Platon, entscheidend bis hin zur Quantentheorie, über Erkenntnis nachgedacht worden war – brach zu Beginn der Neuzeit in dem Moment auf, als es gelang, sich der Naturerkenntnis so zu bemächtigen, "daß jede dem Wissen heterogene normative Instanz als Entmächtigung des Menschen erscheinen" mußte[1]. Die Hoffnung auf rationale Erkenn- und Beherrschbarkeit der Natur (und des Menschen) ging einher mit der Ablehnung der humanistischen Tradition, der Abwertung der litterae und der geschichtlichen Bildung; das Wahre im wissenschaftlichen Sinne gilt von nun an als die einzige Form des Objektiven[2]. Explizit und für lange exemplarisch wird die Vernachlässigung nicht-wissenschaftlicher Erfahrung bei Descartes, dem es nur noch um die notwendige Selbstvergewisserung des menschlichen Erkennens geht, wobei allein Gewißheit als Instanz aller Erkenntnis akzeptiert wird, das Ich-denke als die alleinige Grundlage, das ausgezeichnete 'subjectum' als 'fundamentum inconcussum' alles wissenschaftlichen Wissens (Descartes, Medit. II, 1). Erst in dieser

---

1 C.F. Gethmann, in: Hist. Wörterb. d. Philos. Bd. 2 (1972), Sp. 683.

2 E. Grassi: Probleme der humanistischen Überlieferung. Nachwort zu K. Vorländer, Gesch. d. Philos. Bd. 3 (Reinbek 1965), S. 256.

Reduktion entsteht zwischen Erkennen und Gegenstand "eine sie schlechthin scheidende Grenze", wie Hegel in der Einleitung zur 'Phänomenologie des Geistes' sagt; Vorrang hat nun das Erkennen des Erkennens als Werkzeug und Mittel und die apriorische Begründung bzw. Ableitung aller Wissenschaft.

Dagegen war der oft vergessene historische Ausgangspunkt der Naturwissenschaft *nicht* der Versuch, apriorisches Wissen über die Natur zu begründen. Der experimentelle Zugang zur Natur ging zwar bewußt von einer im voraus entworfenen Theorie zu ihrer Befragung aus (theoretisch formuliert etwa bei Leonardo), die Protagonisten der erwachenden Naturwissenschaften glaubten aber nicht, "die ganze Natur zu erkennen, sondern nur jene Ausschnitte, die sich im Rahmen der von Menschen aufgestellten Theorien und Fragen ergeben. Die Natur ist so das Korrelat zum Menschen und seiner Fähigkeit"[3].

Nietzsche bricht mit der in der Neuzeit eingebürgerten Tradition vom Vorrang des absoluten Wissens (in Naturwissenschaft und Philosophie). Gegen diese Tradition mit ihrer Vernachlässigung der historischen, künstlerischen und religiösen Bildung kam durchaus eine geistige Gegenströmung (repräsentiert z.B. von Vico, Hamann, Herder und auch Nietzsche) auf, die ihren 'humanistischen Protest' einlegte. Dem Glauben an Wissenschaftslogigk und an rationale Erkennbarkeit der Natur setzt Nietzsche entgegen: "Wir sind von vornherein unlogische und daher ungerechte Wesen *und können dies erkennen*: dies ist eine der größten und unauflösbarsten Disharmonien des Daseins" (MA I, 32); seine Diktion (un-logisch, un-gerecht) läßt allerdings auch noch einen nicht überwundenen Glauben *an* die Logik, und an ein mögliches 'Gerecht-werden' der Natur gegenüber mit 'logischen' Methoden, durchscheinen.

Nach Nietzsche erkennen wir nur noch unser Nicht-Erkennen; er versucht die neuzeitlich-erkenntnistheoretische Fragestellung überhaupt zu überwinden – und zwar in einer weiteren Radikalisierung der Kantschen Erkenntniskritik. Kant fragt noch nach der Möglichkeit von Metaphysik – Nietzsche fragt nach der Möglichkeit von Physik überhaupt und verneint auch diese. Seine Erkenntniskritik enthält Elemente einer psychologistischen Richtung der Erkenntnistheorie (deren Motive sie ebenfalls radikalisiert), die die innere Erfahrung kritisiert, ohne aber deren unkritische Antizipation der Geltung objektiver Erkenntnis zu teilen: Nietzsche greift stets auch seine eigenen Grundlagen an. Seine Kritik ist eigentlich 'existentialistisch', Vorrang hat der 'existierende Denker' und eine Art 'Daseinsanalyse', eine Analyse des Lebens, in der alle Gegenständlichkeit sich auflöst. Somit besteht sein Versuch einer Überwindung der erkenntnistheoretischen Fragestellung in der experimentellen Erfahrung des 'transzendentalen' Phänomens 'Welt', gleichzusetzen mit Leben und Leib. Diese Lebensphilosophie setzt einen "Begriff von Erkenntnis, der theoretisch nicht mehr thematisiert werden kann, weil theoretisches Erkennen nur eine depravierte Form der ursprünglichen Lebenserfahrung ist"[4], und daher irren die Wissenschaftler, wenn sie glauben, "einen archimedischen

---

[3] Grassi 1965, S. 258 f.

[4] Gethmann (1972), Sp. 689.

Punkt außerhalb dieser Lebenserscheinungen zu finden", von dem aus man wissenschaftliches Erkennen noch begründen könnte[5]. Programmatisch für Nietzsches pragmatischen Wahrheits- und für seinen Lebens-Begriff bleibt seine frühe Einsicht (N. Winter 1869 – Frühjahr 1870 3 [10]): "Die vollkommene Erkenntniß tödtet das Handeln", Wissenschaft sei letztlich auf "Weltvernichtung" aus. Für Nietzsche gibt es kein gültiges, objektives Erkennen der 'Außenwelt', kein Feststellen physikalischer 'Tatsachen', wohl aber Erkenntnis als *ein* Mittel des Lebens, sich der Welt zu bemächtigen.

Das Verhältnis von Naturwissenschaft und erkennbarer Wahrheit wurde von seinen Zeitgenossen hingegen noch relativ naiv und unproblematisch gesehen; während heute nur noch mehr oder weniger große Wahrscheinlichkeiten, hypothetische Wahrheiten gelten, deren vorläufige Berechtigung durch Falsifikationsversuche oder experimentelle Widerlegung alternativer Hypothesen geprüft werden kann. So weit die Wissenschaft unsere Lebenswelt dirigiert, leben wir in einer Welt von lauter Wahrscheinlichkeiten, die sich mit Nietzsches Perspektivismus sehr wohl verträgt. Heutige Naturwissenschaft erkennt auch fast allgemein an, daß alle festgelegten Fakten schon theoriebeladen sind und der Beobachterstandpunkt in jede wissenschaftliche Aussage einzubeziehen ist (was der Sache nach, wenngleich in andrer Absicht, schon Goethe forderte) – bei Nietzsche gibt es, in extremer Zuspitzung, *nur* ein perspektivisches Zurechtmachen der faktischen Welt und *nur* Interpretation, die anthropomorphisierend verfälscht. – Von dieser wissenschaftstheoretischen Skepsis scheinen allerdings die späteren mythopoietischen Weltbild-Entwürfe, die dogmatisch verkündete Wiederkunftslehre einschließlich deren Beweisversuche, partiell ausgenommen: im Nachlaß werden Beweise und apodiktische Aussagen über den Kosmos im Ganzen formuliert, obwohl man das Ganze, den "Gesammtprozeß" nicht sichten oder messen kann (N. November 1887 – März 1888 11 [74]) und Nietzsche hierfür die Wissenschafts- und jede oberste Metasprache fehlt[6]. Der Widerspruch erklärt sich aus Nietzsches Bemühen um kühl-rationalisierende Wissenschaftlichkeit auch in der späteren, manchmal zu unrecht als 'wissenschaftsfeindlich' gekennzeichneten, Schaffensperiode nach 1884: als Mittel, die Dinge jenseits moralischer Vorurteile zu betrachten. Die Naturwissenschaft behält für Nietzsche jederzeit ihren formenden, bildenden, aufklärerischen Wert; ihre Methoden, ihre Ergebnisse sind ihm "unerschöpfbar" und stets ein geeignetes Mittel zur "Beseitigung der früheren Arten zu denken und zu handeln" (N. Sommer 1880 4 [290]), sie brauchen und fördern unser "strenges Gefühl für das Wirkliche" (Herbst 1880 6 [260]); die (richtig interpretierte!) Wissenschaft kann das "Zeichen von Stärke und Selbstherrschung, als Entbehren*können* von heilenden tröstlichen Illusions-

[5] O.F. Bollnow, zit. bei Gethmann l.c.

[6] Nietzsche, als Stifter der Wiederkehr-Religion, sucht die Lehre logisch-wissenschaftlich zu beweisen: darin erinnert er an die Figur in Jorge Luis Borges' Erzählung "Tlön, Uqbar, Orbis Tertium", an Buckley, der Freidenker, Fatalist und Befürworter der Sklaverei ist und dem "die Erfindung eines Planeten" zu wenig dünkt: "Dieser gigantischen Idee fügt er eine weitere hinzu, die seinem Nihilismus entspringt... Buckley glaubt nicht an Gott, will aber dem nichtexistierenden Gott beweisen, daß die Sterblichen fähig sind, eine Welt auszudenken." (J.L. Borges: Die zwei Labyrinthe. München 1986, S. 32 f.).

Welten" sein (N. Herbst 1887 9 [60]), ja die "Wissenschaftlichkeit" wird zum Maßstab für *"intellektuelle Rechtschaffenheit"* (N. Frühjahr 1888 14 [132])!

Es erscheint geradezu als ein methodischer Selbstwiderspruch: In Nietzsches Nachlaß stößt man oft auf kühn-inspirierte Aphorismen über physiologische oder physikalische Einzelbeobachtungen (die häufig auf großem Finderglück beruhen und der weitergedachten wissenschaftlichen Lektüre entstammen), Zeugnisse eines intuitiven Denkens und künstlerischer Phantasie, wie sie auch im Schaffen des wirklich produktiven Naturwissenschaftlers am Werk ist. Nietzsche verwendet obsessiv jene wissenschaftliche Rationalität und Logik, deren Fragwürdigkeit er andererseits unermüdlich aufzeigt und die er dennoch im Sinne der längst überwundenen 'alten Wahrheit' in allem Argumentieren benützen muß. Soweit entgeht Nietzsche nicht, wenn er explizit beweisen bzw. argumentierend desavouieren will, einem logischen Selbstwiderspruch, die Prinzipien, die er leugnet, selbst verwenden oder voraussetzen zu müssen.

Gleichermaßen gilt dies von Nietzsches 'Falsifikationsversuchen' der naturwissenschaftlichen Grundkonzepte selbst. Wie jede Falsifikation schließlich "ein wahrer Satz über etwas Nichtzutreffendes" (Löw) sein und eine unausgesprochene Wahrheitstheorie implizieren muß – denn auch die Negation ist eine Aussage über wahr-genommene Fakten, und Faktenaussagen sind theorie- und weltbild-beladen – so lebt Nietzsches Kritik an den naturwissenschaftlichen Grundkategorien von den in ihnen schon immer vorausgesetzten, vorgewußten Wahrheiten.

Nietzsches steter Drang zur systematischen Antiposition gegen einmal zugestandene Einsichten wird von ihm selbst in der Fabel vom 'Don Juan der Erkenntnis' (M 327) beschrieben als ein Festgenageltsein in einer Hölle der Enttäuschung, als ein Nihilismus, der, wenn er denn möglich wäre, nicht nur philosophische Grundeinstellung ist (aus einer Erwartung *totaler* Erkenntnis von Natur und Kosmos heraus, die nur enttäuscht werden kann!), sondern persönlichstes, geistig-psychisches Bedürfnis und bewußt erlittene Bedrohung. Nietzsche-Don Juans Höllenfahrt der Erkenntnis führt so weit, bis "die ganze Welt... diesem Hungrigen keinen Bissen mehr zu reichen" hat. Es ist der nihilistische Grundzug *im* Willen zur Wahrheit, im Glauben an Wahrheit in Nietzsche selbst, dem als einem König Midas des Wissens, alles zum nicht sattmachenden Gold bloßer Erkenntnis wird, was er denkend anrührt. Diesen Nihilismus (lieber das Nichts zu wollen, als nicht zu wollen) unterlegt Nietzsche der Grundkonzeption der Wissenschaft (JGB 39): "... es könnte selbst zur Grundbeschaffenheit des Daseins gehören, dass man an seiner völligen Erkenntniss zugrunde gienge." In Nietzsche liegen ein abgründiger erkenntnistheoretischer Pessimismus und ein impliziter Glaube an die Wahrheit miteinander im Kampf: der Glaube an die Wahrheit gehört zu den vitalen, biologischen Prämissen des Daseins; der Widerspruch ist nur existentiell, praktisch möglich und bedingt Nietzsches pragmatischen Wahrheitsbegriff. Nietzsche neigte – stellt Arthur C. Danto fest[7] – dazu, "sich häufig von jenen Ideen bestimmen zu lassen, die seine

---

[7] Arthur C. Danto: Friedrich Nietzsche. In: Klassiker des philos. Denkens. Bd. 2. Hg. v. N. Hoerster. München ^{3}1985, S. 233

eigene Neuerung überwinden sollte; und obschon er eindeutig eine pragmatistische Wahrheitstheorie verfocht, *glaubte* er an eine Korrespondenztheorie der Wahrheit". Sicher glaubte er nicht mehr an die statische adaequatio rerum et intellectus (die mitverantwortlich für die cartesianische Spaltung war), als vielmehr an eine tätig-erschließende Wahrheit seiner Denkbewegung. Wenn Wahrheit als "diejenige Art von Irrtum" zu gelten hat, ohne die wir nicht (über)leben können, ist in der Definition des Irrtums auch schon ein Wahrheitsgehalt mitgemeint, zumindest der logos als ein Prozeß, als Aktivität, als 'Einverleibung' mitgedacht.

Sowohl Nietzsches extreme Zugeständnisse an den Positivismus seiner Zeit wie andererseits seine radikale Erkenntnisskepsis, mithin seine Widersprüche, können als "wahrhafte Darstellung des Irrtums", nach einem Novalis-Wort, "indirekte Darstellung der Wahrheit" sein. D.h. sie "retten die Wahrheit, indem sie in ihrer Unwahrheit das Mitdenken ihres Gegenteils erzwingen"[8] – sie müßten den Naturwissenschaftler zur steten Überprüfung *seiner* Wahrheitsabsichten zwingen. Ein sokratisch-dialektischer Zug liegt in Nietzsches Philosophieren über die Grundlagen der Naturwissenschaft als einem Weiterfragen und Infragestellen dessen, was die wissenschaftlich-technischen Handwerker zu wissen meinen bzw. wirklich *tun*. Nietzsche greift die Grundannahmen jener Wissenschaftler an, die wie z.B. Helmholtz glauben, die Idee des Ganzen der Natur und des Lebens positivistisch im Sinne eines vollständigen Systems der Erkenntnis über die Natur interpretieren zu können (Helmholtz' Ignoramus bezieht sich nur auf die, aus der naturwissenschaftlichen Forschung auszuschließenden, philosophisch-ethischen Sinnfragen); er wendet sich gegen den Glauben, die einzelwissenschaftliche Forschung stehe unter der Idee der "vollkommenen Begreifbarkeit der Welt"[9]. In dieser Selbstüberhebung der Naturwissenschaften, im Glauben an einen unendlichen Wissensfortschritt, erkannte Nietzsche, wie A. Schmidt bemerkt, nur, daß "die europäische Aufklärung mit ihrem Übergang in den Positivismus einen ... Akt der Selbstaufhebung vollzogen hat"[10]. Dieses Ende der Aufklärung erlebt Nietzsche als 'verhängnisvollen Übergang', als Vollendung und Letztes-Konsequenz-Ziehen des Nihilismus, den er aber nicht nur als dekadentes Endstadium, sondern schon in den naturwissenschaftlichen Grundkonzeptionen aufspürt. Jegliche Erkenntnis (und "die unersättliche optimistische Erkenntnistheorie", GT 15) wendet sich bei Nietzsche gegen sich selbst: ihre Möglichkeit, ihr Wert wird von ihm radikal in Frage gestellt; er führt das "methodische Mißtrauen" gegen alle Erkenntnisresultate weiter: Erkenntniskritik selbst kann nicht die Grenzen des Erkennens definieren: "Der Intellekt kann sich nicht selbst kritisiren..." (N. Sommer 1886 – Herbst 1887 5 [11]), weil uns ein Meta-Maßstab von 'absoluter Erkenntnis' fehlt. Alle Begriffe dieses Intellekts wie Substanz, Sein, Ding, Ähnlichkeit etc. sind, sagt Nietzsche, naturgeschichtlich aus der Lebensnot (FW 355: "Sollte es nicht der *Instinkt der Furcht* sein, der uns erkennen heisst?") und aus leiblichen Bedingtheiten entstanden – folglich kann der Intellekt weder ein getreuer Spiegel

8 Alfred Schmidt 1967, S. 125

9 Helmholtz, Schriften zur Erkenntnistheorie, zit. bei F. Kaulbach, Histor. Wörterb. d. Philos. Bd. 6, Sp. 656.

10 A. Schmidt l.c.

reiner Erkenntnis sein (nicht Erkenntnis einer objektiven Welt), noch sich selbst angemessen beurteilen. In M 234 heißt es: "Versuchen wir den Spiegel an sich zu betrachten, so entdecken wir endlich nichts als die Dinge auf ihm. Wollen wir die Dinge fassen, so kommen wir zuletzt wieder auf nichts als den Spiegel. Insofern alle naturwissenschaftlichen Grundbegriffe Produktionen des menschlichen Intellekts sind, können sie eben keine wahren Verhältnisse in der Natur (wir selber sind Natur!) spiegeln. Es gibt nur "Auslegung", "Sinn-hineinlegen" (N. Herbst 1885 – Herbst 1886 2 [82]), und "'Erkennen' ist ein *Zurückbeziehn:* seinem Wesen nach ein regressus in infinitum" (N. Herbst 1885 – Herbst 1886 2 [132]), ein "sich-irgend-wozu-in-Bedingung-setzen" (N. Herbst 1885 – Herbst 1886 2 [154]). Wenn die evolutionär-leibliche Bedingtheit stets hinter allen menschlichen Begriffen und Erkenntnissen steht, gibt es keine Entsprechung im Erkennen von Denken und Sein, folglich keine "wirkliche Welt". In seiner Wissenschaftskritik ist aber Nietzsche dennoch gezwungen, an diesem Kongruenzbegriff von Erkenntnis festzuhalten – die Aporie bleibt, auch nachdem Nietzsche jede Erkenntnis grundsätzlich in Zweifel gezogen hat und schließlich auch die eigene Erkenntnistätigkeit leugnet. "Er bestreitet die Möglichkeit logischer Deduktion – und handhabt sie ununterbrochen"[11].

Er zieht, trotz dieses Selbstwiderspruchs, naturwissenschaftliche Grundvorstellungen dann zurecht in Zweifel, wenn sie für letzte Wahrheiten gehalten werden: er mißt sie an ihren eigenen Maßstäben von Wissenschaftlichkeit, benutzt die Sprache der Wissenschaft und hält so im experimentellen Denken, wie Alfred Schmidt feststellt[12], "seine Begriffe offen, ohne doch abzulassen von dem festen Inhalt und Anspruch, der ihnen an Ort und Stelle zukommen muß", und bringt dadurch "die einer europäischen Tradition sakrosankten Kategorien dazu, gegen ihren eigenen Anspruch aufzubegehren". Daß die Denkbewegung dabei meist in (für uns) offene Fragen und Aporien mündet, ist nicht die einzige Verwandtschaft und Nähe zur Platonischen Dialektik.

Die Sprache der naturwissenschaftlichen Kategorien, und Sprache überhaupt, reduziert Nietzsche in geradezu positivistischer Vorgehensweise auf ihren bloßen Zeichencharakter. Jede Zeichensprache als solche unterliegt aber von vornherein dem Zwang, wiederum sprachlich, letztlich umgangsprachlich, expliziert und interpretiert zu werden; aller Kritik an Grundkonzepten der Naturwissenschaft liegt aber Nietzsches Sprachkritik und Sprachskepsis schon voraus, seine Charakterisierung aller wissenschaftlichen, philosophischen und Alltags-Begriffe als Fiktionen. Mit Begriffen und mit den aus bloßer Überlebensnot erwachsenen naturwissenschaftlichen Schemata ist niemals eine 'Erklärung' von Naturerscheinungen möglich; ähnlich schon Hegel in der Phänomenologie[13], für den 'Erklären', im Unterschied zum Begreifen durch die Vernunft (das Nietzsche potenziert ausschließt) nur eine "tautologische Bewegung des Verstandes" ist. Nietzsche bleibt gleichsam, diese überspitzend, auf einer Stufe der Kantschen Erkenntniskritik stehen, auf der die

---

11 C.P. Janz, Bd. 2, S. 426.
12 A. Schmidt 1967, S. 132.
13 Zit. im Wörterb. d. philos. Begriffe, hg. v. J. Hoffmeister, ^{2}1955, S. 119.

Kategorien geradezu als formaler Beleg dafür erscheinen könnten, daß wir niemals zu einem "der Erkenntnis korrespondierenden ... Gegenstand", sondern nur zu einem 'unbekannten X' gelangen können (KrV A 105). Diese gegen den Positivismus gerichtete "agnostische These (steht) ganz im Einklang mit ... dem gleichzeitigen Neukantianismus Langes"[14], nämlich mit der Meinung, daß "alle Erkenntnis nur *unser* Werk ist, vermittelt durch Organe, Gehirn und Sprache, also nicht 'an sich' und damit keine Einsicht in ewige Wahrheit". Wie bei Nietzsches Dicta zumeist, kommt es darauf an, gegen welchen Gegner sich ein Urteil richtet: zurecht besteht es, gegen den Glauben der Wissenschaft gewendet, letztgültige Wahrheiten gefunden zu haben: das "Netz des Physikers", um ein Bild H.P. Dürrs aufzugreifen, fängt nicht den Ozean des Wirklichen ein, sondern nur Objekte faßbarer, vom Menschen bestimmter Größenordnung. Wo indessen die Wissenschaft an ihre vermeintliche Wahrheitsgewähr glaubt, bereitet sie nach Nietzsche erst eine "souveräne Unwissenheit" vor (N. Sommer 1886 – Herbst 1887 5 [14]).

Lange, so der Nietzsche-Biograph C.P. Janz[15], habe ihm den 'Grundinstinkt' (der schon den Dissertationsentwurf vom Frühjahr 1868 bestimmt) bestätigt, eine schroffe Diskrepanz zwischen erfahrungsmäßiger Erkenntnis wissenschaftlicher 'Wahrheit' und dem 'Sein' der konkreten Wirklichkeit anzunehmen, eine Grundüberzeugung, "daß das Leben und die Welt ihrem Wesen nach alogisch sind und sich jedem Versuch, sie rein verstandesmäßig zu erfassen und zu beherrschen, mit Notwendigkeit entziehen". 'Wirklichkeit' selbst ist Einbildung, denn "'*ein absolut festes, von uns unabhängiges* und doch von uns erkanntes Dasein – eine solche Wirklichkeit giebt es nicht'" – ein Lange-Zitat (N. Frühjahr 1884 25 [318]). Und N. Juni – Juli 1885 36 [23]: "Eine werdende Welt könnte im strengen Sinne nicht 'begriffen', nicht 'erkannt' werden: nur insofern der 'begreifende' und 'erkennende' Intellekt eine schon geschaffene grobe Welt vorfindet, gezimmert aus lauter Scheinbarkeiten, aber fest geworden, insofern diese Art Schein das Leben erhalten hat – nur insofern giebt es so etwas wie 'Erkenntniß': d.h. ein Messen der früheren und der jüngeren Irrthümer an einander."

Die implizit vorausgesetzte Definition oder Setzung von 'Lebens'-Wirklichkeit, das totalisierte 'Werden', muß immer schon alles erkennbare Maß übersteigen. Damit ist aber nicht nur wissenschaftliches Erkennen, sondern auch die Erfahrung der normalen Alltagswirklichkeit aufgehoben (die 'Zahl der Dinge' und die Individuen selber sind 'im Fluß'). Gar einen intentionalen Prozeß der *Annäherung* an Wahrheit oder Wirklichkeit ('Anwesenheit'), wie er die platonische Denkbewegung in der aufsteigenden Hierarchie der Ideenerkenntnis bestimmt, läßt Nietzsche nicht gelten. – Der Einwand der Unerkennbarkeit einer werdenden Welt (heute müßte man sagen: der irreversiblen Prozesse) trifft die Naturwissenschaft dann, wenn sie die mathematisch-physikalische Beschreibung als komplette Wirklichkeitserklärung präjudiziert, er gilt gegenüber der positivistischen Anmaßung der Zeitgenossen; nicht aber gegenüber einer selbstkritischen Wissenschaft, die sich versteht als bewußt

---

[14] R. Löw: Die Aktualität von Nietzsches Wissenschaftskritik. In: Merkur Juni 1984, S. 402.

[15] C.P. Janz, Bd. 2, S. 199.

vom Menschen an die Natur herangetragene Theorie, als Erkundung eines Teils der für den Menschen bedeutsamen Ausschnitte im Rahmen der von ihm entworfenen Theorie, als eine Methode, die sich noch nicht verselbständigt hat[16].

Aus der Unerkennbarkeit der 'Welt an sich' und aus der Wahrheitskritik – die eigentlich eine vitalistische Kritik am menschlichen Denken ist – folgt keineswegs, daß es nicht Kriterien für mehr oder weniger gültige, praktikable 'Wahrheiten' geben könnte[17], obwohl die "Irrthümlichkeit" aller Weltauffassungen unsere einzig feste Einsicht ist (siehe die Wahrheitskritik in JGB 34); nur der "Glaube an 'unmittelbare Gewissheiten' ist eine *moralische* Naivetät"; es gibt keinen "wesenhaften Gegensatz von 'wahr' und 'falsch'"; vielleicht genüge es, "Stufen der Scheinbarkeit anzunehmen" – die uns angehende Welt, "unsre Welt der Begierden und Leidenschaften", könnte und darf dabei eine Fiktion sein. Und diese fiktive, nicht 'abzuschaffende', scheinbare Welt, die auch die "Realität unsrer Triebe" ist, stellt, wie Aph. 36 JGB nahelegt, unsere höchste, nicht übersteigbare, vom Willen zur Macht bestimmte Realität dar – die von Wissenschaft nie zu erreichen ist. Von dieser Willen-zur-Macht-Realität her gesehen, geht es Nietzsche um die moralisch-ästhetische Neu- und Umwertung der durch Wissenschaft wert-los gewordenen, 'entzauberten' Welt. Einen relativen Wirklichkeitsgehalt, eine Art verisimile naturwissenschaftlich begründeter Aussagen kann Nietzsche durchaus zugestehen. Als Erkennende der Natur sind wir (N. Herbst 1880 6 [441]) "*lebendige Spiegelbilder*"; unsere Erkenntnis schafft zwar eine "Sphäre"[18] des Irrtums und des Scheins, aber: "durch *Vergleichung vieler Scheine* entsteht Wahrscheinlichkeit, also Grade des Scheins". Denn eine gewisse relative Wahrheit, auch wenn wir es sind, die sie hineinlegen, finden wir (nur) "in den Dingen, die der Mensch *erfindet* z.B. Zahl". Wir können, selber Teil der Natur, mehr oder weniger Wahrscheinliches dort entdecken – was auch den Definitionen der modernen, selbstreflektiv gewordenen Physik entspräche. Über die Wahrheitskritik in JGB sagt Weizsäcker in seinem Nietzschevortrag 1981: "Schein, Fiktion setzen in der Diktion immer noch das voraus, was hier bezweifelt werden soll, daß es nämlich eine, uns vielleicht nicht erreichbare, uns vielleicht nichts angehende Wahrheit an sich geben könnte. Nicht die Ersetzung des Wahr-Falsch-Gegensatzes durch Stufen der Scheinbarkeit ist das Interessante, sondern die Frage, ob wir wissen, was wir meinen, wenn wir so etwas wie Wahrheit voraussetzen"[19]. Aus der Quantentheorie hat die Wissenschaft zu folgern gelernt, daß ihre Beschreibung physikalischer Wirklichkeiten vom aktiv verändernden Beobachtungseingriff nicht zu trennen ist. Ihre Wahrheit ist

---

[16] Dies die Haltung moderner Naturwissenschaftler wie Niels Bohr, Werner Heisenberg u.a.; aus dem Bewußtsein des eingeschränkten Geltungsbereichs kann erst das Sensorium für eine ethische Verantwortung der Wissenschaft entstehen.

[17] Vgl. zu Nietzsches pragmatischem Wahrheitsbegriff R. Löw: Nietzsche, Sophist und Erzieher, 1984, S. 121-146.

[18] Kant (KrV A 762) vergleicht die *Vernunft* mit einer "Sphäre", "deren Halbmesser sich aus der Krümmung des Bogens auf ihrer Oberfläche (der Natur synthetischer Sätze a priori) finden, daraus aber auch der Inhalt und die Begrenzung derselben mit Sicherheit angeben läßt. Außer dieser Sphäre (Feld der Erfahrung) ist nichts für sie Objekt (...)". Der bei Nietzsche häufiger gebrauchte Vergleich der Erkenntnis mit einer Sphäre bezieht sich a priori auf die Welt unserer Triebe und Leidenschaften, die aller 'Vernunft' zugrundeliegt und die nur 'Irrthum und Schein' bieten *kann*.

[19] C.F. v. Weizsäcker: Wahrnehmung der Neuzeit. 1983. S. 83.

ein immer exakteres Konstatieren bzw. Voraussagen von Wahrscheinlichkeiten, die aber keinem allgemeinen Relativismus Tür und Tor öffnen, sondern in einen Ordnungszusammenhang eingebettet sind. Im Mikro- und, genaugenommen, auch im Makrobereich *liegt* die Wirklichkeit nicht einfach *vor*. Nietzsches Kritik am Wahrheitsglauben der Wissenschaftler seiner Zeit nimmt diese Modifikation des Begriffs wissenschaftlicher Wahrheit intentional vorweg.

Als Auslegung und Zurechtmachung ist für Nietzsche die Naturwissenschaft eine natur- und menschheitsgeschichtlich gewordene *Praxis*. Die Praxis der Wissenschaft ist durch Sprache vermittelt und mitteilbar. Naturwissenschaft ist selbst nur eine Sprache, eine Sprechart – vielleicht die exakteste, und vielleicht auch nicht nur *eine* Sprache. Im Vollzug alltäglicher Wissenschaftspraxis sind stets schon verschiedene Sprachebenen zugleich vonnöten (ein trivialer, aber schlagender Beweis des 'Ausschnitt-Charakters' von Wissenschaft), von der mathematisch-formalisierten bis zur unabdingbaren Alltagssprache, die letztlich die oberste Metasprache aller übrigen bleibt und Forschung und Versuchsanordnung erst ermöglicht. Die wissenschaftliche Vernunft denkt, wie die Philosophie, in sprachlicher Form: Sprache aber ist nach Nietzsche (und damit der Glaube an die Vernunft in den wissenschaftlichen Begriffen) "auf die aller naivsten Vorurtheile hin gebaut" (N. Sommer 1886 – Herbst 1887 5 [22]). Schon deshalb ist Nietzsches Sprachkritik, als direkt zusammenhängend mit seiner Wissenschaftskritik, vorrangig zu beachten. Die z.T. auch sprachlichen Vorurteile der Wissenschaft geben ihren Vertretern die methodische und praktische Sicherheit; trügerische Exaktheit und praktische Erfolge rühren auch vom Außerachtlassen der unbeweisbaren, aber sprachlich verfestigten apriorischen Voraussetzungen her. In der naturwissenschaftlichen Begrifflichkeit hat sich ein Vorverständnis, ein Verständnishorizont des jeweils wissenschaftstreibenden Menschen, ein je herrschendes Weltbild niedergeschlagen. Die sogenannten exakten Wissenschaften sind immer schon vor-bestimmte Weisen des verstehenden und auslegenden Denkens; in diesem Sinne *denkt* die Wissenschaft, und zwar analog zur Philosophie; entsprechend konstatiert Nietzsche: 'hier wie dort wird gleich gedacht'; auch wenn sie sich dessen, was in Beobachtungen, Experimenten und Theorien stets schon vor- und mitgedacht (oder un-bedacht) ist, reflektiv nicht bewußt ist. Wissenschaftliche Beobachtungen werden nie nur registriert und festgestellt, sondern unterliegen einer Auswahl, werden in einem vom Wissenschaftler vorgefundenen Bedeutungsraster wie in einem Netz gefangen, sie sind immer schon "als etwas" verstanden und in bestimmten Grenzen gedeutet. Deutung und Interpretation liegt in jeder sprachlich formulierten wissenschaftlichen Hypothese enthalten, und folglich auch in den 'Resultaten' der Naturwissenschaft. Ein (normalerweise) nicht durchschautes 'hermeneutisches Prinzip' herrscht schon in den als selbstverständlich gehandhabten Kategorien und Grundbegriffen. Die methodischen Prinzipien werden ja nicht mit den Erkenntnismitteln einer Einzelwissenschaft selbst aufgestellt oder begründet, sondern vom 'perspektivisch' schätzenden Menschen einer bestimmten Epoche. Daher kann Nietzsche einerseits nach dem *Wert*, dem wertenden Menschen und seinem Interesse in und hinter den Wissenschaftsbegriffen fragen, und andererseits nach der 'ontologischen Geltung' dieser Begriffe (wenn wir hier einmal außerachtlassen, daß in Nietzsches Spätwerk sich scheinbar *jeder* Seins- und Wirklichkeitsbegriff auflöst). Mit seinem permanenten Weiter-Fragen, mit seiner Wissenschaftskritik aus der Position des existierenden Denkers heraus, der v.a. *wirken* will, übersteigt Nietzsche prinzipiell schon jede Reflexionsebene einer nur-naturwissenschaftlichen Methodik, auch wenn deren Reflexionsstufe in sich größte 'Systematizität' und innere Kohärenz[20] aufweisen mag. N. Sommer 1872 – Anfang 1873 19 [24]: "Es handelt sich nicht um eine Vernichtung der Wissenschaft, sondern um eine *Beherrschung*. Sie hängt nämlich in allen ihren Zielen und Methoden durch und durch ab von philosophischen Ansichten, *vergißt dies aber leicht. Die beherrschende Philosophie hat aber auch das Problem zu bedenken, bis zu welchem Grade die Wissenschaft wachsen darf: sie hat den Werth zu bestimmen!*"

Der Wert der Wissenschaft bemißt sich an ihrer praktisch-erzieherischen Wirkung, als ein Mittel zur 'Steigerung' starker Persönlichkeiten: solche waren es auch, die ihre moralischen Motive und die Seinsmetaphysik in den Grundlagen der Wissenschaft ursprünglich festsetzten, um "die Herrschaft des Guten und der Guten zu stabilisieren", welche Entdeckung – der Macht- und Herrschaftsförmigkeit der wissenschaftlichen Erkenntnis – Weizsäcker als den originalen und bedeutenden Beitrag Nietzsches zur Erkenntniskritik gewürdigt wissen will[21]. Der Philosoph als Erzieher, sprich: Nietzsche selbst, ist es auch, der den Sieg der Naturwissenschaft über die traditionelle Philosophie deklarieren darf. Doch die zugrundeliegenden 'philosophischen Ansichten' werden von der Naturwissenschaft selbst in der Regel nicht erkannt, oder vergessen, schon weil der "Geist der Wissenschaft im Theil, nicht im Ganzen mächtig" ist (MA I,6): "Die abgetrennten *kleinsten* Gebiete der Wissenschaft werden rein sachlich behandelt", wohingegen die "allgemeinen großen Wissenschaften", die Philosophie als Antagonist der Einzelgebiete, nach dem "wozu? zu welchem Nutzen?" fragen müssen (l.c.). Philosophie, wie sie Nietzsche zumindest in der Baseler Zeit noch verstand, will wie die Kunst "dem Leben und Handeln möglichste Tiefe und Bedeutung geben"; die Naturwissenschaft sucht nur – so ihre Selbsteinschätzung – "Erkenntnis und nichts weiter – was dabei auch herauskomme"[22]. Beide aber werden, das ist ihre "optimistische Täuschung", "von der Logik tyrannisiert", die Nietzsche andernorts als die 'Krankheit des Seins' diagnostiziert hat. Nun kann Logik selbst ein tyrannisches Instrument werden, vom Wissenschaftler zur Machtausübung über Natur und Menschheit gehandhabt. Soweit dies gelingt – und die, produktiven wie kontraproduktiven, praktischen Erfolge im Manipulieren der Um-Welt beweisen es –, bestätigt sich der von Nietzsche entdeckte, allen naturwissenschaftlichen Grundkonzepten (auch) zugrundeliegende Macht- und

---

[20] Vgl. L.B. Puntel: Einleitung zu Nicholas Rescher: Die Grenzen der Wissenschaft. Stuttgart 1985. S. 7-48.

[21] Weizsäcker 1983, S. 82.

[22] Daß die moderne Physik und 'normal science' längst nicht mehr vom puren Erkenntnisdrang getrieben wird, wird von den Nachdenkenden ihrer Vertreter klar gesehen: nicht erst die angewandte Wissenschaft, sondern schon die Grundlagenforschung ist von den technischen Manipulationsmöglichkeiten und

Herrschaftswille des Menschen, den Bacon noch in aller Unschuld der erwachenden Wissenschaft anempfahl[23].

Auf den der Naturwissenschaft inhärierenden Machtwillen mußte Nietzsche schon aufgrund seiner eigenen, nihilistischen Erkenntnistheorie stoßen. Aus der logischen Unbegreifbarkeit des Seienden (bzw. Werdenden) schloß er, wie Gorgias, daß *nichts ist*; daß, wenn etwas wäre, es dem Menschen unbegreifbar und nicht mitteilbar sein muß: aus welchen Annahmen Nietzsche wie Gorgias die Konsequenz ziehen, daß alles *geschaffen* werden muß. So wie sich (der platonische) Gorgias von einer nach Erkenntnis und Mitteilung strebenden Philosophie ab- und der Rhetorik als einer "Kunst der Seelenlenkung durch Worte" zuwandte (Platon, Phaidros 261 a), einer schöpferischen Machtausübung – in ähnlichem Sinne entwickelte Nietzsche eine Lehre vom Willen zur Macht, um mit Mitteln der "Kunst" (und auch die Naturwissenschaft hat zu ihrem Wesen die Kunst) den drohenden Nihilismus zu überwinden. Wenn es keine Tatsachen gibt, so gibt es doch machtvolle Interpretation; wenn unsere Erkenntnisbegierde vor dem Nichts steht (in der sinnentleerten Wissenschaft), so können wir immer noch "die Welt *begreifen*, die wir selbst *gemacht* haben"[24].

Aus dem Machen, das vom Machtstreben dominiert ist, resultiert schließlich Nietzsches ambivalente Haltung zur Naturwissenschaft überhaupt: einerseits der Lobpreis der wissenschaftlichen Methode, des 'wissenschaftlichen Geistes', der das "instinktive Mißtrauen gegen die Abwege des Denkens" wecken (MA I, 634 und 635) und jeden Glauben an letzte, endgültige Wahrheit zerstören soll; andererseits die Entlarvung ihrer täuschenden, verdinglichenden, ein falsches 'Sein' vorgaukelnden Begriffe. Aber es läßt sich, mittels ihrer Methode, eine Macht über die Natur (und den Menschen) gewinnen: ein zweischneidiger Triumph, eine Ambiguität, die Nietzsche selbst nach der Aufhebung aller Moral und Proklamation des janusgesichtigen, also

---

dem massiven Eingriff in die Natur bestimmt, meint der Heisenberg-Schüler H.-P. Dürr: "Naturwissenschaft heute ist nur noch zu einem verschwindend kleinen Teil auf Erkenntnis und Wissen im eigentlichen Sinne orientiert. Ihr Hauptinteresse gilt der Anwendung, dem know-how, der Manipulation natürlicher Prozesse zur Erreichung bestimmter, gewollter Zwecke." (H.-P. Dürr: Das Netz des Physikers. München 1988. S. 9. Und S. 11:) Die Wissenschaftler, die von ihrem Elfenbeinturm aus die Welt täglich einschneidend verändern, sprächen "in ihrer Mehrzahl immer noch von Erkenntnissuche, von faustischem Drang und von Befriedigung natürlicher Neugierde, sie bezeichnen ihr Tun als 'Wissen'-schaft, wo dieses doch eigentlich schon lange zur 'Machen'-schaft geworden ist."

23 Für den realen Herrschaftswillen der abendländischen Naturwissenschaft (mit deren technologischer Hilfe erst die übrige Welt erobert werden konnte) und seine Mitverursachung heutiger Ungleichheiten ist der Vertreter eines 'Entwicklungslandes' sensibler als der europäische Wissenschaftler. Abdus Salam, aus Pakistan gebürtiger Nobelpreisträger für Physik, sprach 1975 vor Stockholmer Studenten über die Verschiedenartigkeit kultureller 'Monumente' Indiens zur Mogulzeit und Englands zur Zeit von Newtons 'Principia' - und den Folgen heute; Newtons (und anderer) Leistung, der Ansatz der neuen Wissenschaft, erwies sich als eminent praktisch; er war Voraussetzung für die seit 300 Jahren wachsende Ungleichheit, die "heute Untermenschen aus uns macht". (Zit. bei H. Pietschmann: Das Ende des naturwissenschaftlichen Zeitalters. Wien/Hamburg 1980. S. 25).

24 Jenseits von 'Wahr' und 'Falsch' kann die Wissenschaft als gaya scienza dem Willen zur Macht, hier als großes Erziehungsmittel, dienen - als rhetorisches Überwältigungs- und Selbstüberredungs-Mittel. (So wird Nietzsche selbst, seit der Propagierung der Wiederkehrdoktrin ab 1881, nach Lou Andreas-Salomés Worten, dazu "verleitet, die ihm fehlende theoretische Grundlage gewissermaßen hinzuzudichten..., als gelte es, den verschiedensten Wissensgebieten die Beweise für die Richtigkeit seines schöpferischen Gedankens zu entnehmen": Lou Andreas-Salomé 1894, S. 143). Zum Vergleich

auch 'gewalttätigen' Übermenschen[25] heraufbeschwört, und die paradigmatisch ist für die ethische Indifferenz der Wissenschaftspraxis.

Nietzsches mit Gorgias s. Maria Bindschedler: Nietzsche und die poetische Lüge. Berlin 1966, S. 12 f. - Die Kennzeichnung Nietzsches als 'Sophisten', die bei Löw 1984, S. 4, "in keiner Hinsicht abwertenden Charakter" haben soll, kritisiert Politycki 1989, für den auf Gorgias "das Klischee des Sophisten als reinen Rhetorikers wohl eher" zuträfe. - Damit ist aber die Nietzsche durchaus nahestehende Problematik bei Gorgias nicht getroffen. (Der außerplatonisch überlieferte) Gorgias trifft (in der 'Lobrede auf Helena') eine genuin philosophische Aussage zum Dualismus von Pathos und Logos; es geht ihm um die Beziehung zwischen dichterischem und rationalem ('wissenschaftlichem') Sprechen, beides bezogen auf den kósmos der Polis, auf die Ordnung aller menschlichen Handlungs- und Seinsbereiche, von der 'politischen' bis zur philosophischen 'Ordnung': wie Ernesto Grassi: Macht des Bildes - Ohnmacht der rationalen Sprache, 1970, S. 147-155 herausgearbeitet hat.

25 Vgl. W. Müller-Lauter 1971. - Dem 'gewalttätigen' Übermenschen wäre 'nichts verboten' und 'alles erlaubt', was der persönlichen Machtsteigerung dient - ein 'anything goes' nicht nur der Methodik und des rhetorischen Einsatzes naturwissenschaftlicher Interpretamente, sondern auch der ethischen Konsequenzen wissenschaftlichen Tuns.

III. Kritik der Begriffe: Sprache als *vermeintliche Wissenschaft*

> Mir liegt entscheidend daran, daß der heutige Wissenschaftler einsieht, daß er nicht weiß, was er selbst sich unter einem Begriff vorstellt.
>
> C.F. von Weizsäcker[1]

Nietzsches Wissenschaftskritik ist von seiner Kritik der Sprache und des Begriffs nicht zu trennen. Eigentlicher Sprachphilosoph ist er nicht[2], aber seit WL ist die Kritik aller Begriffe ein genuiner Bestandteil und Grundlage aller Wahrheits- wie Wissenschaftskritik, die von vornherein auf Abschaffung jedes möglichen theoretischen Wahrheitsbezugs geht. Auch die Naturwissenschaft unterliegt den in der Sprache "versteinerten Grundirrthümern der Vernunft", denn "unsre ganze Wissenschaft steht noch, trotz aller ihrer Kühle, ihrer Freiheit vom Affekt, unter der Verführung der Sprache" (GM I,13), da sie die Begrifflichkeiten von Subjekt, Atomen usw., alle ihre hypostasierenden und ontologisierenden Grundannahmen, in ihrem Angewiesensein auf Sprache (einschließlich der Formelsprache) 'nicht loswird'; und Sprache tendiert immer dazu, ihre Vorannahmen unbewußt und vergessen zu machen. (Dies träfe, vorweg gesagt, in geringerem Maße auf jene problembewußten neueren Naturwissenschaftler zu, die gerade die unausweichliche Sprachbezogenheit ihres Tuns und ihrer Beobachtungen kritisch reflektieren; wohl aber auf die 'normale Wissenschaft').

Naturwissenschaft begegnet Nietzsche v.a. in Form zeitgenössischer Texte, die er als Philologe liest, der sein Metier hinter sich ließ und nicht mehr an die Wahrheitsfähigkeit der Sprache glaubt; persönliche Auseinandersetzungen mit Naturwissenschaftlern seiner Zeit hatte er wenig (Paul Rée und einige Kollegen der Basler Universität, wie den Anatomen und Zoologen Rütimeyer, ausgenommen). – Sprach- und Wissenschaftskritik sind bei ihm nicht nur eng verflochten, sondern bedingen einander, wie ein kritischer Blick auf die für Nietzsches Denken grundlegende Abhandlung 'Ueber Wahrheit und Lüge im aussermoralischen Sinne' (deren grundsätzliche Gedanken schon im Dissertationsentwurf von 1868 und Notizen seit 1869/70 vorbereitet sind) mit ihrer Kritik des 'Begriffs' zeigt: die höhere Abstraktionsstufe der Wissenschaft ist, gegenüber dem Gebrauch der Alltagsbegriffe, jeder Wirklichkeit der Dinge, bzw. hinter den Dingen, offenkundig noch ferner gerückt. Wenn wir

---

[1] C.F. v. Weizsäcker: Parmenides und die Graugans; Vorbemerkung. In: Ein Blick auf Platon. Stuttgart 1981. S. 16

[2] R. Löw: Nietzsche, Sophist und Erzieher. Weinheim 1984. S. 57-75

prinzipiell, so Nietzsches These, mit der Sprache nie das Wirkliche erreichen, dann ist Naturwissenschaft die potenzierte Illusion über die Natur.

Nietzsches Verdikt – die in WL ausgesprochene Begriffs-Kritik – trifft generalisierend die menschliche Sprache auf allen ihren Verwendungsebenen, die im übrigen nicht exakt differenziert werden. Das grandiose Vergeblichkeitspathos der ersten Sätze der Abhandlung suggeriert, neben der Kennzeichnung jeder humanen Erkenntnisbemühung als hoffnungslos ephemer, daß hier ein naturnotwendig zum Scheitern verurteilter Prozeß der 'Entartung' in der Sprache stattfinde. 'Begriffe' im umfassenden Sinne Nietzsches hat der Mensch schon lange vor der Entstehung der Schrift, der geschriebenen Literatur und gar der Philosophie im deutenden Umgang mit seinesgleichen und mit der Natur geschaffen und benutzt; der Abstrahierungs- oder auch Degenerationsprozeß, der in WL nachgezeichnet wird, geht von einer Art Urlüge aus; wie aber sollte auf sozusagen prärationaler Stufe die "Lüge" entstehen? (Ist hier ein Nietzschesches 'Ressentiment' am Werk? Moralisiert er nicht, gerade wo er 'im außermoralischen Sinne' zu argumentieren vorgibt?) Die Beschreibung schwankt zwischen der Darstellung eines geschichtlich fortschreitenden Abstraktionsprozesses und einer psycho-physiologischen (ahistorischen) Betrachtungsweise ('Umwandlung eines Nervenreizes in Bild, Laut, Wort, Begriff' etc.: Nietzsches positivistische Sicht bleibt weit hinter dem Niveau der Analyse von Sprachentstehung zurück, das mit Herder und Humboldt schon erreicht war).

Jedes naturwissenschaftliche Konzept, mag es auch seinen höchsten Präzisionsgrad in abkürzender Symbol- und Formelsprache erreichen, muß auch in erklärender, begrifflicher Sprache reformulierbar und mitteilbar sein, wobei auf die subjektiv im Alltag erfahrenen Bedeutsamkeiten zurückgegriffen werden muß; doch schon diese sind für Nietzsche nicht 'wahr': unsere Aussagen über die Natur sehen vom "Individuellen und Wirklichen" ab, die Begriffe täuschen uns Formen vor, die es in der Natur nicht gibt[3]. Natur bleibt für uns ein "unzugängliches und undefinirbares " (WL 1; KSA 1/880), eine Art Kantsches Ding an sich. (Allerdings müßten die Formen gewissermaßen doch *in* der Natur sein – wenn wir, nach Nietzsche, selber Teil der Natur sind -?) Was immer wir über die Natur aussagen, kann nur metaphorisch, metonymisch,"kurz eine Summe von menschlichen Relationen", mithin illusionär sein. Die Metaphern aber nutzen sich ab und werden "sinnlich kraftlos" (881), die "Herrschaft der Abstractionen" greift um sich, "anschauliche Metaphern (verflüchtigen sich) zu einem Schema", Bilder lösen sich in Begriffe auf – schließlich verfügen wir

---

[3] Man könnte von Nietzsches (radikalisiertem) Nominalismus sprechen; er ringt (in seiner Sprach- und Wahrheitskritik) mit einem (angeblichen) traditionellen Wahrheitsverständnis von adaequatio rei et intellectus, das schon in der klassischen griechischen Philosophie und dann wieder im späten Mittelalter/beginnender Neuzeit längst überwunden war. Meist erweist Nietzsche sich als glänzender simplificateur gegnerischer Positionen (die er zudem oft handlich vermischt). In WL attackiert er eine hausbackene 'Erkenntnistheorie', d.h. einen naiven Realismus, wie er allerdings von philosophisch unbedarften Naturwissenschaftlern und Wissenschaftsgläubigen vertreten wurde und wird. - Ockham bereits erteilte eine klare Absage an eine Abbildtheorie der Erkenntnis; die Relation von Begriff und Wirklichkeit wird von ihm als Zeichen-Beziehung interpretiert: mittels Zeichen beziehen wir uns auf extramentale Wirklichkeit (Summa Logica I 12), wobei das Denken v.a. als Tätigkeit und Spontaneität (fast wie bei Kant) verstanden wird - Erkennen ist Handeln. - Dies nur *einer* von vielen Traditionssträngen, die Nietzsche *nicht* kannte.

in der Wissenschaft über ein "Columbarium der Begriffe", und dessen artifizieller Bau "athmet in der Logik jene Strenge und Kühle aus, die der Mathematik zu eigen ist" (882). – Fraglich wäre nur, warum der menschliche Intellekt so zielstrebig, wie Nietzsche meint, "seine Hauptkräfte in der Verstellung entfaltet" (876): was auf ein *bewußtes* "Lügen" von Beginn an hindeuten würde und eine contradictio in adjecto wäre. Nietzsche kann die 'Erfindung' allgemein-verbindlicher Dingbezeichnungen und eine betrügerische "Gesetzgebung der Sprache" (877) sowie das *erst daraus* resultierende Wahrheitsinteresse (das ja schon vorausgesetzt ist) keineswegs belegen oder glaubhaft machen. Daß ein *willkürliches* "Namen-Geben" (878), ein bloßes Metaphern-*Erfinden*, zum einen phylogenetisch aus der Lebensnot der "gesellschaftlich und heerdenweise" existierenden Menschheit (877), zum anderen aus der "subjektiven Reizung" (878) als notwendiger physiologischer Naturprozeß abgeleitet wird[4], macht die Argumentation nicht schlüssiger. Das von Nietzsche als Genese der 'Lüge' und als Entfernung von den "ursprünglichen Wesenheiten"(!) charakterisierte "vollständige Überspringen der Sphäre, mitten hinein in eine ganz andere und neue", muß nicht zwingend als Abstieg, Verfall und Dekadenz begriffen, sondern kann plausibler als biologische *und* existentielle Notwendigkeit zur Sinngebung, Sinnschaffung, als Aufbau einer (biologisch *und* metabiologisch eine rechtmäßige Sonderstellung einnehmenden) menschlichen Welt, innerhalb der Natur und diese transzendierend, interpretiert werden[5].

---

[4] Die physiologistische Ableitung des 'Bildes'und der Metapher vom 'Nervenreiz' ist positivistisch im Sinne Ernst Machs; Nietzsche kannte mit großer Sicherheit frühe Schriften von und Literatur über Mach; spätere Werke finden sich in Nietzsches Bibliothek. (1887 sandte Mach einen Sonderdruck mit eigenhändiger Widmung "für Herrn Prof. Dr. Nietzsche hochachtungsvoll Ernst Mach", s. Mittasch 1952, F.N. als Naturphilosoph, S. 367. Nietzsche bat im selben Jahr seinen Verleger Naumann, ein Exemplar von GM an Mach zu senden, s. Krit. Studienausg. Briefe 8/188) - die *unmittelbare* Abhängigkeit aber der Nietzscheschen Theorien zur Metapherbildung und zur Sprachbedingtheit unserer Erkenntnis von *Gustav Gerbers* Buch: Die Sprache als Kunst, Band 1, Bromberg 1871, hat detailliert nachgewiesen Anthonie *Meijers*: Gustav Gerber und Friedrich Nietzsche. Zum historischen Hintergrund der sprachphilosophischen Auffassungen des frühen Nietzsche, in N-St. 17 (1988), S. 369-390; vgl. dazu auch die Konkordanz WL/Gerber von Meijers/Stingelin, a.a.O. S. 366-368 sowie: Claudia *Crawford*, The Beginnings of Nietzsche's Theory of Language, Berlin-New York 1988, bes. S. 199-220). - Es finden sich bezeichnende Übereinstimmungen von Nietzsches 'erkenntnistheoretischer' Position mit der positivistischen Machs. Dieser betonte unermüdlich, daß jede naturwissenschaftliche Theorie nur eine Hilfskonstruktion des menschlichen Geistes sei und man sich hüten müsse, sie als absolut und für alle Zeiten richtig anzusehen. Später findet er für seine stets vertretene Position Formulierungen, die stark an Nietzsche erinnern; sie gehören freilich zum positivistischen Credo der Zeit (Die Mechanik in ihrer Entwicklung; zuerst 1883; Leipzig 1912. Bei: Shmuel Sambursky: Der Weg der Physik. Zürich 1975. S. 609): Wir "bilden niemals die Tatsachen *überhaupt* nach, sondern nur nach jener Seite, die für uns *wichtig* ist; wir haben hierbei ein Ziel, das unmittelbar oder mittelbar aus einem praktischen Interesse hervorgewachsen ist. Unsere Nachbildungen sind immer Abstraktionen... Die Natur setzt sich aus den durch die Sinne gegebenen Elementen zusammen. Der Naturmensch faßt aber zunächst gewisse Komplexe dieser Elemente heraus, die mit einer relativen Stabilität auftreten und die für ihn wichtiger sind. Die ersten und ältesten Worte sind Namen für 'Dinge'. Hierin liegt schon ein Absehen von der Umgebung der Dinge, von den fortwährenden kleinen Veränderungen, welche diese Komplexe erfahren... Es gibt in der Natur kein unveränderliches Ding. Das Ding ist eine Abstraktion..."

[5] Die Herkunft des Wortes, der Begriffe, der Sprache ist religiöser (ritueller) *und* sozialer Natur zugleich, von Beginn an eine Gemeinschaftsleistung (diesen 'Genius der Gattung' sieht Nietzsche v.a. als die oberflächlich-dumme 'Heerden-Perspektive': s. FW 354), die erst die Evolution des Menschlichen ermöglichte; die Naturdinge wurden nicht 'von Mächtigen benannt', sondern die Natur wurde in

Die Argumentation dieser Sprach- und Erkenntniskritik setzt, uneingestanden, an sich seiende sinnliche Gegenstände bzw. an sich seiende Wesenheiten voraus, die wir im Scheitern des Erkenntnisprozesses erst verfehlen können; das 'Lügen' muß an etwas gemessen werden. Eine solche naturalistisch-objektivistische Auffassung von an sich seienden Objekten (bereits auf der sinnlichen, der aisthesis-Ebene) widerlegt schon Platon im Theaitetos[6]. Die Gegenposition zu Nietzsche wäre Kants teleologisches Prinzip a priori der reflektierenden Urteilskraft: die Welt muß als eine für die Urteilskraft faßliche, d.h. begreifbare schon vorausgesetzt werden[7].

Bedeutsamer für die Grundlagenkritik der Naturwissenschaft erscheint in WL die Entstehungsgeschichte der wissenschaftlichen Begriffe. Am Ende bleiben die Metaphern als 'leere Hülsen' übrig, "knöchern und 8eckig wie ein Würfel und versetzbar wie jener", mit denen das 'Würfelspiel' der Wissenschaft getrieben wird: ein bloß fingiertes Verstecken, Suchen und 'Finden' scheinbar objektiver Wahrheiten. Die These, daß "jedes Volk über sich einen solchen mathematisch zerteilten Begriffshimmel" und jede Kultur somit ihre paradigmatische Begriffswelt hat, erinnert an Humboldt (und an den modernen Sapir-Whorf'schen Sprachrelativismus), für den in jeder Sprache "eine eigentümliche Weltansicht" liegt, die auch kulturell-subjektive Elemente integriert – "weil erst die Verwandlung, die sie mit den Gegenständen vornimmt, den Geist zur Einsicht des mit dem Begriff der Welt unzertrennlichen Zusammenhangs fähig macht" (W. v. Humboldt, Ges. Schr. Bd. VI, 179): Sprache bezeichnet nicht einen äußeren, wahrgenommenen Gegenstand, auch nicht eine außer uns liegende 'Wesenheit' (Nietzsches implizite, aber abgelehnte Voraussetzung), sondern konstituiert eine 'menschliche Welt', die zu destruieren Nietzsche entschlossen scheint[8].

Die Konzeption der Naturwissenschaft und das in ihr liegende Drängen zu technischer Verwertung kann auch als spezifisch abendländisches, kulturell gebundenes Phänomen interpretiert werden. Nietzsche beschreibt aber eine allgemeine Degeneration eines ursprünglichen Sprechens, einer dem 'Urerlebnis' noch näheren Sprache, in eine abstrahierende, rationale Wissenschafts- und Begriffssprache: ein Prozeß, der *jederzeit* stattfinden kann – so wie die unterschiedlichen Ebenen des Sprechens simultan möglich sind –, der aber auch eine historische Entwicklung

---

Kategorien des sozialen Zusammenlebens verstanden (was eine größtmögliche, geniale Anpassung an ökologische Gegebenheiten ermöglichte - die wir heute unter Mittäterschaft einer sich verselbständigenden Natur-Wissenschaft verloren haben); und im sozialen Leben der frühen Menschheit - dies kann als gesicherte Erkenntnis anthropologischer Forschung gelten - dominierte *in der Regel nicht* der Stärkste oder Klügste, wie es sich in Nietzsches zoologischer Perspektive darstellt, sondern die Gemeinschaft: "Voraussetzung für die Anerkennung durch die Gruppe waren sozial erwünschte Eigenschaften wie Großzügigkeit und Bescheidenheit, nicht körperliche Stärke und Intelligenz." Siehe hierzu J. Herbig: Im Anfang war das Wort. Die Evolution des Menschlichen. München, Wien 1984. Hier S. 288 f.

6 Ernesto Grassi: Vom Vorrang des Logos, München 1939, v.a. S. 75-142.

7 Löw 1984: Nietzsche, Sophist und Erzieher S. 37 f.

8 Zum Vergleich der Sprachtheorien Humboldts und Herders mit Nietzsches siehe R. Thurnher: Sprache und Welt bei Friedrich Nietzsche. In: N-Stud. 9 (1980), S. 38-60. Was "bei Herder und Humboldt als Sternstunde der Menschwerdung gefeiert wird, ist bei Nietzsche bloßer *Ausdruck physiologischen Zwangs*" (S. 48).

durchgemacht hat. Am Beginn der neuzeitlichen Naturwissenschaft stand nicht nur eine neue Art, die Dinge zu sehen und über die Natur zu reden, sondern auch der Wille, sie bestimmten experimentellen Situationen auszusetzen. Diese Summe geschichtlicher Handlungen, als eine bewußt-freiwillige, nicht naturwüchsig-zwangsläufige "Urstiftung" (Husserl) des naturwissenschaftlichen 'Paradigmas', bekommt Nietzsche weder in WL noch später recht eigentlich in den Blick. – Auf eine im Wissenschaftsbetrieb stets lauernde reale Gefahr verweist jedoch Nietzsche: daß der wissenschaftstreibende Mensch "jene primitive Metaphernwelt" vergißt und an "reine Objekte" (883) seines Tuns, an exakt faßbare Dinge als 'Wahrheiten an sich' zu glauben beginnt. In wissenschaftlicher Begriffsgläubigkeit vergißt sich der Mensch als *"künstlerisch schaffendes* Subjekt"; der rationale Weltentwurf ist aber eine ganz spezielle, eingeschränkte "Weltperception" (884): die Frage nach deren Richtigkeit, meint Nietzsche, sei sinnlos, da kein Maßstab vorhanden sei, an dem zu messen wäre.

Der Prozeß der Verwissenschaftlichung geht nach Nietzsche gleichsam naturwüchsig vonstatten, der Forscher arbeitet wie die Biene an den Zellen an seinem Begriffs-Columbarium, um die ganze empirische, d.h. aber anthropomorphe Welt darin einzufangen: "An dem Bau der Begriffe arbeitet ursprünglich... die *Sprache*, in späteren Zeiten die Wissenschaft" (886; siehe auch den Aph. MA I, 11: "Die Sprache als vermeintliche Wissenschaft"). Der Wissenschafts-Gläubige sucht im Grunde nur Schutz vor den "furchtbaren Mächten, die fortwährend auf ihn eindringen, und die der wissenschaftlichen Wahrheit ganz anders geartete 'Wahrheiten'... entgegenhalten". Wissenschaft hat die Funktion der Angstabwehr und verleiht ein trügerisches Sicherheitsgefühl[9], was es gerade dem Nutznießer einer perfektionierten technologischen Umwelt so schwer macht, deren Störanfälligkeit und mitunter dehumanisierenden Auswirkungen einzugestehen.

Ein äußerer Widerspruch scheint zunächst zu bestehen zwischen naturwüchsiger Entstehung von Wissenschaftssprache und der (in WL erst angedeuteten, vom späteren Nietzsche akzentuierten) bewußten *Setzung* der Begriffe und Kategorien durch einzelne 'Mächtige'; ein Widerspruch, der sich löste, wenn diese Setzung selbst als quasi-biologischer Willen-zur-Macht-Prozeß verstanden ist. "Die Mächtigen sind es, welche die Namen der Dinge zum Gesetz gemacht haben, und unter den Mächtigen sind es die größten Abstraktions-Künstler, die die Kategorien geschaffen haben." (N. Sommer 1886 – Frühjahr 1887 6 [11]). Die Entdeckung des zugrundeliegenden Herrschaftswillens in den naturwissenschaftlichen Grundkategorien sieht ja Weizsäcker als den originären Beitrag Nietzsches zur Erkenntnistheorie – die objektivierende wissenschaftliche Sehweise vermag in der Tat zu einem enormen Machtzuwachs zu verhelfen. Daß Macht über die Natur, die Bacon noch naiv-selbstherrlich proklamiert hat, politische Herrschaft über Menschen im Gefolge hat (die wir ethisch wiederum anders werten als Nietzsche), zeigt vielleicht am schärfsten der Zusammenhang zwischen Herrschaft über Natur, wie sie von der europäischen Wissenschaft ausging und -geht, und der letztlich auf technologische

[9] Hierzu F.G. Jünger: Die Perfektion der Technik. Frankfurt 1946.

Überlegenheit sich gründenden Dominierung der sogenannten Entwicklungsländer. Seit Beginn der frühen Neuzeit brach eine westliche 'Nomenklatura' mit technologischer Brachialgewalt in hochentwickelte fremde Kulturen ein: "Tatsächlich zeigt die Berherrschung der Natur, wie sie heute im Westen und in allen Ländern, die sich der naturwissenschaftlich-technologischen Fortschrittsspirale verschrieben haben, Wirklichkeit geworden ist, wie praktisch sich der Ansatz der neuen Wissenschaft erweisen sollte"[10].

Den "Trieb zur Metapherbildung" sieht Nietzsche als einen "Fundamentaltrieb des Menschen" an (WL 2, KSA 1/887). Die "furchtbaren Mächte" aber, die auf den Menschen eindringen, vermag er mit den verblaßten, leeren Begriffen und Abstraktionen der Wissenschaftsmetaphern allein nicht zu bannen. Im letzten Abschnitt von WL stellt Nietzsche der Welt der Wissenschaft, mit ihrem "ungeheuren Gebälk und Bretterwerk der Begriffe" (888), die Welt der Kunst, des Mythos und des Traumes entgegen. Damit ist einerseits gesagt, daß unser von wissenschaftlichen Abstraktionen und Rationalisierungen durchdrungener Alltag ebenfalls das 'mythische' – wenngleich dürftigere – Weltbild von Wach-Träumenden ist (was an moderne 'anarchische' Wissenschafts-Theorien denken läßt). Andrerseits überkommt den Bewohner des "Landes der gespenstischen Schemata, der Abstraktionen" (888/89) zuzeiten die "Begierde", diese Welt der technologischen Vernunft irrational zu durchbrechen, die "alten Begriffsschranken" zu verhöhnen und zu zertrümmern (889): der jederzeit drohende 'vertikale Einfall der Barbarei', den Ortega y Gasset im 'Aufstand der Massen' beschreibt. Der rationalistische Mensch der Abstraktion und der "intuitive Mensch" stehen sich nach Nietzsche dann antagonistisch, wie Vertreter 'zweier Kulturen', gegenüber[11].

Nur der künstlerischen Inspiration, dem (musikalischen!) 'tragischen Kunstwerk' traut Nietzsche die Fähigkeit zu, die Wirklichkeit des 'Ur-Erlebnisses' zu erreichen, und nur der "Kunst, die in ihrem ekstatischen Rausche die Wahrheit sprach", denn dort, "in der Selbstvergessenheit der dionysischen Zustände gieng das Individuum mit seinen Grenzen und Maaßen unter" (Die dionys. Weltanschauung 2. Juni – Juli 1870. KSA 1/565 f.). Die Sprache (die kategorisierende der Wissenschaft insbesonders) aber erreicht nicht die Fülle des 'Lebens', sie hat keine 'magische Kraft', wie die Romantiker glaubten, und steht nicht vor oder über dem diskursiven Denken, es gibt ja *"keine aparte Philosophie, getrennt von der Wissenschaft: dort wie hier wird gleich gedacht"* (N. Sommer 1872 – Anfang 1873 19 [76]). *Was* durch den metaphorisch-verfälschenden Charakter der Begriffe und Kategorien genau *nicht* erreicht wird, vermag Nietzsche nicht zu bestimmen, wie A. Schmidt feststellt: "Das andere, das die Begriffe zu erfassen suchen und wovon sie ohnmächtig abgleiten: die Fülle dessen, was Nietzsche 'das Leben' nennt, partizipiert an dieser brüchigen

---

10 H. Pietschmann: Das Ende des naturwissenschaftlichen Zeitalters (1980). Frankfurt/Berlin 1986. S. 25.

11 Diese verschiedenen Typen finden sich auch innerhalb der scientific community - z.B. den (seltenen) sein Tun reflektierenden Physiker, und den massenhaft auftretenden, positivistischen Wissenschaftsarbeiter als bedenkenlosen Protagonisten einer entfesselten Forschung (rund eine halbe Million hochqualifizierter Naturwissenschaftler sind überwiegend für die 'Verbesserung' der Rüstungstechnologien tätig!).

Dialektik als eine Größe, die sich logischer Fixierung auf ewig entzieht", so wie seine Prämisse des unendlichen Werdens; dieser Heraklitismus aber sei selbst eine, zwar Hegel verwandte, dogmatisch-metaphysische These, doch ohne höhere 'Vernünftigkeit'[12] in einer Bewegung reflektierenden Denkens.

Nietzsche legt Sprache auf isolierte, statische Begrifflichkeit fest, der er nur Erstarrung und Unfähigkeit zuschreibt, das 'Leben' zu fassen oder zu begreifen; niemals sieht er sie als ein lebendiges Sprechen, als einen Prozeß oder Vollzug, als Dialog oder kommunikatives Geschehen, stets geht er vom Gedachten, vom Geschrieben-Fixierten aus – die unglücklichere Seite seines Philologentums. Begriffe sind 'Schemata', als solche die "*gröbsten Annahmen* und Erdichtungen" (N. Frühjahr – Herbst 1881 11 [335]), sie "sind gleichzeitig mit dem Intellekt und er hat sein Wesen danach gemodelt"; was mittels Begriffen 'erkannt' wird, kann schon nicht mehr das Wirkliche sein. Ein begründetes, wenn auch nicht begründbares (Vor-)Wissen dessen, was wir immer schon meinen, wenn wir (z.B.) über Natur sprechen, ein Denken/Konstituieren von Wirklichkeit im *Vollzug* logisch-sprachlicher Prozesse, eine existentielle Funktion der Sprache beim Aufbau der menschlichen Welt lehnt Nietzsche ab. Die Sprache tritt immer schon als *Folge*, nicht als Ursache einer Dualität zwischen Mensch und Natur (bzw. in der Natur des Menschen selbst) auf – die eben durch die Nötigung zu Aussagen überwunden werden soll; dieser 'Nötigung' kann der Mensch entsprechen in bildhaft-zeigender, hinweisend-semantischer Rede (das ursprünglichere, archaische Sprechen!) oder in der erst später sich daraus entwickelnden rationalen Sprache. Diesen Unterschied läßt Nietzsche außer acht: auch das rationale (philosophische oder wissenschaftliche) Sprechen kann, eben in der Notwendigkeit, der Nötigung, seine Prinzipien je zu suchen, seine Herkunft aus dem ursprünglichen archaischen Sprechen 'jenseits von Wahrheit und Lüge' nicht verleugnen. Die Differenz zwischen der 'Kunst', der poetischen Bilderrede und rationaler, abstrahierender Wissenschaftssprache, deren Gegensatz, den der jüngere Nietzsche intensiv erlitt, wird bald von ihm totalisierend gegen die Wahrheitsmöglichkeit von Sprache überhaupt gewandt. Lügt die Sprache an sich? Aber die poetische Bilderrede, ein wirklicher Dialog zwischen zwei Menschen, oder ein wissenschaftlicher Text 'lügen' auf sehr verschiedene Weise, und im gelingenden Normalfall überhaupt nicht. Nietzsches Sprachkritik ist Ausdruck einer grundsätzlichen Verneinung von "Kommunikation" – von zwischenmenschlicher, auch rational möglicher (denn das Rationale ist nur *ein* möglicher Weltentwurf) Kommunikation bzw. aller nur denkbaren kommunikativen Sprachfunktionen als *sinnvolle*. Die

---

12 - da, trotz der Übereinstimmung mit Hegel in der Identität von Denken und Sein, das 'Sein' selbst nur eine völlig fiktive Abstraktion aus dem "Leben" ist; 'Denken' ist nur Schein und "eröffnet die ontologische Dimension des Irrtums". Vgl. hierzu Spaemann/Löw: Die Frage Wozu? München 1985. S. 203-208 (hier S. 206). N. November 1887 - März 1888 11 [113]: "'Denken', wie es die Erkenntnißtheoretiker ansetzen, kommt gar nicht vor: das ist eine ganz willkürliche Fiktion, erreicht durch Heraushebung Eines Elementes aus dem Prozeß und Subtraktion aller übrigen" etc.: damit hebt sich jede (naturwissenschaftliche, philosophische) Wahrheit selbst auf. - Nietzsches Fixierung der Sprache auf statische Begrifflichkeit widerspricht seinem programmatischen 'Heraklitismus': selbst die Erzeugung der *Illusion* eines Seienden wäre nicht erklärbar im reißenden Fluß des absoluten Werdens.

Sinnlosigkeits-Erklärung ist Nietzsches, auch subjektiv-biographisch bedingte, Vorannahme, ein Vor-Urteil (wenn es erlaubt ist, bei dem existentiell-experimentellen Denker die durchschimmernde 'Personalacte' einzubeziehen); ihm ist das Gemeinsame und Kommunikative, Gemeinschaftsstiftende jeden Sprechens geradezu der Beleg seines "lügend"-verfälschenden Charkaters. Doch – "Wahrheit ist, was uns verbindet", wie K. Jaspers sagt[13].

Nietzsches Sprachkritik ist im Grunde destruktive Kritik philosophischer Abstraktion (wie sie Herder, ohne Nietzsches nihilistische Tendenz, vorwegnahm: "dort, wo die Anschauung fehlt, wo der Begriff abstrakt und leer wird..., kann die Sprache zum Trugbild und Vexierobjekt werden": Herder, Metakritik zur Kritik der reinen Vernunft. Werke XXI 122) und trifft zweifellos die Verengungen, den Welt- und Phänomenverlust des naturwissenschaftlichen Sprechens, wenn es sich seines ausschnitt-wählenden Charakters nicht mehr bewußt ist. Insofern zieht Nietzsches Begriffskritik naturwissenschaftliche Grundkonzepte zurecht fundamental in Zweifel. Nur: zu unrecht generalisierend, postuliert er die Verlogenheit *aller* ephemeren menschlichen Versuche, mit der Wirklichkeit – deren Teil der Mensch ja ist – sprachlich, rational oder metaphorisch, umzugehen.

Auch der 'vernichtende' Charakter des Alls, der Natur, wird schlechthin postuliert (eine Haltung des 'tragischen Pessimismus', schon in GT 8, die den 'Contrast' zwischen der grausamen 'Naturwahrheit' und der "sich als einzige Realität gebärdenden Culturlüge" setzt). Wenn die Entstehung der Sprache nur aus Angstabwehr (WL 2 KSA 1/886) und damit letztlich auch die Herausbildung der gesamten Begriffswelt der Wissenschaft aus einer Existenznot und -angst erklärbar sein soll – warum muß dann die Metapher (die sicher *auch* einen Charakter der biologischen Nötigung hat) von vornherein ausschließlich den Charakter der 'Lüge' tragen? In der Not-wendigkeit der metaphorischen Tätigkeit des Menschen, aus der Nötigung zum Welt-Entwurf in und mit der Natur (Nietzsche: "ächte Wissenschaft" ist "Nachahmung der Natur in Begriffen": MA I 38), könnte auch gegen Nietzsche der Ansatz zu einer gesicherten Begründung und ständigen schöpferischen Neugestaltung menschlicher Wirklichkeit gefunden werden. Nicht in der Sprachabhängigkeit der Wissenschaft liegen ihre Gefahren des Mißbrauchs, sondern im Vergessen dieser ihrer Sprachbestimmtheit.

Nietzsche erkennt keine reale Beziehung zwischen Worten bzw. Begriffen und der wirklichen Welt an, weil er stets mit einer schon implizit geforderten logischen Entsprechungsfunktion der Sprache hinterm Busch hält – gewissermaßen seine metaphysische Vorentscheidung; so stellt er Wort und Begriff bereits reduktionistisch, eingeengt und isoliert dar, etwa als 'Abbildung eines Nervenreizes in Lauten' – physiologisch und philosophisch ein stark verkürzender, übereilter Denkschritt, den er Ernst Mach und den zeitgenössischen Positivisten nachtut. Als einzige Beziehung zwischen Wort und wirklicher Welt bleibt das Metaphorische, dem Nietzsche kaum eine mimetische oder symbolische Repräsentations-Fähigkeit zutraut: es ist eine nur mangelhafte, defiziente Übersetzung in eine 'ganz fremde Sprache'. Für die

---

[13] Karl Jaspers: Der philosophische Glaube angesichts der Offenbarung. München 1962. S. 150.

metaphorische Tätigkeit bedarf es nach Nietzsche "einer frei dichtenden und frei erfindenden Mittelsphäre und Mittelkraft", und er suggeriert nun, diese im Menschen tätige Kraft oder Sphäre sei von purer Willkür und bloß illusionärer schöpferischer Laune dirigiert; dadurch erscheint der 'verlogene' Mensch als hoffnungslos getrennt von der Natur (demgegenüber wäre, z.B. anhand der Aristotelischen Interpretation von physis, zu zeigen, wie unser Sprechen von der Natur immer schon bei den Dingen *ist*[14]). Nietzsche, in seiner Totalisierungstendenz, benennt wohl die Gefahr, die in jedem formalisierten, dogmatisch-autoritären Gebrauch von Sprache liegt, verabsolutiert jedoch eine *mögliche* Degeneration des Sprechens: insofern historisch oder individuell das Abgleiten und Gefangensein in habitualisierten Wortritualen eine ständige Bedrohung ist, kritisiert er unsere Gewöhnung an eine verarmte verobjektivierende Wissenschaftsprache.

In Nietzsches Behauptung, wir erkennten nur die relative 'Wahrheit' des Punktezählers im Würfelspiel der Begriffe, liegt – J.P. Stern hat darauf hingewiesen[15] – "immer schon ein Hinweis auf das Gegenteil – auf eine ganz andere, reichere Art von Wahrheit – verborgen". Nietzsche scheint aber *von* der Sprache das zu fordern, was sie eben *nicht* leisten kann, "die Lösung des Rätsels des Lebens in Raum und Zeit" (Wittgenstein, Tract. 6.4321). – Der Aufweis des nihilistischen Grundzuges von Nietzsches Sprachkritik belegt, daß seine apriorische Skepsis sich nicht gegen die sprachabhängige Naturwissenschaft allein richtet, sondern gegen jedes denkbare 'Wohnen' in einem sprachlichen 'Haus des Seins', gegen *jede* Möglichkeit, *irgendeine* gemeinsame rationale Struktur (eine Gemeinsamkeit der 'logischen Form', wie Wittgenstein, Tract. 2.2 sagt) von Mensch und Welt zu finden. Nietzsche verlangt eine repräsentative oder 'referentielle' Funktion von sprachlichen Begriffen, die keine Alltags- oder Wissenschaftssprache leisten kann und will. Die Naturwissenschaft findet nicht 'die Wahrheit', sondern sie schafft eine "Sprechart" und "bleibt eine Bilderrede" (N. Frühjahr – Herbst 1881 11 [128]); sie ist aber kein isoliertes System ganz außerhalb der Wirklichkeit einer 'Lebensform' (im Sinne Wittgensteins, Philos. Unters. I § 241), wenngleich ein immer restringierender Entwurf. Eine 'Lebensform' ist die Wissenschaft, insofern sie 'Dinge mit Worten *tun kann*' (und andere, sehr wesentliche Dinge, *nicht* kann).

Nietzsches (Vor-)Entscheidung gegen jeden Wahrheitsbezug entstammt einer Argumentationsweise, die – wie R. Löw aufweist – "letztlich selber nicht wahr sein, sondern überzeugen soll"[16]. Alle wissenschaftlichen Begriffe und Sätze, daran hält Nietzsche fest, haben nicht nur hypothetischen, sondern verfälschend-fiktiven Charakter und keinen Wirklichkeitsbezug; er ließe also die Vorsicht des heutigen Naturwissenschaftlers, seine Aussagen als 'nur hypothetisch' zu verstehen, nicht gelten; sein Unglaube ist bei weitem fundamentaler: er hätte auch die Rückführung und Verankerung der modernen Wissenschaftssprache im alltäglichen Sprechen und damit in der je erfahrenen bzw. erfahrbaren Wirklichkeit (bei Heisenberg oder

---

[14] Vgl. hierzu W. Wieland: Die aristotelische Physik. Göttingen 1962.
[15] J.P. Stern: A Study of Nietzsche (1978). Dt.: Nietzsche. Die Moralität der äußersten Anstrengung. Köln-Lövenich 1982. S. 318.
[16] R. Löw 1984: Nietzsche, Sophist und Erzieher. S. 24.

Weizsäcker) als irrelevant und nicht stichhaltig abgetan. Die Charakterisierung der Sprache als ein aus der Lebensnot geborenes Simplifizierungs- und Fälschungsinstrument, die Gleichsetzung von Sprache mit Lüge – Sprache gilt ihm geradezu als die 'ontologische Dimension des Irrtums'(R. Löw[17]) – geht der Wissenschaftskritik immer schon voraus: alle späteren Entlarvungen von Wissenschaftskonzepten als Fiktionen rühren von dieser Einschätzung der sprachlichen Ur-Lüge her, sind Konsequenz und Radikalisierung der frühen Sprachkritik.

Nietzsches Postulat von Beginn an, dem Menschen und der von ihm geschaffenen Sprache jeden Wahrheits- und Wirklichkeitsbezug abzusprechen, macht seine Sprachkritik, betreffe sie nun die Alltags- oder die Formelsprache der Physik, auf *ihrer* Ebene unangreifbar; sie erscheint aber auch als Zirkel, den wir nur durchbrechen, wenn wir diese Prämissen selbst infragestellen und die *Vor*entscheidung *nicht* mitvollziehen. Wenn ab initio eine 'absolute' Entsprechung von Begriff und Wirklichkeit gefordert ist, die Wörter aber (als knöcherne Würfel!) atomisiert und partikularisiert werden, d.h. wenn die Sprachgestalt 'von außen' als rein formalisierte betrachtet wird, dann kann die Sprache in keiner Form mehr ein bewegliches, schöpferisches Mittel der Wirklichkeitserschließung sein; dann hat sie, kurzgeschlossen, nichts mehr 'mit den Dingen gemein', und dann bleibt jedes reflektierende und wissenschaftliche als sprachgebundenes Bemühen ewig 'getrennt von aller Wahrheit'. Dann ist aber auch ein statischer, jenseitig-unerreichbarer Wahrheits- und Wirklichkeitsbegriff als Maß gesetzt, der jede *Intention* auf Wahrheit prinzipiell vereitelt bzw. als vergebliches Wahrheitspathos abtut. Nietzsche kritisiert bereits die Umgangssprache, die Sprache, die wir schon vor aller Wissenschaft sprechen, in der (wie gegen Nietzsche vorzubringen wäre) immer schon Wirklichkeit gefaßt ist; er kritisiert mit Argumenten, die zweifellos auf später entwickelte, daraus erst abgeleitete, echt formalisierte Wissenschaftssprachen zuträfen (zumindest dann, wenn die Wissenschaftssprache als einzig adäquates Audrucksmittel für eine 'wahre' Beschaffenheit der Dinge in der Welt verstanden würde). Die natürliche Sprache ist aber – das haben Physiker wie Heisenberg und Weizsäcker stets betont – die unerläßliche Voraussetzung für jede differenzierte naturwissenschaftliche Erkenntnis. Die Wissenschaftssprache wächst aus jener heraus und wird durch sie immer wieder korrigiert. Nur im mathematischen Schema, sagt Heisenberg[18], können Begriffe "scharf definiert werden im Hinblick auf ihre Verknüpfung", und auch hier nicht 'absolut'.

Hier kehrt, auf höherer Präzisionsstufe, Nietzsches Einwand gegen die begriffliche Erkennbarkeit der Natur wieder, wie er ihn schon im Dissertationsentwurf (Musarion-Ausgabe Bd. 2/280) formulierte (als Folgerung aus Kants Satz: "Nur so viel sieht man ein, als man nach Begriffen selbst machen kann"): "Also kann man nur das Mathematische vollständig einsehen. Im Uebrigen steht man vor dem Unbekannten. Dies zu bewältigen erfindet der Mensch *Begriffe*, die aber nur eine Summe

---

[17] R. Löw, a.a.O. 52.

[18] W. Heisenberg: Physik und Philosophie. Berlin 1968. S. 71.

erscheinender Eigenschaften zusammenfassen, dem Ding aber nicht auf den Leib rücken"[19].

Nietzsches sprachskeptische Argumente sind aber geeignet, jenen Irrtum anzugreifen, irgendein "geschlossenes System von Definitionen und Axiomen" könne die reale, endgültige Beschreibung oder gar das Abbild einer "ewigen Struktur der Natur", raum- und zeitunabhängig, sein (gegen diesen Glauben wendet sich auch Heisenberg). Gegen jede formalisierte Kunstsprache läßt sich der Gödelsche Satz einwenden (im übrigen ließen sich Folgerungen aus dem Gödelschen Theorem auch auf Nietzsches Sprachkritik anwenden); die einheitsstiftende Metasprache der objektivierenden Wissenschaftssprache kann nur die Umgangssprache sein, in der jeweils schon eine 'Intention auf Wahrheit' gegeben ist – unabhängig von ihrer grammatischen Struktur (wie zum Beispiel dem Subjekt-Prädikat-Schema des griechischen oder allgemein indogermanischen Aussagesatzes). Exakt diese Intention auf Wahrheit leugnet Nietzsche, als ein "götterstürzender sprachrelativistischer Gigant"[20]. Weizsäcker bemerkt hierzu, 'im Vorfeld' einer Sprach- und Naturphilosophie: "Die Sprache, die man spricht, bewegt sich gleichsam immer schon im Medium der Wahrheit. Wäre das nicht so, so wäre keinerlei Wissenschaft möglich. Sie bewegt sich aber nicht so im Medium der Wahrheit, daß sie uns eine garantierte oder sogar absolute Wahrheit gewährte, sondern sie bewegt sich so im Medium der Wahrheit, daß sie uns ermöglicht, tiefer in die Wahrheit einzudringen als zuvor"[21].

Die Sprache ist selber die Grundlage, *das* Grundkonzept aller Naturwissenschaft; wenn dieser eine partikuläre, abstrahierende, nur innerhalb festgelegter Grenzen gültige Erkenntnismächtigkeit zukommt, dann nur auf dem Grund der Rückführbarkeit *auf* und Interpretationsmöglichkeit *durch* die Alltagssprache. Nur vergaß sie diese Abhängigkeit allzuoft und hielt ihre Formalismen, die stets nur einen Teilaspekt des

---

19 Heutige Naturwissenschaft, v.a. die moderne Atomphysik, 'rückt den Dingen auf den Leib', ohne sie begrifflich zu verstehen, d.h. auch: ohne exakt zu wissen, was sie tut; und das in "Erfahrungsbereichen" weit jenseits aller Erfahrung, in denen das Modell des 'Dings' oder 'Gegenstands' (auch im Kantischen Sinne) nicht mehr gilt (vgl. hierzu Heisenberg, Der Teil und das Ganze. Gespräche im Umkreis der Atomphysik [1969]. München 1973. S. 147-149 sowie S. 161 f.). Alle unsere "Begriffe, mit denen wir Erfahrung beschreiben", haben dann nur einen begrenzten Anwendungsbereich; der Physiker gerät in 'experimentelle Situationen', in denen er mit den Begriffen 'Ding', 'Objekt der Wahrnehmung' etc. in Schwierigkeiten gerät. - Dies bedeutet nicht unbedingt einen physikalischen Stützpfeiler für Nietzsches These von der Fiktionalität all unserer Ding- und Objektbegriffe (und von Sprache überhaupt). Gegen Nietzsche bliebe festzuhalten, daß die Relativierung der a-priori-Begriffe und der Sprache (in der Begegnung mit dem subatomaren Bereich) keine völlige Resignation vor der Aussagefähigkeit der Sprache bedeutet (so Grete Hermann im Dialog mit Heisenberg). Z.B. können wir - dies gilt für die Physik wie im Alltag ohnehin - uns verständigen über Situationen, wo die apriorisch verstandenen Begriffe versagen bzw. revidiert werden müssen; wobei wir *in* dem Prozeß des dialogischen Sprechens "immer wieder neu lernen, was das Wort 'Verstehen' bedeuten kann" (zitiert Heisenberg S. 149 C.F. v. Weizsäcker). - Auch für die Sprache der Naturwissenschaft gilt letztlich die *Kontextabhängigkeit* der sprachlichen Begriffe und sogar der mathematischen Symbole (Niels Bohr bestand darauf). Wir müssen, bemerkt Heisenberg, "von der mathematischen Sprache zur gewöhnlichen Sprache übergehen, wenn wir etwas über die Natur aussagen wollen" (l.c. S. 162); es sei nur eine Hoffnung oder Illusion der Naturwissenschaft, es könnte später einmal gelingen, "den Wörtern einen eindeutigen Sinn zu geben".

20 C.F. v. Weizsäcker: Über Sprachrelativismus. In: Die Einheit der Natur. München 1971. S. 84-92.

21 Weizsäcker: Die Sprache der Physik. In: Die Einheit der Natur. S. 82 f.

Wirklichen zu erfassen vermögen, selbst für die alleinige und sicherste 'Wahrheit' – an diesem Punkt setzt Nietzsches Wissenschaftskritik berechtigt an der Sprache an. Sein Mißtrauen gegen die Wahrheitsfähigkeit der Begriffe indes geht ineins mit seiner vorgängigen Ablehnung jeglicher Wahrheitsintention, in der Sprache und im sprachlichen Dialog, der als möglicher Annäherungsprozeß *an* Wahrheit in seinem monologisierenden Denken gar nicht Gegenstand der Reflexion wird; hierin ist er antidialektisch und v.a. anti-platonisch. Sein 'Agon' mit Platon, als der insgeheime Kern seiner (ambivalenten) Anti-Wissenschafts-Haltung, unterliegt jedoch einem uralten Mißverständnis der Platonischen Ideen, wie es Weizsäcker in 'Parmenides und die Graugans'[22] gekennzeichnet hat: als habe Sokrates "den Begriff gefunden, Platon aber habe den Begriff zur Idee hypostasiert". Seinerseits hypostasiert vielmehr Nietzsche in seiner Sprach- und Wissenschaftskritik durchgängig eine von ihm zurechtgelegte statische Auffassung vom 'Begriff' und seiner (illusionären) 'Wahrheit' und setzt damit einen immer schon verfehlten objektivistischen Grund der Sprache und menschlichen Sprechens an – den er dann wiederum als Ur-Lüge decouvriert. Diese Hypostasierung der sprachlichen Wahrheit durch Nietzsche führt ihn auch zu der Anschauung, es sei kein Ausbruch aus dem erstarrten Gefüge der Grammatik, d.h. aus dem indogermanischen Sprachgefängnis möglich; er läßt aber außer acht, daß man, wenn man sinnvoll über Sprache sprechen will (und das ist in Nietzsches Wirkungsabsicht eingeschlossen), jeweils schon *mit* der Sprache über die Sachen spricht, von denen man handelt[23]. Dabei kommt es auf die relative (kulturbedingte, z.B. indoeuropäische) Abhängigkeit der jeweiligen Sprache gar nicht an, und der Hinweis Nietzsches auf die Unerreichbarkeit der (von vornherein in ein unsprachliches Jenseits versetzten) 'werdenden Welt' verfängt nicht; Sprechen und Denken sind selber 'Bewegung', und Bewegtes kann selbst nur von Bewegtem erkannt werden. Die Sachen, über die man spricht – Weizsäcker weist in einer Platon-Interpretation darauf hin – sind aber nicht hypostasierbare Ideen: Platon und Aristoteles "studierten die Sprache als Hinweis auf (werdende, bewegte) Gestalten und scheuten sich nicht, die Sprache gemäß den gesehenen Gestalten (eidos = bewegtes Bild) umzuformen"[24]. Nietzsches totalisierende Sprachkritik verfährt hingegen so, als sperre sich eine Welt der puren Faktizität (die er später als Pluralität der Willen zur Macht versteht) auf ewig jeder Erkennbarkeit durch die Vernunft, dieser "Philosophie der grauen *Begriffe*", deren "Schema... wir nicht abwerfen können" (N. Sommer 1886 – Herbst 1887 5 [22]).

---

[22] Weizsäcker: Parmenides und die Graugans. In: Die Einheit der Natur. S. 441-465. - Vgl. Löw 1984, S. 196 ff., zu 'Nietzsches Agon mit Platon'. Zur 'nicht-objektivistischen' Platon-Interpretation vgl. E. Grassi: Vom Vorrang des Logos. München 1939. - Man kann füglich behaupten, daß Nietzsche kaum zur Ursprünglichkeit von Platons Terminologie und zur wirklichen Bedeutung von Platons Ideenlehre vorgestoßen ist; *wo* hätte er sich je intensiv mit einem platonischen Text auseinandergesetzt (auch Kant kannte er nur aus Kuno Fischer, Langes 'Geschichte des Materialismus' sowie einigen Neo- bzw. Anti-Kantianern)?

[23] A.C. Danto: Nietzsche und der semantische Nihilismus. In: A. Guzzoni (Hrsg.): 90 Jahre philosophische Nietzsche-Rezeption. Königstein 1979. S. 140-154. Hier v.a. S. 152 f.

[24] Weizsäcker a.O.

Wenn ein philosophierender Naturwissenschaftler heute zu der Überzeugung kommt, die Zusammenhänge in der Natur seien "letzten Endes einfach" und die Natur "so gemacht, daß sie verstanden werden kann... Es sind die gleichen ordnenden Kräfte, die die Natur in allen ihren Formen gebildet haben und die für die Struktur unserer Seele, also auch unseres Denkvermögens verantwortlich sind"[25] – so steht dahinter die (von Nietzsche verweigerte) Einsicht, daß zum einen eine durchgehaltene Wahrheitsstruktur unseres Sprechens über Natur von der Alltags- bis in die überaus spezialisierte Wissenschaftssprache nachzuweisen ist (was nicht ausschließt, daß die Absolutsetzung fachwissenschaftlicher Teilerkenntnis unwahr wird); zum andern, daß die Entstehung und Entwicklung menschlicher Sprache überhaupt und der Wissenschaftssprache im besonderen geprägt war von einer gemeinschaftlichen Wahrheitsintention, die erst 'Lüge' und Verfehlen-können der Wahrheit erklärt und die mitgewirkt haben muß bei der gemeinsamen Auseinandersetzung des Menschen mit der Natur, mit seinesgleichen und mit sich selbst.

Auf der Grundlage einer strukturalistischen semantischen Theorie kennzeichnet A.C. Danto[26] die Nietzschesche Sprachkritik als "semantischen Nihilismus"; obwohl er dabei Nietzsche auf eine Art analytischen Philosophen zu reduzieren scheint, sollen seine Überlegungen hier einbezogen werden, da sie die Konsequenzen und Grenzen dieses Sprachnihilismus veranschaulichen. Nietzsches Argumente gegen jeden Wahrheits- oder Wirklichkeitsbezug von Begriffen, von Sprache überhaupt, basiert auf einer metaphysischen Glaubens- oder besser noch: Unglaubens-Entscheidung, nämlich auf der unbewiesenen, vorgängigen Leugnung jedwelcher 'Ordnung(en)' im Universum. Zunächst postuliert Nietzsche das sprachlich nie faßbare, nicht beschreibbare "Chaos" der wirklichen Dinge; sodann: die willkürlich vom Menschen geschaffene Pseudo-Ordnung der Sprache könne nur auf Illusionen beruhen und eine Fälschung der 'wahren Wirklichkeit' sein (ähnlich Gorgias). Diese Pseudo-Ordnung (deren 'Lügenhaftigkeit' Nietzsche sowenig wie ihre Entstehung im Menschen, als eines Teils der Natur, zu erklären vermochte) verleitet uns zu einem 'semantischen Aberglauben': die 'Tiefenstruktur der Wirklichkeit' selbst müsse 'semantischer Nautur', d.h. aber irgendwie strukturiert und geordnet sein – und zwar analog unserer Sprache und ihrer Grammatik und Syntax, ihrer Begrifflichkeit usw. Diesen Aberglauben 'entlarvt' nun Nietzsche, wie er glaubt, durch den Beweis, daß die Tendenz der 'Vernunft, *in* die wirkliche Welt Ordnungen, Einheiten, Substanzen, Dinglichkeiten etc. hineinzuprojizieren, selbst nur auf sprachimmanenten Einflüssen beruhe (siehe GD: Die "Vernunft" in der Philosophie 5). Danto sieht hierin die Nähe zur modernen analytischen Philosophie. Dieser Irrtum, sagt Nietzsche in GD, hat "unsre *Sprache* zum beständigen Anwalt" – aber die Vernunft in der Sprache ist nur "eine alte betrügerische Weibsperson!...". Ordnungen in der Natur und in den Dingen zu entdecken beruht folglich auf einem bloßen Vorurteil der Vernunft und der Sprache. Danto hält dies für eine zirkuläre Argumentation und bringt einen einprägsamen Vergleich für Nietzsches Vorgehen: Dieser meine, in seiner Sprachkritik

[25] Heisenberg, Der Teil und das Ganze, S. 123.
[26] Danto a.O. S. 152.

"die Welt von objektiven Strukturen befreit zu haben, während er in Wirklichkeit das entfernt hat, was von Anfang an nicht vorhanden war. Er ähnelt einem Mann, der beim Nachprüfen feststellt, daß die Oberfläche des Ozeans doch nicht von wirklichen Längen- und Breitengraden eingekerbt ist, und, nachdem er sich von dem Fehlen des Koordinatennetzes hinlänglich überzeugt hat, die Strukturlosigkeit der Tiefe verkündet. Dabei bleiben die Strukturen des Ozeans unberührt und die Ozeanographie genauso anwendbar wie zuvor"[27]. Womit Danto sagen will, daß die Dinge, die Natur und der Kosmos, nicht selbst unserer Grammatik, Syntax, Begrifflichkeit exakt analog (im geometrischen Sinne 'ähnlich') sein können und müssen, damit wir uns ihnen theoretisch (nicht nur praktisch-bewältigend) wenigstens annähern können; oder daß es nicht notwendig ist, wie Danto sagt: "daß die Tiefenstruktur der Wirklichkeit selbst semantischer Natur sei, damit die Sprache sie beschreiben könne."

Dantos Einwand gegen Nietzsches Sprach- und Wissenschaftskritik muß man stattgeben in genau dem Maße, wie man bestimmte Nietzschesche Dicta eng und wörtlich auslegen will: eine gewisse Beschreibbarkeit der Welt und Natur, ausreichend für den praktischen Umgang mit ihr, gesteht Nietzsche ja durchaus zu; nur haben wir in der Sprache noch nicht die "*Erkenntnis* der Welt" und mittels naturwissenschaftlicher Begriffe und Kategorien noch nicht das "höchste Wissen über die Dinge" (MA I, 11), sondern nur einen Glauben, doxa, keine 'ewige Wahrheit'.

Andrerseits verfährt Nietzsche doch quasi-dogmatisch in Formulierungen wie der, daß unsere *ganze* Wissenschaft *nur* "unter der Verführung der Sprache" stehe (GM I, 13), und ihr *nichts* in der Wirklichkeit entspreche. – Die schon im Aphorismus-Titel (MA I, 11) vorgenommene Wertung: "Die *Sprache* als *vermeintliche Wissenschaft*" wäre allerdings gegen Nietzsche zu verwenden. Die Sprache selbst kann und will noch gar keine Wissenschaft sein, wie Nietzsche unterstellt, d.h. sie bestimmt nicht, als Zwangssystem einer mit Wahrheit verwechselten 'Weltperception'[28], von vornherein und vollständig über unser Weltbild. (Die Frage nach der Richtigkeit – damit aber auch über die Falschheit! – ist laut Nietzsche ohnehin sinnlos, da ja kein Maßstab, diese Richtigkeit zu prüfen, vorhanden ist: WL 1, KSA 1/884.) In der Überspitzung seines Standpunktes: indem er der Sprache gleichzeitig zu viel und zu wenig zutraut; indem er implizit eine quasi-sprachliche Natur des Universums fordert *und* nicht vorfindet bzw. verleugnet; indem er die Sprache unzulässigerweise mit ihrer Grammatik gleichsetzt, gelangt Nietzsche zu seinem 'semantischen Nihilismus' (wie Danto diese theoretische Position Nietzsches nennt,

---

27 Danto a.O. S. 154.

28 Die (von Nietzsche oft vorgebrachte) Idee der, möglicherweise gänzlich von der menschlichen verschiedenen, 'Weltperceptionen' fiele für Kant aus jeder möglichen Erfahrung *und* diskursiven Erkenntnis heraus und käme als Einwand gegen die Wahrheit unserer Begriffe (und damit unseres Welt-Bildes) nicht in Frage: Siehe KrV A 231, wonach "andere Formen der Anschauung" oder "andere Formen des Verstandes (als die diskursive des Denkens, oder der Erkenntnis durch Begriffe), ob sie gleich möglich wären", weder denkbar noch erfaßbar wären: "Ob andere Wahrnehmungen, als überhaupt zu unserer gesamten möglichen Erfahrung gehören, und also ein ganz anderes Feld der Materie noch stattfinden könne, kann der Verstand nicht entscheiden, er hat es nur mit der Synthesis dessen zu tun, was gegeben ist." D.h. man kann nicht "geradezu die Zahl des Möglichen über die des Wirklichen... hinaussetzen" etc.

über die dieser als existierender Denker natürlich *praktisch* hinausgehen mußte. – Die Irritation rührt auch von Nietzsches permanentem Oszillieren zwischen metaphysischer, ontologischer und nur logisch-formaler Verwendung und Bedeutungsebene seiner Termini her). – Dies erscheint jedenfalls als gewichtiger Einwand Dantos gegen Nietzsches indirekten Schluß: das Instrument der Sprache, mit dessen Hilfe wir die 'Welt der Dinge' erfahren, und die Grammatik selbst sei schon "eine Art von Wissenschaft..., die uns sagt, was die Welt enthalten muß; als wäre sie eine Physik". Wegen dieser ihrer Unfähigkeit kritisiert Nietzsche die Sprache, obwohl von ihm zugestanden wird, daß 'ein Werkzeug sich nicht selbst kritisieren' und nicht seine eigenen Grenzen erkennen kann; hierzu meint Danto: "Die Beschreibung einer jeweiligen Grammatik ist entweder wahr oder falsch, die Grammatik selbst jedoch ist weder das eine noch das andere"[29].

Die intrinsischen Schwierigkeiten beim Verständnis von Nietzsches 'Sprachtheorie' – die wir notwendig mißverstehen, wenn wir sie als begrifflich-theoretische verstehen wollten – soll nicht abhalten, seine Kritik der notwendig sprachabhängigen Grundkonzepte der Naturwissenschaft zu durchdenken und ernstzunehmen. Die Widersprüchlichkeiten – strikte Aufhebung des Wahrheitsanspruchs, aber praktische Bestärkung der Wirksamkeit wissenschaftlichen Denkens – resultieren aus seiner Doppelrolle als Kritiker *und* emphatisch-schaffendem Interpreten, aus der "Gleichzeitigkeit eines kritischen und affirmativen Verhältnisses zur Sprache" (E. Biser). Sein Mißtrauen gilt den "nachwirkenden religiösen Implikationen" in Sprache und Wissenschaft, in deren Grundkonzeptionen er verborgene moralische Motive aufspürt; dennoch ist auch er gezwungen, "im vollen Vertrauen auf die Leistungskraft der (gehobenen) Normalsprache"[30] zu philosophieren, Logik und naturwissenschaftliche Theoreme selbst permanent zu bemühen.

Aber der positivistische Optimismus, in- und außerhalb der Wissenschaft seiner Zeit, ist für Nietzsche ein zu bekämpfender 'Glaube' (nicht unbedingt an einen Gott; realiter nicht einmal an den Gott-Täter im 'letzgültigen' Naturgesetz, den Nietzsche aufzuspüren glaubte) und kann nicht das letzte Wort sein: präzise ahnte Nietzsche, daß eine Peripetie des wissenschaftlichen Wahrheitsverständnisses erfordert war und wirklich bevorstand, die das gesamte Welt- und Lebensgefühl mit-verändern mußte (oder müßte) – und daß hierfür eine neue Sprechweise zu schaffen wäre, selbst und gerade in der Physik; nur ist eine neue Sprache nicht einfach zu kreieren. Die Newtonsche Physik war ein tatsächlich nahezu 'abgeschlossenes Gebiet' mit 'in sich widerspruchsfreier Axiomatik', das große Teile der Wirklichkeit bzw. der (naturwissenschaftlichen) Erfahrungsbereiche abdeckte. Aber für neue Erfahrungsbereiche brauchte man "ganz neue begriffliche Strukturen", und auch Einsichten, daß die physikalische Realität sich nicht mehr in Begriffe fassen ließ, oder nur in solche, die mit unserer alltäglich erfahrenen Wirklichkeit nichts mehr zu tun hatten... *Wir* heute, spricht Heisenberg[31] für den Physiker unseres Jahrhunderts, hätten uns von

---

[29] Danto 154.

[30] E. Biser: Das Desiderat einer Nietzsche-Hermeneutik. N-Stud. 9 (1980). S. 1-37. Hier S. 7 f.

[31] Heisenberg, Der Teil und das Ganze, S. 248.

keiner alten, erstarrten Tradition mehr zu befreien und weniger Hemmungen, physikalische – und in der Folge auch existentielle und religiöse – Sachverhalte in neuen *und* alten Begriffen zu suchen; dagegen trug Nietzsche die volle Diskrepanz in seinem Denken aus. Die Anstrengung, sich vom 'alten Glauben' an fixierte Wort- und Begriffsbedeutungen zu lösen, und zumindest der (verzweifelte) Versuch und die 'äußerste Anstrengung', notwendige neue zu schaffen – die aber, für uns nicht die *geringste* Wirkung von Nietzsches Kritik, auch die *alten* Wahrheiten, die er verwerfen zu müssen glaubte, in neuem Licht erscheinen lassen –, die volle Verantwortung wissenschaftlichen Tuns und Denkens, mögen sich auch neue Dimensionen praktischen Handelns auftun, sind nur auf der Anerkenntnis auch 'alter' Wahrheiten zu begründen.[32]

---

[32] Eine 'ästhetisierende' Richtung in der neuesten Nietzsche-Interpretation schwächt m.E. die konkrete Wissenschaftskritik Nietzsches via Sprach-Kritik ungebührlich ab, bagatellisiert sie: Nietzsches Kritik an Naturwissenschaft sei 'nicht sein letztes Wort' über die Wissenschaft und nur historisch bedingt, 'nur' gegen normal science gerichtet. Vgl. Brigitte Scheer: Die Bedeutung der Sprache im Verhältnis von Kunst und Wissenschaft bei Nietzsche. In: Djuric/Simon: Kunst und Wissenschaft bei Nietzsche Würzburg 1986, S. 101-111; ferner Günter Abel 1981/82, 1984. - Scheer S. 111: "Nietzsches Polemik gegen die lügenhafte, bornierte Wissenschaft ist in hohem Maße historisch bedingt. Seine Kritik richtet sich fast stets gegen die Institution, die der Wissenschaftstheoretiker heute 'Normalwissenschaft' nennt und die eigentlich nur den unproduktiven Vollzug vorformulierter Methoden leistet." Dagegen entwickle Nietzsche die Vorstellung einer 'fröhlichen', künstlerisch schaffenden Wissenschaft. Wie die aussieht, wird bei Nietzsche sowenig wie bei den Interpreten klar. Zu kurz gesehen wird von letzteren v.a. Nietzsches grundlegende (wenn auch sicher ambivalente) Kritik an den verkürzten, quantifizierenden, 'weltvernichtenden' Methoden, am Ansatz naturwissenschaftlicher Weltbemächtigung selbst; er stellt nicht *ein*, sondern *das* Paradigma der Naturwissenschaft in Frage.

IV. Anthropomorphismen der Naturwissenschaft

> Der moderne Naturwissenschaftler gleicht einem Menschen, der am feuchten Meeresstrand im Sande die Spur eines ihm unbekannten Wesens findet. Es gelingt ihm nicht, sie zu enträtseln, obwohl er sie nach allen einschlägigen Methoden untersucht ... Mit einem Male erkennt er, es ist seine eigene Spur.
>
> Arthur Eddington

Seit Xenophanes bezogen sich die Begriffe 'anthropomorph, Anthropomorphismus' vor allem auf die Übertragung von menschenförmigen Vorstellungen und Eigenschaften auf Religiöses, auf die Götter und das Numinose im Naturerleben. Erst mit der Aufrichtung des Objektivitätsideals neuzeitlicher Wissenschaft und ihrem Versuch, den früheren Gegenstandshorizont auf eine neue Art und ein neues Maß von Gegenständlichkeit hin zu überschreiten – husserlianisch gesprochen –, sollte paradoxerweise auch das Maß des Menschen und seiner Lebenswelt intentional aus dem Welt- und Naturbild möglichst eliminiert werden (wobei die aktive Setzung eines menschlichen Maßes im Messen und Experimentieren, also der unüberwindlich anthropomorphe Ausschnittcharakter der naturwissenschaftlich erfahrenen Welt den Protagonisten dieser "Urstiftung" noch weitgehend bewußt blieb, schon weil ihr Tun sich noch vor einem gläubigen, religiösen Hintergrund entfaltete, vom Glauben an die Einheit aller Erscheinungen der Schöpfung getragen war). Dennoch war mit dem Entschluß, 'das Meßbare zu messen und das Nichtmeßbare meßbar zu machen' (Galilei), schon die Gefahr einer Verselbständigung des Objektivitätsideals, jenseits des Subjektiv-Anthropomorphen, in der sich entwickelnden wissenschaftlichen Methode und Wissenschafts-Ideologie präsent, die in ihren Forschungsergebnissen die tiefere oder 'letzte' Wahrheit über Welt, Natur und Menschen sah. Als den schließlichen 'Sieg der (wissenschaftlichen) Methode *über* die Wissenschaft' résumiert Nietzsche die Situation im späten 19. Jahrhundert.

"Die ganze Physik" – das konnten die Naturwissenschaftler nicht leugnen, und Max Planck sprach es in einem Leidener Vortrag 1908 aus[1] –, "sowohl ihre Definition als auch ihre ganze Struktur, trägt ursprünglich in gewissem Sinn einen anthropomorphen Charakter", da alle Erfahrungen, die naturwissenschaftlich systematisiert werden können, an unsere Sinnesempfindungen anknüpfen. Die Positivisten versuchten

---

[1] Max Planck: Die Einheit des physikalischen Weltbildes (Vortrag Leiden 1908). In: Vorträge und Erinnerungen. Darmstadt 1975. S. 28-51; hier S. 30.

ihr Objektivitätsideal zu retten, indem sie die Ökonomie und Zeichenhaftigkeit der menschlichen Erfahrung verabsolutierten. Diese Strömung wirkte stark auf Nietzsche, für den aus der Abhängigkeit der Naturwissenschaft von spezifischen Sinnesempfindungen (und deren Zeichen-Charakter) aber gerade die Haltlosigkeit ihres Wahrheitsanspruchs folgte. – Die moderne (und uralte) mathematisch-platonisierende Tendenz der Wissenschaft, die auf Vereinheitlichung ihres Systems im mathematischen Formalismus zielt, erscheint als paradoxe Abkehr von den anthropomorphen Grundvoraussetzungen, als eine "prinzipielle Selbstentäußerung", und zeigt sich, so Planck, "begleitet von einem auffallenden Zurücktreten des menschlich-historischen Elements in allen physikalischen Dimensionen"; in dieser Logisierung und Mathematisierung aber sieht Nietzsche, wie noch zu zeigen ist, nicht die Begründung objektiv-wahrer Naturerkenntnis, sondern a fortiori einen Beleg ihrer Fiktionalität.

Die Naturwissenschaft des 19. Jahrhunderts stieß nun, im Rahmen ihrer Methoden, auf 'überraschende' Phänomene, die eben zu der Zeit, da sich die höchsten Triumphe objektiver Naturgesetzlichkeit nicht zuletzt in ihrer schrankenlosen praktischen Anwendung ankündigten, den Wiedereintritt eines (scheinbar endgültig überwundenen) menschlich-historischen Elements *in* die Beschreibung der Natur, wenngleich gegen 'wissenschaftsideologische' Widerstände, erzwangen: und zwar durch die Entdeckung der irreversiblen Prozesse, zunächst in der spezielleren Wärmelehre, was erneut "eine starke Dosis Anthropomorphismus" in das System der Physik brachte[2], auch wenn die theoretischen Physiker alles daran setzten, den Begriff der Irreversibilität wieder unabhängig zu machen von allen menschlichen Bezügen. Der 'tiefere Sinn der Irreversibilität' beruht aber gerade darauf, daß der zweite thermodynamische Hauptsatz von kosmologischer Tragweite erscheint und "nicht nur für die Wärmeerscheinungen, sondern für alle beliebigen Naturvorgänge Bedeutung besitzt"[3]. Mit der notwendigen Einbeziehung der Zeit und der Zeitlichkeit, der Geschichtlich- und Vergänglichkeit (Irreversibilität und Zeit-Richtung) aller Phänomene, gewannen die für absolut vom Menschen unabhängig gedachten Naturgesetze unverhofft und zwingend eine 'humane Dimension' für sich zurück, die man längst überwunden glaubte. In der Folgezeit mußte nicht nur das naturwissenschaftlich faßbare Universum, sondern auch das gesamte System aller 'zeitlosen' Aussagen über Natur, d.h. die neuzeitliche Wissenschaft selbst, als vom Menschen vollbrachte historische und kulturelle Leistung begriffen werden[4]. Nietzsches Festhalten an einer im Grunde absolut gedachten Zeit – er benötigte dieses Konzept u.a., um seine Wiederkehrdoktrin mit physikalischen 'Beweisen' zu untermauern[5] – läßt den Spürsinn vermissen, den er ansonsten 'instinktiv' mit der gedanklichen Vorwegnahme des revolutionären Wandels im naturwissenschaftlichen Weltbild (bzw. seiner 'lebensweltlichen', weltanschaulichen Konsequenzen) bewies.

---

2 Planck S. 30 f.

3 Planck S. 16 f.

4 Zur Entdeckung der Geschichtlichkeit von Natur und Naturwissenschaft vgl. C.F. v. Weizsäcker: Die Geschichte der Natur. Stuttgart 1948.

5 Vgl. K. Spiekermann: Nietzsches Beweise für die ewige Wiederkehr. In: N-St. 17 (1988), S. 496-538.

Nachdem ein naiver Anthropozentrismus seit der Durchsetzung der kopernikanischen Wende als obsolet galt, gab es (und gibt es bis heute) v.a. zwei, in ihren Motiven zu unterscheidende, Deanthropomorphisierungs-Tendenzen in den Naturwissenschaften:

1. Jene Richtung, die (wie ihr Vertreter Max Planck) von vornherein zugibt, daß in der Naturwissenschaft "von einer direkten Erkenntnis des Absoluten gar nicht die Rede sein kann"[6], da ja an jedem Experiment (und in allen Formulierungen und Definitionen) Sinnesempfindungen nicht ausgeschaltet werden, wir also "die anerkannte Quelle aller unserer Erfahrungen nicht verstopfen können"; die dennoch überzeugt ist, daß das physikalische Weltbild keine "mehr oder minder willkürliche Schöpfung unseres Geistes" ist, sondern im Gegenteil "von uns ganz unabhängige Naturvorgänge widerspiegelt"[7], "konstant" und "von dem Wechsel der Zeiten und Völker" unabhängig, also wohl 'zeitlos gültig' sein kann[8]. Diese Anschauung, die Max Planck zeitlebens vertrat, kann mühelos die 'stolzen Erwartungen der mechanischen Weltanschauung' (die etwa E. Du Bois-Reymond an die Entdeckung des Energieprinzips knüpfte) dämpfen, ohne – nach dem Erweis der Undurchführbarkeit der 'Mechanik der Atome' – auf einen Positivismus Machscher Prägung zu verfallen (Mach, so sagt Planck, "gebührt in vollem Maße das Verdienst, angesichts der drohenden Skepsis den einzig legitimen Ausgangspunkt aller Naturforschung in den Sinnesempfindungen wiedergefunden zu haben": genau an diesem Punkt setzt auch Nietzsche an, wenn er das Recht der "scheinbaren Welt" der subjektiven und sinnlich-leibhaften Erfahrung gegen die abstrakten Konstruktionen der Wissenschaftler ausspielt; deshalb die zeitweilige 'Einhängung' einer positivistischen Perspektive!). Das Ziel bleibt aber, um nochmals Planck als Exponenten dieser Wissenschaftshaltung zu zitieren, "die vollständige Loslösung des physikalischen Weltbildes von der Individualität des bildenden Geistes"[9]. Gemeinsam mit den zeitgenössischen Positivisten hätte auch Nietzsche dem entgegengesetzt, alle Naturwissenschaft sei letztlich nur "eine ökonomische Anpassung unserer Gedanken an unsere Empfindungen (die nach Nietzsche uns 'unbekannt', unformulierbar wären!), zu der wir durch den Kampf ums Dasein getrieben werden"[10]. Dieser Glaube an die Zeitlosigkeit und tendenzielle Unabhängigkeit aller naturwissenschaftlichen Forschung von anthropomorphen Zutaten, an eine unbedingte Naturgesetzlichkeit, die nicht von der Existenz einer denkenden Menschheit abhängt, verträgt sich in der Regel bei ihren herausragenden Vertretern (wie Planck) mit einer tief religiösen Haltung; eine Verwandtschaft, wenn nicht ursächliche Beziehung, jenes Wissenschaftsethos mit dem von Max Weber analysierten, protestantischen 'Geist des Kapitalismus' ist nicht zu verkennen[11].

---

6 Planck S. 45
7 Planck S. 47
8 Planck S. 49
9 Planck l.c.
10 Planck S. 47, über Ernst Mach.
11 Max Weber: Die protestantische Ethik und der Geist des Kapitalismus. In: Schriften zur Religionssoziologie. Hg. v. E. Graf zu Solms. Stuttgart 1948. S. 55.

2. Daneben gibt es die 'harten' Vertreter einer absolut-gültigen Naturerkenntnis, die, gleichsam Nietzsches Dictum umkehrend, in der Wissenschaft keine 'Interpretationen' mehr, sondern nur noch Fakten kennen und dem 'menschlichen Lebensbereich' jede 'ausgezeichnete Position im Zusammenhang der Wirklichkeit' abstreiten; vielmehr stelle die *menschliche* Lebenswelt geradezu die "*verkürzte* Sicht" dar. Ein Beispiel unter vielen, da besonders typisch: der Wissenschaftsphilosoph B. Kanitscheider, für den es die absolut sichere "Erkenntis der fundamentalen Strukturen der Welt" gibt, "die uns verstehen lassen, warum die Phänomene so sind und nicht anders"[12]. Der ver-objektivierte Mensch wird sich selber zum Anthropomorphismus; die 'Lebenswelt', die subjektiven oder personalen Erfahrungen haben hinter den wissenschaftlich festgestellten Fakten und Strukturen zu verschwinden: "Die Lebenswelt (sic!) erscheint darin (im verabsolutierten wissenschaftlichen Weltbild) als ein winziger Realitätsausschnitt, der durch eine ganz spezielle, pragmatisch aspekthaft auf das Überleben verkürzte Sicht konstruiert ist". – Nietzsches Anthropomorphismus-Vorwurf hingegen lebt immer noch von einem implizierten (philosophischen) Wahrheitsanspruch: er rettet eine höhere Wahrheit, indem er die Relativität, die Subjekt- und Praxisabhängigkeit der naturwissenschaftlichen Methodik entdeckt. Eben weil der harte Kern der normal scientists im 19. wie in unserem Jahrhundert, insgeheim oder offen, an jenes 'stabile, transhumane, invariante' Objektivitätsziel einer endlich ent-menschten Wissenschaft (alles positiv gemeinte Kennzeichnungen Kanitscheiders dessen, was Wissenschaft schon leistet) tatsächlich *glaubt*, stellt Nietzsches radikale Gegenposition einen wichtigen Beitrag zur Kritik solcher Weltbildfixierungen ('Habitualisierungen', 'Sedimentierungen') dar. Hier spricht ein 'tough minded philosopher' aus, was den Protagonisten entfesselter Forschung stets antreibt: wichtigste Vorbedingung für objektive Naturerkenntnis sei ein aktiv einzuleitender "Deanthropozentrierungsvorgang, der allen so unüberwindbar erscheinenden Begrenzungen der Erkenntnisgewinnung... ihre Schlüsselbedeutung für ein Weltverständnis nimmt"; die Lebenswelterfahrung müsse "sobald wie möglich überschritten werden"; jeder Versuch, die Rolle des Subjekts im wissenschaftlichen Erkennen und Tun "aufzuwerten" bzw. überhaupt in den Blick zu bekommen, gilt solchem 'Objektivisten' bloß als "anthropozentrisch restaurativ"[13]. – Es scheint notwendig, diese weitverbreitete lapidare Einstellung, die bei vielen Naturwissenschaftlern (Neo-Evolutionisten, Soziobiologen) und nicht zuletzt im 'sedimentierten' Alltagsglauben an die Wissenschafts-Ideologie vorherrscht, kurz zu skizzieren, um die Bedeutung von Nietzsches Kritik zu würdigen: für ihn ist Wissenschaft *immer* hoffnungslos anthropomoroph; die de-anthropomorphisierte, sich für 'wahrer' haltende, in besonderem Maße.

Daß Nietzsches eigenes Philosophieren schließlich die dionysische Selbstauslöschung sozusagen auch mit positivistisch-naturwissenschaftlichen Inhalten, als Mittel zur Überwältigung, vermengt und Subjekt, Individuum, das Ich als

---

[12] Bernulf Kanitscheider: Philosophie und moderne Physik. Systeme – Strukturen – Synthesen. Darmstadt 1979. S. 13.

[13] Kanitscheider S. 14.

Selbsttäuschung entlarvt, er also eine De-anthropomorphisierung des menschlichen Selbstverständnisses betreibt (und dadurch einem Antihumanismus potentiell Vorschub leistet), ist für die Frage nach der Grundlagenkritik der Wissenschaft sekundär; immerhin gibt es bei ihm Berührungspunkte mit heutigen (neo-)evolutionistischen, biologistischen und auch materialistischen Positionen: von ihm als Anti-positionen und nach Bedarf nützliche Perspektiven 'eingehängt'. Die übersteigerten Extreme durchdringen sich; ebenso kann Nietzsche die 'Heraufkunft des Nihilismus', d.h. eines Zeitalters der (durch Verwissenschaftlichung wesentlich mit herbeigeführten, habitualisierten) Sinn-losigkeit konstatieren – "Das *allgemeinste Zeichen der modernen Zeit*: der Mensch hat in seinen eigenen Augen unglaublich an *Würde* eingebüßt" (N. Ende 1886 – Frühjahr 1887 (7 [3]). Und GM III, Asketische Ideale 25; KSA 5/404: "Ist nicht gerade die Selbstverkleinerung des Menschen, sein *Wille* zur Selbstverkleinerung seit Kopernikus in einem unaufhaltsamen Fortschritte? Ach, der Glaube an die Würde, Einzigkeit, Unersetzlichkeit in der Rangabfolge der Wesen ist dahin (...).". Und zwar ist dieser Glaube verloren, auch weil der Mensch der entfremdend-objektivierenden Sicht der Wissenschaft unterworfen wurde; weil die Augen der Wissenschaft blind sind für alles, was den *Wert* des Menschen ausmachen könnte[14], alles auf bloße Faktizität reduzieren, sodaß die 'Phänomene' ebenso wie die menschliche Freiheit und bloße Möglichkeit von begründbarer Ethik praktisch eliminiert sind[15]. Daß sich alle Deanthropomorphisierungs-Versuche schließlich selbst als höchst anthropomorph erweisen (müssen), ist implizit Nietzsches Hauptangriffspunkt gegen die allzu selbstherrliche Naturwissenschaft; was bei ihm nicht ausschließt, daß ein naturwissenschaftlicher logos, wenn er die 'richtige' Sache attackiert, ein probates Mittel zur Selbststeigerung des (synthetisierenden) Übermenschen sein kann[16]. So preist Nietzsche auch den "Sieg der antiteleologischen mechanistischen Denkweise als *regulative Hypothese* 1) weil mit ihr allein Wissenschaft möglich ist 2) weil sie am wenigsten voraussetzt und *unter allen Umständen* erst ausprobirt werden muß: – was ein paar Jahrhunderte braucht" (N. Sommer – Herbst 1884 26 [386]). Aber Jahrzehntausende eines ständigen Umgangs mit Natur "brauchte" es, bis der Mensch die Naturwissenschaft erfand: am 'Anfang', so unterstellt Nietzsche, stand schon die 'falsche' Sicht der Natur als eines Menschen mit all seinen blinden Affekten, sie erschien ihm als "ein verhüllter in seinem Zelte

---

[14] Vgl. Theodore Roszak: The Making of a Counter Culture. Reflections on the Technocratic Society and Its Youthful Opposition. New York 1968/69. Dt. Ausg.: Gegenkultur. München 1973. V.a. Kap. VIII: "Augen aus Fleisch, Augen aus Feuer", S. 341 ff. Roszak zitiert William Blake: "'Was', so ist die Frage, 'erblickst Du nicht bei Sonnenaufgang eine runde Feuerscheibe etwa einer Guinee gleich?' O nein, nein. Ich sehe die unzähligen Begleiter des Himmlischen Hausherrn rufen, 'Heilig, Heilig, ist der allmächtige Herrgott'."

[15] Vgl. Roszak, Anhang S. 379 ff.: "Unbegrenzte Objektivität". – Roszak S. 384: "Sobald ein Erfahrungsbereich als Forschungsobjekt oder als Gegenstand experimenteller Untersuchung erkannt ist, gibt es keine rationale Möglichkeit mehr dem fragenden Geist das Recht der Erkenntnis abzusprechen, ohne das gesamte wissenschaftliche Unternehmen in Frage zu stellen. Wenn man das wollte, müßte man so etwas wie einen Begriff des 'Heiligen' oder des 'Sakrosankten' beschwören, um damit einen Lebensbereich abzugrenzen, der aller Forschung und Manipulation verschlossen bleiben soll."

[16] Zum Begriff des 'synthetisierenden Übermenschen' vgl. W. Müller-Lauter: Nietzsche. Seine Philosophie der Gegensätze und die Gegensätze seiner Philosophie. Berlin – New York 1971. S. 185 ff.

schlafender Tyrann" (N. Ende 1876 – Sommer 1877 23 [25]). Was Nietzsche verkennt und die anthropologische Forschung bestätigt, ist, daß der Mensch der Frühzeit sich normalerweise wohleingebettet in der freund- und feindlichen Natur erleben mußte; daß die aus Ritualisierung erwachsenen 'Benennungen' der Dinge keine distanzierenden Akte, sondern Ausdruck menschlicher Gemeinsamkeit waren: die Gemeinschaft war das Primäre, die beginnenden Symbolisierungen eine Bestätigung der gemeinschaftlichen, kooperativen Lebensform (und *nicht* ein Kampf aller gegen alle, oder 'gegen' die Natur, nicht "Überwältigung" allein und kein Aggressionstrieb, wie Nietzsche, modern gesprochen, vermutet hat); der Gültigkeitsbereich der Symbolisierungen lag jenseits von Wahr oder Falsch. Hingegen meint Nietzsche: "Die Sprachwissenschaft hilft beweisen, daß der Mensch die Natur vollständig verkannte und falsch benannte: wir sind aber die Erben dieser Benennungen der Dinge, der menschliche Geist ist in diesen Irrthümern aufgewachsen, durch sie genährt und mächtig geworden" (l.c.). Das ist Nietzsches *Interpretation*; die Sprachwissenschaft kann dagegenhalten, daß Sprache nicht aus isolierbaren 'Benennungen' besteht, sowenig wie *die* Natur in der sprachlich formulierten, naturwissenschaftlichen Konzeption einzufangen ist. Das Sprechen über Natur kann sich als praktisch 'richtig' (d.h. nur: durch Erfolge bewiesen), wenn auch theoretisch falsch erweisen.

Die Wissenschaft ist ein Wechselgespräch, ein Dialog mit der Natur, der, schon aufgrund des Sprachcharakters, anthropozentrischen Bedingtheiten gar nie entgeht: N. Sommer 1872 – Anfang 1873 19 [115]: "Der Prozeß aller Religion und Philosophie und Wissenschaft gegenüber der Welt: er beginnt mit den gröbsten Anthropomorphismen und *hört nie auf sich zu verfeinern...*"; noch die hochdifferenzierte und -spezialisierte zeitgenössische Physik ist nur eine Fortsetzung desselben Prozesses. "Die Griechen haben in ihrer Mythologie die ganze Natur in Griechen aufgelöst" (l.c.; auch Schopenhauer noch "concipirt die Welt als einen ungeheuren Menschen": N. Ende 1876 – Sommer 1877 23 [27]) – der moderne Naturwissenschaftler schafft sich seine ungleich exaktere (und ungleich ärmere) "Mythologie" und treibt, angesichts der von Nietzsche immer entgegengehaltenen lebendigen Wirklichkeit, seine "anthropomorphen Schattenspiele" fort. Immer denkt der Mensch als das "allerspäteste Resultat der Natur" sich die Urkräfte ganz einfach wie sich selbst – wenn er physikalische Aussagen überhaupt verstehen will – und überträgt, gerade wenn er Wissenschaft treibt, die "Wirkungen der complicirtesten Mechanismen, des Gehirns" auf die Welt (N. Sommer 1872 – Anfang 1873 19 [118]): "Der Mensch kennt die Welt in dem Grade, als er sich kennt: d.h. ihre Tiefe entschleiert sich ihm in dem Grade, als er über sich und seine Komplicirtheit erstaunt." Das Wort gewinnt eine neue Aktualität, wenn wir heute wissen, daß die hochkomplexen Kombinationsmöglichkeiten aller zellulären Verknüpfungen im menschlichen Gehirn – wenn wir dieses selbst von außen, 'mechanistisch' betrachten – rein arithmetisch die (mutmaßliche!) Anzahl aller Atome im derzeit erkennbaren Universum übersteigt. Der Mensch ist immer unendlich komplizierter als alle von ihm isolierten Objekte – ob Atome oder 'sich-selbst-organisierende' Strukturen –, die er untersucht, seziert oder zertrümmert; schon deshalb bekommen wir den Menschen, das anthropomorphe

Element, in der Naturwissenschaft nicht los: weil der Mensch das (wissenschaftlich verfremdete, eingeschränkte) Objekt seiner Experimente immer schon umgreift und transzendiert, versucht er vergeblich, den Analogien seiner Selbsterfahrung zu entrinnen.

Die bleibenden Einsichten der Nietzscheschen Wissenschaftskritik wären nur dann getrübt oder einzuschränken, wenn wir seiner viel weitergehenden Kritik an Sinn und Möglichkeit von Selbst-Erfahrung überhaupt folgen wollten. Denn die erkenntnistheoretischen Aprioris, die notwendig menschenförmig sind, und mit denen wir, ob nun als Reflektierende oder Wissenschaftstreibende, an die Natur 'herangehen', denkt Nietzsche seinerseits (durchaus modern, ähnlich der evolutionären Erkenntnistheorie: also mechanistisch, materialistisch, evolutionistisch) als bloße Resultate einer zugleich zufälligen wie blind-notwendigen Entwicklung, die keinen höheren Sinn birgt. Eine seiner ganz frühen Prämissen war: Naturgesetze formulieren, wie die gesamte Begrifflichkeit der Naturwissenschaft, nur unsere allzumenschlichen "Relationen unbekannter xyz" (N. Sommer 1872 – Anfang 1873 19 [235]), eben weil unser Erkennen rettungslos begriffs-abhängig und daher anthropomorph ist; ja unser "Erkennen, ganz streng genommen, hat nur die Form der Tautologie und ist *leer*" (l.c. 19 [236]), da es ein gewaltsames "Identificiren des Nichtgleichen" voraussetzt. Die Naturerkenntnis kann, obzwar 'wesentlich unlogisch', dennoch praktisch 'fördernd' und erfolgreich sein. Soll der Anthropomorphismus-Einwand für die Wissenschaftskritik fruchtbar werden, muß bedacht werden, daß Nietzsche diesen Menschen, der hier anthropomorphisiert, das Subjekt, das nach Analogie seines Selbst schließt, gleichsam als tautologisch-leeren Begriff konstruiert und damit – destruiert: der Mensch als Anthropomorphismus seiner selbst. Nietzsche sagt in der obenzitierten Nachlaßnotiz von 1872/73: nicht nur unsere Wissenschafts- und Alltagsbegriffe sind leer, sondern wir tun auch so, "als ob der Begriff 'Mensch' etwas Thatsächliches wäre, während er doch nur durch Fallenlassen aller individuellen Züge von uns gebildet ist. Wir setzen voraus, daß die Natur nach einem solchen Begriff verfahre: hier ist aber einmal die Natur und sodann der Begriff anthropomorphisch". Wissenschaft erringt zweifellos ihre Erfolge durch ein "*Übersehn* des Individuellen", indem sie handhabbare Ausschnitte des Wirklichen zurechtlegt und abstrahiert. In seinem Drang, *alle* Begriffe aufzulösen, vor allem den des 'Dinges' (ohne Unterscheidung zwischen technischen und natürlichen 'Dingen'!), das nur als ökonomische Einheit abstrahierter fiktiver 'Eigenschaften' ein Scheindasein führt, hebt Nietzsche nicht nur den 'Begriff' des Menschen auf, sondern schon die bloße Möglichkeit authentischer Selbsterfahrung ist geleugnet. Mit der Einheit des 'Dinges' – dessen Begriff uns Seiendes, Wesenheiten, Substantielles vorgaukelt – ist auch die Einheit des Subjekts abgeschafft. An einem physis-'Ding', einem Baum, wird demonstriert (und das Beispiel stammt aus den 'verborgenen Anfängen', N. Sommer 1872 – Anfang 1873 19 [236]): "Daß eine Einheit, ein Baum z.B., uns als Vielheit von Eigenschaften, von Relationen erscheint, ist in doppelter Weise anthropomorphisch: erstens existirt diese abgegrenzte Einheit 'Baum' nicht, es ist willkürlich ein Ding so herauszuschneiden (nach dem Auge, nach der Form), es ist jede Relation nicht die wahre, absolute Relation, sondern wieder anthropomorphisch gefärbt." Und in 19 [237] lesen wir: der Philosoph – hier wohl als Exponent des Menschen schlechthin – "sucht Assimilation der Welt in anthropomorphischer Zurechtlegung"; also ist er auf ewig getrennt von allen Dingen, einschließlich seiner selbst; *jeder* Wirklichkeitsbegriff löst sich auf, und kein Von-sich-her-Seiendes, sei es in der erfahrbaren Natur außer uns, noch im Menschen, noch in erlebter Mitmenschlichkeit (Nietzsches fundamentale Du-Blindheit!), das nicht der nominalistischen Entmythologisierung verfiele[17].

Relevant für die Wissenschaftskritik indessen bleibt Nietzsches Angriff auf den Mythos vom 'objektiven Bewußtsein' der Naturwissenschaft. In WL schrieb er: "Alles Ausmitteln von 'Naturgesetzen' ist ein Aufsuchen (und Finden) von Relationen zwischen den *von uns* erzeugten Metaphern, welche mit den Dingen selbst, denen der Chemie wie des Sternenlaufs, nichts mehr gemein haben" – das 'Wesen der Dinge' treffen wir im Erkenntnisprozeß nicht. Insofern aber der Mensch die Erkenntnis-Gegenstände der Chemie, der Astronomie usw., in Form von Wissenschaft, selbst "geschaffen" hat, bestätigen sich die 'gefundenen' Naturgesetze als *praktisch* wahr und erfolgreich. Der Anthropomorphismus-Vorwurf: die Naturwissenschaft arbeite nur mit selbsterzeugten Metaphern, weist hin auf den rein hypothetischen Charakter aller theoretischen wissenschaftlichen Begriffe und Sätze. 'Hypothetisch' bei Nietzsche kann sich nicht mehr auf eine dahinterliegende, approximativ zu erreichende Wahrheit beziehen, wenn die alte 'Wahrheit' und das Subjekt als Träger und Ort der Wahrheit abgeschafft ist; wenn indes das wissenschaftliche Vorgehen und alles Denken vom Wahrheitsanspruch her, bzw. vom logischen Standpunkt aus – und "wesentlich unlogisch" verwendet Nietzsche als Argument: Sommer 1872 – Anfang 1873 19 [236] – nur tautologisch ist: so ist auch Nietzsches Einwurf des 'Nicht-Erkennens von Individualitäten oder Wesen' selbst eine Tautologie oder zirkulär. – Nietzsche will also sagen, daß auch die Wissenschaft auf keinem sicheren Wissen, sondern auf einem Glauben beruht und niemals voraussetzungslos ist (FW 344). Der Anthropomorphismus-Einwand richtet sich gegen ein naives, undifferenziertes Verständnis der Naturwissenschaft als eine Wahrheitsaussage: wonach die Verfassung der Dinge 'ganz objektiv' und vermeintlich ohne Bezug auf ein auffassendes, wissenschaft-treibendes Subjekt erkennbar sei – so daß 'Objektivität' den Ausschluß der Erkenntnisrelation selbst, *in* der wissenschaftlichen Erkenntnis, bedeutete. Es ist die Wendung gegen eine bestimmte Tradition eines früheren (antiken und mittelalterlichen) Weltverständnisses, für welches prinzipiell die 'Sache an sich selbst' (etwa die Sache der Naturdinge) sich mit dem deckt, als was sie 'für' den Erkennenden da ist; für das mittelalterliche Weltverständnis war das Sein des Seienden schon ein

---

[17] Keinesfalls läßt sich auf Nietzsche eine Ethik (also letztlich auch keine Verantwortungsethik für die Naturwissenschaften) *gründen*, da in allen "existentiellen Imperativen" Nietzsches die erste und Grundvoraussetzung jeder wirklichen Ethik fehlt, nämlich, mit Robert Spaemann (Glück und Wohlwollen. Versuch über Ethik. Stuttgart 1989) zu sprechen: die Wahrnehmung des Selbstseins anderer Menschen, jene "Intuition", aus der Ontologie und Ethik gleichermaßen hervorgehen, deren Nietzsche so völlig ermangelt: die Intuition der *sehenden*, wahrnehmenden "Beanspruchung durch die unmittelbare Wirklichkeit des Anderen, in der auch das eigene Selbstsein erfahren" wird, und die das Fundament jeder sittlichen Entscheidung ist (vgl. U.J. Wenzel: Erwachen zur Wirklichkeit. Robert Spaemanns Versuch über Ethik. Neue Zürcher Zeitung v. 9. Juni 1989, S. 47).

Erkanntsein im göttlichen Geist, weshalb das Erkennbarsein auch für den menschlichen Geist konstitutiv zu diesem Sein mit-gehörte. Jener Seinsglaube war aber (auch dort, wo später die subjektive Erkenntnisrelation, wie bei Ockham und Cusanus, miteinbezogen wurde) verbunden mit dem Glauben an eine metaphysisch-religiöse Wirklichkeit, deren der Mensch nur im Bilde, per analogiam entis, ansichtig werden kann[18].

Erst Kant – unter Einfluß der englischen Empiristen, die entschieden auch auf Nietzsche wirkten – nimmt definitiv für die naturwissenschaftliche Erkenntnis einen apriorisch konstitutiven Bezug auf den menschlichen Geist – dieser als allgemeines, aber endliches Erkenntnissubjekt gedacht. (Diese apriorischen Voraussetzungen naturwissenschaftlicher Erkenntnis gelten für das empirische Seiende als Erscheinung, in seiner Gegenständlichkeit, Objektivität; nicht für das Seiende in seinem wesentlichen, intelligiblen Selbst-Sein, in seiner Substantialität, oder auch in der praktisch-sittlichen Selbtserfahrung des Menschen.) Nietzsche verschärft einerseits den Kantischen 'Subjektivismus' (wie er ihn versteht) und lehnt die Dualität zwischen Erscheinung und Ding an sich ab; zum andern eliminiert er die Eigenständigkeit der intelligiblen und damit der praktisch-ethischen Dimension des Menschen bzw. ersetzt sie durch die 'große Praxis' der Selbststeigerung. – Aus der subjektiven Beschränktheit apriorischer Vorbedingungen aller Naturwissenschaft, aus Kants logischem Apriorismus wird bei Nietzsche ein biologisch-voluntaristischer: ein "gewalttätiges" und scheinbar willkürliches, 'zufälliges' Formen des Erfahrungsmaterials; der Intellekt legt sich die Welt zurecht, sein Apriori ist die 'anthropomorphisierende' Verfälschung. Kants Differenzierung zwischen empirisch-bedingten Erkenntnissen der Naturwissenschaften und den reinen Verstandeserkenntnissen außer acht lassend, sagt Nietzsche N. Sommer 1872 – Anfang 1873 19 [125]: "Es ist zu *beweisen*, daß alle Weltkonstruktionen Anthropomorphismen sind: ja alle Wissenschaften, wenn Kant Recht hat. Freilich giebt es hier einen Cirkelschluß – haben die Wissenschaften Recht, so stehen wir nicht auf Kant's Grundlage: hat Kant Recht, so haben die Wissenschaften Unrecht."

Auf den jungen Nietzsche war, vermittelt durch den Neukantianismus, eine tiefe Wirkung des tendenziös zum Anti-Metaphysiker verkürzten, "alleszermalmenden" Kant ausgegangen, der von ihm einseitig radikalisiert wird: er übernimmt Kants 'Welt der Erscheinungen', geht dann aber zur Kritik aller Kategorien selbst über, sodaß auch das Ich, das Selbst und Subjekt (als Träger dieser Kategorien) bloße Erscheinung werden – Nietzsche bleibt (zunächst) beim 'empirischen Ich' stehen. Nach Kant (KrV B 158) habe ich in der 'inneren Anschauung' zwar "keine *Erkenntnis* von mir, *wie ich* bin, sondern bloß, wie ich mir erscheine". Nietzsche folgt Kant nicht

[18] Über die Wendung zur "Subjektivierung der Welterklärung" und einer "anthropozentrischen Bemächtigung des Wirklichen" in und seit der Renaissance siehe Hanna-Barbara Gerl: Einführung in die Philosophie der Renaissance. Darmstadt 1989; v.a. S. 34-36. – Nietzsches Perspektivismus ebenso wie sein Übermensch- und Selbststeigerungskonzept lebt aus diesem Willen zur Subjektivität der Perspektive; er kommt aber zu keiner tragfähigen Neu-Wertung des Individuums und der historischen Wirklichkeit. Zu Nietzsches "Geschichtsfeindlichkeit" vgl. Heinz Angermeier: Geschichte oder Gegenwart. Reflexionen über das Verhältnis von Zeit und Geist. München 1974. S. 88-105.

mehr, wenn dieser gleichzeitig bestimmt, daß in der Verbindung der Denk-Handlung mit der transzendentalen Synthesis aber "mein eigenes Dasein nicht Erscheinung (viel weniger bloßer Schein), das Bewußtsein meiner selbst zumindest also gesichert... sei". Ohne diese Sicherheit einer begründeten (geglaubten) Selbsterfahrung muß freilich alle analoge Erfahrung *natürlicher* Dinge in der Luft hängen. Mit dem 'Ding an sich' ist das Subjekt jeder Wirklichkeits- und Selbsterfahrung eliminiert, zumindest dann, wenn man, wie Nietzsche, "Kant's Ding an sich als Kategorie" begreifen will und Kategorien als Anthropomorphismen per se entlarvt zu haben glaubt. Der Philosoph, der sich (wie jeder Mensch) auf die Evidenz der Selbsterfahrung und des einfachen *Sehens* von sich her seiender Naturdinge berufen wollte, ist dann nur "die Fortsetzung des Triebes, mit dem wir fortwährend, durch anthropomorphische Illusionen mit der Natur verkehren" (N. l.c. 19 [134]). Der Mensch selbst wird (ich selber werde mir), ähnlich wie das 'beliebig' aus dem Gesamtwirklichen herausgeschnittene Ding "Baum", zur ganz willkürlichen 'Annahme'. Da weder der existierende Denker noch der Wissenschaftler in praxi die Perspektive einer wie immer gearteten 'Wahrheit' und Wirklichkeit entbehren kann – "Persönlich ist übrigens diese ganze Position unbrauchbar. In dieser Skepsis kann niemand leben" (N. l.c.) – hält Nietzsche auch die mögliche antithetische Position fest: "Gegen Kant ist dann immer noch einzuwenden, daß, alle seine Sätze zugegeben, doch noch die volle *Möglichkeit* bestehen bleibt, daß die Welt so ist, wie sie uns erscheint".

Nietzsches Anthropomorphismus-Einwand ist nicht nur in Zusammenhang mit Kant, sondern ebenso mit der 'Kränkung' jedes Erkenntnisoptimismus durch den Darwinismus zu sehen; die Evolutionslehre wirkte (auch auf Nietzsche) als 'Schock'; alle unsere Begriffe sind *geworden* und, wie er daraus, wenngleich in einer naturalistischen Fehldeutung, schließt, 'zufällig'; der menschliche Erkenntnisapparat ist nur in der Evolution entstanden und daher untauglich, 'absolute Wahrheiten' zu erkennen (Heisenberg wendet in 'Der Teil und das Ganze' ein, es wäre 'egal', ob unsere Formen der Anschauung evolutionär entstanden sind: so oder so sind sie nur als Strukturen einer *Ordnung* zu verstehen!). Nietzsche folgert aus dem 'Evolutions-Schock' nun die zweifache Begrenztheit menschlichen Erkenntnisvermögens: zur anthropomorphisierenden Verfälschung durch die (Kantschen) apriorischen Bedingungen kommt deren Relativierung durch ihr naturgeschichtlich-zufälliges Gewordensein, das bestenfalls ihre Zweckmäßigkeit erklärt: diese doppelt anthropomorphe Einschränkung macht jede Wissenschaft – dem Objektivitätsideal der zeitgenössischen Wissenschaft diametral zuwider – von vornherein wahrheitsunfähig; dies "Die entsetzliche Consequenz des Darwinismus, den ich übrigens für wahr halte" (N. l.c. 19 [132]): wir 'verehren' Qualitäten und glauben an die Gültigkeit von Begriffen, "die wir für ewig halten"; sie sind aber nur "das Erzeugniß endlos lang fortgesetzter Prozesse". Der spätere Nietzsche wird festhalten, daß dieser "Prozeß" kein telos, schon gar kein Ziel im Menschen zu haben braucht, sondern sich im Kampf der Willen zur Macht in einer Weltraumecke ein 'zufälliges' Konglomerat von Willen-zur-Macht-Komplexen zusammenballt; 1872/73 drückt er sich noch Schopenhauerianisch aus: "Der Wille objektiviert sich nicht *adäquat*" (19 [132]), es *scheint* vielmehr nur so, "wenn man von den vollendetsten Formen ausgeht". Die

Einsicht, daß der Mensch mit seinen wissenschaftlichen Kategorien nichts Objektiv-Gültiges erreicht, Naturwissenschaft anthropomorphe Illusion ist, erwächst direkt aus dem 'Darwinismus-Schock' – der unmittelbare Zusammenhang der notierten Reflexionen (dank der Colli-Montinari-Ausgabe gut zu verfolgen) beweist es. 19 [133]: "Alles Erkennen ist ein Wiederspiegeln in ganz bestimmten Formen, die von vornherein nicht existiren", und in 19 [134] denkt Nietzsche nicht nur an die Vorplatoniker: "Von Thales bis Sokrates – lauter Übertragungen des Menschen auf die Natur", sondern an die uneingestandenen Anthropomorphismen aller Naturwissenschaft, auch wenn deren moderne "Schattenspiele" bescheidener sind, und weniger "ungeheuer" in ihrer Konzeption, als vielmehr in den Folgen ihrer Auswirkungen bzw. Auswüchse.

Auch wenn Kants Erkenntniskritik, in Nietzsches Verständnis, zuträfe, so bliebe immer noch die Möglichkeit, "daß die Welt so ist, wie sie uns erscheint" (19 [125]), und Naturwissenschaft mithin möglich wäre. Auch die erkenntnistheoretischen Implikationen des Darwinismus sind nicht ein-deutig; *beides* könnte aus ihm gefolgert werden: die Unmöglichkeit wahrer Erkenntnis ebenso wie deren (durch den Erfolg verbürgte) 'Richtigkeit'. N. Sommer 1872 – Anfang 1873 19 [153]: "Die *Formen* des Intellekts sind aus der Materie entstanden, sehr allmählich. Es ist an sich wahrscheinlich, daß sie streng der Wahrheit adäquat sind. Woher sollte so ein Apparat, der etwas Neues erfindet, gekommen sein?" Um die phänomenale Welt und einen 'Sinn' unserer Begriffe und Kategorien zu retten, läßt Nietzsche immerhin die antithetische Möglichkeit zu, daß gerade in deren (evolutiv gewordener) Anthropomorphizität die Bürgerschaft ihrer Richtigkeit und berechtigten Anwendbarkeit liege; nur gewährt dies nie jene 'letztgültige' Wahrheit, die der Mensch pathetisch und vergeblich verlangt. Wie bei modernen Neo-Evolutionisten verschwindet 'der Mensch' im "Gesamtprogramm der genetisierten Natur"[19].

'Anthropomorphismus' ist dann ein Einwand gegen jede Erkenntnisfähigkeit (und 'Erkenntnis' bedeutet: das 'Wesen' der Dinge zu erfassen), wenn das "messende Subjekt" entwertet ist, da seine 'Maße' selbst nur 'darwinistisch' entstanden sind. So 19 [156]: "Wir können vom Ding an sich nichts aussagen, weil wir den Standpunkt des Erkennenden, d.h. des Messenden uns unter den Füßen weggezogen haben." Alles hängt davon ab, ob wir den (hier und heute) erkennenden Menschen als bloßes *Resultat* eines ziellosen Evolutionsgeschehens verstehen – dann fehlt jeder Maßstab für eine *Bewertung* dieses Geschehens selbst *und* des Wertes menschlicher Erkenntnis, die zur sinn-leeren, notwendigen Widerspiegelung wird. Oder wir 'müssen uns der Analogie des Menschen zu Ende bedienen': dann hätte 'anthropomorphes' Erkennen (besser: Verstehen) der Natur seinen Eigenwert in sich – nur der Anspruch der Naturwissenschaft wäre endgültig abgewiesen, unabhängig von allen anthropozentrischen Erkenntnisdimensionen 'objektive Wahrheiten' zu verkünden. Es wäre nur eine Erklärung der Dinge "nach Analogie einzelner menschlicher Eigenschaften" gegeben (19 [149]), und damit gäbe es für Nietzsche sogar einen relativen Erkenntnis-Fortschritt: wir können die (anthropomorphe) Widerspiegelung,

---

[19] Spaemann/Löw: Die Frage Wozu? (1981). München 1981. S. 227.

auch in der Naturwissenschaft, "immer adäquater" machen, d.h. aber, die Anthropomorphismen immer weiter verfeinern. Die Natur ebenso wie der Mensch und sein Bewußtsein entwickeln sich in einer Art "Wiederspiegelung": "Wir sehen ein Streben, den Spiegel immer adäquater zu machen: den natürlichen Prozeß setzt die Wissenschaft fort" (19 [158]). Dadurch gelänge sogar "eine allmähliche Befreiung vom allzu Anthropomorphischen" (wobei das "*allzu* Athropomorphische" zu unterstreichen wäre). Die ganze Welt wird für den Menschen – Mensch (ohne daß diese Position im geringsten ausgezeichnet sein muß).

Nietzsche selbst projiziert anthropomorphistisch *in* die Natur bzw. die Materie hinein und gerät in den Zirkel, den zwanghaften Kreislauf aller Deanthropozentrierungsbemühungen[20]; er spielt sogar die Hypothese durch: "... zuletzt langt man bei der *Empfindung* an. Große Frage: Ist die Empfindung eine Ur-Thatsache aller Materie?", ein Gedanke, der Nietzsche 1872/73 stark beschäftigte (und der im Spätwerk in seiner Konzeption der Willen zur Macht wiederkehrt): Im Einwirken der Atome aufeinander sind Empfindungen vorauszusetzen; das Bewußtsein in der Welt wäre "noch erklärbar, wenn alles Empfindung hat"; die Welt bestünde aus "Empfindungscentren"[21] bzw. "Empfindungscomplexen" (19 [159]), deren Gegeneinanderwirken könnte im Menschen "die Schlußoperation d.h. das Gefühl der Kausalität" erzeugen (19 [161]): die Kategorien, die die Naturwissenschaft verwendet, wären somit im 'Empfinden' und im 'Bewußtsein' der Materie schon irgendwie vorhanden und angelegt – eine dezidiert anthropomorphe Vorstellung, die eine Verwandtschaft menschlicher Logik mit einer 'Logik der Natur' annimmt, und auf die (s.u.) heutige Naturphilosophen in der Reflexion der Quantentheorie zurückkommen. Nietzsche treibt die Analogie (in Form hypothetischer Gedankenexperimente) so weit, der Materie Empfindung und Gedächtnis, ja eine Art Lust-Unlust-System zuzuschreiben, als "Ureigenschaften der Dinge" und die "Unverbrüchlichkeit der Naturgesetze" aus diesem "Wesen der Dinge" abzuleiten. "Wenn aber Lust Unlust Empfindung Gedächtniß Reflexbewegung zum Wesen der Materie gehört, dann *reicht die Erkenntniß des Menschen viel tiefer in's Wesen der Dinge*" (19 [161]).

Auf höchst anthropomorphistische Weise, und im Widerspruch zur These, der Mensch selbst sei nur 'eine willkürliche Annahme', versucht Nietzsche auf spekulativem Wege dem 'inneren Wesen der Welt' einen mensch-förmigen Namen zu geben (oder das zu benennen, *was* in der Evolution evolviert) – und muß ihn der subjektiven Selbsterfahrung entnehmen. Auch wenn man seine Versuche nur als

---

[20] Giorgio Colli meint im Nachwort zu KSA 1, S. 918, über WL, Nietzsche projiziere seine eigenen Metaphern – die ein 'universales Phänomen' erklären sollen – wieder in die Sprache und in alle menschliche Erkenntnisbemühung um die Phänomene hinein. "Nietzsche selbst begeht die Sünde der Metapher, indem er alles in metaphorischen Termini erklärt, denn der von ihm vorgeschlagene Metapher-Begriff ist seinerseits eine interpretatorische 'Metapher' eines lebenswichtigen und universalen Prozesses, der der Metapher ähnlich ist, sie einschließt, aber andere, komplexere und weniger greifbare Merkmale aufweist. Auf der anderen Seite beweist Nietzsche auch nicht, daß es für einen Philosophen unmöglich wäre, der Metapher zu entfliehen."

[21] Das Konzept der 'Empfindungscentren' stammt vermutlich von Zöllner: s. Schlechta/Anders S. 112/13.

denkerische Experimente, 'Perspektiven', als hypothetisches Herumtasten werten möchte, so zeigt dies doch: Nietzsche muß dem Zwang zur 'Re-anthropomorphisierung' notgedrungen verfallen, wenn er überhaupt über die Grundsubstanz, deren Evolutionsprodukt der 'Mensch' ist, etwas sagen und eine materialistische Position ausschließen will[22].

Nietzsche will aber eine Aussage über die *praktische* Möglichkeit der Natur-'Erkenntnis' treffen, an die er glaubt; wie noch seine Wiederkehr-Beweisversuche demonstrieren. Doch entzieht seine Grundlagenkritik den mißbräuchlichen Hypostasierungen naturwissenschaftlicher Teilerkenntnisse ihre Grundlage. Mittels Wissenschaft kommen wir an keine Erkenntnis an sich – unsere Anschauungen sind bereits durch (anthropomorphe) Begriffe modifiziert (N. Winter 1872 – 73 23 [43]), sie sind bloße Metaphern, und "Metaphern beziehen sich auf Thätigkeiten" (23 [44]), auf menschliches *Tun*: Wissenschaft *ist* eine Praxis. Wohl können unsere Metaphern unter sich ein System, auch ein Zahlensystem bilden: "Der Kern der Dinge das Essentielle drückt sich in der Sprache der Zahl aus", dennoch haftet diesem metaphorischen Reden etwas "Beliebiges" an: Naturwissenschaftliche Begriffe können untereinander ein System bilden, das sich wesenhaft in Zahlen ausdrücken läßt, somit eine Art Abbild realer Verhältnisse darstellt, zumindest Relationen angibt zwischen "an sich" unbekannten Größen – weiter hat es auch die neueste Naturwissenschaft in Atom- und Quantentheorie nicht gebracht: *was* Stoß oder Schwere (das vielgesuchte Graviton!), was ein Quark oder Photon 'an sich', wirklich *ist*, können wir nicht erklären. In WL ist der Glaube an die Zahl, und die Hoffnung, Naturwissenschaft könne mit ihrer Hilfe zur Wirklichkeit der Dinge kommen, endgültig aufgegeben; und in N. Sommer 1872 – Anfang 1873 19 [65]: der menschliche Verstand ist 'oberflächlich' präzise, *weil* seine 'willkürliche' "Flächenkraft" ("Das nennt man auch 'subjektiv'") in Begriffs-Kategorien eingespannt ist und Qualitäten nicht *versteht*; eben "die letzte Grenze alles Erkennbaren sind *Quantitäten*", und *deshalb* ist mit der möglichen Quantifizierung das Wesen der Dinge verfehlt! Das Mathematisch-Quantitative ist eine präzise *Grenze*, nicht ein Mittel oder Weg der Naturerkenntnis. Die Zahl ist nur vom Menschen in die Natur projiziert – alle Grundkonzeptionen, die die Wissenschaft ausmachen, bringen wir selbst an die Dinge heran. Wir lesen in WL, KSA 1/886: "Dabei ergiebt sich allerdings, dass jene künstlerische Metapherbildung, mit der in uns jede Empfindung beginnt, bereits jene Formen voraussetzt, also in ihnen vollzogen wird"; aus Metaphern wird der "Bau der Begriffe constituirt" und dieser, d.h. die Naturwissenschaft selbst, ist "eine Nachahmung der Zeit-, Raum- und Zahlenverhältnisse auf dem Boden der Metaphern". Die Metapher (und noch die exakteste Quantifizierung ist eine solche) ist geradezu das Ursprüngliche (das meta-pherein aber beruht auf menschlichem Tun, hat Praxischarakter), wovon alle naturwissenschaftlichen Begriffe erst abgeleitet sind. *Als* metaphorisches Tun ist die Wissenschaft nur *ein* Weltentwurf unter anderen und der Kunst verwandt: "Die moralischen künstlerischen religiösen

---

[22] Siehe Reinhard Löw: Kummer mit der Welt. Der Mensch wieder als Maß aller Dinge? In: Frankfurter Allgemeine Zeitung v. 13.1.1989, S. 27.

Bedürfnisse des Menschen der Welt zu Grunde zu legen ist ebenso rationell als die mechanischen: d.h. wir kennen weder den Stoß, noch die Schwere" (N. Sommer 1872 – Anfang 1873 19 [120]); das 'mechanische' (szientistische) Weltbild ist ebenfalls eine 'Kunst' und hängt vom 'Können', vom Vermögen des Menschen ab. Die Wissenschaft 'stellt' strenggenommen nicht die (objektive Realität der) Natur, sondern den Menschen 'fest' – "unsere menschliche Stellung zu den Dingen" (N. Herbst 1880 6 [429]), denn "alle unsere Relationen, mögen sie noch so exakt sein, sind Beschreibungen des Menschen, *nicht der Welt*", ja (l.c. 6 [432]) "Der Mensch verhüllt uns die Dinge." "Wir wähnen, allmählich stelle sich die Wahrheit fest – *aber nur der Mensch in seinen Relationen zu anderen Kräften stellt sich fest*" (6 [437]). Naturwissenschaft zu treiben ist ein instinktiv-triebhaftes, bio-logisches 'Verhalten', Triebbefriedigung, ohne Erkenntniswert an sich: "Wir thun *nicht* mehr mit der *Erkenntniß* als die Spinne mit Netz und Jagd und Aussaugen" (hier schlägt das 'agonale Prinzip' in der Kampfmetapher durch), "Sonne Sterne Atome, es sind Umwege zu uns"; die 'Wissenschaft' von diesen scheinbaren Erkenntnisobjekten scheint ein blind-notwendiger Vollzug a tergo, zu dem auch – um jedes metaphysische Relikt zu tilgen – "die Ablehnung eines Gottes", als Umweg zum Menschen, zu zählen ist: aber nicht als Wiedereinsetzung, Re-anthropozentrierung, sondern "Der Mensch selber, in seinem Raum von 5 Fuß Länge, ist eine willkürliche Annahme, auf die Schwäche der Sinnesorgane hin *construirt*" (6 [439]).

Während von seinen Zeitgenossen die klassische Physik zu einer mechanistischen Naturphilosophie verallgemeinert wird, mit allen weltanschaulich-"nihilistischen"[23] Konsequenzen, hält Nietzsche entgegen, daß Naturwissenschaft stets nur unser pragmatisches Verhältnis zur Natur widerspiegele. Heisenberg spricht davon, wie im späteren 19. Jahrhundert die rationale, i.e. die klassisch-mechanische Naturwissenschaft zum rationalistischen Weltbild ausgeweitet wurde; für Nietzsche hingegen war die szientistische Rationalisierung nur "eine feine Notwehr gegen – die Wahrheit", ein Sich-Verschließen gegen die ganze Fülle und Abgründigkeit des

---

[23] N. Herbst 1885 – Herbst 1886 2 [127]: "die nihilistischen Consequenzen der jetzigen Naturwissenschaft" – "Aus ihrem Betriebe *folgt* endlich eine Selbstzersetzung": die 'vernichtenden' Folgen werden von Nietzsche, wider den allgemeinen Zeitgeist, seit 1870 festgehalten. Zweifellos vermischte sich für Nietzsche das chauvinistische Triumphgeheul über Sedan und die Gründung des "Reichs" mit dem der "positivistischen Systeme": der "unheimlichste aller Gäste" tritt in politischer, ökonomischer, wissenschaftlicher Maske auf. Im selben Aphorismus beschwört Nietzsche "Die nihilistischen Consequenzen der politischen und volkswirthschaftlichen Denkweise wo alle 'Principien' nachgerade zur Schauspielerei gehören". – Ein Menschenalter später zog der wissenschaftliche wie politische Nihilismus, in Auschwitz und Hiroshima, seine (vorläufig) letzte Konsequenz. Im Faustus-Roman stellt Thomas Mann die Parallele zwischen dem Untergang des 'Reichs' und dem nihilistischen Drang der Wissenschaften zum "Teufelsjux" des "Unrealisierbar-Überimposanten" her; der Humanist Zeitblom wirft Leverkühn vor, sich gedanklich "in das Unermeßliche zu stürzen, das die astrophysische Wissenschaft zu messen sucht, nur um dabei zu Maßen, Zahlen, Größenordnungen zu gelangen, zu denen der Menschengeist gar kein Verhältnis mehr hat, und die sich im Theoretischen und Abstrakten, im völlig Unsinnlichen, um nicht zu sagen: Unsinnigen verlieren" – er sehe "keinerlei Grund..., anbetend vor der Quinquillion in den Staub zu sinken"; wogegen es Leverkühn "amüsant" findet, wie dieser Humanismus, "wie wohl aller Humanismus, zum Mittelalterlich-Geozentrischen neigt, – mit Notwendigkeit offenbar... Das Mittelalter war geozentrisch und anthropozentrisch... Du siehst, dein Humanismus ist reines Mittelalter". (Thomas Mann: Doktor Faustus. Frankfurt 1967. S. 266, 271-274).

"Lebens". Er will nachweisen, wie jene Ausflucht, Welt und Natur mechanistisch und szientistisch zu erklären, notwendig dort anlangt, von wo man partout fliehen wollte: in den feinsten und auch gröbsten Anthropomorphismen, da die Wissenschaft, in ihrem totalisierenden Wahrheitsanspruch, den Ausgangspunkt von der menschlichen Praxis her zu schnell verdrängt und ihre "hypothetischen Resultate... ontologisiert"[24].

Historisch spielte sich der Vorgang ab auf dem Hintergrund der Abkehr von der aristotelisch-teleologischen Natursicht, die freilich auch Nietzsche, als 'antiteleologischer Teleologe' eigener Prägung, vollzog: Natur in formaler Bedeutung ist für ihn ent-wertet, kein Wert mehr in sich, und ent-substantialisiert; hierin ist er ganz Kind seines positivistisch-darwinistischen Zeitalters.

Aber er entdeckt in der sorgsam de-anthropozentrierten Naturwissenschaft auch den dahinter wirksamen, mit der Renaissance erwachenden Willen zur Bemächtigung der Welt im Naturwissen, das ein "Bemächtigungswissen" wird[25], das von Nietzsche, als ein Ausdruck des Willen zur Macht, durchaus ambivalent gewertet wird. – Ein Selbstmißverständnis, ja eine moralisch-erkenntnistheoretische Tartüfferie der wissenschaftstreibenden Gemeinschaft liegt darin, daß der Machtwille und Machttrieb in der Grundkonzeption übersehen und verdrängt wird, aber das Resultat des gewaltsamen Zugriffs auf die Natur als ontologische Wahrheit, das Vorhaben als reiner, womöglich 'faustischer' Erkenntnisdrang ausgegeben wird: auch dies eine 'feine Notwehr gegen die Wahrheit'. Der vermeintliche Triumph der neuzeitlichen Wissenschaft lebt vom reduzierten Wirklichkeitsbegriff (von der Reduktion antiker, ganzheitlicher physis-Vorstellungen), der ein verstehendes Erkennen der Natur ausschließt. Die entstandene Diskrepanz drückt Nietzsche so aus (N. Frühjahr – Herbst 1881 11 [60]): zwischen den "großen Schriftzügen der Natur" und unserer "kleinen Schrift" gibt es keine Gemeinschaft mehr. Kontemplatives Verstehen der Natur in ihrem Eigenrecht, als das von sich her Seiende, wird als nutzlos abgewertet: "Wissen, was Dinge von sich her anstreben, was für sie gut ist, bringt für den Menschen keinen Nutzen, kann ihm im Gegenteil sogar hinderlich sein bei der Durchsetzung seiner eigenen Interessen gegen sie. Der Verzicht auf Teleologie, auf Analogie, auf Anthropomorphismen vollzieht sich unter anthropozentrischen Prämissen" (R. Löw[26]). Und auch Nietzsches Anthropomorphismus-Einwand selber ist ambigue in diesem Sinne: er intendiert keine Restituierung eines umfassenderen

---

[24] Reinhard Löw: Artikel 'Natur' in Herders Staatslexikon, 1987, Sp. 1291 ff., hier 1293.

[25] Diese Änderung im Charakter des Wissens (als Paradigmenwechsel der Grundkonzeption von Erkenntnis, mit seiner möglichen Defizienz, erst später erkannt), dieser Wandel bestand darin, "daß das theoretische Wissen nicht mehr bloß ein wiedererkennendes, das Vorfindliche spiegelndes oder spekulatives ist, das also den Gegenstand der Erkenntnis nicht verändern will und auf ein möglichst adäquates Erfassen des *verum* zielt – verum klar als eine Bestimmung des Seienden gefaßt. In der Renaissance beginnt vielmehr der Versuch, Welt im Wissen und im daraus folgenden Handeln als Gegen-Stand menschlicher Verfügung zu begreifen." (H.-B. Gerl: Einführung in die Philosophie der Renaissance. Darmstadt 1989. S. 34). Aus der erkenntnistheoretischen Skepsis im Nominalismus resultiert der Versuch eines "Entwurfs subjektiver Weltdeutung", der nur gelingen könnte, wenn er eine "bestimmende, sinngebende Mitte im Menschen selbst finde" (l.c.). Doch die anthropozentrische Bemächtigung des Wirklichen erfolgt später im Glauben, die 'Wirklichkeit' selbst, menschenunabhängig, zu fassen und zu formulieren.

[26] R. Löw: Artikel "Natur", 1987, l.c.

älteren physis- oder Menschenbildes; das verantwortliche Individuum ist ja ein 'Irrtum' (N. Frühjahr - Herbst 1881 11 [7]). Dennoch *verweist* seine kritisch-auflösende Denkbewegung auf eine reichere Fülle des Wirklichen und auf ein verlorenes Menschen-Bild, enthüllt präjudizierende, versteckte, allzu-menschliche Vorannahmen *in* den Grundkategorien selbstvergessener Naturwissenschaft. Deren Aufdeckung ermöglichte aber erst, das Menschliche darin wieder einzuholen, ihm den Vorrang zu geben vor dem unbewußten Ausleben des Machtaspektes, den Wissenschaft immer hat: der objektivierend-manipulierende Blick wird von einer unbegrenzt disponiblen, materialisierten 'Natur' zurück auf 'das Anthropologische' und Anthropo-morphe dieser Optik gezwungen. N. Sommer 1872 – Anfang 1983 19 [91]: "Alle Naturwissenschaft ist nur ein Versuch, den Menschen, das Anthropologische zu verstehen: noch richtiger, auf den ungeheuersten Umwegen immer zum Menschen zurückzukommen. Das Aufschwellen des Menschen zum Makrokosmos, um am Ende zu sagen 'du bist am Ende, was du bist'" – d.h. (nach dem EH-Motto) 'du sollst der *werden*, der du bist'. Günstigenfalls entdecken wir unser eigenes telos in der Wissenschaft wieder – anstatt einer mit 'wertfreien Methoden' objektiv erfaßten 'wertfreien Welt'. Unsere kleine Schrift zeichnet die großen Schriftzüge der Natur (und Nietzsche denkt nicht an den topos vom Buch der Natur: es ist unentzifferbar) nur im willkürlichen Ausschnitt und gröbsten Raster nach. Kant analysierte ein *gesetzgeberisches* Verhalten unseres Verstandes gegenüber der Natur; Nietzsche entlarvt es als irrationalen Machtwillen. In der Natur herrscht ein unerkennbares Fatum, eine absolute, aber gesetzlose Notwendigkeit, die nicht von unserem subjektiven Verstand auferlegt ist: seine Vernunft ist ein Zufallsprodukt unserer 'mechanischen Weltordnungs-Ecke' (GD Streifzüge 7). Die Wissenschaft schafft sich die 'notwendige' und 'gesetzmäßige' Natur, um sie beherrschbar zu *machen*: aber unser Anspruch auf Vernünftigkeit des Naturgeschehens ist ein Aberglaube (MA II 1,9), Natur ist das 'ganz Andere' (MA II 2, 327). Letztlich können wir uns in der Naturwissenschaft auch nicht mehr als Subjekt behaupten oder distanzieren: "wir sprechen von Natur und vergessen uns selber dabei: wir selber sind Natur, *quand même*" (l.c.). Gerade wenn wir die Natur unseren Maßstäben unterwerfen, messen und wiegen, so sagt Th. v. Uexküll[27], sind wir "über unserem Erfolg einer Verwechslung zum Opfer gefallen", da Natur ihren eigenen, den Menschen übersteigenden, umgreifenden Maßstab hat: sie spricht nicht direkt zu uns, sondern auch 'für sich selbst' (woraus erst ein *Dialog* mit der Natur entstehen kann). Die vom Menschen frei geschaffenen, gesetzten Wissenschaftskategorien setzen sich dem unüberwindbaren Widerspruch aus, da wir selber 'Naturprodukt' sind und von einer, als unerkennbar uns sich entziehenden, Natur determiniert erscheinen[28]. (Vergeblich stellen wir uns der Natur 'objektiv' gegenüber – der Mensch selber "ist ganz Natur und trägt ihren unheimlichen Doppelcharakter an sich": Homers Wettkampf, Vorrede, KSA 1/782).

---

27 Thure von Uexküll: Der Mensch und die Natur. Grundzüge einer Naturphilosophie. 1953. S. 9.

28 Bei Otto Liebmann las Nietzsche (zit. bei Mittasch 1950, S. 341, Am. 148): "Einerseits ist der Mensch Produkt der Natur; andererseits ist die Natur Produkt des Menschen. – Man darf sagen: *Alles ist Natur*: Alles schlechthin, auch der Mensch mit einbegriffen... Man darf aber auch sagen: *Alles*, die Natur mit einbegriffen, ist Geschichte. – Es wäre kühn zu behaupten, daß der menschliche Geist die höchste

An Nietzsches Naturbegriff gemessen – "Seine (Nietzsches) Natur ist grausam, selbstzerfleischend, und zugleich göttlich", sagt Weizsäcker[29] – erscheint das Wissenschafts-Unternehmen selber als naturwüchsig und hoffnungslos hybride. Wo die Wissenschaft am exaktesten zu sein scheint, kommt sie mit ihren Begriffen (die nur 'Residuen von Metaphern sind') nur zu einer Art "Metamorphose der Welt in den Menschen", bestenfalls zu einem Gefühl der "Assimilation" und "nur zu einer 'Wahrheit', die keinen Punct enthält, der 'wahr an sich', wirklich und allgemeingültig, abgesehen vom Menschen, wäre" (WL I, KSA 1/883).

Kaum ein normal scientist aber ließe sich von dieser heftigen Gegenposition gegen die Anmaßung objektivierender Wissenschaften beeindrucken; die Naturwissenschaft nahm von Nietzsche (als Wissenschaftskritiker) kaum Kenntnis; Weizsäcker ist die Ausnahme in jüngster Zeit. Nietzsche richtet sich gegen den Positivismus seiner Zeit – der die Kritik allerdings unterläuft, indem er unbequeme, nicht ins System passende Wahrheiten als metaphysisch abtut –, gegen die "Selbstüberhebung" des wissenschaftlichen Menschen, der der Philosophie Regeln vorschreiben will (J. St. Mill, A. Comte). Mit seinen "apodiktischen Allaussagen", wie Walter Gebhard ('Nietzsches Totalismus', 1983) einwendet, mit seiner Leugnung *aller* Maßstäbe, an denen zu messen wäre, mit seiner "wahrheitslosen Metaphysik"[30], denen er die Wahrheitsansprüche der Wissenschaft aussetzt, gehen aber fruchtbare Ansätze seiner Kritik, da sie wesentliche Erkenntnisdifferenzen vernachlässigt, 'totalisierend' unter, weshalb ihre mögliche Wirkung wieder eingeschränkt wird. Eine monotone, wenn nicht monomanische destruktive Position hält sich, von der postulierten 'Ur-Lüge' am Anfang aller Erkenntnis, durch alle Schaffensperioden Nietzsches durch. Nietzsche verneint nicht nur "*ein absolut festes, von uns unabhängiges* und doch von uns erkanntes Dasein" (Lange – zit. N. Frühjahr 1884

---

geistige Potenz des Weltalls sei." (O. Liebmanns 'Analysis der Wirklichkeit', Straßburg 1880, und 'Gedanken und Thatsachen', Straßburg 1882, in Nietzsches Bibliothek). – Der Mensch als unbedeutender Teil der Natur – diese Folgerung hatte Nietzsche längst aus Darwin gezogen (wohl zuerst aus der Darstellung durch Lange), doch dürften solche Stellen bekräftigend auf die Wiederkehr-Doktrin eingewirkt haben. 'Geschichtlichkeit' sensu strictu stritt Nietzsche der Natur und dem Menschen zwar ab: aber das 'einverleibte' Wiederkehr-Schwergewicht soll die leibhafte Existenz (des starken, Natur *seienden* Menschen) als menschen-*machbar* erscheinen lassen. Das Dilemma solchen 'existentiellen Imperativs' kennzeichnet E. Heintel (ebenfalls zit. bei Mittasch 1950, S. 353): "Der Gegensatz, mit dem Nietzsche ringt, ist jener, den uns das so gewichtige Problem aufgibt, den sich als frei erlebenden Menschen mit dem als bloßes Naturprodukt erkannten und in dieser Stellung völlig determiniert erscheinenden Menschen in Einklang zu bringen."

[29] C.F. Weizsäcker: Zur Beurteilung des deutschen Geistes (Aufzeichnug 1945), in: Wahrnehmung der Neuzeit, München 1983, S. 272: "Bei Nietzsche hat der Begriff der Natur den Reichtum und die Ferne vom Rationalen, die er in Deutschland (seit der rationalistischen Aufklärung) gewonnen hatte. Seine Natur ist grausam, selbstzerfleischend, und zugleich göttlich... Diese Natur Nietzsches ist das Erzeugnis eines großen Dichters. Eine Wahrheit, in der man bleiben kann, ist sie nicht. Soferne sie wahr ist, ist sie unerträglich; so ferne sie erträglich ist, ist sie nicht wahr." Nietzsche habe stets der "objektive Hintergrund" gefehlt, er schoß, so Weizsäcker, "Pfeile der Sehnsucht" ab, daher seine Paradoxa...

[30] Walter Gebhard: Nietzsches Totalismus. 1983. S. 112. Gebhard zitiert Volkmann-Schluck (S. 113): Nietzsche "verweigert sich der wesentlichen Erkenntnisdifferenz – die Verallgemeinerung schlägt auf den Ansatz der Frage zurück und löst sie auf. Nur aus dem Generalisierungszwang mit der Zielfixiertheit des Nietscheschen Denkens auf 'Allerkenntnis' ist zu verstehen, warum die Fülle fruchtbarer Ansätze, in ihr Gegenteil umschlagend, für reale Erkenntnis ergebnislos wird."

25 [318]), sondern leugnet schlechthin den sinnvollen Aufbau humaner Wirklichkeit aus irgendeiner Wahrheit heraus ('Wahrheit' bei Nietzsche ist stets qualitas occulta) und die Möglichkeit, eine menschliche Welt aufzubauen. Die Kritik wissenschaftlicher Wahrheit wird von der Verneinung *aller* Wahrheit immer schon überholt, die aus seinem 'gran rifiuto' (Dante, Inf. III, 60), seiner großen metaphysischen Verweigerung kam: "Ich habe bei keinem Dichter oder Philosphen bisher Gedanken und Worte gefunden, die so sehr aus dem Abgrunde des letzten Neinsagens herauskämen, in dem ich selber zeitweilig gesessen habe..." (N. Frühjahr 1884 25 [11]). Es mag als argumentum ad hominem erscheinen; daß aber Nietzsche stets unüberbrückbare Diskrepanzen zwischen Mensch und Natur, zwischen Denken einerseits, unfaßbarem 'Leben' und konkreter Wirklichkeit andrerseits, zwischen illusionärem (damit beinahe solipisistisch verstandenem) 'Ich' und den gleichsam nur als Willen-zur-Macht-Komplexen, also nicht personal existierenden Anderen aufreißt: all diese totalisierenden Verneinungen und Entlarvungen ent-werten teilweise Nietzsches Wissenschaftskritik und erklären (u.a.) ihre historische Wirkungslosigkeit bei bzw. Nichtbeachtung durch Wissenschaftler(n). 'Nicht betroffen' könnten letztere sich fühlen, da Nietzsche eben den metaphysischen Ansatz in der naturwissenschaftlichen Tätigkeit angreift, der in der Wissenschaftspraxis längst ins Unbewußte verdrängt ist.

Als ein möglicher Welt-Entwurf, bei dem auch Phantasie und künstlerisch-schöpferische Erfindungskraft am Werk ist, steht der wissenschaftliche Welt-Entwurf zunächst gleichberechtigt neben anderen – solage der Ausschnittcharakter des Entwurfs nicht vergessen bzw. verabsolutiert wird. Nietzsche sieht die Naturwissenschaft durchaus als phantasievoll-'metaphysische' Tätigkeit des Menschen an; er betont die Rolle der aktiven Phantasie, die schon im Wahrnehmen wirkt (N. Herbst 1880 6 [440]). Durch Phantasie und Arbeit findet eine *Übertragung* (eine meta-phorische Tätigkeit!) der Natur in ein menschliches Bezugssystem statt[31]. (Nietzsche allerdings spricht dem 'menschlichen Bezugssystem', das nur erlebt, erfahren, glaubend anerkannt werden kann, von vornherein jede Wahrheit ab). Diese Arbeit, oder 'Praxis', ist von Beginn an gemeinschaftliche Tätigkeit, d.h. die Übertragung ist durch soziale, zwischenmenschliche Aktivität vermittelt, insofern unsere Art zu erkennen und auch mit unseren Trieben umzugehen, immer schon gesellschaftlich, 'geschichtlich' vermittelt ist: was für Nietzsche immer nur ein Beleg ihres 'verfälschenden', da verfälschend-gleichmacherischen oder herrschaftlich-gewalttätigen Charakters ist. Der Aufbau einer spezifisch menschlichen Welt beginnt schon in der Erfahrung und Verarbeitung des sog. 'Chaos' der Sinneseindrücke: in einer existentiellen Notwendigkeit (Nietzsche spricht von einer 'biologischen Nötigung'), die Sinneserscheinungen zu ordnen; auf dieser aisthesis-Ebene findet noch keine Wahr-oder-Falsch-Unterscheidung statt; aber Nietzsche zufolge begänne hier 'die Lüge'. – Unsere Faszination und unser Entsetzen vor der Natur (siehe WL) bewirkt, wie Ernesto Grassi sagt, "daß Natur im Chaos der Sinnesempfindungen auf

---

[31] Im folgenden beziehe ich mich auf Interpretationen Ernesto Grassis, v.a. in: Kunst und Mythos, Hamburg 1957, bes. S. 37 ff., und: Humanismus und Marxismus. Zur Kritik der Verselbständigung von Wissenschaft. Hamburg 1973.

uns einstürzt und mit Hilfe der Empirie von uns gebändigt werden muß. Dabei machen wir 'Ausschnitte', aber es sind *unsere* 'Ausschnitte', nicht die Ausschnitte der Natur"[32]. Dennoch beginnen hier schon im Wechselspiel von Natur und Mensch sich spezifische 'Szenerien' aufzutun, 'Ideen des Lebens' (J. v. Uexküll), an denen wir teilnehmen. Der erste Schritt zur Natur-Wissenschaft ist getan (und diese Interpretation läßt auch die hochdifferenzierte moderne Naturwissenschaft gleichsam kontinuierlich aus dem ersten Umgang des Menschen mit Natur entstehen bzw. verständlich werden), wenn 'später' eine Notwendigkeit, eine Nötigung zur gedanklichen Verknüpfung von nicht mehr 'natürlichen', nicht mehr selbstverständlichen Phänomenen einsetzt und der Mensch zur Wahl eines Standpunktes (beispielsweise: die Dinge unter dem Aspekt 'Ursache und Wirkung' zu sehen) gezwungen ist (während der Positivismus bestimmte, spät erst errungene, scheinbar 'tatsächliche' Standpunkte schon als selbstverständlich voraussetzt). "Daß es aber möglich ist, überhaupt verschiedene Ausgangs- oder 'Blickpunkte' zu wählen, beweist, wie relativ das rationale Verfahren ist, wenn es das Gesamtbild der Wirklichkeit in Teilabschnitte auflöst"[33].

Das Zerlegen der Gesamtwirklichkeit in Ausschnitte, das die Naturwissenschaft methodisch systematisiert, ist aber kein *relatives* Verfahren im Sinne einer völligen Willkür und 'Ur-Fälschung', als eines absoluten Verfehlens von Leben und Wirklichkeit – als das Nietzsche es charakterisiert, indem er jeden Erkenntnisbegriff gleichsam uneinholbar definiert, und damit selbst einem metaphysischen Postulat unterwirft. Nietzsches Chaos-Begriff eines blinden Fatums, einer sinn-losen Notwendigkeit (der auch durch die spätere pseudoreligiöse Wiederkunftslehre weder zu verifizieren noch zu bannen ist) gestattet apriorisch keine verbindlichen Sinndeutungen z.B. sinnlicher Eindrücke: ihr *Sinn* in einer Lebens-Szene steht und fällt mit der (nur vorwissenschaftlich faßbaren) Bedeutung der affektiv erfahrenen Szene selber. Wo Nietzsche ein 'Chaos' postuliert, steht er auf einem positivistischen Standpunkt, der sein – um 1870 sehr zeitgemäßer – Ausgangspunkt wurde. Die vorfindliche Welt aber besteht für uns ursprünglich "nicht aus einem Regen einzelner chaotischer Sinnesempfindungen. Die ist selbst nur eine letzte Abstraktion naturwissenschaftlicher Analyse, die auch den letzten Rest von Zusammenhängen auseinanderreißt" (E. Grassi). Nietzsches Entstehungs-'Theorie' von Sprache 'als Wissenschaft' atomisiert jede Sinnesempfindung *und* jeden Begriff, läßt eine sinnvolle Deutung nicht zu. "In Wahrheit sind die Elemente, aus denen wir unsere Welt aufbauen, schon immer Komplexe von verschiedenen Sinnesdaten, die durch triebhafte Deutungen miteinander verbunden sind"[34]. Als chaotisch-ungeordnetes 'Material' erscheint die Natur nur der materialistischen Sicht – die auf einer metaphysischen Behauptung gründet[35] – einer abstrahierenden Wissenschaft, die ihren ursprünglichen Ausschnittcharakter verleugnet und dadurch selbst zu einer "rätselhaften Entartung des 'Natürlichen'" (E. Grassi) werden kann. Erst in dieser

---

[32] Grassi, Kunst und Mythos S. 45.
[33] Grassi l.c.
[34] Grassi, S. 47.
[35] Spaemann/Löw S. 274.

doppelten Selbstvergessenheit treibt (wie Nietzsche es gesehen hat) die Wissenschaft im Verfolg ihrer verselbständigten Erkenntnismethode auf die 'Selbstauflösung' und 'auf den Untergang' zu. Solange es bewußt bliebe, könnte Abstrahieren, das Ausschnitte-Setzen der Naturwissenschaft als sinnvoll und berechtigt angesehen werden – erst die sich verselbständigende Wissenschaftlichkeit als eine defiziente Abstraktion von der menschlichen Gesamtwirklichkeit entfaltet eine zerstörerische, intellektuell verarmende Wirkung, und entzieht sich dadurch einem möglichen ethischen Korrektiv; doch gewollt oder nicht, "die Abstraktion am Anfang jeder wissenschaftlichen Untersuchung steht selbst unter ethischen Kriterien"[36]. Indem Nietzsche auf die anthropo-morphe Grundkonzeption von Wissenschaft reflektiert, sie uns nahebringt, könnten uns auch solche ethischen Kriterien[37] deutlicher sichtbar werden. Und nur diese indirekte Eröffnung einer tieferen Einsicht stellt Nietzsches ganz anders geartete Kritik der Naturwissenschaften, ebenso singulär in einer ethisch 'dürftigen', positivistisch-forschrittsgläubigen Zeit, gleichrangig etwa neben jene Kierkegaards.

Die Ausschließlichkeit der frühen Position, wonach wissenschaftliche Erkenntnis *nur* anthropomorphe Verfälschung ist[38], verläßt Nietzsche später: Aktives Erkennen als schöpferisches Umgestalten der Wirklichkeit ist möglich dank der pragmatischen Grundlage aller Wissenschaft, die auch mit 'falschen' Grundbegriffen die Welt real verändert. Zwar ist Natur "immer wertlos" (FW 301), aber Naturwissenschaft kann die "möglichst getreue Anmenschlichung der Dinge" leisten, wodurch der Mensch der Natur erst ihren Wert verleiht; wir können, sagt Nietzsche, "einem gestaltlosen Werden Form auferlegen, es den Prinzipien der Dingheit, der Zahl, der Logik, der Kausalität unterwerfen und dadurch in den Bereich der Denkbarkeit übertragen"; damit erst eine Welt, "*die den Menschen Etwas angeht*", schaffen. Naturwissenschaft hat stets praktische Anwendbarkeit zum Ziel und dient positiv der Bemächtigung der Natur zu Zwecken des Menschen (N. Frühjahr 1884 25 [308]). Da Nietzsche in der 'Zurechtmachung des Wirklichen' durch die mathematisierende Wissenschaft den Machtfaktor, die 'Macht des Schaffenden' entdeckt, kann Wissenschaft trotz ihrer

---

36 Spaemann/Löw S. 276. – Vgl. E. Grassis Interpretation der mechanè und des metapherein bei Aristoteles (Grassi, l.c. S. 47 ff.): Die metaphorische (über-tragende) Tätigkeit des Menschen im naturwissenschaftlichen Weltentwurf besteht intentional immer in einer "Einschaltung menschlicher Ziele für eine wachsende menschliche Ordnung"; die mechanè 'überträgt' der physis *Bedeutungen* im Hinblick auf die Bedürfnisse des menschlichen Lebens – daher ein zumindest intendierter (oder auch verfehlter) ethisch-praktischer Sinn im wissenschaftlichen Tun.

37 - sozusagen wider Nietzsches Absicht, mittels seiner Teleologie- und Wissenschaftskritik ("Leugnung aller Zwecke") dem Menschen und sich (Nietzsche) selber "das Gefühl völliger Unverantwortlichkeit zu schaffen" und "die vollkommene *Unschuld* des Werdens zu beweisen" (N. Juni – Juli 1885 36 [10]); Präzeptor einer neuen Wissenschaftsethik ist Nietzsche nicht. Manche Stellen könnte eine entfesselt agierende Naturwissenschaft eher als Freibrief verstehen. N. l.c. 36 [11]: "Im Grunde ist die Moral gegen die Wissenschaft *feindlich* gesinnt", seit Sokrates (in Nietzsches falscher historischer Ableitung), weil "die Wissenschaft Dinge als wichtig nimmt, welche mit 'gut' und 'böse' nichts zu schaffen haben, folglich dem Gefühl für 'gut' und 'böse' das *Gewicht nehmen*". Das Scheitern des Nietzscheschen Immoralismus, seines Versuchs der Auflösung der alten und Setzung seiner 'neuen', radikal-aristokratischen Übermenschen-Moral, beweist aber nur die existentiell begründete Unmöglichkeit, realiter ethische Kriterien in der Wissenschaft ablegen (oder 'ethisch neutral' umgehen) zu können. (Die Naturwissenschaft hat inzwischen das Böse kennengelernt.).

38 Der späte Nietzsche hebe "das Stigma, das bisher auf dem Erkennen gelegen hatte, auf". Vgl. Hans M. Wolff: Friedrich Nietzsche: Der Weg zum Nichts. Bern 1956. S. 170 ff.

Untauglichkeit als Erkentnis- doch ein *Kampfmittel* gegen die "spitzfindig gewordene" Religion werden[39] und 'ein größtes Maß von Macht über die Dinge' und auch über Menschen verschaffen (N. Frühjahr 1884 25 [307]). Schließlich ist der, meist im unersättlich-zersetzenden Erkenntnisstreben sich manifestierende, 'Nihilismus' *auch* ein 'Symptom der Stärke' (N. Herbst 1885 – Herbst 1886 9 [60]; vgl. FW 293 und 373) und ein (wiewohl ambivalentes) Erziehungsmittel, insoweit die Wissenschaft das "am meisten von uns Geglaubte", ein uns 'Einverleibtes' ist (l.c.) – ungeachtet der Nicht-Existenz ihrer Gegenstände an sich, wie der mathematischen.Aber als Kritiker des naturwissenschaftlichen Erkenntnis-Handelns hat Nietzsche eindeutig den Anspruch des Menschen aufgehoben, noch als 'Herr und Meister' *über* der Natur zu stehen, sich selbst so zu verstehen, 'als ob die Angeln der Welt sich in ihm drehten'(WL 1, KSA 1/875), somit auch den Anspruch, tote wie lebende Materie[40] zum bloßen Material zu degradieren; eine Haltung, die u.a. auf Descartes' Trennung des 'denkenden Etwas' von der materiellen (einschließlich biologischen) res extensa zurückgeht[41]. – Meist setzt Naturwissennschaft stillschweigend die Berechtigung zur Unterdrückung, Aneignung, Beherrschung der Natur voraus[42], wie typischerweise auch die naturwissenschaftlich inspirierten Ideologien (wie der Marxismus): Von der "vollendeten Weseneinheit des Menschen mit der Natur" beim *jungen* Marx der Pariser Manuskripte (1844) bleibt – sofern der Soziozentrismus der Marxschen Lehre nicht prinzipiell Natur *nur* als verfügbare verstand – beim späten Marx und den Nachfolgern wenig übrig. Eine Gesellschaft 'herrschaftsfreier Kommunikation' (Habermas 1973) könnte die Natur immer noch dem 'Funktionskreis instrumentellen Handelns' ausliefern und unterwerfen.

Nietzsche zufolge begegnet der Mensch in der Natur-Erfahrung immer nur sich sebst, er erfährt sich als Teil der Natur, da er selber Natur *ist* – erfährt diese aber auch

---

[39] Von "uns europäischen Menschen" und offensichtlich vom Wissenschafts-Täter fordert Nietzsche "herbe Strenge, ja Grausamkeit" gegenüber den Religionen: "Vivisektion ist eine *Probe*: wer sie nicht aushält, gehört nicht zu uns" (N. Frühjahr 1884 25 [307]). Solche und ähnliche Aussagen bzw. Ausfälle scheinen ein technokratisch gesinntes 'Herrenmenschentum' zu fordern: derlei "Herren der Erde" könnten eines Tages wirklich "Entschlüsse über Methoden fassen, auf Jahrhunderte hin!", um "die *Leitung der menschlichen Zukunft*" in die Hand zu bekommen (N. l.c. 25 [137]).

[40] Auch diese Perspektive will durchgespielt sein: im Gesamtkonzept der kämpfenden Triebe und Teile im Organismus (Einfluß Rées und der Roux-Lektüre, seit Frühjahr 1880) ver-materialisiert Nietzsche das Organische und Geistige; 'Vernunft' ist nur eine Übersetzung der Eigenschaften der niedersten Lebewesen, ja des Anorganischen (N. Frühjahr 1880 11 [134; 131; 207]); das Lebende ist kein Gegensatz des Toten, nur dessen 'Spezialfall' (l.c. 11 [150]); alles Reden von 'Affekten' in niederen Organismen (11 [241]) oder von deren 'Selbstregulierung' (11 [243]) ist andrerseits natürlich *nur* eine 'Bilderrede' (11 [128]); doch gibt es, auf den verschiedenen Lebens- und Evolutionsstufen, "unzählige modi cogitandi" (11 [315]) – anthropomorph geredet!

[41] Seit den vierziger Jahren des 19. Jh. glaubte man, mittels chemischer Analyse und der physikalisch-mathematischen Formulierung des Energie- (bzw. ursprünglich Kraft-)Erhaltungsprinzips die Gesamtheit der Naturvorgänge 'physikalistisch'-mechanistisch, d.h. "die Natur als arbeitende Maschine" und "die Erscheinungen des Lebens im Rahmen eines Modells von ausgesprochen mechanistischem Charakter" deuten zu können. Hierzu Stefano Poggi: Positivistische Philosophie und naturwissenschaftliches Denken. In: W. Röd (Hrsg.): Geschichte der Philosophie, Bd. X. München 1989. S. 13-151; hier bes. S. 82 f.

[42] Karl Marx, Pariser Manuskripte 1844, in: MEW Eb. I, S. 538. J. Habermas: Erkenntnis und Interesse. Frankfurt 1973. S. 176. Vgl. K.M. Meyer-Abich: Wege zum Frieden mit der Natur. Praktische Naturphilosophie für die Umweltpolitik. München 198.. S. 80 ff.

als Nicht-Selbst und sich als 'das Andere' der Natur; das Subjekt ist uns im Grunde ebenso fremd wie das natürliche Objekt. Die Einsicht realisierend, daß wir keine an-sich-gültigen naturwissenschaftlichen Kategorien ohne Beimischung des humanen interpretierenden Elements aufstellen können, bestimmt der Mensch aber auch sich und die Natur als ein Gemeinsames. Der Mensch hat die volle Verantwortung für die Auswahl und Prüfung der Kategorien, denen er die Natur 'unterwirft'. *Ethische* Kategorien, die den Umgang mit Natur bestimmen, entstehen bereits aus dem Typus der Prämissen des Natur-Erkennens: wir legen ja nicht die Natur faktisch fest, sondern wir bestimmen Wahrscheinlichkeitskategorien (praktischer Natur), in deren Rahmen erst Aussagen getroffen werden, und ihnen unterwerfen wir nicht nur die Natur, sondern uns selbst. Natur – so Reinhard Löw[43] – kann dann nicht mehr "so gedacht werden, wie sie ohne uns ist, denn indem sie gedacht wird und gewiß im Experiment, sind wir schon 'bei ihr'", eine Einsicht, die von der heutigen objektivierenden Naturwissenschaft gewöhnlich ausgeblendet wird.

Die vielbeschworene Einbeziehung des Beobachterstandpunkts garantiert noch nicht ein Bewußtsein von der wesentlichen Subjekthaltigkeit allen wissenschaftlichen Tuns: die Deanthropomorphisierungs-Tendenzen, als Versuch der "Abschaffung des Menschen" (Löw), schlagen noch durch in der Weise, wie zumeist der Beobachterstandpunkt in der Überlegung berücksichtigt wird. Denn der 'methodisch einbezogene' Beobachter ist nicht der konkrete Mensch, sondern ein idealisiert-gedachter[44], ein 'objektives' Evolutionsprodukt usw. Die meisten Wissenschaftstheoretiker gehen davon aus, daß die objektiv gedachte Subjektivität, gewisse Grenzen unseres Erkenntnisvermögens, die Vorgeformtheit unserer Sinnesdaten etc., immer schon das wissenschaftliche Tun bestimmen. Der pragmatische Charakter des Vorgehens wird wenigstens implizit zugestanden; anders wäre der praktische Erfolg, und er allein legitimiert für die Wissenschaftstheorie den 'Wahrheitsgehalt', nicht zu erklären. Den Erfolg der Methode erklärt auch Nietzsche, die heute vorherrschende Einstellung vorwegnehmend, aus dem evolutiven Gewordensein unserer Erkenntnisgrundlagen und deren biologischer Bewährung (obwohl er damit in Konflikt gerät mit seiner eigenen Darwinismus-Interpretation): zunächst war diese Erkenntnis für ihn eine schockierende Ernüchterung, weil sie den 'alten' Wahrheitsbegriff abzuschaffen schien.

Warum unsere Erklärungen *praktisch* gelingen, folgt aus dem erklärten Primat der Praxis *in* der naturwissenschaftlichen Erkenntnis- und Handlungsweise. "Die erfolgreichen kognitiven Methoden sind diejenigen, die am besten geeignet sind, die Ziele des menschlichen Lebens herbeizuführen", wie ein moderner Wissenschaftstheoretiker sagt[45]. Der Begründungszusammenhang ist bei Nietzsche ähnlich: die Legitimierung unseres 'kognitiven' durch den evolutionären Erfolg. Die ehrlicheren Vertreter der Wissenschaftstheorie sind sich (wie Nicholas Rescher) bewußt, daß sie hierzu metaphysische Thesen und Annahmen zuhilfenehmen und einen angestrebten

---

43 R. Löw, in Herders Staatslexikon 1987, Sp. 1294.
44 Löw l.c. Sp. 1295.
45 L.B. Puntel: Einleitung zu Nicholas Rescher: Die Grenzen der Wissenschaft. Stuttgart 1985. S. 34.

'Sinn', einen "sinnvollen Einheitsprozeß" zwischen dem Menschen als forschendem Subjekt und der Welt als Objekt der Forschung, postulieren müssen, damit nämlich "diese Evolution kein zufälliger sinnloser, sondern ein sinnvoller, 'kohärenter' Prozeß ist"[46].

Solchen 'Sinn' wiederum leugnet Nietzsche, zusammen mit der 'Subjekt'-Annahme. – Über das tatsächliche Verhalten gegenüber der Natur, über die Möglichkeit zur Begründung eines verantwortungsbewußten Umgangs mit ihr, entscheidet das jeweilige Menschenbild – das wir weder von Nietzsche noch einer bestimmten Wissenschaftstheorie zu übernehmen brauchen. – Ist das Individuum nach Nietzsche nur "eine Summe von Irrthümern", "eine 'Einheit', die nicht Stand hält", eine "Phantasterei" (N. Frühjahr – Herbst 1881 11 [7]) – dann mag es zwar gelingen, "über 'mich' und 'dich' hinaus" zu einem vagen 'kosmischen Empfinden', aber nicht mehr zu einer personal-verantworteten Moral der Wissenschaft zu gelangen.

Nietzsches eminenter (bisher nicht beachteter) Beitrag zu einer kritischen Wissenschaftstheorie wäre die Betonung des unabdingbar Anthropomorphen, des humanen Faktors, und des pragmatischen Charakters schon der naturwissenschaftlichen *Grundkategorien*. Definitiv bestätigt wird er von der modernen empirischen und theoretischen Naturwissenschaft, die auf ihren eigenen Forschungswegen zur Einsicht gelangte, daß der erkennende Mensch, sowohl als geistiges, denkendes wie als sinnlich-wahrnehmendes Subjekt, ein unablösbares, wirklichkeitskonstituierendes Moment aller objektiven Aussagen über die Natur ist. Auf philosophischem wie physikalisch-experimentellem Wege gelangte man ans Ende der neuzeit-bestimmenden Descartes'schen Unterscheidung von res cogitans und res extensa, von welcher noch Kants Theorie naturwissenschaftlicher Erfahrung abhängig ist.

Die Aussagen heutiger Naturwissenschaft sind, soweit es ihre philosophierenden Vertreter betrifft, statt Beschreibungen einer isoliert und abstrakt angesetzten Natur vielmehr (praktische, operationale) Beschreibungen "unserer Beziehungen zur Natur", des Wechselspiels zwischen Mensch und Natur, aus der Erkenntnissituation der Quantentheorie heraus, "in der eine Objektivierung des Naturvorgangs nicht mehr möglich ist", wie Heisenberg sagt[47]. Der Unterschied zwischen Beschreiben und Erklären (an dem Nietzsche noch festhält, vielmehr: beides 'falsifiziert') wird hinfällig. Erklären wäre: sich auf ein 'objektiv' Vorfindliches, ein logisch Anerkanntes zu berufen. Das anzuerkennende Subjekt oder sogar: die personale Selbsterfah-

---

[46] Puntel l.c. S. 33 f.

[47] Die Unmöglichkeit der Objektivierung von (ohnehin nur hypothetisch 'erklärten') Naturvorgängen, und der Zirkel von Anthropomorphismen, in den man dabei geraten kann, wird besonders deutlich bei 'singulären' Ereignissen (zu denen ein Dasein von 'Welt überhaupt' gehört): siehe z.B. die Annahme einer hypostasierten "Superkraft", in Verbindung mit "einer Handvoll einfacher Teilchen", am 'Beginn' des Universums, um die Urknall-Theorie sowie die Einfachheit und Komplexität zugleich der Naturgesetze zu erklären; viele Physiker (so auch Stephen Hawking) nehmen ein "allem zugrunde liegendes Gesetz" an, das am Anfang stand und die Gesetze der Physik "schuf", eine Superkraft mit "mathematischer Struktur, die zugleich als das einzige logisch tragfähige physikalische Prinzip definiert sei. Das heißt, Physik wäre auf dieselbe Weise 'notwendig', wie die Theologen Gott als notwendig bezeichnen", meint Paul Davies: God and the New Physics. Dtsch.: Gott und die moderne Physik. München 1986. S. 80 f.

rung, ist aber – jedenfalls in der philosophisch durchdachten Quantentheorie – schon in jeder Prämisse und Aussage mit enthalten und inbegriffen. Und Beschreiben wäre heute, Heisenberg und Weizsäcker zufolge: auszusprechen, was der Mensch, als Wissenschaftler, in der Wissenschaft tut; im Sprechen resp. Tun ist das 'Geistige', das Subjektive schon enthalten, ist nicht mehr vorgängig oder nachträglich auszugrenzen oder als von außen hinzutretend aufzufassen.

Nietzsches wechselnde Konzeptionen vom 'Geistigen' in der Natur haben ihr Zentrum in der Idee (anthropomorph-)subjektiv gedachter, in verschiedenen Denkperioden unterschiedlich benannter "Empfindungszentren" oder "Empfindungskomplexe", strukturell 'geistiger', subjektiver Elemente in der Natur: auch Nietzsche kann nicht umhin, die erfahrbare Subjektivität 'irgendwo' zu lokalisieren. Dann hätte aber die Einbeziehung des Beobachterstandpunktes in das reflektierte Tun moderner Naturwissenschaft dem (Nietzscheschen) Anthropomorphismus-*Einwand* den argumentativen Boden entzogen, insofern dieser Einwand noch von einem hypostasierten objektivistischen Wahrheitsbegriff lebt und abhängt.

Die Quantentheorie könnte sich, für ihre Fest-stellungen im Mikrobereich, durchaus Nietzsches Einschränkung unterwerfen, ja sich zu eigen machen: "Alle Relationen, welche uns so wichtig sind, sind die der *Figuren auf* dem Spiegel, nicht die wahren" – weil 'Spiegel' und 'Außenrealität' nicht zu trennen sind; und: "alle unsere Relationen, mögen sie noch so exakt sein, sind Beschreibungen des Menschen, *nicht* der Welt" (N. Herbst 1880 6 [429]); oder vielmehr: sind Beschreibungen der Einheit Welt-Mensch. Der Mensch stößt im Quantenbereich, eben dort, wo er am nachhaltigsten in den Naturzusammenhang (analysierend *und* zerstörend) eingreift, nicht – mit Nietzsche zu reden – auf Schein oder Täuschung, sondern auf "eine Chiffreschrift, in der eine unbekannte Sache sich ausdrückt", und die nur insoweit "bekannter" wird, als wir in der Entzifferung und Interpretation jener Chiffren *uns selbst* begegnen, "unserer menschlichen Stellung zu den Dingen". Das zeigt ganz konkret die Erfahrung, die sich dem modernen Naturforscher im Bereich subatomarer Dimensionen aufdrängt. Die Aporien, auf die Nietzsche (spekulativ) stößt, erinnern an diejenigen der Kopenhagener Deutungsversuche der Unschärfe-Relation, und sind nur mit 'komplementär' zu verstehenden Begriffen auflösbar. Im Ausgang der objektiv-experimentellen Methode ist, rein heuristisch und formal, der subjektive Forscher scheinbar zunächst ausgeschlossen: er findet sich im anthropozentrisch formulierten, interpretierenden Ergebnis wieder, aber auch schon im Festlegen der Versuchsanordnung. (Das Wählen abstrakter Ausschnitte kann nur sinnvoll sein, wenn das Abstrahieren bewußt geschieht.) So wäre Weizsäcker[48] zu verstehen, wenn er einem Nietzsche-Aphorismus folgend "die Aufgabe eines Naturphilosophen nicht besser zu beschreiben (wüßte) als Nietzsche die seine beschreibt", nämlich wie folgt (N. Frühjahr – Herbst 1881 11 [211]): "Meine Aufgabe: die Entmenschung der Natur und dann die Vernatürlichung des Menschen, nachdem er den reinen Begriff 'Natur' gewonnen hat."

---

[48] C.F. v. Weizsäcker: Nietzsche. In: Wahrnehmung der Neuzeit. München/Wien 1983. S. 103.

Was aber bedeutet Nietzsches 'reiner Begriff' der 'Natur'? Keinesfalls ist er mithilfe der reinen Naturwissenschaft zu gewinnen: sie mißt alle Natur am Bewußtsein und dadurch "willkürlich mit 'reinem Maße'" (N. Frühjahr–Herbst 1881 11 [7]); es gibt aber keinen Maßstab und kein maß-gebendes Subjekt. Daher wäre die 'Entmenschung der Natur' und das Sich-Vernatürlichen als eine Überwindung falscher, illusorischer, ego- und anthropozentrischer Sehweise zu interpretieren[49]. Mit der Forderung der "Vernatürlichung" und der "Rückkehr zur Natur" als einem "Hinaufkommen" in freie Natürlichkeit (GD Streifzüge 48) sprengt Nietzsche den Rahmen des neuzeitlichen wissenschaftlichen Denkens wie den bloßer Wissenschaftskritik; der traditionelle abendländische Wissenschaftsbegriff löst sich ebenso wie jeder überkommene Naturbegriff auf (im 'Chaos sive natura').

In der den Menschen und sein Geistiges einbeziehenden, philosophisch reflektierten Quantentheorie ist möglicherweise erstmals eine Natur-Wissenschaft denkbar, die dem 'reineren Begriff der Natur' näher kommt, da sie die Option des (für seine selbstgewählten Prämissen und Kategorien) verantwortlichen Menschen einschließt und sowohl ihn wie sein Naturverständnis auf eine Zukunft hin offen läßt – die somit der Gefahr entginge, im Namen eines unerreichbaren Objektivitätsideals das Menschliche, Qualitative, Ethische (und in praxi letztlich den Menschen als Gattung) abzuschaffen[50]. Jegliche Naturwissenschaft verfuhr bislang nach dem Gesetz (der Quantifizierung der Natur als Methode; der Ersetzung qualitativer Substanzen durch quantifizierte Bewegung als alleiniges Paradigma natürlicher Abläufe), wonach sie seit Galilei angetreten, und verblieb daher "mechanistische Welterklärung", also eine "*Reduktion alles Geschehens* auf den Sinnenmenschen und Mathematiker" (N. Winter 1883-1884 24 [17]), als eine der "dümmsten" Weltauslegungen (N. Juni–Juli 1885 36 [34]).

Der atomistisch-mechanistischen Denkweise setzt Nietzsche, künftige Paradigmenwechsel in der Physik vorausahnend, jene "dynamische Welt-Auslegung" entgegen, die "in Kurzem über die Physiker Gewalt haben wird" (N. Juni – Juli 1885 36 [34]), und der er selber, nach den Vorstufen der 'Zeitatomenlehre' vom Frühjahr 1873 (26 [12]), ab 1881 in den Wiederkehr-Beweisversuchen und einer Art 'Kraftzentren-Physik', in eigentümlicher Vermengung physikalischer, psychologischer, prophetischer Elemente Gestalt geben will. Tatsächlich hat Maxwells (1865 publizierte) dynamische Theorie des elektromagnetischen Feldes[51], zusammen mit der

---

49 Vgl. Ryogi Okochi: Nietzsches Naturbegriff aus östlicher Sicht. N-St 17 (1988), S. 108-124.

50 Seit Herbst 1885 – Herbst 1886 2 [131] betont Nietzsche den "nihilistischen Zug" in den Naturwissenschaften, die Sinn- und Wertlosigkeit im (gleichgesetzten) Mechanismus und "Causalismus": die mechanistisch-atomistische Denkweise hat kein (notwendiges) Ziel, sie wird in einem 'Zeichensystem' enden und auf Erklären verzichten (l.c. 2 [61]); der 'Mechanist' wird mit dem Tauben verglichen, der die Zeichen- und Notenschrift eines Werkes als 'Ziel' (und Musik selber) nimmt. Seit Herbst 1885 (- Herbst 1886 7 [60]) ('es gibt *nur* Interpretationen'!) rückt das 'Interpretationismus'-Konzept in den Vordergrund. Hinter den Interpretationen verschwindet der Interpret, d.h. das Subjekt. -Nietzsches eigentlicher Kampf gilt aber dem nihilistischen 'wissenschaftlichen Menschen', den "Zeichen von Eindämmung und Niveau-Erniedrigung des Lebens" (N. Frühjahr 1888 14 [84]).

51 Die dynamische Theorie des elektromagnetischen Feldes, die sich nicht mehr auf ein mechanisches Modell bezieht – wichtiger Schritt zur Entdeckung der 'Kräfte-Dynamik' der neueren, nicht mehr

Entdeckung des Zeitfaktors und der Rolle unumkehrbarer, probabilistischer Prozesse die Voraussetzungen für die "dynamische Weltauslegung" der Quantentheorie geschaffen, das heute vorherrschende 'Paradigma' (das freilich erneut reduktionistischen Interpretationen ausgesetzt werden kann; insofern bleibt auch Nietzsches Polemik gegen die 'Mechanisten' aktuell). Und in der Quantentheorie (in der Kopenhagener Deutung) ist die Quanten- wie im Grunde jede physikalische Theorie, unlösbar mit ihrem Deutungsproblem verbunden, gewissermaßen identisch: sie ist gleichzeitig "Beschreibung des Menschen" *und* der "Welt" (N. Herbst 1880 6 [429]) und versucht auch – Nietzsches Forderung (N. Juni – Juli 1885 36 [34]) – "zur Dynamis" noch die "innere Qualität", in der erlebten und erlebbaren Zeitlichkeit des Menschen, zu finden. – Auch Weizsäcker interpretiert den Willen zur Macht als die erfahrbare und erlittene Zeitlichkeit[52].

Für Nietzsche ist keine wirkliche Selbst-Erfahrung des Menschen in der wissenschaftlichen Erkenntnis vorstellbar: wir begreifen *nichts*, auch nicht unser Selbst, weil wir nur Bilder sehen (N. Herbst 1880 6 [433]), nur die "Figuren auf dem Spiegel" (l.c. 6 [429]). "Versuchen wir den Spiegel an sich zu betrachten, so entdecken wir nichts als Dinge. Wollen wir die Dinge fassen, so kommen wir zuletzt wieder auf nichts als den Spiegel" (l.c. 6 [433]). Die Spiegelmetapher ist häufig, v.a. im Herbst 1880, verwendet, und hängt mit Nietzsches 'evolutionärer' Sichtweise direkt zusammen, die durchaus im Sinne heutiger 'evolutionärer Erkenntnistheorie' verstanden werden darf, also reduktionistisch. Im Bild vom Spiegel drückt sich aber auch eine prinzipielle Kritik am Denken aus, das immer ein Denken 'von Etwas' ist, und für Nietzsche jedes 'Etwas' als 'Substanz'- und theologieverdächtig auszuschließen ist. Zunächst aber zeigt sich darin die Unmöglichkeit von Wirklichkeitserfahrung via Naturwissenschaft; das Reflektieren auf solche Erfahrung wäre ja potenzierter 'Essentialismus'. Auch Konrad Lorenz 'entlarvt' die Rückseite des Spiegels und läßt die Realität subjektiven Erlebens im Objektiv-Physiologischen, dessen Überlebenserfolg die Erkenntnis erst ermöglicht, aufgehen. Die apriorischen Strukturen unseres Erkenntnisapparates[53] lassen, für Nietzsche ähnlich wie für Lorenz, im Grunde nur noch ein aktives Quasi-Erkennen auf pragmatischer Grundlage zu (was auch für das wissenschaftliche Erkennen zutreffen müßte). Pointiert wäre dieser Standpunkt zu

'atomistischen' Atomtheorie – formulierte 1865 James Clerk Maxwell (durch "Aufstellung und Interpretation seiner elektromagnetischen mathematischen Gleichungen"). Hierzu der Wissenschaftshistoriker Shmuel Sambursky in: Der Weg der Physik. 2500 Jahre physikalischen Denkens. Zürich 1975 und München 1978, S. 476: "... zum ersten Mal in der Geschichte der Physik gesteht hier ein großer Forscher praktisch ein, daß mechanische Analogien, so förderlich sie auch für die wissenschaftliche Phantasie sein mögen, lediglich Notbehelfe sind, die man nicht als wahre Abbildungen der physikalischen Realität hinnehmen darf." Maxwell war sich auch bewußt, daß mit der Anwendung statistischer Methoden im Molekular- (und später atomaren) Bereich gleichsam ein 'historisch'-subjektives Moment in die Physik kommt. Sein berühmter "Dämon", dessen Arbeit ja das mechanistische Weltbild retten könnte, ist bewußt fiktive Annahme. Vgl. Maxwells Texte in Sambursky 1978, S. 577 ff.

52 C.F. v. Weizsäcker: Nietzsche. In: Wahrnehmung der Neuzeit, S. 77.

53 Vgl. Konrad Lorenz: die Rückseite des Spiegels. Versuch einer Naturgeschichte menschlichen Erkenens. München 1973. Hierzu C.F. v. Weizsäcker: Die Rückseite des Spiegels, gespiegelt. In: Der Garten des Menschlichen. Beiträge zur geschichtlichen Anthropologie. München 1977. S. 187-205.

formulieren: *weil* der Mensch und sein Intellekt *Teil der Natur* ist, ist ein 'wirkliches' Wissen über sie und über sich selbst, die Natur im Menschen, nicht möglich. Die nurmateriellen Entwicklungs*bedingungen* des Geistigen im Menschen nehmen diesem jeden Wert – außer dem bloßen Da-sein. Dies wäre strukturell Nietzsches Einwand gegen die allzu-anthropomorphe 'mechanistische Denkweise'; deren Argumente benutzt er aber polemisch gegen die Anerkenntnis der Möglichkeit, sich als handelndes Subjekt zu erfahren (und der Anthropomorphismus-Vorwurf wird zirkulär).

Die Quantentheorie in der erklärtermaßen metaphysik-offenen Interpretation (Weizsäckers) vermag Phänomene des Quantenbereichs oder der 'Evolution' mit der subjektiven Selbst- und Wirklichkeitserfahrung (und mit den erhaltenswerten Traditionen aus der Geschichte der Philosophie) in einer möglichen Einheit zu denken und das humane Element, die ethische Verantwortung wissenschaftlichen Vorgehens selbst eingeschlossen, zu retten. Weizsäcker, im 'Aufbau der Physik'[54], kann die erkenntnistheoretische und evolutionistische Fragestellung zusammensehen, da wir "auch die Rückseite des Spiegels nur im Spiegel sehen", im Subjekt gespiegelt. "Der Mensch ist ein Kind der Natur und sein Wissen (d.h. auch seine wissenschaftliche Erkenntnistheorie) ist selbst ein Vorgang in der Natur." Diese Einsicht führt nicht zwangsläufig zu einem Interpretieren ohne interpretierendem Subjekt (wie in Nietzsches Schlußfolgerung), in ein letztlich sinn- und wert-loses Spiegelkabinett des Perspektivismus (mit der Naturwissenschaft als *einer*, Nietzsche mitunter sehr willkommenen Perspektive). Heisenberg und Weizsäcker legen nahe, daß eine behutsam interpretierende und reflektierte Wissenschaft am Ende eines hermeneutischen Kreisganges zu einer Anerkennung seelischer Phänomene und geistiger Erfahrung *in* der physikalisch untersuchten Wirklichkeit kommen kann[55]; die Erfahrung dränge sich auf, sagt Weizsäcker, daß die Wirklichkeit, ob nun physikalisch oder 'lebensweltlich' erfahrene, selbst "essentiell seelisch-geistige Wirklichkeit" sei.

Nietzsches Aussage: daß der Mensch selber Teil der Natur ist, müßte fortgeführt werden: er ist Natur auch in seinen höchsten seelisch-geistigen Aktivitäten. Die Behauptung, der Mensch verkehre *nur* in Illusionen mit der Natur, der äußeren wie inneren, kann stichhaltig nur erscheinen, wenn schon zuvor der Mensch sich selbst zur 'anthropomorphen' Illusion erklärt hat.

Die Quantentheorie läßt Weizsäcker zufolge eine Interpretationsmöglichkeit zu, die auch die in der Naturwissenschaft erfahrene Realität als "essentiell geistigseelische" erweise und einen "Zugang zum psychischen Hintergrund der Welt eröffnen" könnte[56]. Die physikalischen Körper selbst beruhten auf "räumlich nicht mehr beschreibbaren Strukturen", und es sei "zu vermuten, daß einer Wahrnehmung, die sich aus Naivität oder aus wissenschaftlichem Herrscherwillen auf die Körperwelt und die in ihr manifesten seelischen Vorgänge beschränkt, wesentlich seelische und geistige Phänomene entgehen müssen". – Nietzsche mußte – dies seine 'positi-

[54] Weizsäcker, Aufbau der Physik, S. 330 f.
[55] Weizsäcker l.c. S. 637 ff.
[56] Weizsäcker l.c. S. 638.

vistische' Anti-Position – zuerst die seelisch-geistigen Phänomene abwerten, indem er sie reduktionistisch-'evolutionistisch' erklärt, 'entlarvt', um den Vorwurf der Fiktionalität jeder Art Erkenntnis aufrechtzuerhalten. In seiner letzten Schaffensperiode werden dann allerdings den Willen-zur-Macht-Komplexen, in einem höchst anthropomorphen Weltbild-Entwurf, wieder psychisch-schöpferische Kräfte, beinahe eine Art Subjektivität, zugeschrieben[57]. Die Quantentheorie kann seelische Erfahrung (und damit auch ein Ich- und Wirklichkeitserleben, in dem wir uns immer schon vorfinden) anerkennen, als Voraussetzung der Möglichkeit überhaupt, wissenschaftliche 'Grundkonzepte' und Weltbilder zu entwerfen. Die Wissenschaft legt, wenn sie den mechanistischen Reduktionismus überwunden hat, von sich aus Phänomene nahe, die, wie Weizsäcker sagt, "sinnvoll im Leben" sind und geeignet, "Strukturen solchen Sinns" zu retten[58]. Und wenn man den Menschen – um das Horaz-Wort einmal umzukehren – mit der Gabel (des harten Objektivismus) aus der Natur(wissenschaft) austreiben wollte, er kehrt doch immer wieder zurück... Nietzsche behält in dem Sinne recht, daß wir in aller Wissenschaft stets wieder 'auf das Anthropologische' zurückkommen, sodaß auch dem 'tough-minded' Naturwissenschaftler nichts übrigbleibt als "– die Vermenschlichung der Natur – die Auslegung nach uns." (N. Herbst 1885 – Frühjahr 1886 1 [29]). Nur durch die *verleugnete* Anthropomorphizität schwindet der Sinn, das personale Element aus dem Blick, und erst dann weiß die Naturwissenschaft nichts mehr zu sagen zu den entscheidenden Lebensproblemen[59].

---

57 Von "Willen-zur-Macht-Komplexionen" spricht – im Anschluß an Müller-Lauters Interpretation der pluralen Willen zur Macht (W. Müller-Lauter: Nietzsches Lehre vom Willen zur Macht. N-St. 3, 1974) – zuerst Günter Abel 1981/82. Darunter wären die nichtsubstantiellen 'organisierten Herrschaftsgebilde' aggregierter Willens- oder Machtzentren, prozeßhafte Gebilde oder "Funktionsgefüge" ohne Subjektivität und Zentrum zu verstehen, die ein 'Interpretieren' ohne Interpretationssubjekt in einem 'endogenen Geschehen' selber *sind* (s. Abel 372 ff.). – Zur Kritik von G. Abels "Interpretationszirkel" siehe K. Spiekermann 1988! – Im Begriff der "Willen-zur-Macht-Komplexe" können aber die quasiphysikalischen ('Kraftzentren' versus 'Atome'!) wie quasi-subjektiven, transzendentalen Konnotationen, die Nietzsche zusammenzwingen will, zusammengefaßt werden. Diese Willen-zur-Macht-Komplexe und dynamischen Kraftzentren aus Nietzsches später Schaffensperiode haben konzeptuell ihre Vorläufer in der 'Zeitatomenlehre' in den 'verborgenen' naturwissenschaftlichen Anfängen: diese ihrer Zeit vorauseilenden, von Boscovich inspirierten Überlegungen zu Raum, Zeit und Kraft (= Energie) verknüpfenden Einheiten nehmen, in freilich rein spekulativen Ansätzen, zumindest 'atmosphärisch' die 'Kopenhagener Diskussion' um die atomaren Strukturen vorweg: "Alle Kräfte sind nur *Funktion der Zeit*" (N. Frühjahr 1873 26 [12]). Nietzsche betrachtet (wie schon Charles Andler: Nietzsche. Sa vie et sa pensée. Paris 1920-1931. Band 3, S. 190 f. betonte), angeregt von J.K.F. Zöllner, der der Materie eine 'Empfindung', eine Art Bergsonschen élan vital zuschrieb, die Materie als ein dynamisches Gefüge von Apperzeptionszentren, mit quasi-Empfindungen, Lust- und Unlustgefühlen; er stellt auch die Frage nach einer Art lebendigem Gedächtnis in der 'Materie', um die Regularität der Naturgesetze zu erklären. (Interessant wäre der Vergleich mit Schellings frühem Konzept von 'Materie' und Leben. Vgl. hierzu Spaemann/Löw S. 152 ff., v.a. S. 159 f.) Die Absage an die Metapher hindert Nietzsche nicht, selbst ein metaphorisch-anthropomorphes Weltbild zu entwerfen; der praktische Erfolg solcher naturwissenschaftlicher 'Metaphern' beweist, daß wir die Natur gleichsam zwingen können, uns zu antworten. Andler S. 191 meint, im Grunde seien auch die klarsten anthropomorphen Projektionen (die Idee der 'Projektion' *in* die Natur stammt ebenfalls von Zöllner) auf die Welt und in

die Natur für Nietzsche nur 'Traumbilder', aber es gibt Grade des Scheins: die klareren Bilder der Wissenschaft und ihrer Formeln verleihen uns Gewalt über die materiellen Kräfte. Die praktische Nützlichkeit sichert dem 'metonymischen' Verfahren der Logik und Wissenschaft eine markante Überlegenheit über die Metaphern des Traums und des verworrenen Bewußtseins – im 'Kampf der Bilder' sind Logik und Wissenschaft mit Notwendigkeit Sieger.

58 Weizsäcker, Aufbau der Physik 1985, S. 638. – Vgl. Hans Jonas: Materie, Geist und Schöpfung. Kosmologischer Befund und kosmogonische Vermutung. Frankfurt 1988, S. 39 ff.: der Einwand des Anthropomorphismus kann die Frage nach der ersten Ursache und die Anerkennung des Geistigen, im Anfang der Materie und im untersuchenden Subjekt, nicht erreichen; das 'anthropische Zeugnis' kann nicht mehr sinnvoll als 'anthropomorph' abgetan werden; es ist ja selbst "Geist, unserer in diesem Augenblick, der den Weg in die Ursachen zurückgegangen ist und, gehorsam seinem Wahrheitswillen, zu eben dieser befremdlichen Einsicht, der von Tatsachen, darum weiß, daß er dieser selben universalen Materie, dem bißchen davon, das gerade in seinem Gehirn versammelt und organisiert ist, doch verdankt, daß er da ist und denken kann: und so muß er jenem Geistfremden zu all den Eigenschaften, die ihn mit seiner – wie immer an besondere Bedingungen geknüpften – *Ermöglichung* zuerkennen" (Jonas S. 39). Daß *jede* Beobachtung, Beschreibung, Erklärung, Reflexion "anthropomorph" sein muß, extrapoliert vom Höchsten uns Bekannten im Universum, ist nach Jonas (S. 41) "ebenso legitim wie unaufhebbar", so legitim und unaufhebbar wie der Anthropomorphismus (analogia entis) im Gottesbild.

59 Vgl. Ortega y Gasset: Das Fiasko der physikalischen Vernunft. In: Geschichte als System. 2. Aufl. Stuttgart 1952, S. 25-32.

V. Naturwissenschaft als Interpretation

> Li uomini inventori ed interpreti tra la natura e gli uomini.
>
> Leonardo da Vinci, Cod. Atl. 119 v.a.

> Pero el mundo nos propone innumerables clasificaciones y nos impone ninguna.
>
> Ortega y Gasset, Miseria y Esplendor de la Traducción

Pathos der Vorplatoniker

Nietzsches Gedanke, daß der Mensch niemals die Natur an sich, wie sie von sich aus 'in Wahrheit' ist, erkennen und feststellen könne, daß uns auch in exaktester empirischer Forschung bestenfalls nur eine Natur-Auslegung, anthropomorphe Zurechtlegung und Interpretation möglich sei, ist nicht erst ein Ausfluß seines späteren, totalisierenden Interpretationismus-Konzeptes, sondern war schon anwesend in den Reflexionen zur frühen Lange- und Kant-, bzw. Kuno-Fischer-Lektüre und in Aufzeichnungen zu den ersten Baseler Vorlesungen. Das Paradigma für die nur-anthropomorphen, doch grandiosen 'Schattenspiele des Menschen auf der Natur' werden ihm die Vorsokratiker: auch für sein eigenes Pathos vor und gegenüber der Naturwissenschaft (am Ende auch für den originären, eigenwilligen Entwurf der wissenschaftlich getönten Wiederkehrdoktrin). Sie, die 'Vorplatoniker', fanden oder ebneten in der "Originalität ihrer *Konzeptionen*" zuerst "den Weg vom Mythus zum Naturgesetz" (Vorplatoniker-Kolleg, GOA XIX 129) – Nietzsche seinerseits versucht, den Glauben an Naturgesetze, auch im modernen Sinne, als immer noch mythisch, mythologisch zu entlarven. Diese Anfänge von 'Wissenschaft' bei den Griechen zeigen, daß naturwissenschaftliche Erkenntnis nicht ein Finden *der* Naturwahrheit, sondern ein *Erfinden* (die Vorsokratiker sind "die eigentlichen 'Erfinder'", l.c.) von möglichen lebensbedingenden 'Wahrheiten' ist.

Der Glaube an Naturtatsachen und -gesetze wie der an feststehende Dinge überhaupt beruht, so führt Nietzsche im umfangreichen Exkurs zum Heraklit-Abschnitt der Vorplatoniker-Vorlesung aus, auf unserem irrtümlichen "*kleinlichen Maßstabe*", der wiederum aus der Relativität all der unterschiedlichen subjektiven Zeit-Empfindungen und Zeit-Maße resultiert, die in der Natur zu beobachten sind und von dem Zeitgenossen K.E. v. Baer, auf den Nietzsche sich beruft, beschrieben wurde. Auch der Mensch, der interpretierende Forscher, unterliegt einem spezifischen, subjektiven *Grundmaß* der Zeit, das alles Erkennen eines Bleibenden, Dauernd-

Gültigen in der Natur 'subjektiv' verzerren muß und letztlich als Fiktion erscheinen läßt[1]. Insofern auch der Naturforscher als lebendiges Wesen, wie auch – selbst unter der Voraussetzung einer 'Materie' – die zu erkennende Natur stets in Bewegung begriffen und somit undurchdringlich-unüberbrückbar den je spezifischen Zeitmaßen unterworfen sind (so Nietzsches Überlegung, die sich auf die zeitgenössische Wissenschaft und auf Heraklits 'Fluß der Dinge'[2] gleichermaßen beruft), kann es keine unumstößliche Fest-stellung von Fakten oder bleibend gültigen Gesetzen der Natur geben, sondern bestenfalls ein aktiv-interpretierendes Tun lebendiger Wesenheiten, seien diese nun als Willen-zur-Macht-Komplexe oder wie immer verstanden (N. Herbst 1885 – Frühjahr 1886 1 [115]): "Der interpretative Charakter alles Geschehens. / Es giebt kein Ereigniß an sich. Was geschieht, ist eine Gruppe von Erscheinungen *ausgelesen* und zusammengefaßt von einem interpretirenden Wesen." Es sind keine *objektivierbaren* Prozesse ("Ereignisse"), denen der interpretierende Mensch bzw. Wissenschaftler in der Naturbeobachtung gegenübersteht; der phänomenale Schein (Irrtum) des Werdenden ist "die einzige Art Sein" (N. Ende 1886 – Frühjahr 1887 7 [1]), ja wir *sind* selber ein Werden. Nietzsche nimmt, soweit man seine Kritik naturwissenschaftlicher Erkenntnis auf seine Heraklit-Nachfolge zurückführen darf, bestimmte neuere Auslegungen des Ephesiers[3] vorweg, wonach dieser das relative Bestehen und Erkennen von Natur-'Dingen', die "ungeachtet der Veränderlichkeit der Wirklichkeit relativ beständig sind, dadurch zu erklären versucht (habe), daß er sie als etwas Aktives auffaßte, das sich nur im 'Kampf' mit anderen aktiven Kräften zu erhalten vermag... Der Sieg einer Kraft zieht, weil das Kraftreservoir insgesamt beschränkt ist, immer die Niederlage einer anderen nach sich." Man könnte nun das Heraklitische Feuer als Metapher für "Energie", für eine lebendige Kraft auffassen, die eine Art (intelligentes) kosmisches Prinzip verkörpert – ähnlich den sich gegenseitig kämpfend-interpretierenden 'Wesen' (den späteren Macht- oder Kraftquanten) Nietzsches, die trotz des totalen Werdens eine *relative* Erkenntnis ermöglichen; wobei Erkennen (auch das nach eigener Einschätzung scheinbar unvoreingenommene der Naturwissenschaft) immer schon ein aktiver *Zugriff*, Interpretieren immer ein Tun, ein *Handeln* ist, nicht nur ein Bewußtseinsprozeß, sondern eine Aktivität, in der Lebens-Bedürfnisse und menschliche Leidenschaften (z.B. ein Herrschen-wollen) meist unbewußt mitagieren.

---

1 Vgl. Schlechta/Anders, die S. 63-68 diesen Heraklit-Exkurs und Nietzsches Verwendung der v. Baer'schen Schrift "Welche Auffassung der lebenden Natur ist die richtige?" ausführlich referieren; vgl. dazu auch Löw (1984), S. 109 f.

2 Nietzsche verstand die Heraklitische Lehre vom Fluß aller Dinge – entscheidend für seine Konzeption des totalen 'Werdens' – analog dem (vermutlich überzeichnenden) Platonischen Kratylos (402 a) so, daß wir außerstande sind zu erklären, wie wir von 'Dingen' überhaupt, von etwas in der Zeit Identischem, von Bleibendem im dauernden Wechsel reden können; in welchem 'Wirbel' nichts zu erkennen wäre. Daß diese extreme Ansicht wahrscheinlich nicht von Heraklit selbst stammt, vgl. die Interpretation von W. Röd: Die coincidentia oppositorum und der Fluß der Dinge. In: Die Philosophie der Antike 1, München ²1988, S. 101-107.

3 So D. Wiggins ("Heraclitus' Conception of Flux, Fire and Material Persistence." In: Language and Logos. Ed. Schofield/Nussbaum, Cambridge UP 1982, 1-32. Vgl. Röd 1988, S. 105 f., 230), der die Deutung der 'Dinge' (bei Heraklit) als Prozesse ablehnt.

Pathos und Gestus der Rückkehr zu den 'Vorplatonikern', *ihre* Blickweise, bestimmt jedenfalls auch Nietzsches Kritik neuzeitlicher Naturwissenschafts-Konzepte, setzt diese, bei aller 'Ambivalenz', in realen Gegensatz zu den Positivisten und ihrem Glauben, mit unserer "mathematisch-naturwissenschaftlichen Aufklärung" hätten wir uns "weit über die Antike erhoben" (Ernst Mach[4]). Nietzsche dagegen "*urteilt* als Grieche über die moderne Welt"[5] und über ihre Wissenschaft als ihrem harten Kern. Erst von den neu gewerteten Vorplatonikern und Griechen her kommt für Nietzsche der 'nihilistische Grundcharakter' der neuzeitlichen wissenschaftlichen Erkenntnisart, die Frage nach dem *Wert* dieser Erkenntnis (N. Winter 1869/70 – Frühjahr 1870 3 [11]) in den Blick[6].

Stets ist vor Augen zu halten, *gegen was* oder *wen* Nietzsche anschreibt: auch wenn das in seiner Wissenschaftskritik nicht durchgängig zu belegen ist. Charakteristisch für die geistige Situation der Zeit waren zweifellos reduktionistische und entschieden materialistische Tendenzen, die sich auf die Fortschritte in der Naturwissenschaft, v.a. der experimentellen Physiologie, die Entdeckung der Erhaltung der 'Kraft' (im 'Stoff'-Wechsel), auf den Darwinismus gründen zu können glaubten: vorherrschend war ein, in breiten Kreisen 'vulgarisierter', mechanistischer Materialismus. Der Anspruch vieler philosophierender Zeitgenosssen (denen Büchner, Moleschott, Vogt u.a. die Reste metaphysischen "Köhlerglaubens" mittels atheistisch-materialistischer Wissenschaft auszutreiben versuchten) war: die Welt als Ganzes zu erklären – so gut wie die grandiosen Welt-Bilder und kühnen Interpretationen der Vorsokratiker dies intendierten. Nietzsche widerspricht: der Materialismus ist *nur* Interpretation, noch dazu eine schwache und kümmerliche. Die entscheidenden erkenntnistheoretischen Argumente finden sich – kein Zufall – zuerst in einem (sechsten) der (sieben) Exkurse im Demokrit-Abschnitt des Vorplatoniker-Kollegs. Der erkenntnistheoretische Einwand gegen die materialistische These (im allgemeinen, nicht nur gegen Demokrits Welt-Interpretation) ist noch – wie Schlechta/Anders[7] anmerken – weitgehend Schopenhauer verpflichtet. Das prôton pseudos, ja die Absurdität jedes Materialismus – und alle Naturwissenschaft gründet unreflektiert ihre 'objektiven Wahrheiten' auf ein unmittelbar gegebenes Ausgedehnt-Wirkendes – besteht nach Nietzsche eben darin, daß er von einem 'mittelbar Gegebenen', 'relativ

[4] Ernst Mach: Populäre Vorlesungen, 3. Aufl. Leipzig 1903, Nr. XVII. Zit. bei Erwin Schrödinger: Die Natur und die Griechen (1955), Zürich 1989, S. 40.

[5] Giorgio Colli: La ragione errabonda. Quaderni postumi. Hrsg. v. E. Colli. Milano 1982, S. 86: Nietzsches "revolutionärer Ausdruck ... ist nichts anderes als der Blick des alten Griechen auf unsere Welt" (zit. bei S. Barbera: Der 'griechische' Nietzsche des Giorgio Colli. N-St 18 (1989) S. 92.

[6] Die Frage nach dem *Wert* der Erkenntnis stellt Nietzsche auch am Kollegbeginn; die radikale Antwort: daß schon die vorplatonischen Philosophen den 'nihilistischen Grundcharakter' wissenschaftlicher Erkenntnis erwiesen, gibt Nietzsche in aller Schärfe nur in 'verborgenen' Notizen: "Der Zweck der Wissenschaft ist Weltvernichtung. Dabei geschieht es allerdings, daß die nächste Wirkung die von kleinen Dosen Opium ist: Steigerung der Weltbejahung. (...) Es ist nachzuweisen, daß in Griechenland der Prozeß im Kleinen schon vollzogen ist" ... "Die Kunst hat die Aufgabe, den Staat zu vernichten (...) Die Wissenschaft löst nachher auch die Kunst auf. (Eine Zeit scheint es demnach, daß Staat und Wissenschaft zusammengehen, Zeitalter der Sophisten – unsre Zeit.)" (N. Winter 1869/70 – Frühjahr 1870 3 [11]).

[7] Schlechta/Anders: Friedrich Nietzsche. Von den verborgenen Anfängen seines Philosophierens, 1962, S. 71.

Vorhandenen' ausgeht und davon das einzig wirklich *unmittelbar Gegebene*, das ist aber die Vorstellung, die Phänomene, das Denken etc. ableitet: "plötzlich zeigt sich das letzte Glied als der Ausgangspunkt, an dem schon das erste Glied der Kette hing", denn ein 'Materielles' hypostasieren können nur denkende Subjekte, da "in Wahrheit alles Objektive durch das erkennende Subjekt in mannigfacher Weise bedingt ist, mithin ganz verschwindet, wenn man das Subjekt wegdenkt" – der Materialismus ist gerade Interpretation einer Subjektivität! (Daß Nietzsche hier noch, in 'exoterischer' Rede, schopenhauerisch-traditionell argumentiert, während er in gleichzeitigen 'verborgenen' Notizen schon jegliches Erkennen und das Subjekt zugleich verleugnet, dürfte auch mit der öffentlich-pädagogischen Vorlesungssituation zu tun haben.)

Im übrigen aber *gesteht* Nietzsche den Naturwissenschaften einen methodischen Materialismus als "wertvolle Hypothese von relativer Wahrheit" und als "erleichternde Vorstellung", unbeschadet seines philosophischen prôton pseudos, *zu*: die Resultate der Naturwissenschaften "behalten dann *für uns* noch Wahrheit, wenngleich keine absolute. Es ist eben *unsere* Welt, an deren Produktion wir immer tätig sind"[8], eine Schlußwendung: Naturwissenschaft als brauchbare Hypothese, die Nietzsche von Lange übernimmt. Schlechta/Anders stellen zurecht einen abrupten Übergang zu Nietzsches 'eigentlicher' Haltung fest: wonach die Naturwissenschaft "plötzlich" die 'erste Lüge' darstellt (ein Dilemma, in dem sich jeder radikale Kritiker naturwissenschaftlicher Wahrheitsansprüche befindet). Auch nicht dem hypothetisch-methodischen Materialismus der Naturwissenschaft, sondern dem pseudophilosophischen oder vielmehr unreflektierten weltanschaulichen Vulgärmaterialismus ihrer Vertreter gilt der Angriff.

Den Begriff der Naturwissenschaft als *Problem* gewinnt also Nietzsche aus der Auseinandersetzung mit den Vorplatonikern; Schlechta/Anders[9] ziehen ein Fazit der sieben Exkurse im Vorplatoniker-Kolleg: Die Naturwissenschaften sind nach Nietzsche charakterisiert durch "drei Grundanliegen" (wobei die Frage nach dem eigentlichen 'Wesen der Materie' für Nietzsche keine Rolle mehr spiele), an denen er Wissenschaft mißt und seine Kritik ausrichtet: "1. die Natur in einem ständigen Werden zu begreifen; 2. die Ordnung in ihr durch zweckfreie einfache Kräfte zu erklären und 3. die Qualitäten als Quantitäten zu fassen." – 'Begreifen, Erklären und Fassen' der Natur bedeutet aber – auch und gerade für die Naturwissenschaft –, in sie aktiv handelnd einzugreifen, sie unter bestimmten selbstgewählten Voraus-Setzungen zu *interpretieren*.

---

[8] Schlechta/Anders S. 70 f. Dort vollständiger Text des 6. Exkurses (im Demokrit-Abschnitt), aus GOA XIX 213.

[9] Schlechta/Anders S. 72 f.

Der Glaube an die materielle Wirklichkeit und der Naturforscher als interpres

Eine Voraus-Setzung naturwissenschaftlich-technischen Tuns der Neuzeit, mag es noch so sehr seine ideal-mathematischen Meß-Methoden hervorheben, war ein "ursprünglicher Materialismus", als Glaube an eine gegebene materielle (stoff- oder kraftförmige) Außen-Wirklichkeit, und, zu seiner "metaphysischen Ergänzung", ein "naiver Empirismus", in dem Sinne, wie W. Wundt ihn um 1900 charakterisierte: zugrunde liegt eine "*gegenständliche* Form des Denkens... Die Gegenstände der Körperwelt werden als das wirklich Gegebene betrachtet..."[10], und auch das zusammenhaltende Einheitsprinzip der Natur wird letztlich körperlich-sinnlich gedacht; oder platonisch gesagt: die aisthesis-Ebene (die per definitionem nur Relatives zeigen kann) wird verabsolutiert. Seit den 1850er Jahren dominiert die Naturwissenschaften und die 'gebildete Öffentichkeit' v.a. ein 'physiologischer Materialismus', demzufolge etwa "alle jene Fähigkeiten, die wir unter dem Namen der Seelenthätigkeiten begreifen, nur Functionen der Gehirnsubstanz sind" und "die Gedanken in demselben Verhältniß etwa zu dem Gehirne stehen, wie die Galle zu der Leber oder der Urin zu den Nieren" – wie im sog. Materialismusstreit um 1854 ein weltanschaulicher Gegner den Zoologen C. Vogt résumiert[11]. – Daß in der zeitgenössischen Physik das Energieerhaltungsprinzip zur Legitimierung eines mechanistischen Materialismus diente und die Natur als 'arbeitende Maschine' verobjektiviert wurde, davon war schon die Rede.

In diese geistige Situation hinein spricht Nietzsche sein Verdikt gegen alle Objektivitäts- und 'Wahrheits'ansprüche, gegen die schlechte Metaphysik dieser 'philosophierenden' Naturforscher:

"Es dämmert jetzt vielleicht in fünf, sechs Köpfen, dass Physik auch nur eine Welt-Auslegung und -Zurechtlegung (nach uns! mit Verlaub gesagt) und *nicht* eine Welt-Erklärung ist" – da sie sich immer noch "auf den Glauben an die Sinne stellt" (JGB 14) und daher als 'sinnenfällige' Wahrheit gilt. Während die Physikalisten sich auf die Sicherheit ihrer mathematischen Meßmethoden zu berufen pflegen, setzen sie einen eher naiven Glauben an vor-liegende, reale, sinnlich greif- und faßbare Dinge voraus, die 'positiv erfahren' und einer Maß-Struktur unterworfen werden können. Der Positivismus des 19. Jahrhunderts hat eine seiner Wurzeln im Sensualismus, besonders ausgeprägt bei Feuerbach, der im §22 seiner "Grundsätze" verkündet, die wahre Wirklichkeit sei "das Wirkliche *als Objekt des Sinnes. Wahrheit, Wirklichkeit, Sinnlichkeit* sind identisch"; Feuerbach selbst verstand sich, nach F.A. Langes Ansicht zurecht, nicht als einen Materialisten; er distanzierte sich vom "geistlosen Materialismus"[12]. Die Resultate der chemisch-physiologischen Forschungen, der

---

[10] W. Wundt: Einleitung in die Philosophie (1901), 8. Aufl. 1920, S. 333.

[11] So pointiert R. Wagner, Vogts Kontrahent im Materialismusstreit, dessen materialistische Anschauungen: R. Wagner: Über Wissen und Glauben mit besonderer Beziehung zur Zukunft der Seelen (1854), über Vogts Vortrag "Über Menschenschöpfung und Seelensubstanz" auf der 31. Naturforscher-Versammlung 1854 in Göttingen – zit. im Artikel 'Materialismusstreit' im Hist. Wb. d. Philos. Bd. 5 (1980), Sp. 868f.

[12] W. Röd: Die Philosophie der Neuzeit Bd. 4: Positivismus, Sozialismus und Spiritualismus im 19. Jahrhundert. München 1989, S. 211.

mechanistischen Fassung der Wärmetheorie, und nicht zuletzt der Darwinschen Lehre schienen zeitweise streng reduktionistische, (vulgär)materialistische Auffassungen zu begünstigen. Schließlich setzte sich eine wissenschaftsphilosophische Richtung durch, die an die durchgängige und eindeutige kausale Determiniertheit aller Naturvorgänge glaubte und an die Möglichkeit der 'Tatsachenbeobachtung', die aber dennoch alle allgemeinen Prinzipien der Naturwissenschaft als, wenn auch unentbehrliche, *Hypothesen* verstand; auf das Erkennen eines 'Wesens der Wirklichkeit' wurde verzichtet. Unerschüttert galt auch der Glaube an eine 'neutrale' Beobachtungs- und Wissenschaftssprache, in der die "Zusammenhänge zwischen Beobachtungsdaten" beschrieben werden könnten: "Tatsachenzusammenhänge gelten als das wirklich Gegebene, weil Faßbare, während die Wirklichkeit als solche für unerkennbar gehalten wird"[13]. Trotz dieses scheinbar demütigen 'Agnostizismus' gegenüber dem 'Wesen der Wirklichkeit' konnte sich mit dieser – zu Nietzsches Zeiten wohl absolut vorherrschenden – Haltung eine streng positive, 'objektivistische' Wissenschaftsgläubigkeit und ein weltanschaulicher ('ethischer') Materialismus verbinden.

Der Glaube an naturwissenschaftliche Wahrheit steht und fällt mit dem Glauben an ihren 'Mythos von der Objektivität'[14], an die Objektivität ihrer Erkenntnismethoden und -resultate, wie er bis heute, jedenfalls im normalen Gang der Wissenschaft, unerschüttert scheint, trotz der Diskussionen um die Deutung von Unschärferelation, Relativität, Quantentheorie. Dieser Glaube hat beim normal scientist eine geradezu utopische Dimension, in der die Wissenschaft als künftige allumfassende Problemlöserin jetziger drängender Fragen und Probleme aufgefaßt wird – auch wenn deren tatsächliche Lösung stets hinausgeschoben wird (die mögliche technologische Manipulation, die Veränderung der Wirklichkeit – der 'Fortschritt' an sich wird als Echtheitsbeweis für die 'Grundkonzeption' einer Art scientia

---

[13] S. Poggi: Positivistische Philosophie und naturwissenschaftliches Denken. In: Röd 1989, S. 132. Insofern waren die 'fortgeschrittensten' Wissenschaftler und Philosophen der Zeit unter der Nachwirkung Kants in der Theorie keine reinen Materialisten: diese nehmen, wie F.A. Lange schreibt, "Raum und Zeit, wie im Grunde die ganze Sinnenwelt, einfach als objektiv" – obwohl jene "uralte Naivität des Sinnenglaubens, die dem Materialismus zugrunde liegt", von Kant aufs stärkste erschüttert war (F.A. Lange in der 2. Aufl. 1875 seiner 'Gesch. d. Materialismus', Reclam-Ausgabe 1900, S. 60 f., von Nietzsche in einer 4. Aufl. *ohne* Anmerkungen gelesen). Von den weniger naiven materialistischen Wissenschaftstheoretikern sagt Lange S. 25 sehr treffend: "*Sie sind wesentlich Skeptiker*; sie glauben nicht mehr, daß die Materie, wie sie unsern Sinnen erscheint, die letzte Lösung aller Rätsel der Natur enthalte; allein sie verfahren grundsätzlich, als ob es so sei und warten, bis ihnen aus den positiven Wissenschaften selbst eine Nötigung zu anderen Annahmen entgegentritt." Aus der materialistisch konzipierten physikalischen Wirklichkeit können aber nur ebensolche Gründe für alle 'Beobachtungstatsachen' gezogen werden. – Die Naturwissenschaft bleibt bei ihrem "Verzicht" auf wirkliche Erklärung auf einer, wie Lange S. 26 bemerkt, an sich "berechtigten Vorstufe" *dogmatisch* stehen. Der wissenschaftliche, methodologische Materialismus schlägt leicht in einen 'weltanschaulichen' und ethischen um, der dann Ziele wie Ziellosigkeit von Kultur und Gesellschaft bestimmt, und der 'das Leben' (von dem Nietzsche seine aristokratischere Vorstellung hegt) abwertet, letztlich eben die Werte verneint (Wahrheit, Lebenssteigerung, Förderung des Individuums und der Menschheit), die zu verwirklichen die Naturwissenschaften angetreten waren.

[14] Theodore Roszak: The Making of a Counter Culture. Reflections on the Technocratic Society and Its Youthful Opposition. 1968/69. Dt. Gegenkultur. München 1973, S. 293 ff.

perennis genommen). Wenn Nietzsche vom Sieg der Methode *über* die Wissenschaft spricht, dürfen wir auch vom Sieg des Glaubens *an* die Methode über die philosophisch verunsicherten Gemüter (der Neuzeit) sprechen. Dagegen Nietzsche:

GM III 24: "Es giebt, streng geurtheilt, gar keine 'voraussetzungslose' Wissenschaft, der Gedanke einer solchen ist unausdenkbar, paralogisch: eine Philosophie, ein 'Glaube' muss immer erst da sein, damit aus ihm die Wissenschaft eine Richtung, einen Sinn, eine Grenze, eine Methode, ein *Recht* auf Dasein gewinnt." Aus der positiven Wissenschaft selber, wie das 19. Jahrhundert meinte, ist dieser Glaube nicht zu gewinen – aus ihr folgt nur eine quasi abgesunkene, ins Unbewußte verdrängte, also schlechte Metaphysik, und – "Es ist immer noch ein *metaphysischer Glaube*, auf dem unser Glaube an die Wissenschaft ruht"; wenn dem positivistischen Agnostizismus jede Wahrheitssuche jenseits beobachtbarer 'Tatsachenzusammenhänge' als metaphysikverdächtig und unzulässig, unbegründbar erscheint, und er gleichzeitig doch andauernd Aussagen über das Ganze der Wirklichkeit trifft – so fordert Nietzsche Rechenschaft über die ihr zugrundeliegende 'geheime Metaphysik', ja Besinnung auf die Berechtigung des Wissenschaftsglaubens überhaupt: "Die Wissenschaft selber *bedarf* nunmehr einer Rechtfertigung (womit noch nicht einmal gesagt sein soll, dass es eine solche für sie giebt)."

Mit seiner Kennzeichnung der Naturwissenschaft als Weltauslegung und (schlechtem) metaphysischem Glauben, als Interpretation – nicht eines selbstherrlichen cartesianischen Subjekts, sondern eines selbst der Natur unterworfenen Subjekts – weist Nietzsche den naturwissenschaftlichen Dogmatismus zurück; damit steht er, mit der Schärfe seiner Formulierungen, in seiner Zeit allein. Wissenschaftliche 'Revolutionen' im Sinne Thomas Kuhns stellen ein bestimmtes vorherrschendes Paradigma, innerhalb einer als Ganzes fraglos akzeptierten Physik z.B., in Frage, und bei jeder Umwälzung physikalischer Weltbilder fließen vorgefaßte Glaubensinhalte mit ein. Nietzsche greift aber den Mythos oder das Paradigma neuzeitlicher Naturwissenschaft als Ganzes an und sagt, wie sie von irrationalen, unhinterfragten Glaubensstücken durchsetzt ist. Das ganze, theoretische wie praktische Treiben der Naturwissenschaften eben ist aktiv-eingreifende Interpretation, eine Weltbewältigung mit dogmatischem Ausschließlichkeitsanspruch ihrer Methode. Letztlich ist Naturwissenschaft gar keine wirkliche Welt-Sicht, kein Welt-Bild; wie ein neuerer Kritiker es ausdrückt, "ruht die Wissenschaft nicht in der *Welt*, die den Wissenschaftler zu irgendeinem gegebenen Zeitpunkt umgibt, sondern in seiner *Sichtweise* dieser Welt. Jemand ist Wissenschaftler nicht um dessentwillen, was er sieht, sondern darum, *wie* er es sieht."[15]

Bevor noch ihre Methodik sich später verselbständigen konnte, sahen schon die Begründer neuzeitlicher Naturwissenschaft, vor allem Leonardo da Vinci, den Naturforscher als *interpres* der Natur: die Wissenschaft vermittelt keine *eigentliche* Kenntnis der Natur, sondern wir *tun* etwas mit ihr. Nach Leonardo kommt es der Naturforschung zu, die Natur zu zwingen, auf die vom Menschen gestellten Fragen Antworten zu geben. Aber "die Natur ist voll von unendlichen Gründen, die niemals

---

[15] Roszak S. 305.

in Erfahrung gebracht wurden" und auf diese Weise niemals vollständig, restlos erfahrbar sind – der 'Text' (und der Text selbst stammt schon vom Menschen!) der Natur ist, nietzscheanisch gesprochen, unendlicher Auslegungen fähig. Für die in der humanistischen Tradition stehenden ersten Theoretiker moderner Wissenschaft befragt der Mensch die Natur nur auf seine eigenen Ziele hin, in einem selbst gesetzten Rahmen; dies ist Voraussetzung jeder esperienza, jeder Erfahrung. Noch Galilei wußte, daß die Maßstäbe, mit denen die Natur-Wissenschaft mißt, im Grunde nicht *in* der Natur sind: sondern der menschliche Intellekt *schafft* sich die Maßstäbe, die er zwischen sich und die Gegenstände schiebt. Heidegger sagt in 'Sein und Zeit': "Die Begründung der Tatsachenwissenschaften wurde nur dadurch möglich, daß Forscher verstanden: es gibt grundsätzlich keine bloßen Tatsachen" – zweifellos ein Nachhall des Nietzscheworts von Ende 1886 – Frühjahr 1887 7 [60]: "Gegen den Positivismus, welcher bei dem Phänomen stehen bleibt 'es giebt nur Thatsachen', würde ich sagen: nein, gerade Thatsachen giebt es nicht, nur Interpretationen". Heidegger drückt das in seiner Terminologie aus: damit ein wissenschaftlicher "Entwurf der Natur" möglich wird, "muß das Dasein das Thematisierende transzendieren"; Naturwissenschaft ist das "thematisiert Seiende", ein bestimmtes Hinausgehen über das ursprünglich Gegebene. Ursprünglich gegeben aber ist: die Erfahrung einer unausschöpfbaren Totalität des Wirklichen – und die Sprache. 'Interpretation' bedeutet somit das 'Setzen' eines Teilaspektes der Natur, das Herausschneiden und Für-sich-Nehmen dieses Teilaspektes aus einem umfassenderen Lebenszusammenhang. Mit dem "Anlegen" des Maßstabs, dem Entschluß zu messen – Galileis 'Meßbar-machen', historisch gesehen – setzt der Mensch einen intellektuellen Akt, z.B. im Experiment, der eine ganz bestimmte Art des Umgangs mit der Natur repräsentiert[16].

Galilei zerstörte aber auch die von Leonardo noch gehaltene Verbindung von Kunst, d.h. bewußt menschlichem, schöpferischen Tun, und Wissenschaft – seitdem herrscht die 'Naturmechanik' vor, und so "verunmöglicht das Denken der Meßbarkeit eine gleichzeitige Verwandtschaft mit dem Unmeßbaren, nämlich Ästhetischen. Schönheit oder einfach ein Berührtwerden des Subjektes von der ästhetischen Seite des Objektes wird nunmehr aus der Naturbetrachtung als methodisch störend ausgewiesen"[17]: eine Entwicklung hin zur späteren Verselbständigung der objektivierenden Betrachtungsweise und Methodik, die den ästhetischen *und* den moralischen Aspekt des Umgangs mit Natur vernachlässigt. Bacon sieht zwar auch noch den Menschen als "Deuter" und Interpreten der Natur, v.a. aber als "naturae *minister* et interpres" (Nov. Org. I, 1); und als minister, als Verwalter der Natur betreibt er deren systematische exploratio. Bacon glaubt ein planmäßiges Forschen "ab inis fundamentis", ganz von den Anfängen her, zu beginnen, kann aber über den letzten Charakter seiner eigenen und der naturwissenschaftlichen Prinzipien keine Auskunft geben. Vielmehr – so Ernesto Grassi[18] – "passiert ihm (Bacon) das Malheur,

---

16 Vgl. J. Meurers: Metaphysik und Naturwissenschaft. Darmstadt 1976. S. 39 ff.

17 H.B. Gerl: Einführung in die Philosophie der Renaissance, S. 211.

18 Ernesto Grassi: Von Ursprung und Grenzen der Geisteswissenschaften und der Naturwissenschaften, München 1950, S. 60.

daß er jetzt glaubt, daß dies naturwissenschaftlich Erkannte schon die Natur selbst sei, während es doch nur der Ausdruck einer bestimmten Stellungnahme des Menschen zu der Natur sein kann. Hieraus entspringt dann jene merkwürdige Identifizierung von zweckwissenschaftlicher und philosophischer Naturerkenntnis im 19. Jahrhundert, die zur These führt, jede wahre Philosophie sei Naturwissenschaft und jede wahre Naturwissenschaft sei Philosophie" – das positivistische, antimetaphysische Credo zu Nietzsches Zeiten, gegen dessen "dogmatic fallacies", die Denkfehler der dogmatischen Selbstsicherheit (wie es Whitehead nennt), er angeht: "es waltet da ein ganz mythologischer Begriff 'reines Erkennen', mit dem da gemessen wird" (N. Sommer – Herbst 1884 26 [413]). Niezsches Einwand gegen die Verwechslung empirisch-experimentell erzwungener, der Natur abgepreßter Resultate mit 'wahrer' (philosophischer) Naturerkenntnis gleicht jenem Whiteheads gegen "the fallacy of misplaced concreteness", gegen den Denkfehler, die falschen Sachen für konkrete Wirklichkeiten zu halten. Die Baconsche Wissenschaft, die paradigmatisch für die Neuzeit wurde und mit der Nietzsche im Kampf liegt, steht nicht mehr – wie die Empirie und die tatsächlich ausgeführten Experimente in der antiken (Ptolemäus) und mittelalterlichen Tradition – überwiegend im Dienste der reinen Naturerkenntnis; der aktive Eingriff in die Natur strebt vielmehr deren Überlistung und Beherrschung an. Wie der Wissenschaftshistoriker und -philosoph Thomas Kuhn feststellt[19]: Gilbert, Boyle, Hooke und Nachfolger wollten "sehen, wie sich die Natur unter bisher unbeobachteten, oft überhaupt zum ersten Mal verwirklichten Bedingungen verhalten würde"; sie sammelten Daten, um eine Theorie, scheinbar, erst zu schaffen oder zu finden; dabei waren sie aber, so Kuhn[20], oft unbewußt "von der einen oder anderen Form der atomistischen oder metaphysischen Korpuskularphilosophie geleitet", legten also eine metaphysische Position, einen "Glauben" schon zugrunde, der die Struktur und die Anordnung der den Experimenten zu unterwerfenden Materie schon vor-strukturieren mußte, wobei die Wechselwirkung zwischen Experiment und Theorie nach Kuhn "gewöhnlich eine unbewußte" war. Ebenso unbewußt blieb der Wandel der Naturwissenschaft von einer ursprünglichen Theorie zur aktiv eingreifenden, machtförmigen Interpretation – Interpretation nun im Nietzscheschen Sinne als ein quasi biologisch bedingter Prozeß der Aneignung und Überwältigung der 'Natur'. Sosehr Nietzsche selbst reduktionistische Interpretamente als 'ideologische' Antipositionen experimentell-heuristisch nutzte, um Metaphysik-Relikte aus Kausalitäts- und Gesetzes-Vorstellungen auszutreiben, sosehr deckt er auch unerbittlich allen unbewußten 'Glauben' im wissenschaftlichen Materialismus auf, der zu seiner Voraussetzung die Idee der "widerspenstigen nackten Materie"[21] hat.

Die weitverbreitete szientistische Grundhaltung besteht darin, jener nackten Materie – und beim Positivismus: den positiv-gegebenen 'Tatsachen' der Sinnesdaten – scheinbar voraussetzungslos gegenüberzutreten und auf Interpretation in jedem

---

19 Thomas Kuhn: Die Entstehung des Neuen, Frankfurt 1977, S. 94.
20 Kuhn l.c. S. 95.
21 A.N. Whitehead: Wissenschaft und moderne Welt, Frankfurt 1988, S. 29.

Sinne systematisch Verzicht zu leisten. Gerade darin steckt, so Nietzsche, immer noch der Glaube an den metaphysischen Wert der (reduktiven) wissenschaftlichen Wahrheit (GM III 24): "jenes Stehenbleiben-*Wollen* vor dem Thatsächlichen, dem factum *brutum,* jener Fatalismus der 'petits faits' (...), jenes Verzichtleisten auf Interpretation überhaupt (auf das Vergewaltigen, Zurechtschieben, Abkürzen, Weglassen, Ausstopfen, Ausdichten, Umfälschen und was sonst zum *Wesen* alles Interpretirens gehört)" ist eben selbst schon eine theoretisch naive, kraftlose und zum 'Nihilismus' tendierende Interpretation, – nur eine mögliche, und vielleicht die philosophisch schwächste 'Welt-Auslegung', die sich im Wissenschaftsalltag ideologisch verfestigt hat und bis heute hält: "Wir beherrschen die Natur", stellt ein englischer Wissenschaftspädagoge zustimmend fest, "wie kein Tier es vermag, weil wir imstande sind, sie objektiv zu sehen, d.h. sie in ihre Bestandteile zu zerlegen und anzuerkennen, daß die Fakten, mit denen sie uns konfrontiert, eben so sind, wie sie sind – ob es uns gefällt oder nicht."[22]; ähnlich der Mathematiker und Nobelpreisträger R. Feynman, ehemaliger Los-Alamos-Physiker und einer der 'Väter der Atombombe': "Die Natur ist vorhanden, und sie wird sich so zeigen, wie sie ist."[23] Die Voraussetzungen der Naturwissenschaft sind aber nach Nietzsche gerade "nicht 'Thatsachen' an sich, sondern Interpretationen mit Hülfe *psychischer* Fiktionen" (N. Frühjahr 1888 14 [82]), welche "psychischen Fiktionen" in späteren Kapiteln (über Kausalität und Naturgesetzlichkeit) näher untersucht werden sollen.

Bei der Entfesselung von Naturkräften, bei der Beobachtung atomarer und subatomarer Strukturen, die nur mit deren künstlicher (Zer-)Störung experimentell herbeigezwungen wird, kann sich nicht 'Natur an sich' zeigen, wohl aber ihre Wirkung auf unsere, also vom Menschen gesetzten, artifiziellen Ausgangsbedingungen, sozusagen der Widerstand, den die Natur unserem Eingriff entgegensetzt; was Nietzsche mit Blick auf den seinerzeit herrschenden Mechanismus so beschreibt: "Die mechanische Kraft ist uns nur als ein *Widerstandsgefühl* bekannt: und dieses wird mit *Druck* und *Stoß* nur sinnfällig *ausgelegt,* nicht erklärt." (N. Herbst 1885 – Herbst 1886 2 [69]). Anstatt Druck und Stoß als mechanistischer Kategorien wären auch die dynamisch-energetischen oder feldtheoretischen der modernen Physik einsetzbar. Auch im Quantenbereich wird nicht neutral beobachtet, sondern der Experimentator initiiert einen, wiederum theoriegeleiteten, aktiven Eingriff in den vorgängig definierten Materie-Ausschnitt, der nun auf 'Widerstand' der Objekte stößt. Er bringt dabei die theoretischen Grundbegriffe schon mit, in deren Rahmen die Ereignisse dann 'erklärbar', ja erst beobachtbar werden. Die theoretische Naivität auch des modernen Positivismus liegt praktisch darin, diese 'Theoriebeladenheit der Fakten' für unerheblich und mithilfe des (unerreichbaren) Ideals einer 'rein deskriptiven, neutralen Beobachtungssprache' für überwindbar zu halten. Allerdings gelingt es der Naturwissenschaft (ihren durchschlagenden Erfolg sollte man aber nicht mit einem "Wahrheitsbeweis" verwechseln), die beobachteten Erscheinungen 'hand-

[22] J. Bronowski: Science in the New Humanism. In: The Science Teacher, Mai 1968, S. 14. Zit. in: Brian Easlea: Fathering the Unthinkable. Dt.: Väter der Vernichtung. Reinbek 1986, S. 188 f.

[23] R. Feynman: The Pleasure of Finding Things Out. In: The Listener 26.10.1981. Zit. in Easlea l.c.

habbar' zu machen. Die Gesetze, die wir 'praktizieren', sind Ergebnis einer Interaktion, mit einer an sich unerkannten Natur, und nicht Erkenntnis dessen, was Natur ist. Denn, so Nietzsche, "ein Auffassen von 'absoluten Relationen' ist Unsinn", denn "Wir sehen unsere Gesetze in die Welt hinein und wiederum können wir diese Gesetze nicht anders fassen als die Folge dieser Welt auf uns" (N. Herbst 1880 6 [441]). Übrig bleibt im tätig-eingreifenden Interpretieren der pragmatische Wahrheitsanspruch; und die in Nietzsches Kritik implizierte Frage ist nur, ob Wissenschaft jeweils weiß, *was* sie tut.

Die neueste hochabstrakte Teilchenphysik beispielsweise tut sich außerordentlich schwer mit einer *inhaltlichen* Interpretation dessen,was sie im 'Teilchenzoo' (durch gewaltsamen Beschuß der Materie) ent-deckt. Es bleibt in der Regel bei der Verquickung einer höchst anthropomorphen 'Bilderrede' mit der mathematischen Formel- und Zeichensprache. Was Nietzsche als "mechanistische Denkweise" kritisiert, träfe, auch wenn die klassische Mechanik als Paradigma für eine Gesamterklärung der Wirklichkeit abgedankt hat, auch noch für die Haltung der heutigen Atomphysik zu. Schließlich werden, aus 'reinem Forscherdrang', die aufwendigsten und kostspieligsten Apparaturen, wie Zyklotrone, gebaut: man zertrümmert 'Materie' und hofft, daß 'die Natur' "sich zeigt". Was zwischen den Teilchen geschieht, wird metaphorisch vorgestellt. Ohne bildhaftes, sinnenfälliges Sprechen über subatomare, 'prä-materielle' Wirk-lichkeiten könnte kein Experiment geplant oder abstrakt-mathematisch beschrieben werden. Warum etwa ein Photonen-Austausch, ein Wechsel von 'Elektronenbahnen' stattfindet, wird nicht erklärt. "Die 'Wirkung in die Ferne' ist nicht zu beseitigen: *etwas zieht etwas anderes heran, etwas fühlt sich gezogen*" (N. April – Juni 1885 34 [247]). Der Teilchenphysiker arbeitet, im notwendigen Gedankenexperiment, immer noch mit "regulativen Hypothesen für die Welt des Augenscheins", aber: "Die mechanistische Denkweise ist eine Vordergrunds-Philosophie. Sie erzieht zur Feststellung von Formeln, sie bringt eine große Erleichterung mit sich" (N. l.c.). Ironischerweise ist gerade die Wirkung in die astronomische und gewissermaßen noch augenfälligste Ferne, d.h. die Gravitation als vierte der postulierten Grundkräfte bzw. Wechselwirkungen, bis heute die ungeklärteste geblieben.

Interpretation als biologische Nötigung

Nietzsches Begriff von 'Interpretation' geht im Grunde weit hinter die Vorstellung eines bewußt auslegenden Subjekts, und über die eine Individuums oder einer Gemeinschaft, die interpretieren, hinaus. Zwar ist in der naturwissenschaftlichen Erkenntnis der 'Masseninstinkt' am Werk; sie arbeitet daran, "das zu finden, worüber man *übereinstimmen* muß": "Im Grunde ist die Wissenschaft darauf aus, festzustellen, wie *der Mensch* – ***nicht*** das Individuum – zu allen Dingen und zu sich selber empfindet" (N. Frühjahr – Herbst 1881 11 [156]), aber dabei wird "ein Phantom ... *construirt*" und "nichts für die Realität bewiesen". Alle Grundannahmen der Wissenschaft sind bloß existenz-notwendige und -ermöglichende Glaubensartikel,

"Existenzbedingung der Gattung", weshalb die Wissenschaft auch systematisch das individuell-subjektive Erleben (die "Idiosynkrasie des Einzelnen") auszuscheiden trachtet. "Die Wissenschaft setzt also den Prozeß nur *fort*, der das Wesen der Gattung *constituirt* hat" (l.c.).

Dem uniformierten "*Normalgeschmack* an allen Dingen" – soziomorph spricht Nietzsche vom hier waltenden "Masseninstinkt" – ist die "höhere Realität" und der "feinere Geschmack" des Individuums in seinen "schöpferischen Augenblicken" entgegengestellt; wobei das Individuum zu lernen habe, daß es selbst nur in seinem Schaffen besteht. In einer Welt des Irrtums und der relativen, nur-pragmatischen Wahrheiten stellt der kreative Einzelne bzw. sein "*Geschmack*, der nur für *Einen* Lebensbedingung ist", den "feinsten Irrthum" dar, die 'wahrere' oder wirkliche Erfahrung. Die Wissenschaft beschreibt die Welt, wie wir sie *nicht* erfahren; sie sieht von der natürlichen Umwelt ab, schafft künstliche Situationen, zerlegt komplexe wirkliche Erscheinungen in isolierte Elemente – und bekommt unsere höchsten Erfahrungen im schöpferischen Augenblick gar nicht in den Blick: diese sind hiermit ein *Einwand* gegen den Wirklichkeitsgehalt von Wissenschaft überhaupt; *ihr* Interpretieren ist stets der *gröbere* Irrtum. Was ihr als objektiv gültiges Gesetz gilt, resultiert aus der Einigkeit der scientific community über ihr Grundprinzip, nämlich die "mit subjektiven Qualitäten erfüllte Umwelt" durch eine "aus rechnerisch brauchbaren Quantitäten zusammengesetzte Welt" zu ersetzen, wie Jacob von Uekül[24] sagt. Und für Bertrand Russell (den Uexküll zitiert) lag die Vermutung nahe, "daß alles, was uns ein Naturgesetz zu sein scheint, gerade, wenn es sich verstandesmäßig deuten läßt, in der Tat gar kein Gesetz der Natur ist, sondern eine geheime Übereinkunft, deren Stempel wir der Natur aufdrücken..."[25].

In anderen Notaten aus dem Nachlaß betont Nietzsche ganz das schöpferische Moment und die Macht der Phantasie auch in der naturwissenschaftlichen Interpretation. Danach herrscht auch in ihr eine "dichterisch-logische Macht", indem wir die 'Gesetze unseres Auges' in die Wirklichkeit hineinlegen (N. Herbst 1881, 15 [9]), und: "Selbst in der Wissenschaft der einfachsten Vorgänge ist Phantasie nöthig (z.B. Mayer)" (N. Herbst 1880 11 [68]). Zugunsten der "Gültigkeit" naturwissenschaftlicher Interpretation könnte ihre Ähnlichkeit mit dem künstlerischen Tun und Schaffen angeführt werden – wäre Wissenschaft nicht gerade auf *exakte* Wahrheit aus, die in mathematisch-logischen, quantifizierenden Prinzipien vorgegeben wäre. Gerade in deren phantasie-voller Anwendung "kann noch die ***Täuschung*** entstehen, als ob Nüchternheit produktiv wäre!" (l.c.). Phantasie, bildnerisches Denken, Erfinden ist am Werk, schöpferische Einzelne haben gleichrangig mit dem Künstler die wissenschaftlichen Welt-Bilder geschaffen; dennoch ist Naturwissenschaft nur "'Menschen-Kenntniß' in Bezug auf die allgemeinsten Fähigkeiten des Menschen" (N. Frühjahr 1884 25 [395]), sie interpretiert nur reduktiv die Phänomene für verschiedene Sinne, verfeinert diese nur, ohne etwas zu erklären (N. Frühjahr 1884 25 [36]). Ihre Prämissen selbst und ihre Aprioris sind

---

[24] J. v. Uexküll: Theoretische Biologie (1928), Frankfurt 1973, S. 336.

[25] B. Russell: The ABC of Atoms (1923), zit. bei J. v. Uexküll S. 339.

'ein unwissenschaftlicher Glaube', d.h. geraten in Widerspruch mit sich selbst, nämlich mit dem eigenen unhinterfragten Wahrheitsanspruch, denn ihre Denkweise ist bloß 'notwendig' und gewährt 'nichts Wahres an sich'; "und der Prozeß ist so alt, daß Umdenken unmöglich ist" (N. Frühjahr – Herbst 1881 11 [286]). Dies folgt aus der unvermeidlichen Abhängigkeit von unserem "organischen Perspectiv-Apparat" (N. Frühjahr 1884 25 [36]), unserem "Abstraktions- und Simplifikations-Apparat", der von vornherein "nicht auf Erkenntniß gerichtet (ist), sondern auf *Bemächtigung* der Dinge" (N. Sommer – Herbst 1884 26 [61]). Nach Nietzsche *entdeckt* oder erklärt nicht die Wissenschaft natürliche Prozesse, sondern ist selbst nur ein Lebens- bzw. 'Gattungs'-, also ein quasi biologisch-organischer Prozeß, unterliegt einem "nothwendigen Perspektivismus, vermöge dessen jedes Kraftcentrum – und nicht nur der Mensch – von sich aus die ganze übrige Welt construirt" (N. Frühjahr 1888 14 [186]):

Und zwar konstruiert der Mensch seine 'Welt', hier also in seinem naturwissenschaftlichen 'Entwurf', nicht (nur) als denkendes, geistiges, freies Subjekt, sondern Nietzsche zufolge ebensosehr, wenn nicht stärker noch, als biologisches Gattungswesen. Er steht gleichsam unter einem vitalen Zwang, die 'Phänomene' *auch* naturwissenschaftlich zu interpretieren; und unter einer 'biologischen Nötigung' stehend, schuf er sich die leben-ermöglichenden Katgegorien als (gleichsam) evolutionäre Aprioris, deren fiktionale Systematisierung sich Natur-Wissenschaft nennt.

N. Frühjahr 1888 14 [152]: "Die Kategorien sind 'Wahrheiten' nur in dem Sinne, als sie lebenbedingend für uns sind: wie der Euklidische Raum eine solche bedingte 'Wahrheit' ist. (...)

Die subjektive Nöthigung, hier nicht widersprechen zu können, ist eine biologische Nöthigung: der Instinkt der Nützlichkeit, so zu schließen wie wir schließen, steckt uns im Leibe, wir *sind* beinahe dieser Instinkt... Welche Naivetät aber, daraus einen Beweis zu ziehen, daß wir damit eine 'Wahrheit an sich' besäßen... Das Nicht-Widersprechen-können beweist ein Unvermögen, nicht eine 'Wahrheit'."

Der Begriff der 'biologischen Nötigung', unter der die wissenschaftliche Kategorienbildung erfolgt, hängt mit Nietzsches allumfassendem Konzept von 'Interpretation' zusammen. Die Kategorien – Grundlagen aller Maßstruktur, die die Methode und 'Perspektive' des naturwissenschaftlichen Interpretationsschemas bestimmen – entstehen aus organisch-leiblichen Vorstufen, in sinnlichen Prozessen, also auf der aisthesis-Ebene: dies die Voraussetzung jeder Erkenntnis, eine "irrthümliche Beschränkung" als Ausgangspunkt auch der (positivistischen) Naturwissenschaft, "als ob es eine Maaßeinheit der Empfindung gebe" (N. Herbst 1880 6 [441]). Der "Unsinn" der Wissenschaft beginnt dann im Vergessen dieser ursprünglichen Beschränkung, mit dem "Auffassen von 'absoluten Relationen'" (l.c.). Nun kann allerdings Nietzsche nicht eigentlich die 'niedrigere', weil auf der verabsolutierten aisthesis-Ebene verbleibende wissenschaftliche Erkenntnis an einer 'höheren', zum Beispiel reflektiven Erkenntis der Wirklichkeit messen, da nach seinen Prämissen für diese dieselben 'biologischen' Beschränktheiten gelten – zu messen wären sie (und eben daraus entspringt seine gleichermaßen philosophische wie 'existentielle' Kritik) nur an der Totalität unserer Wirklichkeitserfahrung und unserer Lebenswelt, die von uns fordert, die Dinge so zu sehen, 'wie sie sind': aus '100 Augen', aus '100 Personen'; das *eine*, wenn auch noch so scharfe Auge der Wissenschaft vermag noch nicht einmal die Perspektivität des Daseins zu erahnen.

Wie wäre das interpretierende Tun der Naturwissenschaft als 'biologische Nötigung' und der Ursprung der Interpretationsschemata und Kategorien in organisch-leiblichen Prozessen zu verstehen? In Bezug auf unser *bewußtes* "Causal-Gefühl" sagt Nietzsche beispielsweise, es sei (als angewandte Kategorie, ist gemeint) "etwas ganz Grobes und Vereinzeltes gegen die wirklichen Causal-Gefühle unseres Organismus", schon unsere Vorstellung eines 'Vorher – Nachher' sei naiv (N. April – Juni 1885 34 [124]). *Als* Kategorien sind die physikalischen Grundkonzepte die aus den alltäglichen Wirklichkeitsvorstellungen reduzierte, abstrahierte Form (l.c.): "wir mußten alles erst erwerben für das *Bewußtsein*, einen Zeit-sinn, Raum-sinn, Causal-sinn: nachdem es ohne Bewußtsein lange schon viel reicher existirt hatte." Unser Kategorien-Denken ist nur "eine gewisse einfachste schlichteste reduzirteste Form", die "im Dienste eines viel umfänglicheren Wollens Fühlens und Denkens" steht. (Nietzsche setzt hinzu: " – Wirklich?", was als zweifelnde Infragestellung verstanden werden könnte: immerhin trägt er wissenschaftliche Überlegungen oft in hypothetischer Form vor; eher aber als Frage nach dem Wirklich-keitsgehalt dieser Kategorien).

Hinzu kommt, daß diese organischen Vorstufen der Kategorien als in einem 'evolutionären' Prozeß entstanden gedacht werden müssen – bei allen Vorbehalten angesichts Nietzsches zwiespältiger Verwendung des Darwinismus-Konzeptes; als eine nicht-kontrollierte, unbewußt-biologisch 'gesteuerte' Entwicklug, die nicht abgeschlossen ist: "Wir wachsen fortwährend noch, unser Zeit-Raumsinn usw. entwickelt sich noch" (l.c.), was im biologischen Sinne freilich schwer zu beweisen wäre.

Nach Thure von Uexküll[26] geschieht die Erzeugung der Dimensionen (wie Raum und Zeit – und aus diesen Dimensionen leiten wir letztlich die Wissenschaftskategorien ab) durch ein lebendiges Sichausbreiten von Organismen, auf allen Entwicklungsstufen, und aus deren Fährigkeit, die anorganische Natur, die "Vorwirklichkeit" zu perzipieren und in Ausschnitten dienstbar zu machen. Raum und Zeit (von deren menschlicher Auffassung auch das Kausalitätsgefühl abzuleiten wäre) als die Grundkategorien sind dann "nachträgliche Abstraktionen aus der lebendig-erfahrenen Wirklichkeit."

Nietzsche weist auf die organismischen Vorstufen der Grundkategorien hin, die wiederum den wissenschaftlichen zugrundeliegen, und erklärt ihre Herkunft biologisch, 'evolutionistisch' bzw. naturalistisch, als aus der Lebenswelt stammend, aus ihr abstrahiert. Die aus dem unbewußt-vitalen Bereich aufsteigenden, da nur aus (Über-)Lebensnot erwachsenen Kategorien aber, entfalten *als* Abstraktionen erst ihre ganze Macht, wenn wir sie *als Abstraktionen losgelöst* haben: ein Hinweis auf den Herrschafts- und Machtfaktor im biologischen 'Unterbau' der Naturwissenschaften.

---

[26] Th. v. Uexküll: Der Mensch und die Natur. Bern 1953; zit. bei Löw 1980, S. 316, Anm. 92.

Das Dilemma beginnt erst, wenn man, wie Nietzsche, auch alle Denkkategorien und -begriffe 'evolutionistisch' erklärt (aber nicht als in einem zielgerichteten Prozeß entstanden), diese Kategorien exzessiv verwendet, mit ihnen argumentiert, und sie zugleich biologistisch wegdefiniert – und dadurch in das Dilemma der 'gespiegelten Rückseite des Spiegels' gerät: in die Selbstwidersprüche eines jeden szientistisch rückwärtsgewandten Evolutions-Propheten.

Die aus der 'Vorwirklichkeit' stammenden und unser ursprüngliches Denken beherrschenden Grundkategorien – die naturwissenschaftlichen sind erst nachträglich davon abgeleitet – sind genaugenommen *primär* da, für den existierenden Denker unmittelbarer, zunächst in der sprachlich-kulturellen Umwelt, in der er sich immer schon vorfindet; jedenfalls unmittelbarer als die von der Wissenschaft (auf die sich auch Nietzsche in seiner Kritik verläßt) a posteriori erschlossenen Fakten der darwinistisch verstandenen Entstehungsgeschichte. (Unmittelbar, sagt Weizsäcker, ist uns bei der Wahrheitssuche nur die Sprache, das heißt aber: die schon menschlich geformte Welt, gegeben.) Dies nimmt jedoch keineswegs dem Nietzscheschen Argument seine Schärfe, das besagen will, daß die Grundlagen der Naturwissenschaften ihre Herkunft aus einem Überlebens-, und sekundär aus einem Herrschaftswillen verraten, wie ja unser abstrahierender und simplifizierender 'Erkenntnis-Apparat' ganz "auf *Bemächtigung* der Dinge" (N. Sommer -Herbst 1884 26 [61]) ausgerichtet ist.

Die ab etwa 1885 bei Nietzsche zu konstatierende Totalisierung des "Interpretations"-Begriffs und dessen Durchdringung mit dem Willen-zur-Macht-Konzept könnte nahelegen, auch das interpretierende Tun der Wissenschaft gleichsam als biologischen, naturwüchsigen Prozeß aufzufassen, als bestünde zumindest eine Analogie zwischen einer Erzeugung der Dimensionen in 'Szenerien des Lebens', der "interpretierenden" Einverleibung der Nahrungsbeute durch lebende Organismen – und dem, was der interpretierende Mensch als Wissenschaftler, in der praktischen Anwendung der nunmehr verfeinerten, abstrahierend-losgelösten Grundkategorien tut: als Fortsetzung der Assimilation von Amöben und niedriger organischer Wesen.

Zutreffend merkt Erich Heintel[27] hierzu an, es sei Nietzsche nicht gelungen, die Ähnlichkeit oder gar 'Gleichheit' zwischen 'Assimilation' und 'Interpretation' im menschlichen Denken exakter darzutun, bzw. auch ihren Unterschied, wie es ihm auch nicht gelungen sei, dem Unterschied "von organischer Entwicklung in der Natur und freiheitlicher Selbstbestimmung des Menschen in der Geschichte *ein philosophisches Fundament* zu geben". Daraus resultiere "sein oft grober Naturalismus im Anschluß an zeitgenössische naturwissenschaftliche Theorien, der philosophisch schlechthin unhaltbar ist". Nietzsche konstatiert:

"Der Wille zur Macht *interpretiert*: bei der Bildung eines Organs handelt es sich um eine Interpretation; er grenzt ab, bestimmte Grade, Machtverschiedenheiten. (...)

---

27 E. Heintel: Philosophie und organischer Prozeß. In: N-St 3 (1974) S. 68. – Vgl. hierzu R. Löw 1984 (Nietzsche, Sophist und Erzieher), S. 130 ff. – In N. August – September 1885 41 [11] wird sogar die Gestaltbildung im Mineralischen mit dem schematisierenden Interpretieren verglichen: "'Denken' im primitiven Zustande (vor-organisch) ist *Gestalten-Durchsetzen*, wie beim Crystalle. – In *unserem* Denken ist das *Wesentliche* das Einordnen des neuen Materials in die alten Schemata (= Prokrustesbett), das Gleich*machen* des Neuen..."

In Wahrheit ist Interpretation ein Mittel selbst, um *Herr* über etwas zu werden. (Der organische Prozeß setzt fortwährendes *Interpretiren voraus*" (N. Herbst 1885 – Herbst 1886 2 [148]). Und:

"Alles Denken, Urtheilen, Wahrnehmen als *Vergleichen* hat als Voraussetzung ein '*Gleichsetzen*', noch früher ein '*Gleichmachen*'. Das Gleichmachen ist dasselbe, was die Einverleibung der angeeigneten Materie in die Amoebe ist." (Ein 'naturwissenschaftlicher logos', der in praktischer Absicht als existentielles "Schwergewicht" wirken soll, muß vom Hörer 'einverleibt' werden). "Die Welt, so und so gesehen, empfunden, ausgelegt, daß organisches Leben bei dieser Perspektive von Auslegung sich erhält" (N. Ende 1886 – Frühjahr 1887 7 [2]). Das gilt auch für die reduzierte Welt-Zurechtlegung der Wissenschaft, die nach Nietzsche nicht weiß, was sie unbewußt-naturwüchsig tut.

Die methodisch-wissenschaftliche Vorgehensweise unterliegt ebenfalls der radikalsten Sprach- und Erkenntniskritik. Die deduktiv-logischen Anteile jeder, ob im- oder expliziten Wissenschaftstheorie können ja nur eine 'höhere Art von Irrtum' sein. Auch und gerade die 'objektive', quantifizierende Naturwissenschaft steht immer "selber schon unter den Existenz-Bedingungen: dabei ist der Schluß, daß es keine anderen Intellekt-Arten geben könnte (für uns selber) als die, welche uns erhält, eine Übereilung: diese *thatsächliche* Existenz-Bedingung ist vielleicht nur *zufällig* und vielleicht keineswegs nothwendig." (N. Sommer – Herbst 1884 26 [127]). Erkennen ist dabei wie eine Art Affizierung, eine aktive Perzeption der (in den Folgejahren so benannten) Kraftzentren bzw. Wille-zur-Macht-Monaden aufgefaßt – und daher gehören unsere Existenz- und (auch die naturwissenschaftlichen) Erkenntnisbedingungen eng zusammen. Hier komme – so betont Erich Heintel[28] – neben Kants 'transzendentaler Bedingtheit' unseres Erkennens "dem Motiv nach in der daseienden Transzendentalität auch die aristotelische Tradition mit ihrem Ausgang vom natürlichen Individuum zum Zuge". Im Unterschied zu Aristoteles hat allerdings das natürliche Individuum bei Nietzsche nur eine analogische, symbolische Bedeutung, keine wirkliche Identität: es ist selbst nur organischer Lebensprozeß; doch bleibt die kritische Einsicht vom Vorrang der umfassenderen Lebenswelt, aus der heraus wir immer interpretieren, *vor* der Segment-Welt der Wissenschaft. Aber trotz der 'Zufälligkeit' unserer Erkenntnisart ist sie für uns 'notwendig', sie *ist* unsere reale Existenz, an der die Wissenschaft partizipiert: "Wie weit auch unser Intellekt eine Folge von Existenzbedingungen ist – wir hätten ihn nicht, wenn wir ihn nicht nöthig hätten und hätten ihn nicht *so*, wenn wir ihn nicht so nöthig hätten, wenn wir auch anders leben könnten." (N. Sommer – Herbst 1884 26 [137]).

Das Interpretieren der Naturwissenschaft steht, und das ist ihre Existenzbedingung, unter dem eigenen 'Methodenzwang', die Welt 'so und so', messend, quantifizierend, zu sehen. Es ist die ihr eigene 'Perspektive', so wie der Intellekt immer, nach Nietzsche, alles "unter seinen perspektivischen Formen" sieht (FW 374). Diese Perspektive kann 'eingehängt', darf aber nicht verabsolutiert werden; Nietzsche teilt "Kants Zweifel an der Letztgültigkeit unserer naturwissenschaftlichen Erkenntiß"

[28] E. Heintel, l.c.

und dessen "ungeheures Fragezeichen, welches er an den Begriff 'Causalität' schrieb... indem (er) dessen Grenzen und Reich in Frage gestellt, und die Naturwissenschaft überhaupt als eine Erscheinungs=Wissenschaft zur Bescheidung ermahnte" (FW 357, sowie Vorstufe dazu, s. KSA 14/274). Nietzsches wiederholter Einwurf, es könnte andere, von der menschlichen bzw. von unserer heutigen ganz verschiedene Wahrnehmungsfähigkeiten oder Interpretations-Schemata geben, beruft sich implizit auf Kant. "Unser neues Unendliches" (FW 374) wendet sich (auch) gegen die Unbescheidenheit der jetzigen Wissenschaft, die ihre perspektivische Form als letztgültige Erkenntnis nimmt. Wir können nicht sicher erkennen, *welche* andere Interpretations-*Kategorien* möglich sein könnten, wohl aber, daß es 'unendlich' viele *andere* geben muß. So sagt Nietzsche in FW 374: "Wir können nicht um unsre Ecke sehn: es ist eine hoffnungslose Neugierde, wissen zu wollen, was es noch für andere Arten Intellekt und Perspektive geben *könnte*: zum Beispiel, ob irgend welche Wesen die Zeit zurück oder abwechselnd vorwärts und rückwärts empfinden können (womit eine andre Richtung des Lebens und ein andrer Begriff von Ursache und Wirkung gegebe wäre)."

Das steht im Kontext von Nietzsches Radikalisierung der Kantschen Grenzziehung für die kategoriale Erkenntnis. In der KrV (A 230/231) lesen wir: "Andere Formen der Anschauung..., imgleichen andere Formen des Verstandes..., ob sie gleich möglich wären, können wir uns doch auf keinerlei Weise erdenken und faßlich machen, aber, wenn wir es auch könnten, so würden sie doch nicht zur Erfahrung, als dem einzigen Erkenntniß gehören, worin uns Gegenstände gegeben werden. Ob andere Wahrnehmungen, als überhaupt zu unserer gesamten möglichen Erfahrung gehören, und also ein ganz anderes Feld der Materie noch stattfinden könne, kann der Verstand nicht entscheiden, er hat es nur mit der Synthesis dessen zu tun, was gegeben ist."

Für Kant aber ist die Möglichkeit praktischer Erfahrung und rationaler Begründung dieser Praxis gewährleistet, und auch die Naturwissenschaft läßt sich für ihn begründen. In Kants Opus postumum kommt (s.u.) sein Begriff des 'Hineinlegens' nach Analogie des Subjekts dem vom Organisch-Leiblichen ausgehenden Interpretationskonzept nahe (immer abgerechnet Nietzsches Destruktion des Subjekt-Begriffs!).

Nietzsche wendet stets sein Argument der postulierten 'Zufälligkeit' unserer 'Weltperception' auch gegen *jede* wirkliche mögliche Anschauung oder Erfahrung. Außerdem läßt er nicht die Option für eine Naturwissenschaft offen, die um die relative Beschränktheit ihrer Interpretationsweise *weiß*. Die philosophisch gesinnte Avantgarde heutiger Naturforscher erkannte inzwischen, daß alle Formen unseres Erkennens ein auf verschiedenen Stufen mögliches Sprechen *über* die Natur sind, worin das Subjekt aktiv beteiligt ist, und welches Sprechen immer einem Prozeß der Wirklichkeits-Erschließung dient. Unser Sprechen aber, und wie in der modernen Physik offenkundig wurde, besonders das der Wissenschaft, formuliert nur 'Bedingungen der Möglichkeit' für ein (im Falle der Physik eben nur physikalisches) Wirkliches; ein Interpretations-Prozeß, der gelingen oder auch scheitern kann. Interpretation, ob eines Textes oder eines Natur-Ausschnittes, kann bestenfalls das Ziel erreichen, eine uns an-gehende, für unser Dasein bedeutsame Wirk-lichkeit *hier und jetzt erfahrbar* zu machen.

Eine philosophische Begründung der wissenschaftlichen Kategorien kann Nietzsche nicht geben, da er die platonisch-aristotelische Tradition ablehnt, die von einer gestuften Steigerung des menschlichen Erkennens ausgeht, d.h. von Stufen der Erkenntnis (von der aisthesis über die empeiria, bis zur episteme als Erkennen der Gründe, des 'Warum' und 'Wozu'), auf denen sich jeweils unterschiedliche objektive Wirklichkeiten enthüllen[29]. Sicher kommt auch den rationalen Wissenschaftskategorien auf ihrer eingeschränkten Stufe ein gewisses Maß an Objektivität zu, als Maßstab und Grundlage eines *möglichen* Welt-Entwurfs (der freilich die Totalität des 'Lebens' verfehlen muß). Die Kategorien (vgl. N. Frühjahr 1888 14 [152]) sind nicht *nur* "lebensbedingend" und nicht nur 'darwinistisch' zu erklären bzw. zu kritisieren. Die "subjektive Nöthigung, hier nicht widersprechen zu können", ist nicht ausschließlich eine "biologische Nöthigung" – dies Nietzsches naturalistische Fehldeutung –, sondern sie sind jeweils von uns gewählte Maßstäbe, vom Menschen gesetzte Grenzen, die nicht nur von den Sinnen gesetzt, sondern vom Verstand entworfen sind. Da diese Maßstäbe aber von der Wahl des Menschen abhängen und daher 'subjektiv' sind, bietet ein wissenschaftlicher Weltentwurf nur den Ausschnitt einer Wirklichkeit und nimmt den Ausschnitt für das Ganze – so sagt E. Grassi: "Im Taumel über die technischen Errungenschaften hat der abendländische Mensch immer ausschließlicher seine Verstandes-Entwürfe verherrlicht, bis er die wesentlichen Beziehungen zu einer von uns unabhängigen und dennoch uns an-gehenden Objektivität völlig vergaß"[30], was die Gefahr mit sich bringt, daß sich unser Leben in einer nur-abstrahierten, irrealen Scheinwelt abzuspielen beginnt.

Nietzsche deutet die Anwendung dieser 'subjektiven' Kategorien, die 'im Ausschnitt' eine objektive Wirklichkeit vor-entwerfen, als aktives tätiges Interpretieren der Wissenschafts-Kommunität, d.h. als einen Lebensprozeß, als lebendige Handlung (als gesellschaftliche Praxis, könnte man sagen, *fehlte* Nietzsche nicht ein eigentlicher Praxis- und Gesellschaftsbegriff). Das 'Interpretieren', aufgefaßt als 'Einverleibung', Assimilierung, Aneignung der Materie (der zum Material deklarierten Natur), ist ein Ausschneiden aus der Gesamtwirklichkeit, ein 'lebens-notwendiges' Indienstnehmen der 'Ausschnitte': das wäre die Perspektive des Herrschaftswillens der Naturwissenschaft, ihre meist vergessene Grundhaltung, zumindest eine wesentliche Komponente wissenschaftlichen Vorgehens. Die Auswahl eines Bereichs sachlicher Vorgegebenheiten ist gebunden an einen Gesichtspunkt, eine 'Perspektive', für die praktische Gründe wie die erstrebte Herrschaft über die zu unterjochende Natur

---

[29] Vgl. die Interpretationen E. Grassis von G.B. Vicos "phantasieentsprungener Metaphysik" z.B. in: Grassi: Humanismus und Marxismus, Hamburg 1973, S. 152 ff.; Vico, Die neue Wissenschaft, Hamburg 1966, S. 79: "homo non intelligendo fit omnia", "der Mensch macht durch 'Nicht-Erkennen' alles": Sowohl in der archaischen, wie in der Alltagssprache als Grundlage aller Wissenschaft, wie in der rationalen Wissenschaft selbst, *nötigt* die Natur (man könnte auch sagen: der Lebensprozeß, die Lebens-Szenerie, in der er immer schon steht und zu der die von sich her seienden Dinge der Natur ebenso gehören) den Menschen zur Sinn- und Bedeutungsgebung; dies beginnt auf der Ebene der Sinnesempfindungen, auf der schon die erste sinn-gebende Gestaltung stattfindet. ("Unser Auge, welches ein unbewußter Dichter und ein Logiker zugleich ist!" N. Herbst 1881 15 [9]). Nach Nietzsche muß der Wirklichkeit ein immer erst zu schaffender Wert beigelegt werden; das tut der Mensch auch in der aktiven Sinn-gebung der Naturwissenschaft.

[30] E. Grassi: Reisen ohne anzukommen. Eine Konfrontation mit Südamerika, München 1974, S. 141.

(letztlich der Natur des Menschen selbst) entscheiden. Der Gegenstand naturwissenschaftlicher Forschung interessiert in seiner 'Bedeutung für' und wird 'erkannt als' ein Vor-bestimmtes; nur das unter dem gewählten formalen Grundaspekt Bedeutsame wird berücksichtigt, vom Rest der ganzen Wirklichkeit wird abstrahiert. Daher ist Wissenschaft 'abstrakt', sie faßt nie die ganze 'konkrete' Fülle eines einzelnen Tatsächlichen (z.B. eines Lebendigen) in allen seinen Bedeutungen und Beziehungen; die vorgängige Intention der Wissenschaft geht nur aufs Überindividuelle, Allgemeine, 'Prinzipielle', Machbare. Die konstituierende Grundentscheidung bestimmt die Methode und das planmäßige Verfahren der Begriffsbildung (in die freilich auch unbewußte, unkontrollierte Momente mit einfließen). Es gibt keine voraussetzungslose Wissenschaft, keine Allgemeingültigkeit unter Ausschluß aller subjektiven/individuellen Beimengungen (wobei Nietzsche allerdings die Objekt- *und* die Subjektseite verwirft). Menschliche Wirklichkeit ist immer perspektivisch, die Wissenschaft maßt sich nur eine Pseudo-Objektivität an, und die wissenschaftliche Sprechweise verführt dazu, ihre beschränkte Perspektive für 'wahre Erkenntnis' der Natur und des Menschen zu halten: von ihrer Grundkonzeption her ist Naturwissenschaft auf Ent-anthropomorphisierung und Eliminierung des menschlichen Standpunktes aus; doch sind gerade ihre Kategorien die 'anthropomorphisierend falschesten'.

N. Herbst 1881 15 [9]: "*Unsere* Gesetze und Gesetzmäßigkeiten sind es, die wir in die Welt hineinlegen – so sehr der Augenschein das Umgekehrte lehrt und uns selber als die Folge jener Welt, jene Gesetze als die Gesetze derselben in ihrer Wirkung auf uns zu zeigen scheint." Der Mensch ist nach Nietzsche durchaus ein schöpferisches primum mobile innerhalb der Natur, deren Teil er ist, auch als Ergebnis und 'Spiegel' einer (zufällig-scheinbaren, nicht zielgerichteten) 'Evolution'; von einem freien Welt-Entwurf handelnder Subjekte kann freilich keine Rede sein.

"*Dieses* Spiegel-*Bild* des Auges malt die Wissenschaft zu Ende! – und damit *beschreibt* sie ebenso die bisher geübte Macht des Menschen als sie dieselbe weiter übt – unsere dichterisch-logische Macht, die Perspektiven zu allen Dingen festzustellen, vermöge deren wir uns *lebend erhalten*" (l.c.). Auch die historische Entwicklung zu einer institutionalisierten Wissenschaft unterläge demnach immer noch der 'biologischen Nötigung'. Ähnlich ist immerhin für einige neuere Wissenschaftstheoretiker, z.B. für Stegmüller (unter Berufung auf Th. Kuhn), die Evolution des naturwissenschaftlichen Wissens ein "Bestandteil der Evolution des Menschen" (die allumfassende Gültigkeit der Evolutionstheorie vorausgesetzt); sodaß besonders an den 'Zweigstellen' der Wissenschaftsentwicklung auch "der Mensch als praktisches Wesen" und ein Primat der praktischen *vor* der theoretischen Vernunft, entsprechend der Kantschen These, sichtbar würde und damit der Fortgang der Wissenschaft ohne Werturteile nicht denkbar. Stegmüller meint: "Es sind unsere menschlichen Intuitionen von Einfachheit und systematischem Zusammenhang, welche die Wahl jener mathematischen Strukturen bestimmen, die wir Theorien nennen. Es sind typisch menschliche, institutionalisierte Organisationsformen, die den ganzen Ablauf des wissenschaftlichen Alltags bestimmen. Und es sind auch ganz charakteristische menschliche Eigentümlichkeiten und menschliche Kräfte, von denen getragen wissenschaftliche Umwälzungen sich vollziehen und verbreiten"[31]. – Angesichts so nachdrücklich eingestandener "Menschlichkeit", oder Menschen-förmigkeit im Wissenschaftsbetrieb wäre die Frage an die Wissenschaft selbst nach deren Herkunft zu stellen. Das "humane" Element in den Naturwissenschaften unterliegt natürlich seinerseits evolutionären Gesetzmäßigkeiten, die von der Wissenschaft selbst festgelegt wurden. Nietzsche hätte es als vorläufig einzuhängende Perspektive, als 'Interpretation', gelten lassen.

[31] W. Stegmüller: Wissenschaft und wissenschaftliche Revolutionen. In: Rationale Rekonstruktion von Wissenschaft und ihrem Wandel, Stuttgart 1979, S. 128.

VI. Bemächtigende Interpretation – ohne Interpreten?

> Wenn wir zu einer Lösung kommen wollen, werden wir unsere Aufmerksamkeit auf das Zeugnis der Erfahrung richten müssen, und zwar auf das uneingeschränkte, allen Erlebnisbereichen entstammende Zeugnis der Erfahrung.
>
> A.N. Whitehead, Die Funktion der Vernunft

Theoriebeladenheit der Fakten:
Nietzsches Perspektivismus *und der* Beobachterstandpunkt

Nietzsches Interpretationsbegriff nimmt Folgerungen aus der Entdeckung des Beobachterstandpunkts in der Quantenphysik vorweg, und damit eine Kritik der naiven Erkenntnisweise der klassischen Physik. Die Naturwissenschaft selbst stieß an Grenzen eindeutiger 'Objekte' und 'Dinge'. Damals war den vorliegenden Ergebnissen der Physik noch nicht zu entnehmen, daß das (jeweils beobachtende oder messende) Subjekt wieder Einzug halten würde – selbst auf der objektivierenden Ebene der engeren Wissenschaftsmethode – in die Konstitution von Wirklichkeit, d.h. materieller, eben beobachtbarer, 'auf die Sinnensprache reduzierter' Wirklichkeit – als deren notwendiger Bestandteil, um sie überhaupt erst 'exakt' definieren zu können. Für Nietzsche gibt es keine 'tatsächliche' Welt, die von unseren Interpretationen unabhängig wäre, wenn wir unsere Perspektive abrechneten: "als ob eine Welt übrig bliebe, nachdem wir alles Perspektivische *substrahiert* haben!", was Nietzsche erst sagen kann, nachdem er einen aktivischen, energetischen Interpretationismus in seine 'Kraftmonaden' (auf anthropozentrische Weise) hineinverlegt und den Unterschied zwischen Erkennen und handelndem Überwältigen nivelliert hat[1].

Für die Quantentheorie existiert die beschreib- und beobachtbare, eine handhabbare Welt auch nur *in* bzw. *nach* einer aktiven Beobachtungssituation, im Reflektieren und Berechnen der Ergebnisse einer Eingriffs-Handlung im Mikroausschnitt der Welt; die 'Wahrheit', die dabei herauskommt, ist vor allem die einer (wenngleich nicht immer einsichtigen) pragmatischen Lebensdienlichkeit. Eine physikalische Wahrheit besteht immer in einem Tun, das bereits durch die vorgängige Theorie seine Zielrichtung erhält und die Grenzen gefundener Wahrheiten bestimmt. Nietzsche

---

[1] Danto 1965, S. 72.

greift den Irrtum der Physiker, an eine da-seiende 'wahre Welt' zu glauben, an; die Wissenschaft kann ihrerseits, vordergründig, gängige (metaphysische) Begriffe auflösen, aber im Grunde sind sie *alle* 'falsch'; und so gibt es auch keinerlei Wahrheitsgarantie für eine sakrosankte Beobachtungsprache. Danto meint zurecht: Nietzsche würde nicht zustimmen, daß wir mit der modernen Teilchenphysik, mit der wir den alltäglichen Augenschein "überwunden" haben, die Wirklichkeit selbst (auch nur die Wirklichkeit der 'Teilchen') entdeckt hätten: "Rather, (science) would have developed some useful tools and read off them, so to speak, an ontology equally suspect with that of common sense"[2]. Hier unterscheide sich Nietzsche auch klar von den Positivisten unserer Zeit (in deren Nähe sonst Danto ihn zu rücken versucht), deren antimetaphysischer 'animus' ihm ansonsten sympathisch sein müßte. Wissenschaft ist für Nietzsche eine kreative Organisation der Welt, die zur faktischen Beobachtung in höchst kompliziertem Verhältnis steht. Auch die vom Physiker postulierte Teilchen- oder Quantenstruktur der Materie ist nicht einfach seine 'Feststellung', so sei die Welt 'wirklich', und diese Vorstellung habe nichts mit *uns* zu tun, mit unserer Denkweise. Das Bedürfnis und die Art, *wie* er Entitäten und theoretische Zusammenhänge setzt, ist zur Gänze *unsere* menschliche Art und Weise zu denken. Das Atom oder Quark etc., das der Physiker setzt, wäre Nietzsche zufolge in Übereinstimmung mit unserem Bewußtseins-Perspektivismus eingeführt, wäre selbst eine subjektive Fiktion, und das projizierte Weltbild wäre durch und durch, als eine von unsrer Sinnlichkeit bestimmte Konstruktion (die Physik hat "unsere Augen und unsere Ohren auf ihrer Seite"), 'subjektiv' und interpretationsabhängig; die physikalische Welt ist 'unsere' Welt, um nicht zu sagen unsere rationalistische Mythologie.

Dagegen würde ein Wissenschaftler-Philosoph wie C.F. von Weizsäcker aber einwenden, daß die durch Galilei und den Nachfolgern repräsentierte Naturwissenschaft sich sehr bewußt "*nicht* strikte an beobachtbare Erfahrung", "sich nicht schlicht an das hält, was die Erfahrung unmittelbar repräsentiert" – und gerade dadurch die Erfahrung *'meistere'* durch das neuzeitliche technische Interesse an "Erzeugung von Erfahrung" (im Gegensatz zu deren kontemplativer Hinnahme). Doch eben das Bewußtsein der *Veränderung* der Dinge und der eingreifenden Produktion von Erfahrung kommt Nietzsches Interpetationskonzept nahe. Diese Erfahrung liefert dann zwar Praktikabel-Allgemeines, "aber nicht mit Gewißheit"[3]. Der Unterschied zwischen Verifizierung und Falsifizierung einer wissenschaftlichen These oder Hypothese verschwindet dadurch, da man "nur bis zur vorläufigen praktikablen Gewißheit oder Richtigkeit" gelangt; was man als beschreibende und nicht-erklärende, eben als jene "dynamische Welt-Auslegung" ansehen könnte, die "in Kurzem über die Physiker Gewalt haben wird" (N. Juni – Juli 1885 36 [34]), als eine 'morphologische Darstellungsform', durch die "nicht *erklärt*, aber ein ungeheurer Thatbestand *beschrieben*" wird (N. l.c. 36 [28]). Mit diesem Ansatz meint Nietzsche (so J. Figl) "das entscheidende Charakteristikum der kritischen Position gefunden zu haben: die

---

2 Danto S. 92.

3 C.F. v. Weizsäcker: Die Einheit der Natur, S. 112 und S. 125.

Erklärung selber wird – entgegen dem Selbstverständnis der exakten Wissenschaften – als Auslegung gekennzeichnet. Auch in den Fällen, wo man meint, die Phänomene der Natur wissenschaftlich erklärt zu haben, ist nach dem Urteil Nietzsches im Grunde nur eine Interpretation gegeben[4].

Der Interpretationismus-Einwand trifft unmittelbar eine zu Nietzsches Zeiten vorherrschende mechanistisch-materialistische, und im übrigen jede ihrem ontologisierenden Selbstmißverständnis verfallene Naturwissenschaft; nicht unbedingt die, die um die metatheoretische Mehrdeutigkeit in ihren Voraussetzungen, ihrem Vorverständnis, und damit um die Unmöglichkeit einer wissenschaftlichen Interpretation der 'Welt als Ganzes' weiß[5].

Die Forschungen Thomas Kuhns[6] zeigen ebenfalls, daß schon jeder naturwissenschaftliche *Begriff* ein ganzes – wissenschaftliches und vorwissenschaftliches – Theoriensystem impliziert, daß er seine eigene Geschichte hat, und daß sich die naturwissenschaftlichen Begriffe und Konzepte insgesamt schon stets "in einem Netz von Gesetzen, Theorien und Erwartungen" befinden, "aus dem sie nicht für Definitionszwecke völlig herausgelöst werden können"; erst der Historiker (der per definitionem 'interpretiert'!) kann ihre Bedeutung und Verwendung untersuchen. Für Kuhn folgt, "daß diese Begriffe nicht für die Anwendung auf jede mögliche Welt gedacht waren, sondern nur auf die Welt, wie sie der Wissenschaftler sah"; d.h. ein Welt-Bild ging seiner Konzeption voraus. Daher haben viele dieser Begriffe zwar "eine Geschichte, die mit der Geschichte der entsprechenden Wissenschaft zusammenfällt, doch ihre Bedeutung und ihre Anwendungskriterien haben sich im Laufe der Entwicklung sehr oft und sehr einschneidend verändert." – Natürlich geht Nietzsches Interpretationismus schließlich im Spätwerk sehr viel weiter, wird als 'Auslegung' zum Grundbegriff einer völlig neuen Weltdeutung und erstreckt sich nicht nur auf die wissenschaftliche Begriffsbildung.

In neueren Wissenschaftstheorien wird die Interpretations-Abhängigkeit aller Grundkonzepte, in Form einer Theoriebeladenheit der Fakten und Beobachtungen, fast durchweg zugestanden, doch im alltäglichen Gang der 'rätsel- und problemlösenden' normal science meist vernachlässigt: "bei einem Problem der normalen Forschung muß der Wissenschaftler die vorhandene Theorie als Spielregel einfach

---

[4] Figl 1982, S. 49.

[5] Zur 'metatheoretischen Mehrdeutigkeit der Wissenschaft' vgl. Alfred Gierer: Physik, Leben, Seele. 1985, S. 264 ff., der 1. die Quantenunbestimmtheit, 2. den Finitismus (die Endlichkeit der Welt begrenzt die Zahl möglicher analytischer Operationen) und 3. die Grenzen mathematischer Entscheidbarkeit (nicht alle allgemeinen Gesetzmäßigkeiten und Zusammenhänge, die für komplexe Systeme gelten, sind durch endliche formale Analyse zu ermitteln) als wissenschafts-intrinsisch erweist. Diese unaufhebbare metatheoretische Mehrdeutigkeit ergebe nicht nur eine "Unsicherheit, sondern zugleich eine prinzipielle Freiheit der Interpretation, die weder durch gegenwärtige noch durch zukünftige objektive Erkenntnisse beseitigt werden kann" (S. 266). "Weil unterschiedliche Auffassungen mit dem inhaltlich gleichen objektiven Wissen über die Wirklichkeit verträglich sind, kann die Wissenschaft zwischen ihnen grundsätzlich nicht eindeutig entscheiden..." (S. 268). - Somit ist naturwissenschaftliches Erkennen 'Interpretation' auch in dem hermeneutischen Sinne, daß alle Ergebnisse und Aussagen theoretisch *und* geschichtlich einmalig, nur für einen je geschaffenen Auslegungs-Kontext gültig (situationsbedingt, historisch, je neu zu evozieren) sind.

[6] Thomas Kuhn: Eine Funktion für das Gedankenexperiment. In: Die Entstehung des Neuen. Studien zur Struktur der Wissenschaftsgeschichte. Hrsg. v. L. Krüger. Frankfurt 1978. S. 327-356; hier S. 346.

voraussetzen" – auch Nietzsche entgeht nicht ganz dieser Ambivalenz, wenn er Naturwissenschafts-Perspektiven 'einhängt'.

Nach Stegmüller[7] kommt die Naturwissenschaft, ähnlich den Geisteswissenschaften, gar nicht aus einer Art hermeneutischem Zirkel heraus, den er das "interpretatorische Dilemma" nennt. Dieses Interpretationsdilemma zeigt sich beispielsweise bei der Deutung eines Quasarphänomens, bei welcher man schon "über das korrekte kosmologische Modell verfügen" müßte, die "adäquate kosmologische Hypothese aber dürfte man nicht gewinnen, solange man keine korrekte Deutung des Quasarphänomens gefunden hat". Nur spielt sich dieses Interpretieren immer noch innerhalb des theoretischen Zirkels (den J.D. Sneed beschreibt) der Wissenschaft ab, die ihre Funktionsbegriffe, als vor-entworfene Spielregeln, unbesehen benutzt: jede Messung erfolgt schon in theorieabhängiger Weise; die Gefahr eines vitiösen Zirkels ist nicht weit[8]. Immerhin läßt sich die Wissenschaft durch diesen Verstehenszirkel kaum an ihrem, theoretisch also nicht letztlich begründbaren, Tun und an ihren praktischen Erfolgen hindern.

Der Nietzschesche Perspektivismus deutet auch, auf die Naturwissenschaft angewandt, auf das Dilemma der Standortgebundenheit des Beobachters voraus: Jede Interpretation, ob von Texten, menschlichen Handlungen oder naturwissenschaftlich registrierten Phänomenen, setzt ein Vorverständnis voraus, aus dem nicht herauszukommen ist, in Form von Vor-Urteilen, die der Wissenschaftler "prinzipiell nicht überprüfen kann"[9]; was auch bedeutet, daß verschiedene Personen "eine und dieselbe Theorie haben und dennoch damit die verschiedensten Überzeugungen und Hypothesen verbinden können"[10]. Spricht man scheinbar realistisch von 'Kraft', 'Energie', 'Atom', 'Teilchen' etc., können die Begriffe sehr unterschiedliche 'Existenzbehauptungen' beinhalten[11].

Die Entdeckung des Beobachterstandpunkts in der Quantenphysik zerstörte den Glauben an das traditionelle Objektivitätsideal; so sagt Heisenberg, die "Wirklichkeit, von der wir sprechen können, (ist) nie die Wirklichkeit 'an sich', sondern eine gewußte Wirklichkeit oder sogar in vielen Fällen eine von uns gestaltete Wirklichkeit", es gibt keine "objektive, von uns und unserem Denken völlig unabhängige Welt..., die ohne unser Zutun abläuft oder ablaufen kann und die wir eigentlich mit der Forschung meinen"[12]. Schon unser Ausdruck "es gibt" stammt eben aus dem menschlichen Sprechen und kann nicht etwas bedeuten, "das gar nicht auf unser Erkenntnisvermögen bezogen wäre. Für uns 'gibt es' eben nur die Welt, in der das Wort 'es gibt' einen Sinn hat"[13]. So kommen die zur 'Kopenhagener Schule' gehörigen Denker zu einer 'transzendentalen' Einschränkung aller wissenschaftlichen

---

[7] Wolfgang Stegmüller: Walthers Lied 74,20 und Quasar 3 C 273. In: Rationale Rekonstruktion von Wissenschaft und ihrem Wandel. Stuttgart 1986. S. 41 ff.

[8] Vgl. Stegmüller l.c.: "Um feststellen zu können, ob ein solcher Begriff einer Theorie auf einen Fall zutrifft, muß man bereits erfolgreiche Anwendungen eben dieser Theorie kennen."

[9] Kuhn, l.c. S. 43.

[10] Kuhn, l.c. S. 45.

[11] Stegmüller, l.c. S. 81.

[12] Heisenberg, Ges. Werke I 236; zit. Löw, Heisenberg-Aufsatz Universitas 11/1987.

[13] Heisenberg, l.c.

Aussagemöglichkeit: so, daß stets voraus-zu-fragen wäre, 'ob wir wissen, was wir meinen, wenn wir sagen, daß...'.

Allerdings würde Nietzsches Perspektivismus bei den Einschränkungen, die die Einführung des Beobachterstandpunktes mit sich bringt, nicht haltmachen. Die Überlegungen Heisenbergs, Weizsäckers oder Niels Bohrs sind immer von der Anerkennung einer sinnvoll strukturierten Ordnung im Dialog Mensch – Natur, d.h. aber einer Ordnung in der Natur selbst, getragen. Dieser Dialog findet auf der Grundlage einer vorausgesetzten, sinn-stiftenden Alltagswelt authentischer Wirklichkeitserfahrung des Menschen statt, und basiert auf der alltäglichen Sprache mit ihrem Vor-Wissen, woraus die naturwissenschaftlichen Kategorien erst abstrahiert sind; ähnlich setzt Aristoteles bei der Ableitung der physikalischen Prinzipien, d.i. aber der Prinzipien unseres Sprechens über Natur, die 'archaische' Erfahrung eines geordneten Kosmos schon voraus. Eben diese Ordnung stellt Nietzsche in Frage und entzieht damit auch einer sich selbst einschränkenden wissenschaftlichen Wirklichkeits-Erfahrung jeden Boden.

Dem Anspruch des von Nietzsche gemeinten Wirklichkeits- und seines totalisierenden 'Lebens'-Begriffs, der alle Objektivität sprengen und das interpretierende Individuum selbst auflösen muß, der nur das 'chaos sive natura' gelten läßt und dem keine wie immer geartete Wissenschaft 'auf den Leib rücken' könnte – diesem Totalitätsanspruch des existierenden Denkers würde auch eine Wissenschaft nicht genügen, die die Bedingtheit der physikalischen Wirklichkeit durch einen, immer noch *idealisierten*, subjektiven Beobachter anerkennt. Dies rührt an eine, nur existentiell-ontologisch erfahrbare, immer wirksame und jederzeit evozierbare Grundspannung zwischen der Realität meines je eigenen Lebens und der einer objektivierenden Wissenschaft überhaupt. Wirksam aber wird diese Grundspannung im Mitwirken, im Erleben eines 'Pathos'(das auch Nietzsche betont) und einer Leidenschaft *in* der Tätigkeit naturwissenschaftlichen Forschens und Interpretierens selbst; und – jedes wissenschaftliche Resultat ist darüber hinaus abhängig von einem, wie Duhem[14] sagt, "Akt des Glaubens an eine ganze Gruppe von Theorien".

Die Einbeziehung des subjektiven Beobachters in der Kopenhagener Deutung der Quantentheorie unterläge, von Nietzsches Standpunkt betrachtet, ja immer noch dem Interpretationismus-Einwand. In der Quantenphysik wird ein abstrakter Beobachter beschrieben, der als solcher mit anderen 'gleichen', idealen Beobachtern identisch wäre – dies, obwohl andrerseits die *Einmaligkeit* jedes Ereignisses, im Quanten- wie im Makrobereich, aufgrund der gerichteten Zeitstruktur im Universum, betont wird. Der Beobachterstandpunkt setzt Gleichheiten und Ähnlichkeiten an, die Nietzsche explizit verneint, obschon er sie in seinem eigenen Schreiben und Denken stets voraussetzen muß (ein absoluter Nominalismus wäre nur im Schweigen durchführbar). Die Betonung des Subjekts in der modernen Physik wäre für Nietzsche immer noch eine unhaltbare dogmatische Vorstellung – an das lebensweltlich-individuelle Subjekt kann und will aber die Naturwissenschaft nicht herankommen. Doch wäre

---

[14] P. Duhem, zit. bei Löw 1983: Wissenschaftliche Entwicklung und gesunder Menschenverstand. In: Zs. f. philos. Forschung. Jg. 37. Meisenheim/Glan 1983. S. 280.

dann gegen Nietzsche einzuwenden, daß die Rettung oder Wiedereinführung des Subjekts in der modernen Theorie zumindest eine formale Möglichkeit offenhält, die je persönlich von *mir*, ontologisch erfahrbare und erfahrene Wirklichkeit, *mit* der 'Wirklichkeit' der Naturwissenschaft, das heißt aber: meine Beziehung zur Natur und zu den Dingen, ob nun in der Wissenschaft oder in der unmittelbaren Erfahrung, in eine lebendige Relation zu bringen[15].

Zwar rechnet die Quantenphysik, jedenfalls in der Kopenhagener bzw. Heisenbergschen Deutung, mit mathematisch ausdrückbaren, nicht subjektiven, Wahrscheinlichkeitsphänomenen, also mit 'exakten' Unsicherheiten (Unschärfen), mit einer berechenbaren Wahrscheinlichkeit. Dennoch ist damit – wie Hermann Broch einmal mit Bezug auf die Beobachterabhängigkeit feststellt – doch immerhin "die Menschengestalt in die exakten Wissenschaften eingeführt, allerdings nicht", so Broch, sei der Mensch wieder in die Physik hereingekommen "als Ebenbild Gottes, auch nicht als biologisches oder ökonomisches Wesen, sondern als ein abstraktes Gebilde", als eine Art "physikalische Person an sich". – Nietzsche hätte die Einbeziehung des Beobachterstandpunktes ebenfalls noch als unzureichende, unzulässige, weil das Leben und Werden niemals einholende Ver-objektivierung empfunden. Doch so, wie Nietzsches radikale Kritik ein (von ihm selbst zwar desavouiertes) Humanum gegenüber der abstrahierenden Wissenschaft retten könnte, so räumt Hermann Broch angesichts der Quantentheorie ein: "Indes, man täusche sich nicht, die Abstraktionsbasis bleibt trotz allem das Leben und der lebendige Mensch, und so ist er es auch, der im letzten als Träger der neuen 'irdischen Absolutheiten' zu gelten hat"[16], wobei allerdings zu fragen wäre, ob ein 'irdisch Absolutes' schon auf die Entdeckung sogenannter Naturkonstanten als "absoluter Unüberschreitbarkeiten" (als Ausdruck einer Grenze und damit einer Einheit der Natur) zu gründen ist; von Naturkonstanten im übrigen, die Nietzsche konsequent hätte leugnen müssen. Vielmehr stellt Nietzsche der beschreibbaren, 'objektiven', unabhängigen Struktur der Welt – die er ja als Antithese selbst festhält – das absolut unfaßbare, nie definierbare hic-et-nunc-Ereignis, als ein Urerlebnis eines interpretierenden Machtzentrums, gegenüber, von dem aus gesehen "alles falsch" sein muß. Jede, auch die alltagstheoretische Sicht der Dinge ist somit fiktiv, da sie ja nur *eine* der unzählbar vielen *möglichen* Interpretationen der Welt ist. Soweit sich die 'Kopenhagener Deutung' selber für richtig hält, könnte sie in Nietzsches Augen nur 'falsch' sein, und die 'richtige' Interpretation gibt es nicht, höchstens eine 'nützlichere' Sehweise. Daß es keine Tatsachen, sondern *nur* Interpretationen gebe, sagt die Quantentheorie auch; *die* absolut objektive Welt jenseits aller Interpretationen gibt es im Quanten- und jedem anderen Bereich nie. "Als ob eine Welt noch übrig bliebe, wenn man das Perspektivische abrechnete! (...) jedes Kraftcentrum hat für den ganzen *Rest* seine *Perspektive* d.h. seine ganz bestimmte *Werthung*, seine Aktions-Art, seine Widerstandsart" (N. Frühjahr 1888 14 [184]), und: "die Welt, abgesehen

---

[15] Hermann Broch: Der Zerfall der Werte. In: Erkennen und Handeln. Essays Bd. 2 Hrsg. v. Hannah Arendt. Zürich 1955, S. 5-44.

[16] H. Broch: Erkennen und Handeln S. 217 (Das irdisch Absolute).

von unserer Bedingung, in ihr zu leben, die Welt, die wir nicht auf unser Sein, unsere Logik, und psychologischen Vorurtheile reduzirt haben existirt *nicht* als Welt 'an sich'" (N. Frühjahr 1888 14 [93]).

Hier eine Verbindung herzustellen zur Wirklichkeitssicht der heutigen Quantentheorie, mag wie eine Vermischung der Interpretationsebenen anmuten; immerhin erzwingt die Quantenmechanik philosophische Folgerungen für unser Welt- und Wirklichkeitsbild insgesamt. Andererseits hängt auch Nietzsches Verallgemeinerung des Perspektivismus stark von *seinen*, der Zeit entsprechenden *und* vorauseilenden kritischen Interpretationen der Kraftmechanik und des Atomismus ab (woraus die Kraftzentren-Kombinatorik erst erwachsen konnte). Eine merkwürdige Schlußfolgerung aus der Quantenmechanik jedenfalls ist, daß wir, als Experimentatoren oder Beobachter, "grundlegend mit der Natur und der Wirklichkeit verbunden sind"[17], daß die Welt nicht aus autonomen Teilen besteht, sondern ein Netz von Beziehungen ist, deren "ungeteilte Ganzheit"[18] erst durch ein menschliches Bewußtsein zur gültigen konkreten Realität gebracht wird. Die Wirklichkeit ist von unserem aktiven Interpretieren abhängig, ja konstituiert – doch leugnete Nietzsche deren Einheit und läßt sie wieder in die Pluralität seiner Willen-zur-Macht-Komplexe zerfallen; während die moderne Physik geradezu die Einheit und Rolle des (idealen) Subjekts betont, löst Nietzsche es wieder auf; es sei denn, man ließe es als 'Perspektive' gelten. Er sähe in der wechsel- und gegenseitigen Ergänzung der Teilchenwelt zum 'Sein' (soweit von einem Sein in naturwissenschaftlich gebrochener Perspektive die Rede sein kann), in ihrem Wechselseitig-aus-sich-selbst-Bestehen, nur ein 'überwältigendes', chaotisch-notwendiges Sich-gegenseitig-Interpretieren, von Machtquanten, die je für sich 'die letzte Konsequenz ziehen'. In gewissem Sinn ist dieses Nietzschesche Konzept heute 'physikalisch widerlegt'; natürlich hätte Nietzsche einen naturwissenschaftlichen Gegenbeweis nicht anerkannt. Auch die Sicht der Quantenphysik ist notwendigerweise abstrahiert, wendet Kategorien an, schon in der Beschreibung der Meß- und Beobachtungsinstrumente, die ursprünglich für eine 'Atomklümpchen-Welt' bzw. aus unsrer Alltagswelt geschaffen waren – und stieß damit in der Realität selbst an Erkenntnisgrenzen. Diese immer noch objektivistische, von mathematisierten Formalismen und einer (Quanten-)Logik abhängige Deutung hätte Nietzsche als sinn- und lebensfeindlich kennzeichnen können, sie hätte (als abstrakte Erkenntnis) keinen entscheidenden 'Wert fürs Leben'. "Wir besitzen heute genau so weit Wissenschaft, als wir uns entschlossen haben, das Zeugniss der Sinne *anzunehmen*, – als wir sie noch schärfen, bewaffnen, zu Ende denken lernten." (Hochabstrakte Meßapparaturen wären kein Weiterdenken der lebendig erfahrenden Sinne!) "Der Rest ist Missgeburt und Noch-nicht-Wissenschaft: will sagen Metaphysik, Theologie, Psychologie, Erkenntnisstheorie. *Oder* Formal-Wissenschaft, Zeichenlehre: wie die Logik und jene angewandte Logik, die Mathematik. In ihnen kommt die Wirklichkeit gar nicht vor, nicht einmal als Problem; ebensowenig als die Frage, welchen Werth überhaupt eine solche

---

[17] Vgl. Paul Davies: Gott und die moderne Physik, München 1986/1989, S. 148.

[18] David Bohm, in: Wholeness and the Implicate Order; zit. Davies l.c. S. 150.

Zeichen-Convention, wie die Logik ist, hat. -" (GD Die "Vernunft" in der Philosophie 3; KSA 6/75 f.). Die Frage nach dem Wirklichkeitsgehalt auch der Quantentheorie und gar nach ihrem Wert fürs Leben bleibt unter diesen Gesichtspunkten bestehen.

In seinem Aufsatz über "Parmenides und die Quantentheorie" zieht C.F. von Weizsäcker[19] die Konsequenzen aus dem Problem des Einen und Vielen für die Quantentheorie und die Physik; einem Problem, das bei Nietzsche zum fundamentalen Gegensatz von Sein und Werden gerinnt und seiner 'Logik des Irrtums' unterliegt, was hier nur angedeutet werden kann[20]. Aus der "vollen Differenz" (N. Winter 1872 – 1873 23 [18]) folgt an sich schon die Unmöglichkeit, auf dem Wege physikalischer Interpretationen zum An-sich-Sein der natürlichen Dinge zu gelangen. Aus der Quantentheorie lernen wir, so Weizsäcker, daß isoliert *gedachte* Objekte nur in ihrer Wechselwirkung mit anderen Objekten gedacht werden können; beobachtbar werden sie, indem sie ihre Objekteigenschaften verlieren, wovon die klassische Physik bzw. die klassische Ontologie näherungsweise absehen konnte (und gegen den Absolutheitsanspruch der klassich-mechanistischen Natursicht trat Nietzsche auf). "Nur in klassischer Näherung aber können wir Beobachtungen machen und aussprechen. In diesem Sinne beruht alle Physik wesentlich auf einer Näherung"[21], von der wir in allen Beschreibungen der Experimente und Ergebnisse Gebrauch machen müssen. Dies entspricht dem Bohrschen, philosophisch erweiterten Komplementaritätsbegriff, der nach Weizsäcker nicht Resignation und Erkenntnisverzicht bedeutet. Zwar ist das Eine undenkbar, das Weltall besteht nur, "ist" nur, indem es Vieles ist. Nietzsche läßt nur unerkennbare Vielheit zu und erklärt jede Einheit zur Fiktion; für den modernen Quantentheoretiker liegt eine mögliche Einheit im betrachtenden Subjekt. Der klassischen Physik ließe sich Weizsäcker zufolge vorwerfen, sie stehe, indem sie die physikalischen Objekte ontologisiert und objektiviert, "nicht auf dem Reflexionsniveau des Parmenides", will sagen, auf der philosophischen Höhe des Problems der Einheit und Vielheit im physikalischen Erkennen. Wenn die Physik ihre Konstrukte 'ontologisiert', "erkennt (sie) nicht, daß ihre Anwendung ihre eigene Falschheit voraussetzt"[22]. Das Paradox, aus dem die Naturwissenschaft nicht herauskommt, hat sein Analogon in dem Interpretationszirkel, in welchem Nietzsche sie gefangen sieht. Naturwissenschaftliches Interpretieren geht aber letztlich auf Voraussagen aus, und (mit Weizsäcker in "Aufbau der Physik"[23] zu sprechen) selbst in ihren exaktesten Theorien nur auf bloße "Wahrscheinlichkeitsprognosen über einzeln empirisch entscheidbare Alternativen". Das aber, was sich von der Gesamtwirklichkeit überhaupt in "empirisch entscheidbare Alternativen" zertrennen oder auflösen läßt, ist schon ein interpretativer Ausschnitt, den wir in Dienst nehmen. Wenn diese Indienstnahme erfolgreich ist, liegt das nicht

[19] C.F. von Weizsäcker: Parmenides unnd die Quantentheorie. In: Die Einheit der Natur (1971); hier in: Ein Blick auf Platon. Stuttgart 1981, S. 46-75. Hier v.a. S. 73 ff.

[20] Vgl. Löw 1984, S. 107 ff.

[21] Weizsäcker, Aufbau der Physik S. 74.

[22] Weizsäcker, l.c.

[23] Weizsäcker, Aufbau der Physik S. 24.

an einer allgemeingültigen 'Wahrheit' der Naturwissenschaft, sondern an ihrer empirischen Praktikabilität und ihrer konzeptuellen 'Machtförmigkeit'.

Weizsäcker erinnert im "Aufbau der Physik" auch expressis verbis an Nietzsches Satz von der Wahrheit als dem 'lebensnotwendigen Irrtum', als Anpassung an praktische Bedürfnisse, und kommentiert: "Wenn aber Hegel recht hat, daß das Wahre das Ganze ist, oder, pragmatistisch geredet, wenn keine Anpassung in einer unermesslichen Ereignisfülle vollkommen sein kann, so ist jede besondere Wahrheit, die wir aussprechen können, auch ein Irrtum, aber eben einer, ohne den wir schwerlich leben könnten."[24].

Der auch in der Naturwissenschaft wirkende hermeneutische Zirkel wird jedenfalls *praktisch* durchbrochen. Und hier erst stellen sich die ethischen Fragen, wem oder was die Wissenschaft nützt, welchen existentiellen (d.h. wirklich objektiven) Zielen und Werten sie dient. Die eigentliche, dem Menschen erreichbare Objektivität der Dinge liegt nicht in deren abstrakter, isolierter 'Gegeben-' oder 'Vorhandenheit', ist auch mit naturwissenschaftlicher Methodik allein nie erreichbar. Die Forschungsgegenstände können gleichsam nie getrennt von unseren *Handlungen* erfahren werden, von unsrer Art, mit ihnen 'umzugehen'. "Faktisch ist es ... so, daß uns erst in der menschlichen Handlung und durch sie das An-sich-Sein der Dinge offenbar wird", wie Ernesto Grassi sagt[25], und die wirkliche, 'objektive', existentielle Bedeutung dessen, was der Mensch mit der Wissenschaft tut, wird erst *in* der menschlichen Praxis, im menschlichen Handeln deutlich; und erst mit dieser Einsicht können ethische Kriterien in den wissenschaftlichen Umgang des Menschen mit Natur und Seinesgleichen Eingang finden.

Wer interpretiert in der Naturwissenschaft? *Das Subjekt des Interpretierens*

> ... diese unsre Subjektivität hat auch für den Naturforscher ihre Bedeutung, da er eben keine Entdeckungsmaschine ist, sondern ein Mensch, in welchem alle Seiten des menschlichen Wesens in unzertrennlicher Einheit wirken.
>
> F.A. Lange, II 227

Die Frage: "Quis interpretatur?", einst von Hobbes bezüglich der Legitimität und Normativität staatlicher Ordnung und gesellschaftlicher Gesetzgebung gestellt, wird von Nietzsche gewissermaßen auf das Erkennen einer Naturordnung überhaupt ausgeweitet. *Wer* interpretiert die Natur, wer legt ihre 'Gesetze' aus, oder setzt sie fest; wer ist das Subjekt im interpretierenden Zugriff auf die Natur: dies die philosophisch entscheidende Frage zum Verständnis dessen, was neuzeitliche

---

[24] Weizsäcker, Aufbau der Physik S. 212.

[25] E. Grassi, Macht des Bildes S. 63.

Naturwissenschaft tut, die Nietzsche implizit stellt – und totalisierend dahingehend vorentscheidet, daß er sowohl die zu entdeckende Ordnung in der Natur, wie auch ein entdeckendes, interpretierendes Subjekt hinter allem Tun und Erkennen verneint. Naturwissenschaftliche Erkenntnis ist für Nietzsche nur der Spezialfall für die Unmöglichkeit von wahrer Erkenntnis überhaupt; da nur Irrtümer a priori möglich sind, kann *alles nur Interpretation* und Auslegung sein: auch das Subjekt selbst, welches 'hinzu-erdichtet', 'dahinter-gesteckt' ist. "Ist es zuletzt nöthig, den Interpreten noch hinter die Interpretation zu setzen? Schon das ist Dichtung, Hypothese" (N. Ende 1886 – Frühjahr 1887 7 [60]): die perspektivische, unendlich-ausdeutbare und hypothetisierte Welt "hat keinen Sinn hinter sich" – kein sinngebendes, sinnverbürgendes Subjekt. Ähnliche Konsequenzen hat eine sich verselbständigende Wissenschaftstheorie und -praxis längst gezogen (dies gilt für den lebendigen Menschen und sein Selbst-Bewußtsein als Forschungsobjekte ebenso wie für den Wissenschaftler selbst); wir werden, so beschrieb es F.A. Lange 1875 in der 2. Auflage seiner Geschichte des Materialismus, "mit dem Fortschritt der Wissenschaft immer sicherer in der Kenntnis der *Beziehungen* der Dinge und immer unsicherer über das Subjekt dieser Beziehungen"[26].

Die traditionelle Rede von der "richtigen Perzeption" positiver 'Fakten', d.h. dem "adäquaten Ausdruck eines Objekts im Subjekt", erschien Nietzsche sehr früh schon als "widerspruchsvolles Unding" (WL, KSA 1/884). Soweit man von der Natur als 'Text' reden kann, wirft Nietzsche den Naturwissenschaftlern 'schlechte Philologie' vor (JGB 22); es gibt – gegen die Positivisten! – 'keinen Tatbestand, keinen Text', nur die Interpretation als Vorgang. Ein quantifizierendes 'Vermessen' des 'Textes' entspräche der Verwechslung der Notenschrift mit der Musik selbst – deren die Wissenschaft sich schuldig macht, die ihre Auslegung der res extensa, d.h. ihre Perspektive (*eine* unter vielen), triumphierend für eine Erklärung, eine 'Letztbegründung', fälschlicherweise für eine Art 'Hermeneutik des Daseins' selbst nimmt, wo sie nur – gerade weil die Naturwissenschaft *auch* interpretiert und mit einer "Welt, di*e uns etwas angeht*" zu tun hat – "Ausdichtung und Rundung über einer mageren Summe von Beobachtungen" ist (N. Herbst 1885 – Herbst 1886 2 [108]).

Die Naturwissenschaft "definiert" unweigerlich imaginierte "Dinge" und "Tatbestände"; ihre Frage "was ist das?" ist aber "eine *Sinn-Setzung* von etwas Anderem aus gesehen" (N. Herbst 1885 – Herbst 1886 2 [149]). Dieses 'Andere', das einen "Sinn" setzt, ist aber Nietzsche zufolge gar kein Subjekt, keine Person, kein Selbstbewußtsein, denn "Man darf nicht fragen: '*wer* interpretirt denn?', sondern das Interpretiren selbst, als eine Form des Willens zur Macht, hat Dasein (aber nicht als ein 'Sein', sondern als ein *Prozeß*, ein *Werden*) als ein Affekt" (N. Herbst 1885 – Herbst 1886 2 [151]). Der Begriff des Interpretierens ist hier "als Ausdruck des Rückgangs hinter das Selbstbewußtsein"[27] gebraucht und geht weit über die Aktivität eines (selbst)bewußten Subjekts oder Individuums hinaus; schließlich wurde Nietzsche (N. Frühjahr – Herbst 1881 11 [156]) "das Geheimniß, daß es kein Individuum giebt"

[26] Lange, S. 266.
[27] H. Anton, in Hist. Wörterb. d. Philosophie Bd. IV Sp. 515.

offenbar, und eine objektive Welt an sich, als 'Welt ohne Subjekt' (N. Herbst 1880 10 [D 82]) scheint ihm schon *vor* der Ausweitung des Interpretationskonzeptes (seit ca. 1885) vorstellbar; womit sich auch eine subjekt-eliminierende Wissenschaft philosophisch legitimieren könnte. D.h. eine natur- oder wildwüchsige Verwissenschaftlichung aller Lebensbereiche und der Glaube an den endlosen wissenschaftlichen Erkenntnisfortschritt lebt ideologisch ebenfalls aus Nietzsches "Grundgewißheit" des "cogito ergo est" (N. Frühjahr – Herbst 1881 11 [330]). Nietzsche verstand 'Interpretieren' als subjekt- und objektlosen Vorgang – seine eigene Interpretation eingeschlossen; Sinn hätten sein Perspektivismus und das Interpretationskonzept hingegen nur, wo es handelnde Subjekte gäbe.

In seinem Versuch, die Subjekt-Objekt-Spaltung, im Erleben und im Erkennen, praktisch und mit pädagogischer Wirkungsabsicht zu überwinden, vermengt Nietzsche die psychologische Erlebensebene mit der erkenntnistheoretischen und reflektierend-auslegenden – etwa im Sinne der 'ich-losen' Zen-Erfahrung: 'etwas', 'ES' interpretiert. Während im Zen diese Vorstellung aber mehr symbolischen und psychologischen, praktisch-anleitenden, suggestiven Charakter hat und *nicht* eine objektiv-ontologisierende Aussage sein will, ontologisiert Nietzsche, gleichsam ex negativo und wider eigne Intention, diese Erfahrung: seine Leugnung des substantiellen Subjekts und von 'Seiendem' generell, ist eine metaphysische Aussage wider Willen.

'Es' interpretiert auch in der Wissenschaft: Nietzsche nennt 'es' den (oder die) Willen zur Macht; der *eine* Weltwillen Schopenhauers sieht sich in eine Vielheit von Willenszentren zersplittert: die Substanz- (und letztlich auch die Subjekt-) Voraussetzung ist aber nur de jure abgeschafft, faktisch bleibt sie auch in Nietzsches Philosophieren erhalten, denn es gibt – wie Giorgio Colli[28] treffend feststellt – "keinen Willen zur Macht ohne ein Subjekt, das ihn trägt, d.h. ohne ein substantielles Subjekt, denn wir befinden uns hier auf metaphysischem Boden", da nämlich, so Colli, "eine rationale Destruktion des Subjekts (...) dem Willen jede innere Konsistenz entzöge"; ein innerer Widerspruch, der sich ersichtlich zwischen exo- und esoterischem Werk Nietzsches auftue und durchziehe. – Nietzsche besteht zurecht auf dem Interpretationscharakter der Naturwissenschaft, nur könnte er an sich nicht mehr nach dem realen, geschichtlich-lebendigen Subjekt fragen, das hinter der Physik, z.B. der atomistischen oder (heute) der Quanten-Interpretation steht. Die Frage, *wer* da interpretiert, bewegt zwar nicht den normal scientist, wird aber in der Quantentheorie wieder unumgänglich und zum integrierenden Bestandteil gerade ihrer neuesten 'Paradigmata' und Deutungen.

Der Interpretationscharakter und die Subjekt-Abhängigkeit aller Naturwissenschaft trat grundsätzlich schon im Weltbild der klassischen, deterministischen Physik zutage, ohne daß die ständige Grenzüberschreitung zwischen (metaphysischer) Spekulation und 'Tatsachenfeststellung' klar gesehen worden wäre. Der Entschluß selbst schon, quantitative Methoden anzuwenden, setzt ja Subjekte voraus: die naturwissenschaftliche Methode als solche *ist* schon Interpretation durch historisch und kulturell identifizierbare Individuen. Für F.A. Lange (dessen Einfluß auf

---

[28] Giorgio Colli: Nach Nietzsche (1974), Frankfurt 1982, S. 94.

Nietzsches Wissenschaftskritik kaum überschätzt werden kann) ist alles wirkliche Naturerkennen von Anschauungen, d.h. von uns als selbstbewußten Subjekten, abhängig: "Am Objekt allein orientiert sich unser Erkennen durch die Auffindung fester Gesetze; aus unserm Subjekt heraus deuten und beleben wir die verschiedenen Formen, soweit wir sie auf Geistiges beziehen"[29], wobei das 'Geistige', wie immer verleugnet, in jeder Konzeption auch der mechanistischen Weltdeutung unweigerlich enthalten, nämlich nach unserem Geist gedeutet ist: "Unmittelbare Erkenntnis des Geistigen haben wir nur in unserm Selbstbewußtsein" (- formal sagt das Nietzsche auch; nur gibt er keine wahrhafte Selbst-Erkenntnis zu). In der Abhängigkeit von unserem Selbstbewußtsein zeigen sich für Lange (und rein strukturell, unter der genannten Einschränkung, auch für Nietzsche) die Grenzen des Naturerkennens: "Die mechanische Weltanschauung hat vorwärts und rückwärts eine unendliche Aufgabe vor sich, aber *als Ganzes* und *ihrem Wesen nach* trägt sie eine Schranke in sich, von der sie in keinem Punkte ihrer Bahn verlassen wird."[30] Die Grenze der naturwissenschaftlichen Erkenntnis liegt in der Beschränkung unsrer Deutungsmöglichkeiten aus unserem Selbstbewußtsein heraus. Dies träfe noch auf die, das deterministische Weltbild charakterisierende, hypothetische Vorstellung eines alles voraussagenden Laplace'schen Weltgeistes zu, der ja nur als phantasiebegabter, "als ein dem Menschen verwandter" Geist (sic!) angenommen werden kann, welcher "seine eignen Empfindungen in das, was er äußerlich vor sich sieht, hineinträgt."[31] Der Naturwissenschaftler findet sich aber immer in dieser Situation (er spielt den "Weltgeist" in seinem kleinen Teilausschnitt aus der Natur), auch und gerade wenn er über eine 'abgeschlossene Theorie' (im Heisenbergschen Sinn) verfügt: es ist sein Subjekt, sein Selbstbewußtsein, das ein nie gänzlich verstandenes, letztlich hypothetisches 'Objekt' interpretiert; insofern weiß er nie mit letzter Sicherheit, was er tut (womit er hantiert) – mag auch das (wie Weizsäcker sich ausdrückt) "abenteuerliche Verhältnis", daß sein mathematischer Formalismus und, darauf gegründet, "ganz wenige Aussagen zu einer ungeheuren Menge von Anwendungen führen", noch so funktionstüchtig sein.

Nietzsches Einwände "*gegen* das physikalische Atom" (z.B. N. Ende 1886 – Frühjahr 1887 7 [56]) und gegen 'Tatbestände an sich' (N. Herbst 1885 – Herbst 1886 2 [149]) lassen sich durchaus verstehen und interpretieren als intuitive Vorwegnahme der erkenntniskritischen Implikationen, die in der (philosophisch reflektierten) Quantentheorie angelegt sind; mit dem Unterschied, daß, wo Heisenberg von "Symmetrien" (und nicht "Atomen" oder "Quantenpartikeln" oder irgendwelchen "materiellen Gebilden in Raum und Zeit") als letzter Wirklichkeit der Natur spricht

---

[29] Lange, S. 210.

[30] Lange S. 211; vgl. Lange S. 365, Anm. 8, wo er "vom Naturforscher höhere philosophische Bildung" verlangt, - und zwar nicht mehr "Spekulation", sondern eine Ausbildung in "philosophischer Kritik, die ihm gerade deswegen unentbehrlich ist, weil er selbst doch niemals in seinem eignen Denken, trotz aller Exaktheit der Spezialforschung, die metaphysische Spekulation ganz wird unterdrücken können".

[31] Lange S. 209; nur *wir* denken (Geistiges und Materielles) "aus unserm eigenen Innern. Nun hat jener rechnende Geist freilich zunächst seine Formeln, während wir die unmittelbare Anschauung haben."

und sich zu einem Platonismus jener "merkwürdigen gedanklichen Konstruktionen"[32] bekennt, Nietzsche von 'Erdichtungen' spräche (N. Ende 1886 – Frühjahr 1887 7 [56]). In seinem letzten Vortrag sprach Heisenberg[33] von "gewissen Fehlentwicklungen in der Theorie der Elementarteilchen", soweit dort unbewußt ontologisierende, mit metaphysischen Vorurteilen durchsetzte Vorannahmen gemacht werden – wie sie analog auch in der atomistischen Denkweise bis zum Ende des 19. Jahrhunderts vorherrschten. Die materialistischen Konsequenzen hat schon Platon in den Nomoi (891c ff.) bekämpft und auf den falschen Ansatz über das *Erste*, als Quelle allen Irrtums, zurückgeführt. Bewegung in der 'Materie' und in der Natur überhaupt ist für uns nur erkennbar, weil Erkennen und Denken gleichursprünglich Bewegung sind, von gleicher Natur. Platon sieht aber in der erkennenden Psyche das Erste: dabei geht es nicht um eine nur theoretische Frage über die Natur, vielmehr um die praktisch-ethischen Konsequenzen: es ist von ethischer Bedeutung, wenn man unter 'Natur' nur 'materielle Dinge in Raum und Zeit' versteht.[34] Nietzsche Herbst 1885 – Herbst 1886 2 [149]: "Es giebt keinen 'Thatbestand an sich', *sondern ein Sinn muß immer erst hineingelegt werden, damit es einen Thatbestand geben könne*".

Was Nietzsche (l.c.) als "Sinn-Setzung von etwas Anderem aus gesehen" bezeichnet, gilt für jeden wissenschaftlichen 'Tatbestand'; besonders deutlich und a fortiori für die moderne Quantentheorie, deren logische und inhaltliche Komplikationen sich an Nietzsches radikaler Kritik des naturwissenschaftlichen Wirklichkeitsbegriffs exemplifizieren lassen – die Frage nach dem Subjekt ihrer Interpretation eingeschlossen. Der Sinn dieser Theorie, wie der gesamten 'Teilchen'-Forschung, *liegt* keineswegs in den experimentellen Fakten oder den mathematischen Formalismen (bzw. ihrer Anwendung) *vor*, wird auch nicht logisch aus ihnen deduziert (der Physiker David Bohm[35] kritisiert jene nur-pragmatistischen 'tough minded scientists', die die Quantentheorie für einen bloßen Algorithmus zur Voraussage von Experimenten halten), eine Bedeutung, ein Sinn wird vielmehr erst hineingelegt – unter subjektiven Bedingungen, aus der Perspektive denkender und handelnder Subjekte. Für das "Perspektivische" in der Interpretation (nicht nur) der Quantentheorie aber könnte Nietzsches Wort (l.c.) gelten: "Zu Grunde liegt immer 'was ist das für *mich*?' (für uns, für alles, was lebt usw.)", worin ein Ich (bzw. Wir etc.) als Subjekt des Interpretierens vorausgesetzt erscheint, und das auch im quantentheoretischen Denken wieder in den Blick kommt.

Nach Wolfgang Pauli[36] ist in der Physik nicht einmal eine Definition ihres Objekts oder der untersuchten Phänomene möglich, wenn man "die Perzeptionsdaten von rationellen und ordnenden Prinzipien", also von subjektiven Zutaten und Bedingungen isoliert: eine solche Trennung wäre "selbst bereits ein Resultat einer besonderen

---

32 Heisenberg, Ges. Werke Bd I, S. 128. Hierzu R. Löw: Ordnung der Wirklichkeit. Werner Heisenberg in seinen philosophischen Schriften. In: Universitas 11/1987, S. 1167-1176.

33 W. Heisenberg, zit. bei Löw S. 1169.

34 Vgl. K.M. Meyer-Abich: Wege zum Frieden mit der Natur. München 1984, S. 121.

35 David Bohm / F. David Peat: Science, Order, and Creativity. New York 1987.

36 Wolfgang Pauli: Phänomen und physikalische Realität. In: Aufsätze über Physik und Erkenntnistheorie. Braunschweig 1961. Auszug in: Shmuel Sambursky (Hrsg.): Der Weg der Physik. München 2. Aufl. 1978, S. 704.

kritischen Gedankenarbeit, welche die stets vorhandenen unbewußt instinktiven Denkzutaten entfernt". Jede Aussage, jedes Urteil über physikalische 'Sachverhalte' ist nach Pauli bedingt durch die "allgemeinen seelischen Einstellungen des Einzelnen oder der Gruppe,welche diese Aussagen machen"; aber dieser einmalige, subjektiv und historisch bedingte Anteil entzieht sich, wie alles Einmalige, der herkömmlichen naturwissenschaftlichen Methode, die es mit Reproduzierbarem zu tun hat. Die Rolle des interpretierenden Subjekts erfährt in der Quantentheorie – speziell in der von C.F. v. Weizsäcker weitergeführten 'Kopenhagener' Interpretation – gegenüber der klassisch-mechanistischen Theorie, wie Nietzsche sie kannte, nicht nur eine Neubewertung: sondern das ganzheitliche, lebensweltlich erfahrene Subjekt wird, wenn auch als solches mit wissenschaftlichen Mitteln nicht faßbar, zu einem notwendigen Bestandteil des physikalischen Vorgehens in Experiment und Theorie. Wenngleich es keine zu rettenden Phänomene in den verschwindenden Dimensionen des Mikrobereichs selbst mehr gibt, so trägt die Quantentheorie doch zur 'Rettung der Subjektivität' bei – wenn wir Weizsäckers Folgerungen im 'Aufbau der Physik' mitvollziehen und als zumindest vorläufige Replik auf den Versuch verstehen wollen, das Subjekt zunächst aus der Wissenschaft *und* schließlich aus der Lebenswelt zu eliminieren:

Die Physiker, so stellt Weizsäcker[37] fest, definieren bestimmte Funktionen und erklären diese als "Ereignis". Das Ereignis liegt aber *im* Erkennen eines 'Faktums' durch einen Beobachter: entscheidend sind die Vorgänge im Bewußtsein, der "Wissensgewinn durch die Ablesung" von Meßdaten, deren Maßstruktur der Mensch bestimmt; was zuvor, was an sich und eigentlich geschieht, wissen wir nicht und existiert nicht für uns. Beim Vorgang der Messung erweist sich "die Notwendigkeit des ausdrücklichen Bezugs auf *Wissen*" – *wissen* können nur selbstbewußte Individuen. Heisenberg habe schon vor 1930 gesagt, die Quantentheorie beschreibe, was der Beobachter wissen kann, beschreibe aber nicht den Beobachter selbst: er kann nicht ver-objektiviert werden. – Um die ganze Wirklichkeit zu fassen, müßte man das beobachtende, experimentierende und theoretisierende Subjekt mit einbeziehen (dann gäbe es keine Physik mehr!): sie kann aber dessen Vorverständnis nur voraussetzen und hinnehmen. Dies setze "dem Nachweis der semantischen Konsistenz eine Schranke"[38], und somit auch dem Wirklichkeitsgehalt der naturwissenschaftlichen Aussagen selbst. Die Objekte der Wissenschaft sind überhaupt nur für eine – mit wissenschaftlichen Mitteln nicht greif- und auflösbare – Individualität oder Subjektivität *da* (*alle* Wirklichkeit ist subjektiv, sagt J. v. Uexküll). Nur irrtümlich können wir von 'rein objektiven' Vorgängen oder Objekten sprechen: "Objekte, Gegen-stände, gibt es *nur für Subjekte*, denen sie 'entgegen stehen'"[39]; ebenso sprach Einstein vom notwendigen "Verzicht auf den Glauben an 'objektive Realität' der physikalischen Objekte" – Weizsäcker betont, das bedeute 'echte Trauerarbeit' in

---

[37] C.F. v. Weizsäcker: Aufbau der Physik, München 1985, S. 526. - Die hier etwas summarisch dargelegten Ergebnisse setzten natürlich die gesamte philosophisch reflektierte Quantentheorie, in der Weizsäckerschen Ausdeutung, der ich mich hier anschließe, voraus.

[38] Weizsäcker, S. 527.

[39] Weizsäcker, S. 530.

Freudschem Sinne, die nicht verdrängt werden solle[40]. Die geleistete Trauerarbeit führt andrerseits aber, ausgehend von der objektivierenden Wissenschaft, auch zur Wiederentdeckung und Inauguration des transzendentalen Subjekts (im Leibniz- oder Kantschen Sinn, den Nietzsche zu destruieren sucht) und der absoluten Vorrangstellung des lebendigen Menschen *vor* dem abstrahiert-idealen Beobachter. Wolfgang Pauli meinte (wie Heisenberg berichtet[41]), die Vorstellung eines materiellen Objekts überhaupt, als beobachtungs- und subjektunabhängiges, sei eine abstrakte Extrapolation, der nichts Wirkliches entspreche; wie in bestimmten asiatischen Philosophien[42] gebe es nur ein reines Subjekt des Erkennens, dem gar kein Objekt mehr gegenübersteht. Und nochmals Weizsäcker[43]: "Wenn es überhaupt Objekte der Physik gibt, so gibt es Subjekte, für die sie Objekte sind", und zwar gibt es nicht nur das empirische Subjekt (als Erscheinung, kantianisch), das als Organismus selber ein Objekt der Physik bzw. Biologie werden kann. So wie für die Quantentheorie "jedes endliche empirische Objekt nur eine klassische Näherung" darstellt, so auch das empirische Subjekt; doch deutet schon *seine* notwendige Restitution in der Naturwissenschaft auf die Existenz und Mitwirkung des (nur lebensweltlich erfahrbaren) wahren Subjekts hin.

Nietzsche hätte in einem Dialog mit dieser Deutung der Quantentheorie darin übereingestimmt, daß 'Subjekte' (Naturwissenschaftler, die an die Gesetzmäßigkeit der (sub)atomaren dynamischen Quantenstrukturen glauben) ein "wahres Wesen" in eine "gegebene Wirklichkeit", in fingierte "Objekte" hineininterpretieren, hinein-"dichten": "das wahre Wesen der Dinge ist eine *Erdichtung* des vorstellenden Seins, ohne welches es nicht vorzustellen vermag" (N. Frühjahr – Herbst 1881 11 [329]): eine treffende Kennzeichnung der Paradoxien, vor die uns die Quantentheorie stellt. Doch hätte er kein selbstidentisches 'wahres Subjekt' dieses Interpretierens mehr zugestanden: diese Subjekte sind ebenfalls nur fingiert, eben 'Interpretation' eines "vorstellenden Seins", das selber geworden ist und im ewigen Fluß des Werdens steht; Interpretieren ist ja "eine Form des Willen zur Macht, ein Prozeß, ein Affekt" (N. Herbst 1885 – Herbst 1886 2 [151]); und hier käme Nietzsche das Argument einer szientistischen, 'evolutionären Erkenntnistheorie' (modern gesprochen) durchaus zupaß, um den Vorrang wirklich seiender, selbst-bewußter Subjektivität – von der Wissenschaft und Realität erst konstituiert werden – zu bestreiten: "... auch das vorstellende Sein, dessen Existenz an de*n irrthümlichen* Glauben gebunden ist, *muß entstanden* sein, wenn anders jene Eigenschaften (die des Wechsels, der Relativität) dem esse zu eigen sind: *zugleich* muß Vorstellen *und* Glauben an das Selbstidentische und Beharrende entstanden sein. – Ich meine, daß schon *alles Organische* das Vorstellen voraussetzt" (N. Frühjahr – Herbst 1881 11 [329]).

Gegen diesen Versuch, das genuin Subjektive aus den Ergebnissen und Parado-

---

40 Weizsäcker l.c.; das Einstein-Zitat S. 539. Vgl. C.F. v. Weizsäcker: Gottesfrage und Naturwissenschaften (Vortrag Tübingen 1977). In: Deutlichkeit. München 1978, S. 155-183.

41 W. Pauli, zit. bei Heisenberg, Der Teil und das Ganze, München 1969, S. 104.

42 Vgl. Toshihiko Izutsu: Philosophie des Zen-Buddhismus, Reinbek 1979, v.a. S. 46 ff. über die 'Feldstruktur der letzten Wirklichkeit'.

43 Weizsäcker, Gottesfrage und Naturwissenschaften, S. 178

xien der Quantenphysik reflektiv wiederzugewinnen und zu restituieren, könnte man freilich nietzscheanisch argumentieren: was immer der Mensch auch objektivierend wissenschaftlich tut, ermitteln und erschließen will – bei alledem "denkt er (der Mensch) sich *zugegen*"; alles legt er sich "als ein Geschehen für Auge und Getast" zurecht (N. 1883/84, 24 [17]); wir verstehen nur durch Übersetzen in die "Sinnensprache" und das "Sinnen-Vorurtheil" (N. 1888 14 [79]), weshalb wir, 'Objektives' interpretierend, unweigerlich aufs Subjektive zurückkommen müssen (das wir ebenso apriorisch 'falsch' verstehen). Es wäre also fraglich, ob wir berechtigt sind, aus den Formalismen der Quantentheorie, die ja zunächst Objekte isoliert, dann die 'subjektive Zutat' entdeckt und ebenfalls isoliert – beides 'Interpretationen' und falsche Ontologisierungen: aus Nietzsches Warte! – Rückschlüsse auf ein Subjektiv-Geistiges und auf die psychophysische Situation zu ziehen. Eindringlich hat Hans Jonas (1981) auf die Problematik solcher Übertragung hingewiesen (wir setzen, übereinstimmend mit ihren philosophierenden Vertretern, voraus, daß erkenntnistheoretische Folgerungen aus der *Quantentheorie* – ihr Rückschluß auf die unabdingbare Rolle lebendiger Subjekte im Wissenschaftshandeln – prinzipielle Gültigkeit haben und nicht nur von einem bestimmten Paradigma der Physik abhängen, somit z.B. auch an der zu Nietzsches Zeit bekannten Thermodynamik zu demonstrieren wären: ihre Paradoxien aber *erzwangen* eine neue Sehweise):

Die Frage (die Nietzsche verneint hätte) ist: kann legitim aus einer (immer noch) physikalischen Theorie, die 'objektiv' nicht mehr erklärbar ist, auf Subjektivität geschlossen werden, oder unterläuft uns damit wieder eine falsche Ontologisierung? – Jonas[44] hält eine gewisse "Verschmelzung von epistemischer mit ontologischer Bedeutung" bei der Interpretation von Vorgängen im Quantenbereich zwar für 'gewagt', aber 'diskutabel', da ja alle 'Objekte', von denen die Theorie spricht, hochabstrakt und "von vornherein entia rationis (theoretische Konstrukte)" sind, deren "Realitätsstatus und existentielle Unabhängigkeit vom begriffsbildenden Beobachter in der Tat fragwürdig ist" (übrigens, wenn z.B. vom "Wellenaspekt" gesprochen wird, hätten wir auch da "unsere Sinne immer noch drin" ... wie Nietzsche sagt). Die sog Komplementarität im Quantenbereich besagt nur, daß über *eine* Wirklichkeit mit Hilfe (mindestens) zweier alternativer Modelle gesprochen werden muß, deren jedes für sich nur eingeschränkte, auswählende Interpretation ist. Im Sprechen über diese Wirklichkeitsperspektiven, in allen naturwissenschaftlichen Interpretationsweisen ist das Mental-Subjektive immer schon enthalten: jede ist schon ein bestimmtes Tun, eine Intervention, eine Wechselwirkung des Geistigen in/mit Vorgängen der 'Materie'. Die vom Quantenphysiker konstatierte 'Komplementarität' trifft immer noch einen inhaltlichen 'materialistischen' Vorentscheid zugunsten des Körperlichen, der materiellen Natur, da nur dort, so Jonas, "ein interner Determinismus so gleichförmiger Regel bekannt (ist), daß sich Voraussagen darauf gründen lassen"[45]. Von der vom Physiker entdeckten 'Subjektivität' gelangt man

---

[44] Hans Jonas: Macht oder Ohnmacht der Subjektivität? Das Leib-Seele-Problem im Vorfeld des Prinzips Verantwortung (1981). Frankfurt 1987. Hier S. 126, Anm. 35 und S. 127.

[45] Jonas S. 104.

noch nicht zu den, von Jonas so benannten, "konkreten, inhaltsgesättigten Urdaten unserer Erfahrung wie Leib und Bewußtsein"[46]; von der Quantentheorie als solcher (wie von Naturwissenschaft insgesamt) ist also kein *Beweis* eines Subjektiven zu fordern: sie trifft eine inhaltliche Vorentscheidung und erteilt immer noch der determinierten materiellen Natur eine Priorität[47].

Aber wissenschaftliche Theorie und Praxis erweisen sich zwingend als interpretierendes Tun, als ein menschlich-subjektives und *sinnliches* Handeln aus einer Gesamtwirklichkeit heraus, aufgrund deren erst die physikalische Theorie – z.B. eine komplementäre Beschreibung der Quantenwirklichkeit – ermöglicht wird. – Mit Jonas ist zu fragen (und dies träfe sich mit Nietzsches Interpretations-Konzept), ob sich überhaupt sinnvoll von den "Entitäten der Physik" sprechen läßt, "ohne *in* der Negation eben die Sinnesqualitäten zu implizieren, *von* denen sie abstrahiert worden sind"[48], sodaß das interpretierende Wissenschaftstun als eine Art 'Interferenz' von wirklichen, lebensweltlich realen Subjekten und von ihnen abstrahierten Objekten verstanden werden kann. Nietzsches Interpretationsbegriff aber ist (gerade wenn man ihn auf die Naturwissenschaften bezieht) als eine vehemente Akzentuierung des Subjektivitätsstandpunktes zu lesen (ungeachtet seines anderen Extrems, das Lebendige nur als einen Sonderfall einer Welt des 'Toten' zu sehen – auch in seiner Wissenschaftskritik gebraucht Nietzsche die Sprache in erster Linie als Machtinstrument[49]!): wie wenn er *allem* Subjektivität zuschreiben wollte – dann aber 'die Welt von innen gesehn' zur reinen Fiktion und für illusionär erklärt. N. 1885 36 [31]: "Es hilft nichts: man muß alle Bewegungen, alle 'Erscheinungen', alle 'Gesetze' nur als Symptome eines innerlichen Geschehens fassen und sich der Analogie des Menschen zu Ende bedienen." Dann ergibt sich der naturwissenschaftliche Perspektivismus als wesentlicher Teil einer Anthropo-logie, einer (wie V. Gerhardt sagt) "begrifflichen Selbstauslegung des Menschen"[50]. Das wäre noch einmal kantianisch gedacht, wonach alle Philosophie und Wissenschaft nur ein Versuch ist, auf die Frage 'Was ist der Mensch?' Anwort zu geben; und in diesem Sinne wäre eine sich als definitive Wahrheit selbst-mißverstehende Naturwissenschaft – schlechte, falsche Philosophie...

Offenbar entstehen die erkenntnismäßigen Paradoxien der Quantentheorie für uns erst beim Versuch, die 'Analogien des Menschen' in Mikrobereiche zu tragen, deren Dimensionen und Komplexität ebenso fein strukturiert sind wie die 'materiellen' Bedingungen unserer eigenen Geistigkeit, die wir nicht verobjektivierend in den Blick bekommen – wenn wir, wie in der wissenschaftlichen Methodik angelegt, jene Mikrostrukturen verdinglichen (und ihre extensionalen und zeitlichen Dimensionen mathematisch formalisieren); wenn wir, mit Nietzsche (N. Herbst 1885 –

---

[46] Jonas S. 127, Anm. 137.

[47] Jonas S. 105.

[48] Jonas S. 127, Anm. 137.

[49] R. Löw: Nietzsche, Sophist und Erzieher, 3. Kap., S. 57 ff.: Nietzsches Auffassung der Sprache II: Sprache als Kunstwerk und Machtinstrument.

[50] Vgl. Volker Gerhardt: Pathos und Distanz. Studien zur Philosophie Friedrich Nietzsches. Stuttgart 1988, passim.

Herbst 1886 2 [77]) zu sprechen, unsere Werte in die Dinge hineininterpretieren, aber nur wahrnehmen, "was *uns* an diesem Ding *angeht*: eine Einheit, unter die wir die für uns in *Betracht kommenden* Relationen zusammenfassen. Im Grunde die an uns *wahrgenommenen* Veränderungen (- ausgelassen die, welche wir nicht wahrnehmen (...)", und l.c. 2 [83]: wir suchen immer "eine Interpretation, die wir brauchen könnten". Nach Nietzsche wären es *künstliche* Einheiten, die *wir* schaffen; das bleibt richtig, auch wenn (nach der Kopenhagener bzw. Weizsäckerschen Deutung) der erkennenwollende Wissenschaftler, sein Forschungs-'Gegenstand' *und* seine Methode selbst nur *Teil* einer umfassenderen Einheit, die Aufsplitterung in *Vielheiten* (und Quantitäten) ebenfalls nur Werk unserer Erkenntnisbedingungen sind. In diesem Sinne wären Nietzsches Einwände *"Gegen* das physikalische Atom" zu lesen: "weil wir in der Wirklichkeit keine (...) constanten Ursachen finden, *erdichten* wir uns welche – die Atome" – oder auch einen ganzen 'Teilchen-Park', den Nietzsche für ein 'unbegehbares' metaphysisches Konstrukt erklärt hätte. Denn, fragt Nietzsche, "was hat man erreicht?" – "Die Berechenbarkeit der Welt, die Ausdrückbarkeit alles Geschehens in Formeln – ist das wirklich ein 'Begreifen'? Was wäre wohl an einer Musik begriffen, wenn alles, was an ihr berechenbar ist und in Formeln abgekürzt werden kann, berechnet wäre?" (N. Ende 1886 – Frühjahr 1887 7 [56]). – Die praktische Effizienz der Formeln der Atomphysik aber hat sich durchschlagend erwiesen (*eine* falsche Ziffer – und ganze Städte bleiben unzerstört, sagt Brecht).

Bei F.A. Lange hatte Nietzsche über die Frage gelesen, "ob sich nicht die Notwendigkeit einer atomistischen Vorstellungsweise aus den Prinzipien der Kantschen Erkenntnistheorie deduzieren ließe"[51], und die Kritik des 'physikalischen Atoms' als 'erdichtete Einheit' lebt wesentlich auch von Kantianisch-Langeschen Argumenten. Die ganze Atomistik wäre danach "eine Schöpfung des Ich, aber gerade dadurch notwendige Grundlage aller Naturwissenschaft"[52]; der Mensch vergegenständlicht sich in seiner Vorstellung 'Atome' oder kleinere künstliche, von ihm geschaffene 'Einheiten', im Zusammenwirken der subjektiv-transzendentalen Kategorien mit der Anschauung: eine stets notwendige "Synthesis", die aber nur "der Reflex unsrer Organisation wäre". Die Einheit des transzendentalen Subjekts kann nicht umhin, Einheiten im (sub-)atomaren Bereich anzunehmen. – Ausgehend von der Quantentheorie kann man sagen: der Mensch – weil er selber relative Einheit *ist*[53] – interpretiert in die Vielheit 'atomarer' Erscheinungen eine synthetische Einheit 'isolierter Objekte' hinein, was stets nur eine "schlechte Annäherung" sein kann. Könnte man von einer letzten Wirklichkeit reden, so wäre nur *sie* Einheit, sagt Weizsäcker[54]. (Nietzsche mißt gewissermaßen die 'kleine' Perspektive der naturwissenschaftlichen Kategorien an einer umfassenderen, umgreifenden 'großen' Per-

[51] Lange S. 270.
[52] Lange S. 271.
[53] Für Leibniz ist es die substantielle Einheit des denkenden Subjekts, das Einheit (in den Naturobjekten) zu erzeugen vermag, *weil* es wesentlich Einheit *ist*; die substantiellen Einheiten, die den Phänomenen zugrundeliegen, denken wir in Analogie zum Ich.
[54] C.F. v. Weizsäcker: Wer ist das Subjekt in der Physik? In: Der Garten des Menschlichen. Beiträge zur geschichtlichen Anthropologie. 2. Aufl. München 1977, S. 169-186; hier bes. S. 185.

spektive – an einer 'letzten Wirklichkeit', die er Leben etc. nennt, womit freilich die Physik sprachlos wird und an ihr Ende kommt).

Lange rechnet im übrigen für den künftigen Fortgang der Wissenschaft mit der Auflösung der (womöglich als 'Urmaterie' mißverstandenen) Atome in die progressive Unanschaulichkeit von Sub-Atomen dritter, vierter etc. Ordnung – eine Vorstellung unendlicher Perspektivik sozusagen; wozu er, gut kantianisch (und auch Nietzsches Atomismus-Kritik ist, wo sie stringent erscheint, kantianisch) bemerkt, ein derart ins Unendliche laufender Prozeß zeige nur, daß wir es bei diesen Interpretationen "nur mit den notwendigen Bedingungen unsrer Erkenntnis zu tun haben und nicht mit dem, was die Dinge etwa an sich selbst und ohne alle Beziehung zu unsrer Erkenntnis sein mögen"[55]; die eigentliche Schärfe von Nietzsches Argumentation, die das naturwissenschaftliche Erkennen auf anthropomorphe Interpretation einschränkt, geht auf solche Kantsche Kategorien zurück – rechnet man seine, Kant übersteigende und radikalisierende, Subjekt-Kritik ab. Die moderne Physik aber stieß an ihre inneren Erkenntnisgrenzen und mußte dabei *das* Subjektive entdecken – wenn nicht die lebensweltlichen Subjekte selbst, so immerhin die 'Bedingungen der Möglichkeit des Subjektiven'.

Nietzsches Interpretationismus-Konzept (auf naturwissenschaftliche Grundkategorien bezogen) geht darin über Kants transzendentale, kategoriale Einschränkung der Naturerkenntnis hinaus, daß das 'Interpretieren' (nach N. Sommer 1886 – Herbst 1887 5 [19]) nicht nur die Dinge "auf eine falsche Causalität hin" auslegt, sondern darüberhinaus "ein *Auslegen* der *Werte* und Interessen ist, die wir zuerst in die Dinge *hineinlegten*". Die so von uns fest-gestellten 'Dinge' schlagen aber gemäß unseren hineininterpretierten Werten (wie etwa eine 'schlechte Philosophie' und szientistische Vorurteile!) auf uns zurück: "Gesetzt aber, wir legen in die Dinge gewisse Werthe hinein, so wirken diese Werthe dann auf uns *zurück*, nachdem wir vergessen haben, daß wir die Geber waren."

Der Begriff des 'Hineinlegens' wurde auch für den späten Kant (im op. post., worin Nietzsche kaum gelesen hat) zum Schlüsselbegriff und zum Leitfaden für das experimentelle Vorgehen der Physik.[56] Kant spricht von einem Hineinlegen des Subjektiven in die Erfahrung, aus der wir es dann wieder herausheben: "Physik ist also die empirische Erkenntnis als Wissenschaft, und nur das, was wir in diesen Komplex nach Begriffen hineinlegen (die Verbindung der Wahrnehmungen zu einem Ganzen der Erfahrung) ist ihr Objekt" (op. post. II 298.9); Beobachtung und Experiment sind "nur Methoden, das aus der Sinnenvorstellung herauszuheben, was wir versuchsweise hineingelegt haben" (318.9). Kant warnt davor, das, was das Subjekt tut, für das Ding an sich, "mithin das Formale der Erscheinung für das Materiale des Gegenstandes" zu nehmen: die bewegenden Kräfte der Materie sind

---

[55] Lange II 272.

[56] Vgl. Hansgeorg Hoppe: Kants Theorie der Physik. Eine Untersuchung über das Opus postumum von Kant. Frankfurt 1969, hier S. 117; sowie R. Löw: Philosophie des Lebendigen. Frankfurt 1980. - Unwahrscheinlich, daß Nietzsche in Kants op. post. gelesen hat, über das er urteilt (N. Sommer - Herbst 1884 26 [371]): "man ist grausam genug gewesen, neuerdings noch das übrig gebliebene Hauptwerk seines Blödsinns festlich herauszugeben - was ist doch unter Deutschen möglich!" -

im Grunde "Wirkungen, welche das Subjekt über sich selbst... ausübt" (404.12). – Nietzsche sagt: wir glauben an die Realität der Dinge, sie werden wirklich für uns nur, wenn sie uns "angehen", "in unserm Interesse berühren" (N. Sommer 1886 – Herbst 1887 5 [19]): "'Es existirt' heißt: ich fühle mich an ihm existent." Naturwissenschaftliche Wahrnehmung ist nach Kant eine *Tätigkeit* des Subjekts – wir machen "die bewegenden Kräfte der Materie mobil" (op. post. 487.8). Nietzsche (l.c.): wir erkennen nur "das durch sein Wirken Sich-Beweisende".

Nach Kant kann das Subjekt aber überhaupt nur 'agitierend'[57] Wirkungen und Rückwirkungen in der Natur hervorrufen, weil es selber einen Körper hat. Nietzsche zufolge gehen wir mit der Natur nur 'am Leitfaden unseres Leibes' um, und der Mensch stellt in der Wissenschaft nur sich selbst (leibhaft) fest; wissenschaftliche Objekterkenntnis ist der Form nach (und für Nietzsche auch inhaltlich) Selbsterkenntnis. Kant (326.30): "Die bewegenden Kräfte der Materie sind das, was das bewegende Subjekt selbst tut mit seinem Körper an Körpern": es ist aktives, reales Eingreifen in die Natur, von lebendigen Subjekten, die diese Natur nur in Analogie zu ihrer eigenen Subjekt- und Leibhaftigkeit be-greifen können (so wie wir lebende Organismen nur begreifen, weil wir selber Organismen sind). Die Kantsche Deutung naturwissenschaftlicher Erkenntnistätigkeit nach Analogie unseres einheitlichen, leiblich-geistigen Selbst[58] hält an objektiver Natur-Zweckhaftigkeit ebenso fest wie an einem substantiellen Ich, als Voraussetzung für (vorrangige) sittliche Praxis, der auch das Wissenschaftshandeln unterworfen ist. Bestimmt und begrenzt dagegen eine in kämpfende Willenszentren aufgesplitterte 'Leibhaftigkeit' in Nietzsches Sinn die 'Bedingungen der Möglichkeit von Naturerkenntnis', wird *jede* definitiv wahre Beurteilung von Wirklichem, im natürlichen wie im ethischen Bereich, unmöglich.

Nietzsches Wissenschaftskritik geht in seiner Spätzeit über in den ebenfalls höchst 'anthropomorphen' freien Weltbildentwurf der Willen-zur-Macht-Zentren, welche auch nur nach Analogie des leibhaften Selbst denk- und vorstellbar sind. Diese mit einer quasi-Subjektivität begabten, nicht-substantiell und nicht-räumlich gedachten Willens- oder Kraftzentren, die doch als eine Art 'letzter Bausteine der Wirklichkeit' fungieren müssen, scheinen für Nietzsche 'substantieller' zu sein als

---

[57] Hoppe 129.

[58] Hat Kant im op. post. den wirklichen Leib des lebendigen Menschen als Bedingung a priori von wissenschaftlicher Erfahrung eingeführt und die Herkunft von Attraktion und Repulsion, die Erfahrung bewegender Kräfte aus dem Leiblichen abgeleitet? Oder doch nur so deduziert, daß ein abstraktes Subjekt sich als ein rationalisiertes Leib-Konstrukt versteht, das experimentell Erfahrungen machen kann? So fragen Hartmut Böhme/Gernot Böhme: Das Andere der Vernunft. Zur Entwicklung von Rationalitätsstrukturen am Beispiel Kants. Frankfurt a.M. 1983/1985, 108; der 'Leib' im 'Leibapriori' sei der entfremdete und "von Vernunft zugerichtete reine Körper in seiner 'Zweckmäßigkeit für Erkenntnis', der Körper also, insofern er Experimente macht, also im Sinne eines Beobachtungsinstrumentes Datenmengen erzeugt" (Böhme/Böhme 109). - Zu untersuchen wäre (mit Einbezug der auf die Theorie durchschlagenden 'Personalacte'), ob nicht sogar hinter Nietzsches Akzentuierung des 'leibhaften' Interpretierens, in der Aufsplitterung der körperlichen Einheit in kämpfende Machtwillen, eine noch immer rationalisierende Selbst-Verleugnung, Leib- (und Sexual-)verdrängung am Werk ist. Manche der "philosophischen Gegenentwürfe einer grandiosen Selbstermächtigung" - deuten Böhme/Böhme m.E. zurecht - würden "als Abwehrmechanismus plausibel".

die in der Ich-, Selbst- und Körpererfahrung unmittelbar gegebene Subjektivität – zu deren Destruktion sie auch konzipiert sind.

Wesentlichen Einfluß auf diese Konzeption Nietzsches hatte gewiß ein Gedanke F.A. Langes[59], der sich genau im Anschluß findet an die oben zitierten Überlegungen zum Atomismus als 'Schöpfung des Ich' und zu den notwendigen subjektiven Bedingungen naturwissenschaftlicher Erkenntnis. Um mit der Annahme immer kleinerer Ordnungen von Atomen und Urbausteinen der Wirklichkeit nicht in "ins Unendliche verlaufende Prozesse" zu geraten, könnten – nach Lange allerdings eine "transzendente Vorstellung" – sogenannte "ausdehnungslose Kraftzentren" hypostasiert werden; womit das "Prinzip der Anschaulichkeit" endgültig aufgegeben ist.[60] Zwischen, wie Lange sagt, Scylla und Charybdis von Unanschaulichkeit und 'Transzendenz' kühn hindurchsegelnd, schafft Nietzsche in den achtziger Jahren *seine* Interpretation der infiniten *und* weltimmanenten, 'totalen' Wirklichkeit – als quasi-naturwissenschaftlichen Weltbildentwurf: eine Willen-zur-Macht- und Kraftzentren-'Physik' sowie die (durchaus auch als naturwissenschaftlich zu untermauernde Lehre verstandene) Wiederkehrdoktrin; beides muß 'einverleibt' werden, damit der wissenschaftliche logos als existentielles 'Schwergewicht' *wirke:* naturwissenschaftliche Interpretation als Selbststeigerung und Machtinstrument![61]

Der Machtfaktor und die Werte im naturwissenschaftlichen Interpretieren

Den Aspekt der Macht und der Herrschaft im Erkennen aufgezeigt zu haben, nennt Weizsäcker[62] den originären Beitrag Nietzsches zur Erkenntnistheorie. Eine kategorien-erdichtende Kraft im Dienste des Lebensbedürfnisses steht am Anfang auch der Naturwissenschaft; mächtige 'Abstraktions-Künstler' schufen ihre Kategorien (N. Sommer 1886 – Frühjahr 1887 6 [11]) und bestimmen ihre, nach Nietzsche dennoch subjekt-lose, Interpretationsweise. Die Machtförmigkeit liegt in der Methode. Subjekt-los besagt: es gibt keinen eigentlich selbstbewußt verantwortlichen Träger dieser Macht. Die Verselbständigung der Methode bedeutet eine Verselbständigkeit des Machtfaktors, der in den naturwissenschaftlichen Kategorien steckt.

---

[59] Lange II 272.

[60] Wären solche "transzendenten Vorstellungen" wie die der "Kraftzentren" (Lange S. 272 f., S. 260), oder eines nicht-euklidischen, mehr als dreidimensionalen Raumes plausibel oder physikalisch zwingend anzunehmen, dann müßte nach Lange "die gesamte Erkenntnistheorie einer Totalrevision unterworfen werden" - dieser Schritt allein genügt Nietzsche nicht: er schafft die Möglicheit von Erkenntnis überhaupt ab. - Lange sah und antizipierte im Jahre 1875 schon deutlich die Folgerungen aus der künftigen Entwicklung einer atomistischen zur immateriellen Quantentheorie (und Nietzsche griff mit sicherem Instinkt diese Tendenzen zur Überwindung des mechanistischen Weltbildes auf), wenn er (S. 260) konstatiert, in der Atomistik liege, "während sie den Materialismus zu begründen scheint, schon das Prinzip, welches alle Materie auflöst und damit wohl auch dem Materialismus seinen Boden entzieht."

[61] Siehe hierzu R. Löw: Nietzsche, Sophist und Erzieher. S. 130 ff.: Der logos als Schwergewicht; und K. Spiekermann: Nietzsches Beweise für die ewige Wiederkehr, N-St 17 (1988), S. 496-538.

[62] C.F. v. Weizsäcker: Nietzsche. In: 'Wahrnehmung der Neuzeit' 70 ff.

Nietzsches Auffassung von 'Macht' unterscheidet sich entschieden von derjenigen Bacons (oder Hobbes'), wonach ein 'wahres' Wissen über die Natur Macht verleiht, bzw. Herrschaft ermöglicht und unserer Lebenserleichterung und Sicherheit dient[63] (obschon auch diese Herrschaftsausübung ihre "Unschuld" hat). Macht ist für Nietzsche nicht nur 'Mittel zu etwas anderem', sondern eine Grundbefindlichkeit, ein Selbstzweck, Selbst-Steigerung. Und der 'Wille zur (vorgeblichen) Wahrheit' *in* den Naturwissenschaften ist Mittel *für* diese Macht. Das schließt nicht aus, daß die von uns 'gefundenen', angeblichen Naturgesetze ihrerseits bloße 'Machtverhältnisse' widerspiegeln, nur: Wahrheit sind sie nicht. Der Wille zur Wahrheit kann – der Doppelaspekt der Macht! – Mittel zur Herrschaft, auch zur Selbst-Beherrschung, – oder zum lebensfeindlichen zerstörerischen Pinzip werden: weil nach Nietzsche der Mensch die Macht höher schätzt als das Leben.

Nun ist in der Naturwissenschaft unbewußt ein Wille zur Beherrschung der Natur und Seinesgleichen am Werk, der sich allzuleicht als reine Wahrheitssuche mißverstehen kann. Verleitet wird der Wissenschaftler immer wieder zu diesem Selbstmißverständnis durch die 'Effektivität', die praktischen Erfolge seines Vorgehens, die ihm 'Wahrheit' zu verbürgen scheinen (und meist zu seinem naiv fortschrittsgläubigen Utopismus verführen, bis heute). Unabhängig von ihrem 'Wahrheitsgehalt' gelingt die Machtausübung durch Wissenschaft; F.A. Lange bringt für seine und Nietzsches Zeit charakteristische Beispiele dieser effektiven Macht, bei unverstandenen oder unerklärten Prämissen. Man nimmt "nach Analogie dessen, was in die Sinne fällt"[64], einen "Komplex hypothetischer Atome" an, obwohl die – pratkisch überaus erfolgreiche – chemisch-physikalische Theorie "streng genommen nur die *Relationen* erwiesen" hat, und schließt aus den Erfolgen auf Natur-Wahrheiten über 'die Materie' zurück: "*wenn* die Materie aus diskreten Massenteilchen besteht, so *müssen* diese folgende Eigenschaften haben. Wird nun die Folge, welche sich aus der Theorie ergibt, durch die Erfahrung bestätigt, so ist damit nach den Gesetzen der Logik noch keineswegs auch die Voraussetzung erwiesen"[65]. In den Ergebnissen wird wiedergefunden, was die Theorie schon vorausgesetzt hat; von dem Bedingten wird auf die Bedingung geschlossen. Das heißt aber: die praktische Machtausübung über eine nicht verstandene Natur wird zum theoretisch fragwürdigen Garanten für eine Realdefinition, eine Aussage über das 'Wesen' der Natur. Hiervon wären auch alle modernen, empirisch-experimentellen wie logisch-deduktiven Wissenschaftstheorien (wenn ... dann-Beziehungen des sog. Hempel-Oppenheim-Schemas!) und -praktiken betroffen, und Nietzsches Erkenntnisskeptizismus, gegenüber allen Verdinglichungen und Hypostasierungen, trotz *seiner* 'nihilistischen Konsequenzen', bleibt wissenschaftskritisch zutreffend und aktuell. Wir sind (N. April – Juni 1885 34 [127]) ja erst "Anfänger im *Lernen*" unserer 'mechanischen' Methoden, die uns die Welt "*anschaulich und berechenbar*" und damit beherrschbar machen!

---

[63] Vgl. W. Kaufmann: Nietzsche. Philosoph - Psychologe - Antichrist, 1982, 419.
[64] Lange 266.
[65] Lange 269.

Das Welt-Bild einer manipulierbar gemachten, aber nur zurechtinterpretierten 'Natur' scheint durch den Erfolg der Methoden gerechtfertigt; da *diese* für "wertneutral" gelten, sind es die Resultate auch. Die angestrebte oder prätendierte 'Wertneutralität' im naturwissenschaftlichen Interpretieren wird unbewußt von dem implizit immer wirksamen 'Wert' seiner Machtförmigkeit und dem Ziel der Naturbeherrschung angetrieben. Eben dadurch produziert nach Nietzsche (FW 373) die Wissenschaft eine wert- und sinnlose Welt; denn eine "essentiell mechanische Welt wäre eine essentiell *sinnlose* Welt". Und 'essentiell mechanistisch' ihren weltanschaulichen und moralischen Konsequenzen nach ist unsere moderne mathematisierende Naturwissenschaft immer noch – die Biologie sogar entschiedener als die Physik. Ihren Vertretern, den Wissenschaftlern des "geistigen Mittelstandes", wirft Nietzsche vor, sie bekämen "die eigentlichen *grossen* Probleme und Fragezeichen gar nicht in Sicht", da sie "das Dasein zu einer Rechenknechts-Übung herabwürdigen" und es "seines *vieldeutigen* Charakters entkleiden"; die Macht, die Wissenschaft verleiht, hat keine Bedeutung in und an sich; Macht wozu? wäre die von der normalen Wissenschaft ausgeklammerte philosophische Frage. Doch der Machtoptimismus, das Bedürfnis, Natur und gar 'das Universum' unter seine rationale Kontrolle zu bringen, wirkt bei vielen heutigen Naturwissenschaftlern noch ungebrochen – eine markante Äußerung (des Nobelpreisträgers Willard F. Libby) unter vielen: "Dem Menschen obliegt es, das materielle Universum zu kontrollieren... Er soll sich die Naturkräfte, die er kraft seiner Intelligenz beherrscht, dienstbar machen und eine Zukunft nach seinem eigenen Bilde errichten... Dem Menschen obliegt es, sich zum Herrn des Universums zu machen, vermittels der Kraft, die er als einziger besitzt, des Verstandes"[66]. Eine solche rationale Selbstüberhebung und -überschätzung gehört wohl zu den von Nietzsche so genannten "vererbten Werthschätzungen und Abzeichen", die im naturinterpretierenden Willen zur Macht tätig sind, und der in den vorgeblichen "Naturgesetzen" selbst nur Formeln für ihm unbekannte "Machtverhältnisse" findet (N. April – Juni 1885 34 [247]): "Die mechanistische Denkweise ist eine Vordergrunds-Philosophie", die "eine große Erleichterung" mit sich bringt, auf deren Hintergrund sich Instinkte, machtförmige Triebe und Leidenschaften auslassen können – wie zum Beispiel das 'wissenschaftliche Erfolgsstreben' und der Ehrgeiz, von welchem der Biologe Richard Lewontin (in einer Kritik an James Watsons 'The Double Helix') spricht: Wissenschaft ist immer auch eine verdeckte oder offene "Form rivalisierenden und aggressiven Handelns, ein Wettstreit Mann gegen Mann, der nebenher Wissen abwirft": der Wissenschaftler ist häufig bemüht, "einen persönlichen Sieg über andere Männer zu erringen, nicht bloß über die Natur"[67]. So ist die vorherrschende Haltung moderner Naturwissenschaft, je mehr je effektvoller (und kostspieliger) das jeweilige Teilgebiet ist, es sei – wie etwa die Hochenergiephysik – "die spannendste, wichtigste und entscheidendste

---

[66] Willard F. Libby: Man's Place in the Physical Universe, in: John R. Platt (Hrsg.): New Views of the Nature of Man, University of Chicago Press 1965, 14 f.

[67] R.C. Lewontin: Honest Jim Watson's Big Thriller about DNA. In: J.D. Watson: The Double Helix. A New Critical Edition. Hrsg. v. G.S. Stent. New York 1981, 186.

Grenzwissenschaft", und deren "intellektuelles Niveau ... das höchste in der Geschichte der Menschheit"[68]. Der praktische Erfolg, verbunden mit der Pseudo-Exaktheit der Forschung, läßt vergessen, daß dabei mit ungeheurem technologischen Aufwand und gesellschaftlichen Kosten "Logik und Mechanik... auf das *Oberflächlichste* anwendbar" gemacht werden: N. Sommer 1886 – Herbst 1887 5 [16]: "Die wissenschaftliche Genauigkeit ist bei den *oberflächlichsten* Erscheinungen am ersten zu erreichen also wo gezählt, gerechnet, getastet, gesehn werden kann, wo Quantitäten *constatirt* werden können. Also die armseligsten Bereiche des Daseins sind zuerst fruchtbar angebaut worden. Die Forderung, Alles müsse mechanistisch erklärt werden, ist der Instinkt, als ob die werthvollsten und fundamentalsten Erkenntnisse gerade da am *ersten* gelungen wären: was eine Naivetät ist. Thatsächlich ist uns Alles, was gezählt und gegriffen werden kann, wenig werth (...)". Nach Nietzsche wirken aber immer die "Werthe", oder auch das Wert- und Sinn-Vakuum, das wir in die Dinge 'hineinlegen', "auf uns zurück, nachdem wir vergessen haben, daß wir die Geber waren" (N. Sommer 1886 – Herbst 1887 5 [19]). Der *Glaube* an die Macht der Naturwissenschaft ist ein nihilistischer Glaube, der die "Welt auf die Oberfläche reduziert" denkt, denn "Logik und Mechanik berühren *nie* die Ursächlichkeit" (N. Sommer 1886 – Herbst 1887 5 [16]), niemals die wirklichen 'Lebensprobleme', mit Wittgenstein zu reden, und Nietzsche wird, in frühen Aufzeichnungen seit 1870 bis in die letzten Reflexionen, nicht müde, auf die "aus ihrem Betriebe" folgende "Selbstzersetzung" hinzuweisen (z.B. N. Herbst 1885 – Herbst 1886 2 [127]); möglich, daß mit dem (in der sog. Postmoderne) schwindenden Glauben an die politischen Utopien auch der utopistische Szientismus seine "Wendung gegen *sich*" erleben wird.

Aber nach Nietzsche kann die Auslegung der Natur durch den Physiker, Chemiker, Biologen etc. auch ihre jeweils 'perspektivische' Berechtigung besitzen, als Mittel zur Machtsteigerung (in der doppelten Bedeutung von 'Macht') dienen. In dem quasi-organischen Gesamtprozeß, in dem auch die Wissenschaft macht-voll auslegt, gibt es ja kein eigentliches Subjekt, da man gar nicht benennen kann, *wer* da interpretiert. Es herrscht nur eine Macht-Feststellung zwischen Natur und Mensch (und auch von Menschen unter- und gegeneinander), bei 'unendlichen' Interpretationsmöglichkeiten

---

[68] L.M. Ledermann: A Great Collaboration, Science 164 (11.4.1969), 169. - Der Mediziner und Neurophysiologe C.S. Sherrington brachte Anfang des Jahrhunderts einen (unterschwellig auch für Nietzsche!) ganz typischen Aspekt, den *'patriarchalischen'*, im Macht-Kampf der Wissenschaft zum Ausdruck: den wissenschaftlich-rationalen, für Sherrington *männlichen* Aspekt - der ständig im Kampf mit einem unwissenschaftlichen, trial-and-error-, einem *weiblichen* Aspekt liege (die Analogie des Kampfes der Wissenschaft *gegen* die Natur liegt nahe): "Irgendjemand hat einmal gesagt, es sei zweifelhaft, ob die Frau jemals vom Manne zivilisiert werden kann. In der Medizin mit ihren zwei Gesichtern denkt das wissenschaftliche Antlitz (der männliche Aspekt) das gleiche vom weiblichen Antlitz (dem empirischen Aspekt), mit dem sein Schicksal stets verknüpft ist. Er bezweifelt, ob seiner anderen Hälfte jemals zu vollständiger wissenschaftlicher Rationalität verholfen werden kann. Durch beharrliche Anstrengungen vervollkommnet er ihre Praxis und bringt ihr hin und wieder etwas Logik bei" (Sherrington 1903, zit. bei Easlea 191). Klarer kann ein (maskuliner) Machtwille in der naturwissenschaftlichen Tätigkeit kaum ausgesprochen sein: das Aggressiv-Unbewußte hinter dem Forscherdrang, die Natur zu beherrschen - oder zu *erobern*, zu *vergewaltigen*; eine ironische, doch bedeutsame und höchst untersuchenswerte Pointe der Nietzscheschen These, daß immer 'der Leib' (der *männliche natürlich*!) interpretiert, auch in den Naturwissenschaften...

(FW 374), d.h. für Nietzsche: Macht-verschieblichkeiten – jedenfalls keine Wahrheits- und keine Tatsachenfeststellung im positivistischen oder anderen Sinn. Ob sich uns die Welt als Chaos oder als Ordnung darstellt, ist stets nur täuschende Auslegung. Aber *ein* 'Wahrheits'-Kriterium liegt doch in der erreichten Machtsteigerung? Die Stärke einer Auslegung beweist sich als ein "Symptom des Wachsthums oder des Untergehens" (N. Herbst 1885 – Herbst 1886 2 [117]). Die Zeichensprache der mechanistischen Denkweise "dient der *Beherrschbarkeit der Natur*" und kann schwächer oder auch machtvoller als andere Weltdeutungen sein – daher die Ambivalenz in Nietzsches Beurteilung. Zuweilen spricht er der wissenschaftlichen Interpretation sogar eine selektive oder selegierende Wirkung für die Menschheit zu (so wie etwa die Wiederkehrdoktrin die 'Schwachen' vertilgen soll!). Die mechanistische Weltauslegung mag zwar eine der "dümmsten", da "sinnärmsten" (FW 373) sein: dennoch *ist* es "wunderbar, dass für *unsere* Bedürfnisse (Maschinen, Brücken usw.) die Annahmen der Mechanik ausreichen"; ihre Wahrheit liegt eben in der praktischen Beherrschbarkeit und Machtausübung über die Natur. Freilich ist die mechanistisch-rationalistische Interpretation der Naturwissenschaft auch von vornherein perspektivisch beschränkt, und von notwendig fiktivem Charakter als Deutungsversuch der 'ganzen Wirklichkeit'; da aber "der *Werth der Welt* in unserer Interpretation liegt", hängt die "*Erhöhung des Menschen*" von der "Überwindung engerer Interpretationen" ab (N. Herbst 1885 – Herbst 1886 2 [108]); nun kann in Nietzsches Augen auch der naturwissenschaftliche logos, als Schwergewicht – siehe die Wiederkehr-Beweisversuche –, in seinem Sinne 'engere' Weltinterpretationen überwinden helfen: wenn man ihn, oder vielmehr 'die Lehre', sich 'einverleibt'. Der eigentlich pädagogische Impetus Nietzsches geht auf die Selbststeigerung und Machterhöhung des 'synthetisierenden' Übermenschen – da kann Naturwissenschaft bestenfalls 'zur Kategorie Mittel' gehören. Der bleibende Wert von Nietzsches Wissenschaftskritik für uns: es darf und *muß* wieder nach dem cui bono? in jeder wissenschaftlichen Interpretation und im Fortgang der Forschung gefragt werden, ohne Rücksicht auf 'vererbte Wertschätzungen'![69]

Richtig bedacht – und wenn wir Nietzsches Eliminierung des Subjekts, des interpretierenden Täters hinter dem wissenschaftlichen Tun, nicht mitvollziehen–, kann die Entlarvung des Machtfaktors in der Naturwissenschaft, und ihre Unterordnung unter erzieherische Prämissen erst wieder helfen, jene (von Hans Jonas im 'Prinzip Verantwortung'[70] so benannte) "tiefe, von Bacon nicht geahnte Paradoxie der vom Wissen verschaffenen Macht" aufzulösen, die zur Naturbeherrschung, aber "mit

---

[69] Vgl. Easlea, Fathering the Unthinkable, dt. Väter der Vernichtung, 192: Auf einer Konferenz der American Association for the Advancement of Science, Anfang der 80er Jahre, beklagte der Wissenschaftshistoriker Charles Gillispie das Eindringen sozialer, geschichtlicher, moralisierender Elemente in die "harte" Wissenschaftsbetrachtung: "Diesen Leuten", so Gillispie, "gelüstet es nach genau den Dingen, die in der Wissenschaft, wie wir sie heute betreiben, absolut indiskutabel sind - dem Irrationalen und dem Persönlichen." Solche Aussagen sind natürlich gegen Feyerabend, Kuhn u.a. gerichtet. Kuhn (in: Notes on Lakatos, zit. Easlea 186) erwiderte, daß "kein für die Entwicklung der Wissenschaft wesentlicher Prozeß als 'irrational' abgestempelt werden kann, ohne daß diesem Terminus dabei Gewalt angetan würde".

[70] Hans Jonas: Das Prinzip Verantwortung, Vorwort.

dieser zugleich zur vollständigen Unterwerfung unter sich selbst", unter die Wissenschaftlichkeit geführt hat, da dem Menschen heute die Macht *über* seine Macht fehlt. Einsichtiger noch als zu Nietzsches Zeit ist jetzt geworden, daß der Machtfaktor in der Naturwissenschaft die Grenzen zwischen Theorie und Praxis verwischt: beide sind, so Hans Jonas, "im Innersten der Forschung miteinander verschmolzen..., so daß das altehrwürdige Alibi 'reiner Theorie' nicht mehr besteht und mit ihm die moralische Immunität dahin ist, die es gewährte"[71]; dahin also die 'Wertneutralität'. Zwar ist Wissenschaft immer noch des Glaubens, in ihrem System anerkannter Erkenntnisse und Methoden wertbetonte oder normative Fragen systematisch ausschließen, als 'Privatsache' ausklammern zu können – was C.F. v. Weizsäcker[72] eine vergebliche 'Selbststilisierung' nennt. Wissenschaft kann sich nicht mehr selbst, aus eigenen Mitteln rechtfertigen, ihren moralischen Wert hat der Mensch aus seinen eigentlich schöpferischen Fähigkeiten zu bestimmen – ganz im Sinne Nietzsches: "- der Mensch findet zuletzt in den Dingen nichts wieder als was er selbst in sie hineingesteckt hat: das Wiederfinden heißt sich Wissenschaft, das Hineinstecken – Kunst, Religion, Liebe, Stolz" (N. Herbst 1885 – Herbst 1886 2 [174]). Und schon N. Ende 1876 – Sommer 1877 hatte er notiert: "Wenn jemand die Wissenschaft zum Schaden der Menschheit fördert (- nämlich es giebt keine prästabilirte Harmonie zwischen der Förderung der Wissenschaft und der Menschheit) so kann man ihm sagen: willst du zu deinem Vergnügen die Menschheit deiner Erkenntniß opfern, so wollen wir dich dem allgemeinen Wohlbefinden opfern, hier heiligt der gute Zweck das Mittel. Wer die Menschheit eines Experimentes wegen vergiften wollte, würde von uns wie ein ganz gefährliches Subjekt in Banden gelegt werden; wir fordern: das Wohl der Menschheit muß der Grenzgesichtspunkt im Bereich der Forschung nach Wahrheit sein (nicht der leitende Gedanke, aber der, welcher gewisse Grenzen zieht)." (23[82]).

Nietzsches Haltung ist antiszientistisch, nicht antiwissenschaftlich; er kritisiert im Grunde die Wissenschaftskategorien nicht an sich als 'unwahr' (wofür der Maßstab fehlt), sondern will zeigen, wie die "wissenschaftliche Welt-Betrachtung" das "Symptom eines herrschenden Triebes" ist: es geht um die "Kritik des psychologischen Bedürfnisses *nach* Wissenschaft", wie in N. Ende 1886 – Frühjahr 1887 7 [3] klar formuliert ist. Der Mensch darf sich den 'änigmatischen Charakter der Welt' (und seiner selbst) nicht von den gleichmacherischen mathematisierenden Naturwissenschaften, ihrer 'Statistifizierung', ihren Vermessungen und Vermessenheiten rauben lassen – der Mensch wird wieder ein wissenschaftlich nicht fest-stellbares schöpferisches 'ineffabile'. Die Folgerung Nietzsches aus dem Praxis- und Machtcharakter der Wissenschaft auf ihren *Wert* ist, mit beidem, Wissenschaft und 'Kunst' fortzufahren: "es gehört guter Muth zu Beidem" (N. Herbst 1885 – Herbst 1886 2 [174]). Nietzsche wertet naturwissenschaftliche logoi positiv als möglicherweise machtsteigernde "regulative Hypothesen" und als Mittel zur Bemächtigung der Welt

---

[71] Jonas, in: Technik, Medizin und Ethik. Zur Praxis des Prinzips Verantwortung, Frankfurt 1985; zit. W. Schäfer: Die Büchse der Pandora, Merkur April 1989, 292 f.

[72] Vgl. Weizsäcker: Gottesfrage und Naturwissenschaft, in: Deutlichkeit, 1978, 155-183, hier 157.

(N. Frühjahr 1884 25 [308]): so wird mit der 'atomistischen Hypothese' auch die Welt 'für das Auge und die Berechnung zugänglich' gemacht (N. Frühjahr 1884 25 [371]). Ein Forscher muß dabei gar nicht an die 'absolute Wahrheit' seiner Hypothesen glauben: tatsächlich glaubt die heutige Wissenschaft nur an eine hypothetische Welt und Wirklichkeit. Der Niederschlag im existentiellen Lebensgefühl trifft sich mit Nietzsches Weltbild, seinem 'Experimentalismus'. Das Entbehren-Können von Illusionen ist Zeichen von Stärke und Selbstbeherrschung (N. Herbst 1885 – Herbst 1886 9 [60]), und "- es ist das Maaß des wissenschaftlich *starken* Geistes, wie sehr er aushält, den Wahn absoluter Urtheile und Schätzungen abzuweisen oder noch nöthig zu haben. Nämlich nicht *unsicher* werden! Und eine solche *Hypothese* mit einem zähen Willen *festhalten* und dafür leben!" (N. Frühjahr 1884 25 [371]) – wiewohl ich glaube, daß Nietzsche eine solche Einstellung keinem zeitgenössischen Wissenschaftler zugestanden hätte, sondern pro domo spricht und an das 'Schwergewicht' seiner eigenen, höchst hypothetischen Wiederkehrbeweise denkt: Nietzsche hält die Zeit günstig für ein "Suchen der allerweitesten regulativen Hypothesen, um an ihnen Material zu sammeln" (N. Mai -Juli 1885 35 [29]), insbesondere wenn dieses 'Material' der 'Analysis der Moral' dient. Immerhin könnte Nietzsches Plädoyer für eine Hypothetisierung der Welt, in Verbindung mit seinem Konzept des janusköpfigen, also auch gewaltsamen Übermenschen, auch als Freibrief für skrupellose 'Macher' in den Naturwissenschaften gelesen werden, die eine scientific community als eine Art Assassinen-Orden bildeten, dessen Mitgliedern 'nichts verboten und alles erlaubt' wäre: eine radikale, aber durchaus zeitgemäße Vorstellung.[73] Einem szientistischen Immoralismus aber liegt eben jenes Scheinideal der 'Wertneutralität' zugrunde, in dessen Namen normative Fragen ausgeblendet werden.

Diese Ent-wertung der Welt schreitet voran – und diese Tendenz sah schon Nietzsche – mit dem Vorstoß der Naturwissenschaften, der Verschiebung ihrer Forschungsgegenstände in immer abstraktere Dimensionen: "Die Entwicklung der Wissenschaft löst das 'Bekannte' immer mehr in ein Unbekanntes auf", obwohl sie das Gegenteil vorhat und vorgibt (N. Sommer 1886 – Herbst 1887 5 [14]); 'bekannt' und wertvoll, werthaft ist uns der Humanbereich (die 'Lebenswelt'); menschliche Werte haben in der Welt der Mesonen, Bosonen und Quasare keinen Ort. Real ist für uns die 'perspektivische Welt', und sie erscheint "falsch, verglichen schon für einen

[73] Nietzsche fordert eine gaya scienza auch als Mittel, eine überrationalisierte (wie unsere technisch perfektionierte) Welt hinter sich zu lassen; der Kampf gegen wisenschaftliche "Wahrheit" gilt der theoretischen Vernunft, dem 'alten Weib Wahrheit': ihm ist die "verklausulirte Welt, wie die Kants, ein Greuel" (N. Frühjahr 1884 25 [337]); und wenn es schon nicht 'grobe' Wahrheit gibt - "nun, so lieben wir das Abenteuer und gehen aufs Meer / - zu beweisen, daß die Consequenzen der Wissenschaft *gefährlich* sind, meine Aufgabe. 'Es ist vorbei mit "gut" und "böse"'- " dank welcher Wissenschaft? Eine Ethik als Fundament für wissenschaftlich-technisches Handeln ließe sich aus dieser Art Wissenschaftsbetrachtung nicht gewinnen; eher schon eine Ableitung des unkontrollierten Faszinosums der Forschung selbst, für viele Vertreter des Fachs. Enrico Fermi soll, nach der Mit-Verantwortlichkeit für die Entwicklung der Atombombe gefragt, gesagt haben: "Laßt mich in Ruhe mit euren moralischen Bedenken, es ist doch so schöne Physik." Dazu Horst Zilleßen (22.8.1989, Österr. Rundf.): "Dieses Selbstverständnis des Wissenschaftlers, der von seiner Aufgabe fasziniert ist, ist wahrscheinlich nicht abbaubar. Das ist ein Teil dessen, was den Reiz der Wissenschaft ausmacht, daß man ihren Möglichkeiten nachgeht. Von da her... sind in der Wissenschaft selbst eingebaute Kontrollen schwer vorstellbar."

sehr viel feineren Sinnen-Apparat" – das *philosophische* Problem der Meßapparaturen und des 'Beobachterstandpunkts' wird im Wissenschaftsalltag ohnehin unterschlagen – "ihre Verständlichkeit, Übersichtlichkeit, ihre Praktikabilität, ihre Schönheit beginnt *aufzuhören*, wenn wir unsere Sinne *verfeinern*". "Je tiefer man hineinsieht, um so mehr verschwindet unsere Werthschätzung – die *Bedeutungslosigkeit naht sich*! *Wir* haben die Welt, welche Werth hat, geschaffen!" (N. Frühjahr 1884 25 [505]). Nietzsche fordert dagegen "Ehrfurcht" gerade vor dem, was über den Horizont naturwissenschaftlicher Kategorien hinausreicht (FW 373, KSA 3/625 f.).

Die von der Wissenschaft vorbereitete "souveräne Unwissenheit" (N. Sommer 1886 – Herbst 1887 5 [14]) bezieht sich einmal auf die vielleicht 'dümmste und sinnärmste', die mechanistische Weltinterpretation – zum andern erstreckt sie sich auf das Vergessen und Verdrängen des Zusammenhangs von subjektiven Werturteilen mit 'objektiven' Theorien. Das szientistische Selbstmißverständnis, der Irrtum, "für wahres Sein zu nehmen, was eine Methode ist" (Husserl), verhindert gerade ein wirkliches Erkennen (oder ein Erkennen der *Wirklichkeit*), – wie es Nietzsche, trotz seiner radikalen Erkenntisskepsis, für die perspektivisch-menschliche Welt gelten zu lassen scheint. So ist zu verstehen, warum die Wissenschaft nicht nur eine 'souveräne Unwissenheit' produziert, sondern ein 'existentielles' "Gefühl, daß 'Erkennen' gar nicht vorkommt" –, nicht einmal als Möglichkeit (N. l.c.), insofern sie bestimmte Methoden der Erkenntnis und der Wirklichkeitserfahrung verabsolutiert und andere ausblendet; prekär ist ihr Erkenntnis*monopol*. "Im Allgemeinen ist es Mythologie zu glauben, daß die Erkenntniß immer das was der Menschheit am nützlichsten und unentbehrlichsten sei, erkennen werde – sie wird ebenso sehr schaden können als nützen -" (N. Winter 1880-1881 8 [98]).

Der Glaube an absolute Objektivität, die falsche Erwartung, Naturwissenschaft fördere nur 'allgemeinverbindliche Algorithmen' zutage, und wissenschaftliche Kriterien seien unabhängig von Maximen, Normen, Werten, beruhen selber auf (nicht mit Beweisen zu rechtfertigenden) Werturteilen. Die Forschungen Thomas Kuhns u.a. haben *eine* Eigenart, ein Stigma aller wissenschaftlichen Erkenntnis überzeugend belegt: daß die Kriterien der Beurteilung (Interpretation!) von Erscheinungen bzw. Wissenschaftsresultaten ebenso wie "jede individuelle Wahl zwischen konkurrierenden Theorien auf einem Gemisch objektiver und subjektiver Faktoren oder gemeinsamer und individueller Kriterien beruht"[74]. Wenn die zugrundeliegenden Werte bewußt würden, könnte die "Beherrschung" der Wissenschaft zur Beherrschung und Steigerung des Selbst und der Kultur beitragen (ihre Rechtfertigung!), hängt doch die Naturwissenschaft, so die frühe Einsicht Nietzsches, "in allen ihren Zielen und Methoden durch und durch ab von philosophischen Ansichten, vergißt dies aber leicht"; ein *philosophisches* Problem ist es, "bis zu welchem Grade die Wissenschaft wachsen darf: sie hat den *Werth* zu bestimmen!" (N. Sommer 1872 – Anfang 1873 19 [24]). In einer von Naturwissenschaft und Technologie, im Alltag von einem Vulgär-Szientismus dominierten Gesellschaft freilich, in der sich Subjekt

---

[74] Thomas Kuhn: Objektivität, Werturteil und Theoriewahl. In: Die Entstehung des Neuen 421-445, v.a. 424 ff.

und Objekt, Einzelner und 'Material' (und der einzelne Mensch findet sich selbst als Objekt der Wissenschaft) gegenseitig 'verkürzen', ist die Bestimmung über Wert oder Unwert erschwert: die subjektive Verifikation von Sinn und Bedeutung wissenschaftlichen Tuns scheint nicht mehr unmittelbar möglich; schon gar nicht für den normal scientist selbst, der ganz im "Versuch, besinnungslos zu arbeiten, als Werkzeug der Wissenschaft" (N. Winter 1883 – 1884 24 [26]) aufgeht. Dagegen Nietzsche (N. Winter 1880 – 81 [98]): "Die Wissenschaft hat viel Nutzen gebracht, jetzt möchte man, im Mißtrauen gegen Religion und Verwandtes, (sich) ihr ganz unterwerfen. Aber Irrthum! Sie kann *nicht befehlen*, Weg weisen: sondern erst wenn man weiß wohin?, *kann* sie nützen." Da der wissenschaftliche Blick Natur und Wirklichkeit ganz unter der Perspektive der verstandesmäßigen und technologischen Verfügbarkeit sieht, kann Wissenschaft keine Antworten auf Norm- und Zielfragen geben, ja diese nicht einmal stellen. N. Sommer – Herbst 1884 26 [170]: "Wissenschaft – Umwandlung der Natur in Begriffe zum Zweck der Beherrschung der Natur – das gehört in die Rubrik 'Mittel' / aber der Zweck und Wille des Menschen muß ebenso *wachsen*, die Absicht in Hinsicht auf das Ganze."

Wissenschaftliche Interpretation als Macht- und Selbststeigerung

Die Argumentation mit naturwissenschaftlichen logoi und Kategorien (wobei die Frage nach ihrer ontologischen Bedeutung unentschieden bleibt) kann die Wahrscheinlichkeit jeder Lehre erhöhen. Als Macht- und Erziehungsmittel eingesetzt, kann die Wissenschaft, so wie die Kunst und die Rhetorik – diese aber konventionell, als bloße Kunst der Überredung verstanden! –, dem von Nietzsche als letztes Ziel gesetzten aristón dienen und dann "das *große Mittel* zur *Überwältigung* der Menschheit" sein (N. Herbst 1883 16 [43]), welches zum 'großen Stil' gehört, der 'befiehlt', der '*will*' (N. Frühjahr 1888 14 [61]). Ein naturwissenschaftlicher logos bemißt sich nicht an Wahr- und Falschheit, sondern: "Die Frage ist, wie weit er Leben fördernd, Leben erhaltend, Art erhaltend ist" (N. Mai – Juli 1885 35 [37]); um die theoretische Vernunft aufzuheben, muß Nietzsche auch ihren Anteil im wissenschaftlichen Denken destruieren[75]. Mit unserer Ratio nehmen wir zwar nur eine "Oberflächen- und Zeichenwelt" wahr (FW 354), "Bewußtsein *ist* eine Oberfläche" (EH 'Warum ich so klug bin' 9), dennoch können wir den 'Zusammenhang der Naturerscheinungen', so unbekannt er "unter sich" ist, schematisierend um-schaffen und 'instinktiv' manipulieren, "weil der Mensch in manchen Instinkten *festgestellt* ist, ergiebt sich eine Ähnlichkeit der Zahlenverhältnisse in Bezug zu *ihm*" (N. April – Juni 1885 34 [118]); die Zahl kann uns ein Mittel werden, "um die Welt handlich zu machen", weil "eine Constanz sich wahrnehmen läßt" (N. l.c. 34 [58]). Das läßt nur den Schluß zu: die naturwissenschaftliche Interpretation und Perspektive ist nicht durchgängige Illusion. Raumzeitliche Modelle und Beziehungen (auch die mathematischen) können als ein Schema der 'wirklichen' Naturvorgänge gelten, das perspektivisch adäquat ist

---

[75] Vgl. R. Löw: Nietzsche, Sophist und Erzieher 144.

und eine gewisse Erkenntnis liefert – "unser Auge sieht falsch, es verkürzt und zieht zusammen: ist das ein Grund, das Sehen zu verwerfen und zu sagen: es ist nichts werth?" (N. November 1882 – Februar 1883 4 [194]). Wir können die Natur "schematisiren", ihr "Regularität und Formen auferlegen" (N. Frühjahr 1888 14 [152]), aber: das wissenschaftliche Interpretieren steht im Dienst unserer Wertschätzungen, diese hängen von unseren Existenzbedingungen ab – die Nietzsche seit 1885 auf den Willen zur Macht zurückführt: er ist ja "das letzte Factum, zu dem wir hinunterkommen" (N. August – September 1885 40 [61]). Dieser in den Wissenschaftskategorien wirkende, interpretierende Wille ist zwar eine metaphysische Abstraktion (auch Nietzsche will eine "wahre Welt" darstellen!); und sicher ist, wie von Max Planck betont, das 'metaphysisch Reale' eine unerläßliche Voraussetzung für jede Naturwissenschaft[76]. Nietzsche kann nicht umhin, sein eigenes Weltbild versuchsweise naturwissenschafts-ähnlich zu begründen und hierfür metaphysische Voraussetzungen zu machen. Daher kann er die einzelwissenschaftlichen Ergebnisse eines methodischen Materialismus (Mechanismus), bei aller Kritik, gelten lassen, er interpretiert sie um, gibt aber – so betont auch Salaquarda[77] – eine andere Ausdeutung, ein 'besseres' Modell. In JGB (14 und v.a. 22) können alle vom mechanistischen Materialismus behaupteten Phänomene zugestanden werden, wenn auch als 'plebejische', weil sinnenfällige Interpretationen; während Nietzsche die höhere, 'vornehmere' Ausdeutung derselben Phänomene gibt. Und sie sind 'besser' interpretiert: *weil* Nietzsche um den Interpretationscharakter *weiß* – oder zu wissen meint! Jedenfalls sollen *seine* ganzheitlichen Weltbild-Deutungen (wie die Wiederkehrdoktrin) zumindest den wissenschaftlich festgestellten Fakten nicht widersprechen. Salaquarda hebt die Abhängigkeit von Langes "Unterscheidung von einerseits exakter aber partikularer Erkenntnis von Relationen und andererseits Begriffsdichtung über das unerkennbare Ganze der Welt" hervor; bei Nietzsche wird daraus ein Interpretieren, "das sich als Interpretation weiß, dabei aber die experimentell nachweisbaren Ergebnisse der Forschung mitberücksichtigt und einbezieht." Bei unzählig möglichen Auslegungen des Geschehens sind aber nicht alle Interpretationen gleichwertig, auch wenn es *die* richtige nicht gibt, sondern die praktisch-erzieherische Wirkung den Ausschlag gibt, die Auswirkung eines einverleibten naturwissenschaftlichen logos. N. Herbst 1885 – Herbst 1886 1 [119]: "*Der völlig gleiche Verlauf aber die höhere Ausdeutung des Verlaufs!!* Die mechanistische Einerleiheit der Kraft, aber die Steigerung des Machtgefühls!", d.h. Wissenschaft als Mittel in einem praktisch-teleologischen Verhältnis (R. Löw[78]).

Die Entgegensetzung der auf Erziehung zum Übermenschen bedachten Willen-zur-Macht-Philosophie *mußte* zur Entlarvung des Machtfaktors in den Kategorien der mechanistischen Wissenschaften führen. Man kann einen historischen und selbst einen psychologischen, 'personalakten-kundigen' Hintergrund in einem *agon* ausmachen – insofern der 'große Erzieher' und experimentelle Denker mit den 'Trium-

---

[76] Vgl. Mittasch 1950, 350, Anm. 177.

[77] J. Salaquarda: Nietzsche und Lange. N-St 7 (1978) 248 f.

[78] R. Löw: Zur Aktualität von Nietzsches Wissenschaftskritik, Merkur 1984, 401.

phen' der mechanischen Wissenschaften zu wetteifern versucht. Exakt zu Nietzsches Zeiten begann die Naturwissenschaft eine machtvolle, imperiale Rolle in allen Lebensbereichen zu übernehmen. Zwar wurde auch früher die Nützlichkeit und Lebensdienlichkeit der Wissenschaft betont und von Bacon schon gefordert, doch die Ehe zwischen Erforschung und technisch-industrieller Ausbeutung der Natur wurde erst in der zweiten Hälfte des 19. Jahrhunderts wirklich vollzogen: "Als wesentliche Kraft der wirtschaftlich-gesellschaftlichen Entwicklung trat die Wissenschaft nicht allmählich, sondern plötzlich auf", meint Thomas Kuhn[79].

Naturwissenschaftliche Forschung wird nicht nur zum Mittel, mit dem Ziel der Perfektionierung der Technik, sondern Selbstzweck, indem eine wissenschafts- und fortschrittsgläubige Epoche unreflektiert sich selber zelebriert. Substantiell berechtigt sind Nietzsches Angriffe auf das Verfahren der Wissenschaft, der Natur ein Auslegungsschema aufzuoktroyieren, mit dem Ziel der praktischen Verfügung über Natur, besonders, wenn sie das Selbstmißverständnis als Wahrheit betreffen, und wenn der Wissenschaftler über sein methodisches Vorgehen nicht mehr reflektierend Rechenschaft abzulegen vermag. Dann verfehlt Wissenschaft mit ihrem allzubeschränkten 'Wahrheits'-Ideal ihre Möglichkeit, lebenssteigernd und erzieherisch zu wirken: die sich für 'ungläubig' haltenden Wissenschaftsgläubigen sind keineswegs "freie Geister", die für die Erhöhung der Persönlichkeit und der Kultur in Frage kämen, ja "der Wahrhaftige, in jenem verwegenen und letzten Sinne, wie ihn der Glaube an die Wissenschaft voraussetzt, *bejaht damit eine andre Welt* als die des Lebens, der Natur und der Geschichte; und insofern er diese 'andre Welt' bejaht, wie: muss er nicht eben damit ihr Gegenstück, diese Welt, *unsre* Welt – verneinen?" (GM III 24; KSA 5/400).

Ein *reflektierter* Umgang mit der Natur kann dagegen als Teil eines Bildungsprozesses verstanden werden und zum Dialog *mit* Natur (als gleichberechtigtem Gesprächspartner) werden. Dieser Prozeß muß aber mißlingen, wenn die neuzeitliche Methode sich verselbständigt und die ihr zugrundeliegende Machtförmigkeit, ja Gewaltsamkeit unverstanden bleibt und so auf den Menschen zurückschlägt. Diese Machtförmigkeit deckt Nietzsches wissenschaftskritische Reflexion auf; sein Ausweg in den "schöpferischen Akt der Dauerinterpretation", der später in einem naturalistischen Fehlschluß mit dem organischen Lebensprozeß gleichgesetzt wird, bringt allerdings – wie Habermas[80] zurecht einwendet – jede Differenz zwischen einer 'Weltauslegung zur Naturbeherrschung', wie im wissenschaftlichen Denken praktiziert, und dem reflektierenden philosophischen Denken (aus dem die Kritik letztlich kommt!) zum Verschwinden: reflektierend und in letzter Konsequenz selbst 'nihilistisch' stellt Nietzsche den Anspruch kritischer Reflexion verantwortlicher Subjekte in Frage.

---

[79] Th. Kuhn: Die Entstehung des Neuen 210.

[80] J. Habermas: Zu Nietzsches Erkenntnistheorie. Nachwort zu Nietzsches erkenntnistheoretischen Schriften (1968), in: Habermas, Kultur und Kritik, Frankfurt 1973, 261.

VII. Wirklichkeitsbild und Zeichenschrift

Aber nicht nur 'Schein trügt'; auch der Begriff des Scheines hat sich als trügerisch erwiesen.
F.A. Lange, II 213

Der wirkliche Vorgang *hinter den Phänomenen*

Das Welt- und Wirklichkeits-Bild, von dem her Nietzsche den Wahrheitsanspruch wissenschaftlicher Aussagen bestreitet: seine Vorstellung von den 'wirklichen Vorgängen *hinter* den Phänomenen' und *in* kosmischen Zusammenhängen, ist seinerseits stark von physikalischen 'Tatsachen' und Theoremen durchsetzt, ja szientifisch geprägt. Phantasiereicher als die Mehrheit zeitgenössischer Physikalisten, welche, wie alle "Diener der Wahrheit", diese nur als einen "Deckmantel ganz anderer Regungen und Triebe" (N. Sommer – Herbst 1873 29 [21; 20]) suchen, entwirft (und *lebt*) auch Nietzsche raum-zeitliche "Kosmogonien", aus dem Geist der Physik geborene Welt-Bilder, die "erschlossen aus den Empfindungsdaten" sein müssen, wie er in N. Frühjahr 1873 26 [11] formuliert (wobei "Ansatz und ... Vokabular", Schlechta/Anders[1] zufolge, "weitgehend Spir entlehnt" und Boscovich wie Zöllner verpflichtet sind). Ebenso hat der ihm 1881 'offenbarte' "Gedanke der Gedanken" (N. Frühjahr – Herbst 1881 11 [142; 143]), das Weltbild der ewigen Wiederkehr, *als* beweisbare Konsequenz aus einer "Welt der Kräfte" (l.c. 11 [148]), seine naturwissenschaftliche Basis. Diese Weltbildentwürfe (über deren innere Konsistenz hier nicht näher zu urteilen ist) aus verschiedenen 'Denkperioden' zeigen eine durchgängige Grundstruktur. Modernen Kosmologien ähnlich, soll der 'Originalvorgang' *hinter* den Erscheinungen physisch-materieller 'Dinge' mittels wissenschaftlicher (letztlich wieder materialistischer) Interpretation der Mikro- und Makro-Erscheinungen und ihrer gegenseitigen Abhängigkeit faßbar, formulierbar werden. Wie immer er den 'plumpen' und 'naiven' Glauben der "materialistischen Naturforscher" verspottet, der Welt "mit Hülfe unsrer viereckigen kleinen Menschenvernunft letztgültig beizukommen" (FW 373) – Nietzsche geht doch von (der Lektüre entnommenen) präzisierbaren, für ihn unumstößlichen, wissenschaftlichen 'Tatsa-

---

1 Schlechta/Anders 148; zur "Zeitatomenlehre" vom Frühjahr 1873 siehe a.O. 140 ff. – In 26 [15] bezieht sich Nietzsche auf Goethe, zu Eckermann, 18. Mai 1824: "Wollte Gott ... wir wären alle nichts als gute Handlanger (in der Betrachtung der Natur, in der Wissenschaft)! Eben weil wir mehr sein wollen und überall einen großen Apparat von Philosophie und Hypothesen mit uns herumführen, verderben wir es" (zit. KSA 14/547).

chen' aus (besonders offenkundig für seine Wiederkehr-Beweise, die anderwärts untersucht sind[2]): wie etwa einem in sich geschlossenen Universum, ohne daß von dessen 'Einheit' gesprochen werden dürfte; von einem 'endlichen Kräftevorrat' (Engergievorrat in neuerer Terminologie); einer zugleich linear und zyklisch verlaufenden Zeit (gänzlich unabhängig vom menschlichen, sehr relativen Zeit-Empfinden); daraus abgeleitet von zu gleicher Zeit 'zufälligen' wie 'notwendigen' Kombinationsmöglichkeiten der stofflichen 'Komplexe' (die etwas Kaleidoskopartiges an sich haben); von einer Eigendynamik irgendwelcher Energiezentren, die in pluralistischer Vielfalt Verbindungen eingehen und dennoch, anthropomorph geredet, 'im Kampfe liegen' usw.: all dies 'letztgültige' Fakten, deren Inhalt sich fraglos der artistischen Dialektik des 'Gegensatz-Philosophierens' – der sonst von Nietzsche geübten Auflösung von begrifflichen Gegensätzen, oder jeder These *in* ihre Gegenthese – zu entziehen scheint (in der Regel, wäre hinzuzusetzen; denn Nietzsche experimentiert durchaus auch mit Variationen z.B. seiner Zeitvorstellungen).

Es sind dies 'naturwissenschaftlich abgesicherte' Thesen, die, vor allem in ihrer Kombination, mit dem 'Fluß aller Dinge' zu vereinbaren sind und mit einem Weltbild des absoluten Werdens – dessen 'Gesetze', wie die des Daseins überhaupt, wegen seines "*vieldeutigen* Charakters" unerkennbar bleiben, und die dennoch bis zu einem gewissen Grade vom Menschen (einer jener Zufallskombinationen!) *praktisch* erkannt werden. Dahinter steht ein Interesse, ein Grundwille Nietzsches, *seine* "Horizont-Linie der Wünschbarkeit" (die bei 'materialistischen Naturforschern' und bei 'pedantischen Engländern' à la Spencer nur allzu eng gezogen ist: FW 373), geeignet eine Welt ohne Seins-Gesetzmäßigkeiten, ohne Zielrichtung oder 'sinnvolle' Zwecke ihrer Gestaltungen und Formen, ohne mögliche Schleichwege in 'Metaphysik' und 'Theologie', kurz: einen änigmatischen Kosmos der totalen Immanenz zu postulieren (denn beweisen läßt sich eine Aussage über 'das Ganze' nicht, ohne – in naturwissenschaftliche Anthropomorphismen zu geraten).

Das zugrundeliegende Wirklichkeits-Bild wäre als "'wissenschaftliche' Weltinterpretation" zwanglos auch mit einer "essentiell mechanischen" (FW 373) in Einklang zu bringen (die Nietzsche aber als "sinnlos" apostrophiert); es ähnelt strukturell – nicht unbedingt in den physikalischen Prämissen – den heute gängigen Vorstellungen von den 'chaotischen' Instabilitäten des Werdens, in dessen 'Wirbeln' sich aus den unscheinbarsten Zufalls-'Ursachen' die erstaunlichsten Quasi-Ordnungen ergeben können. (Solche intuitiven 'Vorwegnahmen' heutiger Wissenschaftsphilosophie scheinen Reinhard Löw "nicht notwendig auch nur für eine der beiden Seiten ein Ruhmesblatt zu sein"[3]; Nietzsche hätte für sich in Anspruch genommen, *stets* zu *wissen*, daß er interpretiere – was mit Fug bezweifelt werden kann). Den in Nietzsches Naturwissenschaftsdenken stets festgehaltenen topoi sehr nahe kommt etwa Prigogine/Stengers'[4] Schilderung der 'spontanen Entstehung neuer Strukturty-

---

[2] Siehe hierzu Klaus Spiekermann: Nietzsches Beweise für die ewige Wiederkehr. In: N-St 17 (1988), 496-538.

[3] Reinhard Löw: Nietzsche – Sophist und Erzieher 198.

[4] Ilya Prigogine/Isabelle Stengers: Dialog mit der Natur. Neue Wege naturwissenschaftlichen Denkens. München/Zürich 4. Aufl. 1983, 21 ff.

pen fern vom Gleichgewicht' – der 'dissipativen Strukturen', gerade auch im Hinblick auf inhärente Anthropomorphismen (und a-teleologische Teleologie-Relikte); "Unordnung und Chaos können sich unter gleichgewichtsfernen Bedingungen in Ordnung verwandeln. Es können neue dynamische Zustände der Materie entstehen, in denen sich die Wechselwirkung eines Systems mit seiner Umgebung widerspiegelt." Man gelangt so "vom Repetitiven und Universalen zum Spezifischen und Einmaligen" (natürlich hätte Nietzsche die 'universale Gesetzmäßigkeit' bestritten, wonach "Materie ... sich in Gleichgewichtsnähe" immer 'repetitiv' verhalte, sondern die Pluralität der 'Kraftzentren' und ihr je eigenes Streben nach einer 'Maximalökonomie' (Frühjahr 1888) hervorgehoben. Verwandt ist aber der 'referentielle Rahmen', der gleichsam metaphysische Kanon stillschweigender Voraannahmen). So kann es nach Prigogine/Stengers in Prozessen der Selbstorganisation zu "kohärentem, rhythmischem Verhalten" und "unerwarteten Eigenschaften der Materie" kommen, die "eine Art von vorbiologischen Anpassungsmechanismen besitzen". In zugegeben "etwas anthropomorpher Ausdrucksweise" beginnt "die Materie ... Unterschiede in der Außenwelt wahrzunehmen" und zu "spüren": der Weg zu den schrittweise immer komplexer werdenden Formen der Organismen[5] bis hin zum 'Geist', ausgehend von spontaner Eigendynamik und Selbstaktivität "der Materie" ist offen – und ebenso der Weg zu bestimmten Weltbild-Konsequenzen, zu "einheitlichen Denkkategorien" und einem "'monistischen' Materialismus": einer 'materialistisch begriffenen, ungeheuer schöpferischen Natur'[6]. – Die Denkweise geht sehr gut mit der explizit von Nietzsche ausgesprochenen überein: eine 'Innenseite' der 'Materie', deren quasi-empfindenden Willen-zur-Macht-Komplexe sich--selbst-steigernde 'Konsequenzen ziehen', entscheidet letztlich über die Gesamtstruktur des Kosmos – und über den möglichen Sinn von Ordnungen darin; philosophisch gesehen: die absolute 'Weltimmanenz' ist gewahrt ("Die Welt ein ungeheurer sich selbst gebärender Organismus", heißt es N. September 1870 – Januar 1871 5 [79]) – die teleologie-verdächtige Organismus-Idee wird später explizit verworfen (N. Frühjahr – Herbst 1881 11 [201; 205]). Und N. November 1882 – Februar 1883 4 [126]: "Der Mensch eine Atomgruppe vollständig in seinen Bewegungen abhängig von allen Kräfte-Vertheilungen und -Veränderungen des Alls – und andererseits wie jedes Atom unberechenbar, ein An-und-für-sich." Die Rede von 'Atomen' ist natürlich als *Metapher* zu verstehen: der Mensch vorgestellt wie eine kombinatorisch zusammengewürfelte Als-ob-Monade[7] inmitten eines 'spontanaktiven', 'selbstorga-

5 Die explizite Interpretation von Nietzsches Verhältnis zum Darwinismus, zur Biologie und zu thermodynamischen Konzepten seiner Zeit ist in dieser Untersuchung naturwissenschaftlicher 'Grundkonzepte' ausgespart. Siehe hierzu auch d. Verf. in N-St 17 (1988), 496 ff.

6 Vgl. Jochen Köhler: Diderot in den Laboratorien des XX. Jahrhunderts. Ein längeres Gedankenspiel. Nachwort zu Diderot: Über die Natur. Frankfurt 1989, 243 ff.

7 - keinesfalls "Monaden" Leibnizscher Prägung: das wäre für Nietzsche "Vermenschung der Natur" und "verkappte Vielgötterei": "Monaden, welche gewisse mögliche mechanische Erfolge wie das Gleichgewicht der Kräfte zu verhindern wissen! Phantasterei!" (N. Frühjahr – Herbst 1881 11 [201]). – Wie sich 'organische Zustände' bzw. Lebensprozesse "fern vom Gleichgewicht" entwickeln können, ohne eine *Tendenz* annehmen zu müssen, bleibt die Crux der Evolutionstheoretiker bis heute. Nietzsche beharrt darauf, "daß die Welt durchaus kein Organism ist, sondern das Chaos" (N. November 1887 – März 1888 11 [74]).

nisierenden' Energiefeldes, ähnlich wie das moderne Paradigma sich den Menschen denkt als Resultat von Zufallsordnungen – hochkomplexer Verzweigungen dissipativer Strukturen fern vom thermodynamischen Gleichgewicht: der Mensch sozusagen als ontologische "Randgruppe", als "Zigeuner des Alls", wie Jacques Monod ihn sieht. Selbst wenn moderne Kosmologen die Stellung des Menschen durch ein "anthropisches Prinzip" aufzuwerten scheinen und das evolutiv-notwendige Entstehen einer "Beobachter-Partizipation" im Kosmos postulieren, bleibt dennoch die wirklich-menschliche Wahrnehmungs-Welt, mit ihrer hoffnungslos anthropomorphen Dimensionalität – "herausprojiziert aus dem endlosdimensionalen Hyperraum" – völlig illusionär[8].

Doch auch unser ganzes System der Natur-Wissenschaft, der wissenschaftliche Blick des Menschen auf 'die Natur' (die ohnehin verschwunden scheint) muß durch die ephemere Position, die optische Perspektive dieses Menschen, vor-bestimmt sein! Nietzsche, nicht aber die normal science, ist sich dieser Spiegelung im doppelten Interpretieren und Interpretiertwerden bewußt, und kann so die Erkenntnisfähigkeit der Naturwissenschaft gegen diese selbst wenden, gegen ihre Objektivitätsmythen und ihre 'Wahrheits'-Ansprüche: gerade wo Wissenschaft recht hat, *kann* sie nicht recht haben – jedenfalls nicht im Sinn allgemeinverbindlicher Wahrheit. Die "Einmischung des Zahlbegriffs", des "Bewegungsbegriffs"[9] ist immer noch "phänomenal", unsere psychologisch-bedingte Perspektive; mit der mathematischen Methode (die geradezu das Fundament des modernen abstrakten Wirklichkeitsbildes darstellt) ist schon "eine *mechanistische* Welt ... imaginirt"; die 'semiotisch' reduzierte, in einer Zeichensprache beschriebene Welt ist nur mehr eine verdeckte Wirklichkeit: "die Mechanik formulirt Folgeerscheinungen noch dazu semiotisch in sinnlichen und psychologischen Ausdrucksmitteln, sie berührt die ursächliche Kraft nicht..." (N. Frühjahr 1888 14 [79]). Kein Zeichen 'bedeutet' etwas *über* den Menschen hinaus; aber die abstrakten "Mittheilungszeichen" der Wissenschaft erreichen nicht einmal die im *Denken* des lebenden Geschöpfs Mensch gegebene Wirklichkeit – und schon das "*bewusst* werdende Denken ist nur der kleinste Theil davon, sagen wir: der oberflächlichste, der schlechteste Theil" (FW

8 Paul Davies: Mehrfachwelten. Entdeckungen der Quantenphysik, Düsseldorf/Köln 1981, 119. – Hauptvertreter des "anthropischen Prinzips" ist John Archibald Wheeler: Frontiers of Time. Amsterdam 1979. Materie scheint sich danach gleichsam selbst zu erkennen; in durchaus ähnlichem Sinne Nietzsche: das "Wissen" ist eigentlich "Funktion" eines (unbewußten) "Empfindens". Das Wissen der Wissenschaft ist "Wiedererkennen und Schließen als seine Funktionen. Das Wissen ist die Eigenschaft aller treibenden Kräfte – es kommt auf Eins hinaus zu sagen, es sei die Eigenschaft der Materie, vorausgesetzt, daß man weiß, was Materie ist: die treibende Kraft als das Vorurtheil unserer Sinne gedacht: so daß Kraft und Materie Eins sind, entweder als ein An sich bezeichnet oder, nach der Relation zu unseren Sinnen, als Grenze unseres Empfindens für die Kraft bezeichnet" (N. Frühjahr 1880 – Frühjahr 1881 10 [101]).

9 Zum Zusammenhang des neuzeitlichen Bewegungsbegriffs mit dem Masse- und Materiebegriff siehe A.N. Whitehead: Wissenschaft und moderne Welt, Frankfurt 1988, 61 ff. – N. Herbst 1885 – Frühjahr 1886 1 [59]: "Alles Materielle ist eine Art von Bewegungssymptom für ein unbekanntes Geschehen... Die Welt, die uns von diesen beiden Seiten her sich zu verstehen giebt, könnte noch viele andere Symptome haben. Es besteht kein nothwendiges Verhältniß zwischen Geist und Materie, als ob sie irgendwie die Darstellungsformen erschöpften und allein repräsentirten."

354). Die Differentialgleichungen des reduktionistischen Bewegungsbegriffs – deren Anwendung abstrakte Systeme aus der Gesamtwirklichkeit heraus isoliert, dadurch Wirklichkeitsausschnitte verdinglicht bzw. ver-materialisiert – könnten niemals dem 'Werden' gerecht werden: die Wissenschaft stellt nur fest, was "ist" (siehe Nietzsches bekannten Ausspruch in FW 357 über die Deutschen, die Hegelianer wären, "auch wenn es nie einen Hegel gegeben hätte", die "dem Werden, der Entwicklung instinktiv einen tieferen Sinn und reicheren Werth zumessen als dem, was 'ist'"). Das von der Wissenschaft erreichte Wirklichkeitsbild hat nur noch eine 'regulative Funktion', gleichsam als eine (hypothetisch gesetzte) praktische Bedingung für *seine*, Nietzsches, Welt- und Wirklichkeits-Interpretation.

Wenn, wie auch der philosophische Diskurs, der naturwissenschaftliche logos zuerst und zuletzt als Schwergewicht *wirken* soll, dann kommt es auf seine 'Wahrheit', seine logische Stringenz kaum an – es sei denn, die wissenschaftsgläubigen Zeitgenossen verlangten danach: dann erhöht sich seine praktisch-pädagogische Wirkung der Rede mittels naturwissenschaftlicher Belege: ein physikalisch-kosmologischer 'Beweis' wird zum rhetorischen Überwältigungsmittel. Ratio-Versessenheit und -Ablehnung können sich natürlich auch *im* Denken ein- und desselben Experimentalphilosophen widerstreiten, wie die wissenschaftlich sich gebenden, mythopoietischen Weltbildentwürfe Nietzsches bezeugen.

Der Anhänger eines 'positivistischen Systems' gehört, aus seinem "Instinkt der Schwäche" heraus, zu jenen "Gläubigen", die einen metaphysischen Glauben *nötig* haben; dies zeigt "jenes ungestüme *Verlangen nach Gewissheit*, welches sich heute in breiten Massen wissenschaftlich-positivistisch entladet, das Verlangen, durchaus etwas fest haben zu *wollen* (während man es wegen der Hitze des Verlangens mit der Begründung der Sicherheit leichter und lässlicher nimmt)" (FW 347, geschrieben 1887): logisch-mathematische Gewißheit in abstrakten Teilbereichen kann Flucht vor der Wahrheit sein, das Festhalten- und Fest-haben-wollen einer Ausschnittrealität ist nicht *die* Wirklichkeit. Vom methodo-logischen Vorgehen her ist die positivistische Wissenschaft eine schlechte, schwächende Praxis, die systematisch *eine* Perspektive, eine hypothetische 'Wirklichkeit' fixiert und 'unsere Welt' (die ein dynamischer Vollzug vieler Perspektiven wäre) 'verneint': "In der That dampft um alle diese positivistischen Systeme der Qualm einer gewissen pessimistischen Verdüsterung" (FW 347, KSA 3/582), die sich hinter einem äußerlichen Fortschrittsoptimismus verbirgt. Alle Lebensbereiche orientieren sich auf 'Wissenschaftlichkeit' hin. Die Naturwissenschaft glaubt, sie habe mit echter Ordnung, 'eigentlicher' Wirklichkeit zu tun. Daraus entsteht (so Hannah Arendt) ein circulus vitiosus, denn ausgehend von prinzipiell das Wirkliche einengenden und entwertenden, zwangsläufig hypothetischen Theorien – mit denen sie aber "nicht die Sinnenwelt unmittelbar konfrontiert" –, hat sie es "von Anfang bis Ende dieses Verfahrens mit einer 'hypothetischen' Natur zu tun"[10]. Und einem hypohetisierten Natur- und Wirklichkeitsbild, merkt Nietzsche kritisch an ("Die Physiker sind jetzt mit allen Metaphysikern darüber einmüthig, daß wir in einer Welt der Täuschung leben": August –

[10] Hannah Arendt: Vita activa 280.

September 1885 40 [39]), möchte seine Zeit sich "im Mißtrauen gegen die Religion und Verwandtes (...) ganz unterwerfen" (N. Winter 1880-81 8[98])! In der "Darstellung dieser *Perspektivität" stehenzubleiben*, d.h. ein hypothetisches X – die 'wissenschaftliche Wahrheit' – "höher zu schätzen, als den Schein" (und "Schein" steht hier für: unsere lebendige Erfahrung), wäre ein "Symptom entartenden absterbenden Lebens" (N. August - September 1885 40[39]). Im 'Bestreben des wissenschaftlichen Menschen' ist unsere Lebenswirklichkeit *verneint*, im Namen einer hypothetischen Wirklichkeit, durch deren 'Vermessung' sich seit Galileis[11] Zeiten ein vermessenes Bewußtsein im Besitz einer sicheren, tieferen, endgültigen Erkenntnis wähnt; erst heute gestehen (einige) Naturwissenschaftler sich die metaphysischen Voranahmen, die darin stecken, ein: die große Wissenschaftsgemeinde geht darüber hinweg.

Der fundamentale Irrtum liegt in der Beschränkung auf den 'phänomenalen' Bereich (der 'noumenale' geht im positivistischen Materialismus unter), auch dann noch, wenn dieser, paradoxerweise, längst jenseits der sinnlichen Phänomene in einem hypothetischen 'Originalvorgang' aufgesucht wird. Die abstrakten Oberbegriffe der physikalischen Theorie sind, auch in der Selbst-Definition moderner Naturwissenschaftsphilosophie, Ausdruck einer "verarmten" Wirklichkeit. So definiert M. Drieschner[12], in Anlehnung an Weizsäcker und ausgehend von der transzendentalen Begründung Kants, die Naturwissenschaft heute als eine "Theorie für Voraussagen über empirisch entscheidbare Alternativen" über stoffliche Vorgänge; ihre Objekte (deren Definition auch den Feldbegriff einschließt) sind Zusammenfassungen von "Größen, deren gegenwärtige Werte gemeinsam Voraussagen über eben diese Größen (in Zukunft) gestatten". 'Voraussage' (letzlich empirisch erfahrbarer 'Ereignisse', die ein Beobachter von der Apparatur abliest – oder deren Effekte im Makrobereich!) wird so zum Schlüsselbegriff für das Verständnis physikalischer Realität, deren *wirklichstes* Element der mathematische Formalismus selbst zu sein scheint. Was bedeutet, daß die lebensweltlichen Folgerungen, d.h. die Schlüsse der Quantentheorie auf ein ganzheitlicheres Wirklichkeitsverständnis gar nicht gezogen sind.

---

[11] Galilei bezog physikalische Aussagen noch auf die Phänomene, nicht auf ein 'Wesen der Wirklichkeit', sie haben einen Erklärungs- oder Beschreibungswert; nicht festzustellen ist, ob sie im metaphysischen Sinne "wahr" sind. – Das 'Wesen einer Erscheinung' in wissenschaftlichen Aussagen begreifen wollte erst Descartes (dem aber Zeitgenossen wie z.B. Mersenne: Cogitata physico-mathematica, 1644, widersprachen. Mersenne betonte in seiner Abhandlung über den Magnetismus, daß er nicht wie Descartes das 'Wesen' dieser Erscheinung begreifen wolle, sondern nur eine Beschreibung liefern, was durchaus modern klingt. In der Folgezeit wirkte aber die Descartessche Richtung stärker, die die Grundsätze der Physik für im metaphysischen Sinne wahr hielt).

[12] Michael Drieschner: Einführung in die Naturphilosophie. Darmstadt 1981, S. 88. – Ein gravierender Einwand gegen Drieschner und die Tendenz, aus der hochspezialisierten, verengt-einseitigen "Natur"-Begegnung der Quantentheorie – die ja sich selbst als nur "prognostische Disziplin" und nicht mehr als "realistische Beschreibungswissenschaft" auffassen kann – dennoch ständig auf *die* Natur-Wirklichkeit rückzuschließen, kommt von Hans *Lenk*: Homo Faber – Demiurg der Natur? Kritische Bemerkungen zu neueren naturphilosophischen Fehlschlüssen, in Kanitscheider 1984, 107-124, bes. 112 ff. "Wie sogar eine derart methodologisch reduzierte prognostische Wissenschaft als 'Apriori' jeglicher Erfahrung überhaupt aufgefaßt werden kann, zumal jede empirische Theorie wie die Quantentheorie selbst erfahrungsunabhängige (notwendige) Bedingungen der Möglichkeit ihrer selbst voraussetzen muß, bleibt unerfindlich..." (Lenk 114).

Die neuzeitliche "Natur"-Wissenschaft ist 'gemachtes' Wissen von Massen, Kräften und ihrer Wirkung: nicht eigentlich theoria, vielmehr techne bzw. mechanike. Die Empirie geht von phänomenal, sinnlich erlebter Wirklichkeit aus und führt wieder in sie zurück – die praktische Absicht *in* dieser Kreisbewegung bedeutet: auch die 'rein' theoretische Forschung ist tätiges, aktiv umgestaltendes 'Interpretieren' in Nietzsches Bedeutung. Der naturwissenschaftliche Bewegungsbegriff schränkt die wirkliche Bewegung auf das Materielle ein – aber "Alles Materielle ist eine Art von Bewegungssymptom für ein unbekanntes Geschehen" (N. Herbst 1885 – Frühjahr 1886 1 [59]); der wirkliche Vorgang bleibt unbekannt bzw. wird nur "symptomatisch" erkannt (hier zeigt sich Teichmüllers Einfluß), zeichenhaft, aber ausreichend für praktische Zwecke. Die Wissenschaft schafft sich ihre 'theoretischen' Konstrukte, z.B. ihre Konzeptionen im submolekularen Bereich, stillschweigend nach praktischen Bedürfnissen – und verwirft sie auch, wenn ihr ein neues 'Paradigma' handlicher erscheint: "Die mathematischen Physiker können die Klümpchen-Atome nicht für ihre Wissenschaft brauchen: folglich construiren sie sich eine Kraft-Punkte-Welt, mit der man rechnen kann. Ganz so, im Groben, haben es die Menschen und alle organischen Geschöpfe gemacht: nämlich so lange die Welt zurecht gedacht, zurecht gedichtet, bis sie dieselbe brauchen konnten, bis man mit ihr 'rechnen' konnte" (N. August – September 1885 40[36]). Der moderne mathematisierende Utopismus der 'Elementar'-Teilchenforscher, die mit ungeheurem apparativem Aufwand in ihrem "Teilchen-Zoo" (sic!) Jagd auf neue Species machen, werden nicht von rein theoretischem Forscherdrang inspiriert; treibendes Motiv dürfte der Gewinn an verwertbarer Energie sein, in die Materie "sich" endlich aufgelöst hat.

Dieses 'Rechnen-Können' besagt eben keineswegs, daß die "mathematischen Physiker" ausschließlich oder vordringlich an einer Schau neuer Zahlenharmonien oder 'Platonischer Ideen' im Elementarbereich interessiert wären (je anthropomorphisch-bildhafter die beschreibende Sprache in jenem Bereich wird, desto weiter sind wir von Bildhaftigkeit menschlicher Anschauung entfernt). In JGB 14 spielt Nietzsche (im agon *mit*, nicht unbedingt gegen Platon) den "Zauber der platonischen Denkweise", seine wirkmächtige theoria und "Welt-Auslegung", einen interpretativen (und kontemplativen) Wirklichkeitsbegriff *gegen* die 'handgreifliche' Wirklichkeit der Physik aus. Insofern die neuzeitliche Physik von 'platonisierenden' Vorstellugen ausgeht, sich für platonisch hält[13], handelt es sich um einen abstraktiven, gleichsam invertierten Platonismus; nicht geistige Schau der Ideen ist (jedenfalls nicht primär) das Ziel, sondern praktisch-technologische Verwertung des Wissens. Den Praxischarakter trägt auch die mathematisierende Wissenschaft, ihr Weg führt *von* der Formelhaftigkeit der berechenbar gemachten Wirklichkeit zur technischen Anwendung – und damit zu einer Inversion des Wirklichkeitsbegriffs[14]. Bei Platon

---

[13] Siehe hierzu Kap. IX (Mathematisierung), Anm. 11.

[14] Zum 'invertierten Platonismus' der praktisch angewandten mathematischen Naturwissenschaft: ihr Weg führt sozusagen in Platons Höhle *zurück* ... oder gar, wenn *Wittgensteins* etwas niedriger angesiedelter Vergleich erlaubt ist, zurück in den "Kartoffelkeller": die Triebe und Schößlinge der Mathematik würden im hellen Sonnenlicht (der philosophischen Kritik) nicht so recht sprießen – aber im dunklen Keller wucherten sie meterlang...

soll die Macht des Empirischen, der bloß relativen Welt des Werdens, wenn in praktischer, so in praktisch-ethischer Absicht überwunden werden. Die der Physik zugrundeliegende Wertschätzung, ihre Suche nach stofflichen 'Ursachen', führt nur zu einer "Welt-Zurechtlegung", die wieder auf dem "Glauben an die Sinne" gründet und "instinktiv dem Wahrheits-Kanon des ewig volksthümlichen Sensualismus" folgt. Was die mathematische Physik in abstrakte Formeln bringt, ist sinnlich-materiell gedacht. Wenn Nietzsche die phänomenale Welt des 'Scheins' retten will, so nicht den Schein der sinnlich-empirischen Welt, sondern die erleb- und erfahrbare humane Wirklichkeit – die in seiner Rangordnung höhere Wertschätzung, die auch vom jeweiligen *Bild* der Wirklichkeit abhängt; die platonische Denkweise, gegen die Physiker, Darwinisten und 'Anti-Teleologen' gewandt, bestimmt die Wirklichkeit von "Menschen, die sich sogar stärkerer und anspruchsvollerer Sinne erfreuten, als unsre Zeitgenossen sie haben, aber welche einen höheren Triumph darin zu finden wussten, über diese Sinne Herr zu bleiben... Es war eine andre Art *Genuss* in dieser Welt-Überwältigung und Welt-Auslegung nach der Manier des Plato, als der es ist, welchen uns die Physiker von Heute anbieten" (JGB 14; KSA 5/28).

Das platonische Bild der wahren Wirklichkeit schloß den Vorrang des Guten (des Ehtischen) ein und fiel in der theoria mit ihm zusammen (während Nietzsche diesen Zusammenhang wieder 'entkoppelt'[15]); der 'Verlust an Wirklichkeit' im modernen physikalischen Weltbild ist immer auch ein Verlust an Möglichkeit, diese Wirklichkeit noch unter dem Prinzip einer Verantwortung zu sehen. Im 'physikalischen Platonismus', so überzeugend er von seinen größten Vertretern vorgetragen wird, in der Faszination angesichts der 'Schönheit' der Symmetrien und Formeln der Quantenphysik, ist diese Kopplung – des Ästhetischen und Ethischen – nicht zwingend[16], zumal diese Faszination auch in den immoralistischen Ästhetizismus der Bombenkonstrukteure umschlagen kann. – Nietzsche hält indessen den 'imperativischen' Anspruch der platonischen Wirklichkeits-Schau (die so wenig "wahr" ist wie die naturwissenschaftliche) jenem mechanistisch-technokratischen "Imperativ" entgegen, der "für ein derbes arbeitsames Geschlecht von Maschinisten und Brückenbauern der Zukunft, die lauter *grobe* Arbeit abzuthun haben, gerade der rechte Imperativ sein mag" (JGB 14); gegen *sie* wäre der 'ideale Schein' und unsere phänomenale Lebens-Erfahrung zu rehabilitieren. Wirklich war das 'Ideale' im 'Imperativ' der mathematischen Wissenschaft seit Galilei auf Umgestaltung, techne gerichtet: Galilei konzipierte, abstrahierte aus der sinnlich erfahrbaren Welt Begrif-

---

15 Vgl. Reinhard Löw a.O. 202.

16 W. Heisenberg: Schritte über Grenzen, Vortrag München 1971, über "Die Bedeutung des Schönen in der exakten Naturwissenschaft": "Die mathematische Beziehung war damit (für die Pythagoräer) auch die Quelle des Schönen." Heisenberg bezieht das Platonische "Erfassen der Ideen durch den menschlichen Geist" auf das ästhetische Erleben und das "künstlerische Schauen" des kreativen Naturforschers. – Keine Frage, daß es auch einen unverantwortlichen, amoralischen Ästhetizismus, ein l'art pour l'art sozusagen der Naturwissenschaften geben kann. – N. Sommer – Herbst 1886 2 [66]: "zu 'unseren Tugenden'. Woran wir unsere Wissenschaftlichkeit auslassen können, das nehmen wir nicht mehr schwer und ernst: eine Art Immoralität." Aus der 'ästhetischen' Faszination durch abstrakte Symmetrien und Formeln (nicht Formen!), die nicht jeder nachvollziehen mag, läßt sich keine Legitimation für ihre Anwendung und nicht einmal für ihren Wahrheitsgehalt ableiten.

fe, die ein völlig neues Wirklichkeits-'Bild', oder vielmehr eine bild- und qualitätslose Sekundär-Wirklichkeit schufen. Stephen Toulmin führt das Beispiel des Thermometers an – der Meß-Apparat, das Messen bringt "eine völlige Veränderung des Wärmebegriffs" mit sich, und Galilei "wußte genau, was er tat... Sein Projekt war ein zielbewußter Schritt in der Richtung seines Programms, die Physik zu mathematisieren und 'sekundäre Qualitäten in primäre umzusetzen'"[17]. Die mathematische Logik der Wissenschaft gerät zu einer "consequenten Zeichenschrift auf Grund der durchgeführten Voraussetzung" (N. August – September 1885 40 [27]); die 'Zeichen' sind Anleitungen zum *Umbau* der phänomenalen Wirklichkeit. Demgegenüber versucht Nietzsche, dem 'anthropomorphen' Schein der Lebenswelt als der ursprünglichen Wirklichkeit zu ihrem Lebens-Recht zu verhelfen. Die von der Wissenschaft für betrügerisch deklarierte Sinnenwelt *ist* unsere wirkliche Welt – "Die Ursachen des Betrugs müssen real sein", die Nichtigerklärung der Phänome, ihre Ersetzung durch abstrakte Schemata in 'mathematisch unendlichen Horizonten' stammt aus dem "rein Logischen", das wir auch selber *sind* (N. Frühjahr 1880 bis Frühjahr 1881 10 [E93]); als menschliche Kreation ist die wissenschaftliche Abstraktion natürlich *ein* Element unseres Gesamtwirklichen: die Welt *ist* möglicherweise auch so, wie sie uns *erscheint* – und die Wissenschaftslogik gehört selbst zu einer Welt des trügerischen Scheins; sie, d. h. ihre Anwendung, könnte nach Nietzsche ja auch als leibhaftes Tun in der Welt der Sinne beschrieben werden. "Wenn alles Schein ist, ist der Begriff des Scheins redundant, man kann ihn verlustfrei herauskürzen" (Reinhard Löw[18]). Eigentlich als ein Angriff auf Kants noumenale Welt und deren Intelligibilität gedacht[19], ist die Kennzeichnung, sowohl der Lebenswelt wie auch der wissenschaftlichen Sekundär-Wirklichkeit *als 'Schein'* eine Entscheidung Nietzsches gegen die *praktische* Dimension einer 'imaginativen Wahrheits-Welt' (N. Ende 1886 – Frühjahr 1887 7 [49]). So versteht Nietzsche 'Schein' als die reale Lebenswelt, als die "wirkliche und einzige Realität der Dinge" (N. August – September 1885 49 [53]): die Welt, die uns wirklich angeht, ist ausgezeichnet durch ihre "*Unzugänglichkeit* für die logischen Prozeduren und Distinktionen", die, wie das naturwissenschaftliche Vorgehen "nur an einer imaginären Welt" (z.B. von Atomen, Teilchen) möglich sind. Unsere eigentliche Lebenswelt widersetzt sich "der Verwandlung in eine imaginative 'Wahrheits-Welt' " (N. l.c.); Naturwissenschaft erreicht bestenfalls "Symptome eines innerlichen Geschehens".

---

17 Stephen Toulmin: Einführung in die Philosophie der Wissenschaft (1953), Göttingen o.J. 134.

18 Hierzu Reinhard Löw: Nietzsche – Sophist und Erzieher, 1984: "Sein und Schein", S. 103 ff.

19 Hans Jonas: Macht oder Ohnmacht der Subjektivität 16. – Nietzsches Angriff auf Kants Noumenon gilt der postulierten Freiheit des 'Subjekts' hinter der Erscheinungswelt. Jonas (l.c.) kritisiert diese Trennung bzw. die in der Kant-Nachfolge daraus gezogenen Konsequenzen: "Das kommt für die Erscheinungswelt, in der allein unser *Wissen* sich bewegt, auf denselben Agnostizismus hinaus, den du Bois-Reymond bekannte" – insofern stamme der Dualismus zwischen 'wirklicher und scheinbarer Welt' von Kant, der das Verhältnis von sinnlich-phänomenaler und intelligibel-noumenaler Welt für unerkennbar erklärt habe: das Problem, wie der erscheinende Geist in der erscheinenden Welt stehe, habe Kant ungeklärt den (positivistischen) Wissenschaftstheoretikern des 19. Jahrhunderts hinterlassen. – Erst der (wenig beachtete) späte Kant des opus postumum versuchte, die phänomenale Welt vom leibhaft existierenden Subjekt aus zu erklären.

Die "wirklichen Vorgänge" erreicht Wissenschaft nicht; sie könnten nur in einem erlebten 'Feld' von Objekten *und* Individuum statthaben. Dies drückt auch Nietzsches Vergleich aus, der die Noten-(Zeichen-)schrift dem Musikerlebnis gegenüberstellt. Das Reale ist die im Augenblick affektiv erlebte Musik; im schöpferischen, inspirierten Handeln und Erleben wird die wahre Objektivität des Wirklichen erfahren: diese Urerlebnisse sind der Welt der Wissenschaft konträr, ihr Gegenpol. Wo wäre der Ort des 'wirklichen Geschehens'? Jedenfalls kann die Wissenschaft mit ihrer 'Zeichensprache' nur eine verfälschende "Übersetzung des Original-Vorgangs" (N. Frühjahr 1888 14 [122]) geben; eine "adäquate Ausdrucksweise" wäre auch unmöglich und "unsinnig", sie kann höchstens "eine bloße Relation" ausdrücken.

Der Naturwissenschaft ist (nach Ansicht Nietzsches in N. Ende 1870 6 [4]) nicht vorzuwerfen, daß sie 'materielle' Objekte sucht und findet, denn "Materie sein heißt Erscheinung sein"; vielmehr ist ihr vorzuwerfen, daß sie unwissentlich *nur* "hinter dem Scheine her ist: den sie höchst ernsthaft als Realität behandelt" und wohl als Natur deklariert: während die menschliche Wirklichkeit samt ihrem "Reich der Vorstellungen" und der Phantasie *auch* Natur ist und "eines gleichen Studiums werth" (l.c.).

Der eigentliche Wahn der Wissenschaft, dies impliziert Nietzsches Kritik, ist ihre unendliche Progression zum scheinbaren Verständnis immer neuer "wirklicher Vorgänge", hinter den bereits festgestellten und berechneten. Sinnvoller wäre, mit einem nicht-verstehbaren (unendlichen) "Rest" zu rechnen. Das Nicht-Verstehbare in der Naturwissenschaft scheint – so J. Meurers[20] – selber einen Seinsbezug zu charakterisieren, der jeder Verallgemeinerung oder Kategorisierung entgeht. Was jeweils der Träger einer Maßstruktur[21] 'ist', läßt sich mit wissenschaftlichen, quantitativen Mitteln nicht greifen und kann nur 'existentiell', in Analogien, erfahren werden.

Im szientifischen (und schließlich, als Folge, im Alltags-)Bewußtsein verflüchtigt sich die 'Erscheinungswelt', jene unmittelbare Realität, "auf Grund deren wir uns überhaupt erst verständigen können"[22] und auf die auch der Naturwissenschaftler angewiesen ist, um innerhalb der scientific community über sein Tun, über Versuchsanordnung, Experimente, Resultate, Schlußfolgerungen (und womöglich über deren ethische Dimension) sprechen zu können.

Die sinnlichen, praktischen Momente sind für die Naturwissenschaft erklärtermaßen nur relativ, sie erkennt ihnen kein objektives Moment zu. Die objektive Wirklichkeit liegt jeweils 'hinter' der menschlichen Erfahrungswelt. Die Verfügbarmachung der Natur, die handgreiflichen Folgen der Wissenschaft greifen freilich in die menschliche Dimension ein. Der Glaube an die 'dahinterliegende' Realität bewirkte in der Neuzeit, daß die Erscheinungswelt als etwas Unreales, Hypotheti-

---

20 J. Meurers, Metaphysik und Naturwissenschaft 82 f.

21 Z.B. das Licht als Qualität, so formulierte Thomas von Aquin, sei Träger einer Maßstruktur. – Die Lichterscheinung kann in mathematische Formeln und Aussagen über seine Wellenstruktur etc. gebracht werden, doch kann die Physik nicht sagen, *was* Licht ist; das gilt für alle Phänomene, mit denen die Physik zu tun hat. Siehe Meurers S. 84.

22 Ernesto Grassi: Reisen ohne anzukommen, München 1974, 55 ff.

sches sich verflüchtigte und der Mensch aus der naiv-unmittelbaren Natürlichkeit herausfiel. Ist die Physik objektiv? Sie schiebt ihre Grenzen (den Fluchtpunkt ihrer 'Perspektive') immer weiter hinaus, entwirft neue Koordinatensysteme des Zählens und Messens, zwingt die Natur zu neuen Antworten, die diese von sich aus nicht gäbe, Antworten im quantitativen, berechenbaren Bereich. Erschöpft sich in diesen Schemata Wirklichkeit? Die Physik läßt ungreifbare, ungeklärte 'Reste' übrig, die wesentlich fürs Leben sind – so das Problem des Lebens selbst, den Sinn seiner Zeichen, die menschlichen Phänomene: "Das Meßbare erschöpft nicht die Wirklichkeit schlechthin, obschon es das Ergebnis eines Verfahrens, einer Handlung ist, die das Reale zu fangen, zu erfassen meint. Also setzt die Physik, genau wie die Biologie oder jedes andere naturwissenschaftliche Fach, eine Wirklichkeit voraus, die *vor* den Naturwissenschaften in sich selbst besteht."[23] Diese Realität wird von den verselbständigten Wissenschaften nicht erreicht. Unser Widerspruch ist, so Ernesto Grassi, daß wir unter dem Einfluß der Naturwissenschaften (die ja immerhin als Teilentwürfe auch 'Reales' entwerfen – aber kein bestimmendes Bild mehr!) nicht mehr wissen, *was* (und woraufhin) Wirklichkeit ist. Die Dinge sind umgekehrt, wie die Wissenschaften glauben: die von ihnen erreichten Beschreibungen und Berechnungen des Wirklichen sind nur *eine* bestimmte Handlungsweise, *ein* Aspekt des Lebens, nur *ein* möglicher Entwurf und Orientierungsversuch: "Es gibt aber auch ganz andere, 'natürliche Weisen', sich zu orientieren, den Raum zu erfahren, die Zeit zu erleben – Weisen, die wir völlig vergessen haben, weil wir nicht mehr unmittelbar in der Natur leben."[24]

Nietzsche bestreitet der Naturwissenschaft gar nicht ihr beschränktes, "völlig berechtigtes Ziel" (N. Ende 1870 6 [4]), ihre Gültigkeit als *einer* lebensnotwendigen Perspektive, er fordert aber die permanente Kritik der nur-szientistischen Sehweise von seiten der 'Erscheinungs'-, d.h. unserer Lebenswelt, von der existentiellen Erfahrung, der *pädagogischen* Perspektive her. Der Wert des von der Wissenschaft entworfenen Wirklichkeitsbildes ist an seiner Möglichkeit und Fähigkeit zu messen, zu einer 'Erhöhung des Menschen' beizutragen; wozu, nach Whitehead, das Zeugnis unserer *ganzen* ungeteilten Erfahrung aus *allen* Lebensbereichen nötig wäre.

Naturwissenschaft als Zeichenschrift

Der naturwissenschaftliche logos kann nach Nietzsche *erzieherisch* wirksam und 'einverleibt' werden ("es handelt sich vielleicht bei der ganzen Entwicklung des Geistes um den *Leib*", N. Winter 1883 – 1884 24 [16]): dazu müßte die 'Wurzel des Pessimismus', die Geringschätzung der sogenannten Erscheinungswelt in einem szientistisch verkürzten, sinnlos gewordenen 'Wirklichkeits'bild überwunden sein. Dabei ist nicht einmal "der Pessimismus... die große Gefahr": "Sondern die *Sinnlosigkeit* alles Geschehens!"; und wenn "die Welt... keinen Sinn mehr" hat (N. August

23 Grassi a.O. 56.
24 Grassi 58.

– September 1885 39 [15]), ist das *auch* eine Folge der Entleerung und Ver-nichtung der 'Erscheinungswelt' durch die empirischen Naturwissenschaften. Sie gehören zu jener "Welt des Denkens", die "nur ein zweiter Grad der Erscheinungswelt" ist, und reduzieren Wirklichkeit auf Kategorien, die nur perspektivische Bedeutung haben. Sie sind nur eine großartig durchgeführte 'Zeichenlehre': "'Wissenschaft' (wie man sie heute übt) ist der Versuch, für alle Erscheinungen eine gemeinsame Zeichensprache zu schaffen, zum Zwecke der leichteren *Berechenbarkeit* und folglich Berherrschbarkeit der Natur. Diese Zeichensprache, welche alle beobachteten 'Gesetze' zusammenbringt, *erklärt aber nichts* – es ist nur eine Art *kürzester* (abgekürztester) *Beschreibung* des Geschehens" (N. Sommer – Herbst 1884 26 [227]). Und zwar formiert die Naturwissenschaft ihr 'Zeichensystem' nach dem Vorbild der subjektiven Zeichen unserer Innenwelt.

Daß Naturerkenntnis nur als semiotischer Ausdruck möglich sei und nur perspektivische Bilder gebe, die in einer Zeichenschrift ausgedrückt werden, übernimmt Nietzsche von Gustav Teichmüller[25], den er seit ca. 1883 liest. Die Naturwissenschaft gibt keinerlei Wissen vom wirklichen Geschehen in der Natur: es sind nach Teichmüller nicht die "wirklichen Dinge, deren Beziehung zum Subjekt erfaßt wird, sondern wir können nur die Vielheit der Empfindungen selbst zum Objekt nehmen und ihre Zusammenfassung durch das Subjekt für das perspektivische Bild erklären"[26]. Teichmüllers Idee der semiotischen Erkenntnis der Naturwissenschaft résumiert Nohl wie folgt: "Die angebliche Wissenschaft von der Wirklichkeit gibt nur eine nützliche Formel zum semiotischen Ausdruck der Gesetze der Erscheinungen, gibt aber nicht das geringste Wissen von den wirklichen Dingen und dem wirklichen Geschehen. Die wahre Substanz ist das Subjekt und die wahre Interpretation die nach Analogie unseres Ich"[27].

Während Teichmüller das Sein des 'Ich' voraussetzt (seine 'neue Grundlegung der Metaphysik' ist eine Kritik des Descartesschen Cogito) und das Selbstbewußtsein für ihn "die einzige und letzte Quelle unseres Begriffs vom Sein" ist, von dem auf das Sein aller anderen Dinge erst geschlossen werde[28], ist für Nietzsche der Glaube an ein substantielles Subjekt längst abgetan. Teichmüllers "semiotische Erkenntnis" besagt, daß wir "das sinnlich Unerkennbare durch die Analogie mit unseren eigenen inneren Zuständen" erkennen. Nietzsche übernimmt Teichmüllers Gegensatz von wirklicher und scheinbarer Welt und die Vorstellung der semiotischen Begriffsbildung in der Naturwissenschaft, lehnt aber jede intuitive Selbsterkenntnis ab. Doch ist auch für ihn die Wahrheitssuche der Wissenschaft ein Hineinlegen, Hineinprojizieren, "als ein processus in infinitum, ein *aktives Bestimmen, nicht* ein Bewußtwer-

---

25 Gustav Teichmüller: Die wirkliche und die scheinbare Welt. Neue Grundlegung der Metaphysik. Breslau 1882. – Zu Teichmüller und Nietzsche siehe Hermann Nohl: Eine historische Quelle zu Nietzsches Perspektivismus: G. Teichmüller, die wirkliche und die scheinbare Welt. In: Zs. f. Philosophie u. philosophische Kritik Jg. 154, Leipzig 1913, 106-115, sowie Karl-Heinz Dickopp: Zum Wandel von Nietzsches Seinsverständnis – African Spir und Gustav Teichmüller. In: Zs. für Philos. Forschung 24, Meisenheim 1970, 50-71.

26 Teichmüller, zit. Nohl 112.

27 Nohl 112.

28 Teichmüller 73, zit. Dickopp 65.

den von etwas, (das) 'an sich' fest und bestimmt wäre"; die Naturerkenntnis nach Analogie unseres Selbstbewußtseins beruht nach Nietzsche selbst auf einer "Scheinbarkeit", auf "fingirten Synthesen und Einheiten" (N. November 1887 – März 1888 11 [245]), auf die wir unsere Wissenschaftskategorien gründen; sodaß zuletzt der Prozeß, der sich in der Wissenschaft abspielt, aus der Perspektive des Lebens sich als Spiel oder Widerstreit von "scheinbar dauerhaften", unpersönlichen, subjektlosen "Complexen des Geschehens" zeigt (N. Herbst 1887 9 [91]). Da für Nietzsche das Sein eines Ichs nicht gegeben ist, kann auch kein Sein menschlicher (wissenschaftlicher) Tätigkeiten vom Ich her begründet werden[29]. Die Wissenschaftskritik droht wiederum im Erkenntnisnihilismus unterzugehen; dennoch bleibt die Einsicht in den semiotischen, den Zeichencharakter naturwissenschaftlichen Erkennens bedeutsam. Nietzsche macht die semiotisch zu verstehende Ich-Analogie in physikalischen Begriffen plausibel, ohne an das Sein eines substantiellen Ich zu glauben; "- die Annahme von Atomen ist *nur* eine Consequenz vom Subjekts- und Substanz-Begriff" (N. Herbst – Frühjahr 1886 1 [32]).

Eine Naturerkenntnis aus unserem Selbst heraus, die auf ältere Konzepte (z.B. bei Leibniz) zurückgehen, und die Rolle der Subjektivität wird auch bei neueren Forschern, bis hin zu Weizsäcker, zur Erklärung der Grundkategorien von Wissenschaft herangezogen. Nach Jacob von Uexküll muß die Physik sich darüber klar werden, daß sie letzten Endes 'auf rein subjektiven Qualitäten' basiere und "daß infolgedessen alle Gebilde, die daraus entstehen, nur subjektive Erscheinungen sein können". Nur befinde sich die Physik gewöhnlich in dem Wahn, das Geheimnis der Subjektivität durch Reduktion auf dessen stofflich-physiologische Bedingungen zu lüften und "bei ihrer Zurückführung aller Eigenschaften und Fähigkeiten der Stoffe sich der wahren Realität stetig zu nähern"[30]. Falsch wird die Perspektive, sobald sie als die einzige oder einzig wahre behauptet wird[31]. Die Subjekthaltigkeit der Physik drückt sich in ihrem semiotischen Charakter, ihrer Zeichenhaftigkeit aus. Das Paradoxon, daß die 'Zeichen' an sich unverstanden sind, aber in die Lebenswirklichkeit zurückschlagen und erfolgreich angewandt werden könnnen, bleibt allerdings ungelöst. Der 'wirk-

---

[29] Vgl. Dickopp 68. – Während Teichmüller annimmt, wir seien uns der "substantialen Einheit" unseres Ichs unmittelbar gewiß, ist für African Spir (Denken und Wirklichkeit. Versuch einer Erneuerung der kritischen Philosophie. 2. Aufl. Leipzig 1877 – von Nietzsche intensiv studiert) auch "das bewusste Ich ein blosses Geschehen, eine Art Process" (zit. Dickopp 55). Nach A. Spir ist es nicht einmal mehr 'der Mensch', der *sich* in die (z.B. physikalischen) Gebilde hineinprojiziert und sich die Welt nach seinen selbstgewählten Methoden schafft: es gibt nicht einmal mehr einen Träger der ontologischen Illusionen. – Vgl. hierzu E. Fink: Nietzsches neue Welterfahrung, Vortrag 1972, in: Guzzoni 126-139. Zwar hat der Mensch (GD, KGW VI/3,85) "die 'Dinge' als seiend gesetzt nach seinem Bilde, nach seinem Begriff des Ichs als Ursache", aber, fragt E. Fink (134): wie kann der Mensch noch auch nur Fälscher sein, wenn er selber eine Fälschung und nicht der 'Täter' seiner Falsifikation ist? – Nietzsche ist um den Zirkelschluß nicht bange: er propagiert vielmehr den "radikalen, sich vollbringenden Skeptizismus, der zuerst alles auf den Menschen zurückführt und dann noch den Menschen selber auf eine namenlose schaffende Macht zurückleitet" (Fink l.c.): um des nicht benennbaren Zieles, des ariston willen. – Sozusagen aus pädagogischen Gründen wird von Nietzsche auch die "Möglichkeit" eingeräumt, "daß die Welt der ähnlich ist, die uns erscheint", welche Möglichkeit "gar nicht damit beseitigt (ist), daß wir die subjektiven Faktoren erkennen" (N. Frühjahr 1880 – Frühjahr 1881 10 [D 82]).

[30] Jacob von Uexküll, Theoretische Biologie 126.

[31] Vgl. Ortega y Gasset, Die Aufgabe unserer Zeit (1923/28) 104.

liche Vorgang hinter den Phänomenen' ist (wie die Lebenswirklichkeit) in einem Zeichen-System nicht einzufangen, sie ist immer "unsäglich anders complicirt" (N. April - Juni 1885 34 [249]).

Nach Nietzsche geht die 'Verständigung' auch in der unorganischen Welt mittels Zeichen, einer "Art Sprache" vor sich, aber dort "fehlt das Mißverständniß, die Mittheilung scheint vollkommen"; der (scheinbare) Gegensatz wahr-falsch tritt noch nicht auf, sondern erst in der Zeichensprache des Denkens, das *sein* Zeichensystem, seine "Erfindung von Zeichen für ganze Arten von Zeichen", für das 'innere Geschehen selber' hält (N. Frühjahr 1885 – Frühjahr 1886 1 [28]). Die zeichenhafte Formulierung eines Naturgesetzes ist aber nur "Formel für die unbedingte Herstellung der Macht-Relationen und -Grade" (l.c. 1 [30]).

Eine naturwissenschaftliche, d.h. ursächliche Erklärung stellt nur die mechanische Beziehung zwischen Phänomenen fest – unabhängig von der Lebenssituation des interpretierenden Menschen, der ganz verschiedene 'Codes' und Bedeutungsebenen kennt. Die wissenschaftlich erfaßbare, rein kausale Erklärung wäre immer noch deutungsbedürftig; ihr Begriffssystem ist selber aus der Erfindung *einer* spezifischen Deutung unter möglichen anderen erwachsen. Die Zeichen zur Decodierung der Realität sind in der anthropologischen Welt niemals aktuell gegeben, nie unmittelbar gegenwärtig, sondern müssen vom Menschen jeweils gesucht werden – er 'erfindet' neue Codes für seine Zwecke: so das 'Zeichensystem' der Naturwissenschaften[32]. Nietzsche kann einem 'Zeichensystem' nur a-teleologische, quasi-biologistische 'Zwecke' oder Ziele einer vagen, undefinierbaren Machtsteigerung zugestehen. Es gibt auch "keine *Form* in der Natur", die die Form unserer Chiffren oder Zeichen bestimmen könnte, keine Korrespondenz zwischen Innen und Außen, "denn es giebt kein Inneres und kein Äußeres" (so schon N. Sommer 1872 – Anfang 1873 19 [144]). Ebensowenig gibt es für Nietzsche die mögliche Vorstellung einer Hierarchie von Zeichenwelten, von der unbelebten Natur bis zum natur-interpretierenden menschlichen Intellekt, in dem Sinne, in dem J. v. Uexküll die lebendige Wirklichkeit kennzeichnet als eine Komposition aus (prinzipiell) unendlich vielen *Zeichenwelten*, welche gleichsam die 'Umwelthülle' eines jeden Lebewesens bilden – das einer 'Monade mit vielen Fenstern' gleicht. Danach könnte man die Naturwissenschaft als sinnvolle, aber eben nur relativ gültige 'Komposition' der Natur durch den Menschen, durchaus als ein System rationaler Zeichen verstehen, die aber auf früheren, lebens-näheren Zeichenwelten aufbauen und diese voraussetzen. Für Nietzsche hingegen ist die 'Zeichenschrift', zu der wir es bringen, eine Schematisierung durch unsern "logischen Simplifikationsapparat" (N. April – Juni 1885 34 [249]), also fiktional, und alles Reden über die Natur "bloße Semiotik und nichts Reales" (N. Frühjahr 1888 14 [79])[33]: Die 'Chiffreschrift' verbirgt uns die Dinge (N. Herbst 1880 6 [429]). Die 'Zeichen' der Naturwissenschaft haben keine unmittelbare Lebens-Bedeutung mehr, obwohl sie, wie Nietzsche konstatiert, metapho-

---

[32] E. Grassi: Die Macht der Phantasie (1979) 243 ff.

[33] Über Wissenschaft als Semiotik und 'Symptomatologie' vgl. Johann Figl: Interpretation als philosophisches Prinzip (1982) 170 ff.

risch auf ein Wesentlich-Anderes verweisen, nämlich auf einen 'Grundwillen'(N. April – Juni 1885 34 [249]), auf ein nicht konkretisierbares, subjektloses Willen-zur-Macht-Geschehen, und für praktische Eingriffe in die Natur verfügbar gemacht werden können. Der Sinn und die Bedeutung der 'Zeichen' als *Metaphern* für ein Anderes, für die praktischen Ziele (die Zeichen *machen* die Umwelt ausschnitthaft zum Interaktionsobjekt), sowie die subjektive Herkunft all ihrer Kausalitäten bleibt der reinen Naturwissenschaft verborgen[34]. "Alle uns für Einwirkungen zur Verfügung stehenden Metaphern", so Spaemann/Löw[35], "stammen letztlich aus menschlicher Selbsterfahrung. (Das gilt schon für den Begriff der Ursache selbst; denn Kausalität läßt sich ja – wie schon Hume feststellte – keineswegs in der Natur beobachten.)" Mit den Zeichensystemen der Physik, Chemie usw. decken wir nicht die Wirklichkeit der Natur selbst auf, sie "zeigen uns die Natur nicht, wie sie für sich existiert, sondern wie sie sich für unsere Möglichkeiten, sie zu 'mani-pulieren', darstellt", sagt Thure von Uexküll[36], weitgehend im Sinne der Nietzscheschen Interpretation. Indem die moderne Wissenschaft, wovor Nietzsche warnte, ihr Zeichen- und Metaphernsystem hypostasiert und mit Realität selbst verwechselt, verfällt sie einer "Metaphysik des Mechanismus": da sie entweder das stets notwendige 'materielle Vehikel' allen Sinns, aller Zeichen, fälschlich für 'letzte Wirklichkeiten' nimmt; oder weil sie das abstrakte Zeichensystem (etwa 'informations- oder systemtheoretisch') verselbständigt und so vom Leben loslöst (von lebendigen Subjekten abstrahiert) und die rein logischen Regeln des Zeichensystems zum letzten Wahrheitskriterium erklärt. Damit verzichten wir aber nicht nur auf jede Wirklichkeits- oder Naturerklärung, sondern auch auf die Reflexion dessen, was die Anwendung verselbständigter Zeichensysteme in einer unverständlich gewordenen natürlichen Umwelt bewirkt. In diesem Sinn wäre Nietzsches Nachlaßnotiz von Sommer – Herbst 1886 2 [61] als aktuelle Warnung vor einer sich verselbständigenden Naturwissenschaft zu lesen: "Die Entwicklung der mechanistisch-atomistischen Denkweise ist sich heute ihres nothwendigen Ziels immer noch nicht bewußt; – das ist mein Eindruck, nachdem ich lange genug ihren Anhängern zwischen die Finger gesehen habe. Sie wird mit der Schaffung eines Systems von Zeichen endigen: sie wird auf Erklären verzichten, sie wird den Begriff 'Ursache und Wirkung' aufgeben".

---

[34] Thure von Uexküll: Naturwissenschaft als Zeichenlehre. In: Merkur 481 (1989) 225-234, hier S. 232, der aufzeigt, wie das reduktive Zeichensystem der Naturwissenschaft auf Manipulation der Natur hin entworfen ist. Neuere phantasievolle Forschungen der Molekularbiologie weisen auf hochkomplexe Zusammenhänge hin zwischen dem Nachrichtenaustausch räumlich entfernter Zellen (der "cytosemiotischen Ursprache") bei unseren einzelligen Vorfahren – mit unseren heutigen Zeichensystemen, so als ob "die phonemische Bedeutung jedes Wortes in unabsehbare Tiefen der Vergangenheit unserer Menschwerdungsgeschichte" hinabweise: auch bei Nietzsche 'dichtet' in den Denk- und Wissenschaftskategorien noch 'unsere ganze Ahnenreihe' mit.

[35] Spaemann/Löw: Die Frage Wozu?, zit. bei Th. v. Uexküll 1989, S. 226.

[36] Th. v. Uexküll, l.c.

VIII. *Losgelöste Abstraktion* – Die Logisierung der Wirklichkeit

> Wissend, daß es identische Fälle nicht gibt, staune ich darüber, wie unglaublich gut ein Verfahren glückt, das diese Voraussetzung gleichwohl macht.
> C.F. von Weizsäcker, 1981

Kritik des logischen Optimismus – *pragmatischer Erfolg einer* Zeichen-Convention

Ob die analytische und experimentelle Naturwissenschaft von sich annimmt, allgemeingültige Gesetzesaussagen über 'die Natur' aufgrund gesicherter Daten (z.B. Sinnesdaten, wie im Positivismus) formulieren oder hypothetische Theorien mittels der 'Methode von Vermutung und Widerlegung' entwerfen zu können: die Möglichkeit sinnvoller theoretischer wie praktischer Interaktion mit 'der Natur' ist stets schon vorausgesetzt, und ebenso die Überzeugung, daß die (mußmaßlichen oder sicheren) Gesetzmäßigkeiten sich in die Organisation unseres Wissens einbauen lassen, d.h. logisch-systematischen Charakter haben. Die (Kantsche) Frage nach dem onto-logischen Status dieser Gesetze, oder nach der Art unseres 'Vorwissens', mit dem wir immer schon an die Natur herangehen, ist damit noch gar nicht gestellt, rückt für gewöhnlich auch nicht ins Blickfeld der Wissenschaft, die sich mit dem 'praktisch-kognitiven Erfolg' zufriedengibt; auch ist die normale Wissenschaft wenig beunruhigt durch die (von Thomas Kuhn hervorgehobene) Tatsache, daß "wissenschaftliche Theorien ... nur an einzelnen Punkten mit der Natur Kontakt" haben[1]; die *Logik* der Forschung, ihre Axiome, ein zumindest graduell erkennbarer "systematischer Charakter der Gesetzeserklärungen" hinsichtlich der Natur – liege er nun "in den Augen der Betrachter" oder "im Wesen der Dinge"[2] – ist unbestritten vorausgesetzt.

Diese Feststellung aber oder Vorannahme einer (wie weit immer gehenden) 'logischen Zweckmäßigkeit der Natur' (Kant)[3] ist bereits Gegenstand der Kritik – und noch zurückhaltender Polemik gegen 'Vernunft' in jeder Bedeutung – in Nietzsches Dissertationsentwurf (Frühjahr 1868). Für Kant ist die Intelligibilität der Natur, die Möglichkeit, empirische und reflexive Naturerkenntnis zu gewinnen, als ein transzen-

[1] Hierzu Thomas Kuhn: Logik oder Psychologie der Forschung. In: Die Entstehung des Neuen. Studien zur Struktur der Wissenschaftsgeschichte, 357-383, hier 381.
[2] Rescher, Die Grenzen der Wissenschaft 64.
[3] Siehe hierzu Spaemann/Löw 127 ff.

dentales apriorisches Prinzip gegeben, denn, so Kant in KdU (1. Fassg. Einl. H 21; Weischedel-Ausg. S. 193), "die Natur spezifiziert ihre allgemeine Gesetze zu empirischen, gemäß *der Form eines logischen Systems*, zum Behuf der Urteilskraft"; deshalb sei es möglich, "einstimmig mit Naturgesetzen, reflektieren zu können" (H 19; S. 191), d.h. die reflektierende Urteilskraft macht sich "selbst a priori die *Technik der Natur* zum Prinzip ihrer Reflexion, ohne doch diese erklären noch näher bestimmen zu können, oder dazu einen objektiven Bestimmungsgrund der allgemeinen Naturbegriffe (aus einem Erkenntnis der Dinge an sich selbst) zu haben". – Nietzsche hält die Unterscheidung der "strengere(n) Logiker" zwischen empirischer Erscheinung und Ding an sich durch das absolute "Werden" der Welt für widerlegt und "bedeutungsleer" (MA I 16), und die von Kant postulierte "Zusammenstimmung" unseres Denkens "mit der Natur" (H 18; S. 189) für 'metaphysischen' Schein. Er negiert jede Ebene und Seite dieses Verhältnisses: den tragfähigen Sinn von Reflexion selbst, *und* die Möglichkeit, Reflexion und 'Natur' aufeinander zu beziehen. Damit wäre ein nur fiktives 'logisches System' in eine 'chaotische', a-logische Natur hineininterpretiert. So kritisiert er "Kant's Optimismus" bereits 1868, da dieser schon in der unorganischen Natur, im "Bau des Weltalls" eine "Gesetzmäßigkeit und Zweckmäßigkeit", eine "planmäßige Nothwendigkeit" hineingelesen habe (Musarion-Ausg. 289); Kants 'Nötigung', "nach Zweckbegriffen zu denken", sagt Nietzsche (269), "existirt für unsre Zeit kaum mehr", wohl weil 'unsere Zeit' – mit im übrigen ausschließlich naturwissenschaftlichen Methoden! – und mit ihr Nietzsche 'erkannt' haben, daß die Logik wie jede Vernunftleistung des Menschenwesens Produkt eines unendlichen Werdens, d.h. aber (für Nietzsche) des blinden Zufalls sei – "in der unendlichen Fülle von wirklichen Fällen müssen auch die günstigen und zweckmäßigen sein" (l.c. 269). Der 'optimistische' *Glaube* an logische Erkennbarkeit der Natur setzt illusionäre Plan- und Zweckmäßigkeiten: "Optimismus und Teleologie gehen Hand in Hand" (l.c.), und insofern beruht auch noch die ungläubige Naturwissenschaft seiner Zeit, wie jeder Vernunftglaube, auf "moralischen Vorurtheilen" (N. Herbst 1885 – Herbst 1886 2 [93]). Die 'zeitgemäße', darwinistische Lösung des Problems einer Ordnung in der Natur und ihrer 'Logisierbarkeit' wäre nach Nietzsche (im 4. Exkurs des Empedokles-Abschnitts, Vorplatoniker-Kolleg, GOA XIX 197 f.) nicht die mechanistische, sondern die "Empedokleische": das scheinbar Geordnet-Zweckmäßige aus der Bewegung und dem zufälligen Zusammentreffen einzelner 'Triebe', d.h. "die *geordnete* Welt ... aus jenen entgegengesetzten Trieben, ohne alle Zwecke, ohne allen noûs entstehen zu lassen".

Mit dem wissenschaftlichen Glauben an die mögliche Logisierung der Wirklichkeit (verbunden mit der Gefahr der Verselbständigung einer "zum Untergang" treibenden Wissenschaft: N. Sommer 1872 – Anfang 1873 19 [198]) können aber Leidenschaften, Interessen, ein falsches 'Pathos' wissenschaftlicher 'Wahrheit', ein Fortschritts-'Optimismus' etc. sich vermischen, gleichsam in ihre Sinn-Leere eindringen; denn als ein bloß formales Gerüst der lebensbedingenden 'Wahrheit', ist die Logik 'oberflächlich' und 'leer': "Vollkommene Leerheit der Logik" (N. Herbst 1885 – Frühjahr 1886 1 [85]). Die Logik gehört zu den "Unmöglichkeitsforderungen", die der Mensch sich selber als wissenschaftlich Schaffender stellt – aber "Am Unmöglichen pflanzt sich die Menschheit fort, das sind ihre *Tugenden*", und die "*reine Logik* (ist) das Unmögliche, an dem sich die Wissenschaft erhält" (N. Sommer 1872 – Anfang 1873 19 [194]). So kann Nietzsches Bewertung der Logik, der Methodo-Logik der Wissenschaften durchwegs zweideutig und ambivalent ausfallen; als "Abbreviatur-Fähigkeit", als "Reduktion der Erfahrung auf *Zeichen*", um damit über die Natur "Herr zu sein", kann die Wissenschaftslogik zur "höchste(n) Kraft" werden (N. April – Juni 1885 34 [131]).

In einer Nachlaßaufzeichnung vom Sommer – Herbst 1873 29 [24], die zunächst die 'Verflachung der historischen Disciplinen' betrifft, beklagt Nietzsche mit K.F. Zöllner[4] "das unendliche Experimentiren und (den) Mangel an logisch-deductiver Kraft" in der Naturwissenschaft; ein Beleg unter vielen, daß auch die rationale Analyse und logische Ableitung für Nietzsche ihren (wenn auch nur 'pragmatischen') Stellenwert haben. Gegen das übliche Vorgehen der Naturwissenschaftler gewandt, wirft Nietzsche ihnen die Unfähigkeit zur (Selbst-)Reflexion vor; in ihrem Forschen und Experimentieren ohne Ende[5] und ohne menschheits-steigerndes Ziel triumphiert eine blinde und inhumane Methodo-Logik über den ursprünglicheren Sinn von Wissenschaft. Während Zöllner mit seiner Theorie über den 'Ursprung und die praktische Bedeutung des Verstandes' vor allem den Verlust eines 'wissenschaftlichen Gewissens' beklagt, relativiert Nietzsche das auf induktiver und deduktiver Logik gründende Weltbild der Naturwissenschaft und ihr Vorgehen in toto – und er deckt versteckte Interessen und Motive hinter ihren rationalisierenden Vorgehensweisen auf. Die Vivisektion etwa steht exemplarisch für eine wissenschaftlich-objektivierende Einstellung: "Durch Wissen tödten: eig(entlich) ist es nicht einmal das Wissen, sondern nur das neugierige unruhige Belauern, also ein nothwendiges

---

4 Der Astrophysiker und Leipziger Professor Karl Friedr. Zöllner (1834-1882) hatte mit seinem Buch "Über die Natur der Cometen. Beiträge zur Geschichte und Theorie der Erkenntnis", Leipzig 1872, und auch durch den Skandal, den es bei Fachkollegen hervorrief, einigen Einfluß 1. auf die Entwicklung des physikalischen Weltbildes Nietzsches (die wissenschaftlichen Beweisversuche für die Wiederkehrlehre sind in Details entscheidend von Zöllners Darstellung und Theorie abhängig: s. Natur der Cometen, Abschnitt "Über die Endlichkeit der Materie im unendlichen Raume", S. 229 ff. der 1. Aufl.; ebenso verdankt ihm Nietzsche die Kenntnis der nichteuklidischen Geometrien usw.) – und 2. auf seine Wissenschaftskritik (Erklärung der Kausalität nach der Subjekt-Analogie; Projektion unseres "Kausalitätsglaubens" in die Außenwelt; psychologisch-biologische Basis aller naturwissenschaftlichen Kategorien). Nietzsche war vom "Zöllnerskandalon" sehr betroffen, wie er Nov. 1872 an Rohde schreibt: "Dieser ehrliche Mensch ist, seit dieser Tat, in der schnödesten Weise in der gesamten Gelehrtenrepublik wie exkommuniziert, seine nächsten Freunde sagen sich von ihm los und er wird in aller Welt als 'verrückt' verschrien!" (zit. bei Janz I 507). Mit seinem späteren Abgleiten (nach 1874) in Okkultismus und Spiritismus (seinen Spekulationen über Zusammenhänge von 'vierdimensionalem Raum' und Telekinese) scheint Zöllner allerdings jegliches "instinctive Misstrauen gegen die Abwege des Denkens, welches in der Seele jedes wissenschaftlichen Menschen" wurzele (MA I 635), verloren zu haben. Schon der kühn spekulierende und analogisierende Denk-Stil im 'Cometenbuch' wirkte, nicht *nur* günstig, auf Nietzsche. – Zu Zöllner siehe: Dieter B. Herrmann: Karl Friedrich Zöllner. Leipzig 1982 (Teubner-Biogr. hervorrag. Naturwissenschaftler Bd. 57); Schlechta/Anders 1962, 122-127.

5 Neues Belegmaterial zum 'endlosen Experimentieren' s. Jürgen Dahl: Die Verwegenheit der Ahnungslosen. Über Genetik, Chemie und andere Schwarze Löcher des Fortschritts. Stuttgart 1989, und die Rezension von Ulrich Horstmann: Das Übel der Weltverbesserei, in: Die Zeit v. 31.3.1989.

Mittel und conditio der Wissenschaft" (N. Sommer – Herbst 1873 29 [28]), und im Anschluß an Zöllner erhebt Nietzsche (zumindest in Notizen und gegenüber Wagner) seinen "Protest gegen die Section des Lebendigen d.h. sie sollen leben lassen, was noch nicht todt ist, und es nicht sofort als wissenschaftliches Object behandeln" (l.c. 29 [27]).

Nietzsche hat seinen eigenen Begriff von *Logik* nicht exakt definiert und sich auch nie mit 'formaler Logik' analysierend beschäftigt, wohl aber mit den praktischen Konsequenzen formalisierenden Denkens. (Da die normale Wissenschaft sich meist relativ unbeschwert über logische Finessen der Wissenschafts*theorie* hinwegsetzt und sich mit den Syllogismen der klassischen bzw. der Alltags-Logik begnügt, trifft Nietzsches Kritik – des Glaubens an die Allgemeingültigkeit nur-rationaler wissenschaftlicher Weltbewältigung – meist den Nerv eines verborgenen Interesses dahinter).

Die wissenschaftliche Einstellung setzt sich in einem "*Kampf*" mit anderen "durch die Kraft lebenden 'Wahrheiten'" erst allmählich durch; ihr liegt ein 'logischer Trieb' zugrunde, der von einem (allerdings zwiespältigen) 'Pathos der Wahrheit' herstammt: "Wunderbare Erfindung der Logik. / Allmähliches Überwiegen der logischen Kräfte und Beschränkung des Wissens*möglichen*" (19 [102]). Aber es geht um die praktische Auswirkung des logisch begründenden Wissenstriebes, der nur auf "Wissens*mögliches*" gehen kann und über keinen Wertmaßstab für seine 'bewiesenen Wahrheiten' verfügt – andere, affektive, künstlerische Triebe müssen gegensteuern: "Fortwährende Reaktion der künstlerischen Kräfte und Beschränkung auf das Wissens*würdige* (nach der Wirkung beurtheilt)" (N. l.c.).

Ohne diese Selbstbeschränkung und -kontrolle der Wissenschaft wird Logik exzessiv und entpuppt sich im praktischen und meist gewaltsamen Zugriff auf die objektivierte Natur buchstäblich als das, was sie ursprünglich bei Aristoteles (als Ana-lysis) theoretisch war, als eine (nun aber die lebendige Wirklichkeit selbst sezierende, tödliche) 'Zergliederungskunst'. Insofern liegen die möglichen fatalen Konsequenzen *auch* schon in ihren logischen – und ihren unlogischen – Prämissen beschlossen.

Gerade wenn die Wissenschaft unbedingte Gültigkeit und ausschlaggebende *Bedeutung* fürs Leben beansprucht, erweisen sich verdeckte Vorannahmen in ihren theoretischen Grundlagen (v.a. in Form eines unkritischen *Glaubens* an ihre unbegrenzte Tragfähigkeit) als destruktiv; und zwar als potentiell zerstörerisch ('nihilistisch') schon deswegen, weil dergestalt blinde Wissenschaftlichkeit ihr Verhältnis zur Praxis nicht mehr durchschaut – oder oberflächlich-optimistisch verkennt; in dem Sinne schafft Nietzsches Kritik auch Platz für ethische Überlegungen: "In dem Maße, in welchem der Sinn der Kausalität zunimmt, nimmt der Umfang des Reiches der Sittlichkeit ab" (M 10).

Gegner und Angriffsziel der Nietzscheschen Kritik (stets vor Augen zu halten, um sie recht zu würdigen) ist der selbstsichere Vernunftglaube und das Logikverständnis des zeitgenössischen Positivismus. Mehr als szientistisches Programm und antimetaphysische Weltanschauung denn als bewußte Methode im Tun der Forscher selbst (d.h. deren Methode selbst *ist* immer schon 'positivistisch'), beherrscht positivistisches Denken seit den vierziger Jahren das europäische Geistesleben. Ob nun (bei Comte, Mill, Mach und anderen) die Sinnesdaten oder andere empirische 'Daten' einen absoluten Geltungsanspruch stellen: gemeinsam ist den vertretenen 'Positivismen' der Verzicht auf die Frage nach dem Sinn des (philosophischen und) wissenschaftlichen Erkennens[6] überhaupt – weil, wie J. Habermas[7] treffend feststellt, von Wissenschaftlern und Wissenschaftstheoretikern dieser Sinn immer schon präjudiziert wird. Die Reflexion auf Bedeutung und Folgen des wissenschaftlichen Tuns erübrigt sich dann, wenn die 'Tatsache moderner Wissenschaft' nebst den von ihr *erzeugten* Tatsachen, ihre Ergebnisse und Erfolge, selbst normativ verstanden und dadurch gegen die Wirkung außer- oder überwissenschaftlicher ethischer Normen abgeschirmt werden. Und als *Tatsache* gilt, was zum Objekt strenger wissenschaftlicher Analyse *gemacht* werden kann. Der Philosophie bleibt dann nur noch die Aufgabe methodo-logischer Reflexion, der eingeschränkt methodischen Selbstvergewisserung über ein (logisches) Regelsystem, nach dem zu verfahren ist: die Exaktheit unserer Erkenntnis hängt ab vom "analytischen Zusammenhang von universellen Sätzen und der logischen Verknüpfung von Beobachtungsaussagen mit solchen Theorien"[8], die sich auf scheinbar evidente Tatsachen stützen. Comte[9] sieht einen auf der Wissenschafts-Logik beruhenden "wissenschaftlichen Fortschritt" heraufziehen dank des "positiven Geistes", der, "ohne das notwendige Übergewicht der in aller Form konstatierten Wirklichkeit zu verkennen, immer den Bereich des vernunftmäßigen Schließens auf Kosten desjenigen des Experimentes so viel als möglich zu vergrößern strebt". Das von Bacon herkommende 'voir pour prévoir' der "wahren Wissenschaft"[10] sei vom Blick des szientistisch geprägten *Logikers* zu dirigieren.

Comtes "ausschweifende Gedanken" (KSA 14/226; Randschrift zu M 542) lernte Nietzsche (davon abgesehen, daß die wissenschaftliche Literatur der Zeit überwiegend von ähnlichen szientistischen Einstellungen geprägt war) durch John Stuart Mills[11] Aufsatz "Auguste Comte und der Positivismus" kennen. Die Anschauungen Ernst Machs[12] müssen Nietzsche aus der umfassenden naturwissenschaftlichen Lektüre und den in seiner Bibliothek befindlichen "Beiträgen zur Analyse der Empfindungen" bekannt gewesen sein.

---

6 Emil du Bois-Reymond in seiner berühmten Rede (1872) "Über die Grenzen des Naturerkennens", zit. bei Ernst Cassirer: Zur modernen Physik. Darmstadt 1964, 138: "Es gibt für uns kein anderes Erkennen als das mechanische – ein wie kümmerliches Surrogat für wahres Erkennen es auch sei, und demgemäß nur *eine* wahrhaft wissenschaftliche Denkform: die physikalisch-mathematische."

7 Jürgen Habermas, Erkenntnis und Interesse 88.

8 - so charakterisiert Habermas, l.c. 98, Comtes Wissenschaftsauffassung.

9 Auguste Comte: Discours de l'esprit positif, frz./dt. ed. I. Fetscher 59 f. (zit. bei Habermas 99), hofft nicht nur auf den Geist, den *esprit* positif, sondern darauf, daß "die rationale Auffassung von der Einwirkung des Menschen auf die Natur" die gesamte Wirklichkeit im szientistischen Sinne verändern wird, da Naturwissenschaft und Technik einen "großen praktischen Endzweck" haben, nämlich "auch und in erster Linie politisch und moralisch" zu werden.

10 Comte, Soziologie Bd. III, Jena 1923, 614, zit. Habermas 99.

11 Mill's Ges. Werke (in 12 Bdn., die Nietzsche besaß), hrsg. v. Theod. Gomperz, 1869-80, Bd. IX 89-141. Für eine Beschäftigung Nietzsches mit Mills induktiver Logik gibt es keinen Nachweis; Mill als Ethiker und Moralist war ihm nur ein 'Flachkopf' (GM).

12 Mittasch weist "auf Beziehungen zu Mach" hin: Mittasch 1952, 367, Anm. 8.

Gegen Mach insbesondere, für den das "durch die Spezialwissenschaften Erforschbare"[13] als Sphäre höchster und ausschließlicher Realität gilt, könnten in erster Linie Nietzsches Dicta gegen den positivistischen Tatsachenglauben gerichtet sein. Ein Grund zur Gegnerschaft mußte schon in der gefährlichen *Nähe* einiger 'antimetaphysischer' Postulate Machs und des Positivismus liegen – d.h. in der *Ähnlichkeit* mit Positionen Nietzsches, die von 'positivistischen' auf *einen* Blick nicht zu unterscheiden sind: so die Leugnung des Vorrangs eines erkennenden, selbst-bewußten Subjekts, d.h. die Konzeption des Ichs als 'zufälligen' Komplex von Empfindungen. In Machs monistischem Ansatz gehen diese Empfindungskomplexe aber in einer verdinglichenden, physikalistischen Sicht unter: seine "objektivistisch verstandene Wissenschaft", so urteilt J. Habermas über Machs Physikalismus, verfestige sich zu einer "Ontologie des Tatsächlichen". Nietzsche hingegen konzipiert die *eine* Wirklichkeit als eine Pluralität von (Empfindungs- und) Willen-zur-Macht-Zentren, die sogar eher als *'Geschehenskomplexe'* (vgl. N. Herbst 1887 9 [91]) zu benennen wären; ein konsistentes Subjekt ist in beiden Fällen negiert. So definiert Mach die möglichen Objekte empirischer Wissenschaft, wie sie in ihrem methodo-logischen Regel- und Begriffssystem erst nach und nach entwickelt und konstituiert werden, schon als 'Wirklichkeit' selbst. Diese szientistische Vorannahme durchschaut Nietzsche als (immer noch) metaphysisches Vorurteil, als bloße Interpretation eines *schwachen* 'Ich' in einer Welt der puren Faktizität, das 'sich selber loswerden' möchte und seinem Wissen keine 'Bedeutung fürs Leben' mehr zu verleihen wagt.

Dem späteren logischen Positivismus – der sich u.a. merkwürdigerweise auf Nietzsche beruft und damit einem der unausrottbaren Mißverständnisse seiner Rezeptionsgeschichte zum Opfer fällt – scheint *alles* metaphysik-verdächtig – außer der Logik selbst, die zusammen mit der Mathematik einen unbedingten, apriorisch-analytischen Status erhält. Man glaubt, mit einer 'physikalistischen Sprache' und der Verwendung des Kalküls nichts über 'philosophische Inhalte' zu präjudizieren; wogegen Nietzsche gerade die versteckt metaphysischen Vorurteile *in* den 'Formal-Wissenschaften' wie Logik und Mathematik auf- und angriff: "Auch hinter aller Logik und ihrer anscheinenden Selbstherrlichkeit der Bewegung stehen Werthschätzungen (...) Zum Beispiel, dass das Bestimmte mehr werth sei als das Unbestimmte, der Schein weniger werth sei als die 'Wahrheit'" (JGB 3; KSA 5/17). Den Versuch, sich der 'Wahrheit' methodisch mittels logischer Analyse von Begriffen und Aussagen zu versichern, hätte Nietzsche auch unter die "Vordergrunds-Schätzungen" (l.c.) eingestuft.

Aber – "Nietzsche mit seiner Kritik der Metaphysiker" habe "unmittelbar Anteil am Aufblühen der Wiener Schule", meint unerschüttert ein neuerer Nachfolger derselben[14]. Moritz Schlick und einige Mitglieder des 'Wiener Kreises' sahen in Nietzsche den Zerstörer der Metaphysik, der erkannt haben soll, "daß das Leben solange keinen Sinn hat, als es ganz unter der Herrschaft der Zwecke steht"[15].

---

[13] Ernst Mach: Erkenntnis und Irrtum. Leipzig 1905, 12.

[14] K.R. Fischer: Nietzsche und der Wiener Kreis. In: Grazer Philos. Studien, hrsg. v. Rudolf Haller, Jg. 16/17, Amsterdam 1982, 255-269.

[15] Moritz Schlick,zit. bei Fischer 260. Zur Teleologie-Kritik Nietzsches vgl. Spaemann/Löw, Die Frage Wozu? 194 ff.

Nietzsche habe "Fundamentales in Carnap vorweggenommen"[16], nämlich daß 'metaphysische Behauptungen' eben keine Erkenntnis und daher 'sinnlos' seien. So reklamiert der logische Positivismus den 'tollen Menschen' und den 'Tod Gottes' für sich, indem er selbst ein auf logisch 'sinnvolle' Sätze gebautes 'Jenseits von Gut und Böse' verheißt. Zu fragen wäre, ob die 'Größe dieser Tat' nicht auch 'zu groß' für die analytische Methode ist, und ob die Berufung auf Nietzsche nicht eben dessen These belegt, daß die Welt uns erst 'logisch' erscheint, nachdem und "weil *wir* sie erst logisirt *haben*" (MA I 11); indem wir "*ihre Postulate in das Geschehen hineinlegen*" (N. Herbst 1887 9 [144]) – nachdem wir zuvor schon unsere metalogischen 'Wertschätzungen' in die Postulate gelegt haben! Bezeichnend für die Wirksamkeit und das 'Hineinlegen' unbewußter (anti)metaphysischer Vorurteile ist die Faszination der frühen logischen Positivisten von dem 'Hauptziel' Zarathustras, nämlich der "negativen, destruktiven Aufgabe der Vernichtung oder des Abbaus der gesamten Metaphysik"[17]. So kommt man, unter irriger Berufung auf Nietzsche und seine Intentionen umkehrend, zur Verwechslung von *Logik* und *Erkenntnis*, zur Verselbständigung jenes Logizismus, den gerade Nietzsche schärfster Kritik unterzog: "Die Mittel wurden mißverstanden als Werthmaaß". Die ursprüngliche Absicht im "Erfinden von Formeln und Zeichen" der Logik, nämlich "die verwirrende Vielfalt auf ein zweckmäßiges und handliches Schema" zu reduzieren, wird auf eine Weise mißverstanden, daß sogar die "Gegenpartei" der Wissenschaftsfeinde "nun auch die *Wissenschaft* perhorrescirte" und 'um ihre Unschuld bringt' (N. Frühjahr 1888 14 [153]). Die Folgen allseitiger Logisierung, rationalistischer Sinnlosigkeitserklärung alles Alogischen und einer 'nihilistischen' Durch-rationalisierung aller Lebensbezüge werden nicht nur übersehen oder verkannt, sondern (als Lösung aller 'Scheinprobleme') herbeigesehnt. Die vom logischen Positivismus zwar ebenfalls als 'sinnlos' einzuordnende, da nicht logisch verifizierbare Behauptung Zarathustras: "Es ist *alles* kleiner geworden" (mittels Reduktion auf 'Wissenschaftlichkeit'), wird dann zustimmend als "befriedigende, ... radikale Induktion" gewertet, und sogar die stete Entwicklung auf den 'letzten Menschen' hin als längst fälliger Fortschritt begrüßt. Aus der Sicht des logischen Positivismus hat Nietzsches Zarathustra erst die Möglichkeit eröffnet, "daß der Mensch sich selber als unwichtig nimmt, daß er bescheiden wird und in einer lauen Welt lebt, einer Welt ohne Idealismus. Dabei wird dem Menschen freigestellt, die technokratische und nicht die humanistische Utopie zu wählen, obwohl Zarathustra nicht verstehen kann, wie denn der Mensch das eigentlich tun könne"[18]. – Ist die Wirklichkeit erst radikal auf techno-logische Begrifflichkeit reduziert, wird dem 'letzten Menschen' die 'freigestellte' Wahl nicht

---

[16] Fischer 267.

[17] Fischer 260.

[18] Fischer 268. – Arthur C. Danto: Friedrich Nietzsche (1964. In: N. Hoerster [Hrsg].): Klassiker des philosophischen Denkens. Bd. 2, München 1982, 230-273, meint, Nietzsche sei eine Art analytischer Sprachphilosph und komme 'dem Geist des Logischen Empirismus sehr nahe'; er habe sich v.a. Gedanken gemacht über 'empirische Verifizierbarkeit' und formale Wahrheitskriterien von Sätzen. Gegen Dantos verfehlte Nietzscheinterpretation im ganzen wendet sich W. Kaufmann 1982, 417-419 Anm.: "Es ist verkehrt, eine Nietzsche-Interpretation vorzutragen, die sich nur durch ein paar Ausschnitte aus Nietzsches Werk belegen läßt, ohne auf den Kontext zu achten..."

mehr so schwerfallen, aus einer selbstvernichtenden und kontraproduktiven 'Logik' heraus, die Nietzsche in seiner allerletzten Schaffenszeit, unhöflich genug, auch einmal *so* charakterisieren konnte: "die Logik, die begriffliche Verständlichkeit des Daseins selbst für Idioten" (NW; KSA 6/426).

Über den älteren Positivismus eines John Stuart Mill hinausgehend, hält Nietzsche das Wesen und die Hervorbringung von 'Tatsachen' und die wahren Wirk- oder 'Zweck'-Ursachen der Phänomene nicht nur für unerkennbar, sondern schon ihre Annahme für fiktiv. Mill zufolge lassen sich konstante Sukzessions- und Ähnlichkeitsbeziehungen *zwischen* den Phänomenen und 'Tatsachen' von uns konstatieren[19]; haben wir sie als 'Antezedentien' und 'Konsequenzen' logisch miteinander verbunden, kommen wir mithilfe induktiven Schließens zu (kausalen) Gesetzlichkeiten in den Erscheinungen[20]. So sehr Mill an der Allgemeingültigkeit des Kausalgesetzes festhält, dessen unbedingte Anerkennung erst Gültigkeitskriterien für wissenschaftliche Theorien (im Sinne seines Induktions-'Kanons') liefert, zweifelt er doch so weit am intellektuellen Teil unserer Natur, daß wir zusätzlich eines *Glaubens* an jene spekulativen Grundüberzeugungen bedürfen, damit *alle* unsere Leidenschaften und Antriebe auf wissenschaftliche Ziele hingelenkt würden[21] – so Mill in der Schrift, auf die Nietzsche seit ca. 1880 des öfteren zurückkommt.

Nach Nietzsche ist aber schon in der *Entscheidung* zur Anwendung logischer Regeln eine Leidenschaft, ein Trieb, ein Wille am Werk: die Logik der Wissenschaft gehört schon zur zurechtgelegten, "fingirten Welt"; sie *ist* ein Wille, "Herr zu werden über das Vielerlei der Sensationen" und bedeutet, "die Phänomene *aufreihen* auf bestimmte Kategorien" (N. Herbst 1887 9 [89]). Der Charakter einer werdenden Welt, wie Nietzsche ihn totalisiert, ist aber "unformulirbar... falsch... sich-widersprechend": "die *Annahme des Seienden* ist nöthig, um denken und schließen zu können" (l.c.). Die Annahme 'falscher Ähnlichkeiten' ist typisch für die Vorgehensweise der Naturwissenschaften (so schon N. Sommer 1872 – Anfang 1873 19 [217]); wir erkennen gar nie 'Gleiches', sondern *machen* gleich: "Der Begriff entsteht aus einem Gleichsetzen des Nicht-Gleichen" (N. Winter 1872-1873 23 [11]); von uns konstatierte Ähnlichkeiten in der Natur sind nur 'für uns' (N. Frühjahr 1888 14 [187]) – kein Sauerstoffatom hat seinesgleichen (N. Frühjahr 1888 14 [237]). Wenn die Wissenschaft zusammenfaßt, rubriziert, fälschlich identifiziert, ist dies eine "wesentlich unlogische" *Handlung*: wir *wollen*, daß 'etwas' so und so ist (N. Ende 1886 – Frühjahr 1887 7 [3]). Der Macht- und Praxischarakter von Wissenschaft schlägt von der ersten Identifizierung von 'Dingen' bis zum induktiven und deduktiv-systematischen Schließen durch: als Gleichmacherei einer sich in 'individuellen' Urereignissen vollziehenden werdenden Natur – "Der Wille zur Gleichheit ist der Wille zur Macht" (N. Herbst 1885 – Herbst 1886 2 [90]).[22] Das machtförmige Interesse in den logischen

---

19 J. St. Mill: Comte and Positivism (1865), in Collected Works, ed. J.M. Robson, Toronto/London 1969 vol. 10, 261-368; hier 265 f. Dazu Stefano Poggi: Positivistische Philosophie und naturwissenschaftliches Denken. In: W. Röd (Hrsg.): Gesch. d. Philos. Bd. 10. München 1989, 10-154; bes. 120 ff.

20 Mill, Coll. Works 10, 293 f.

21 Mill l.c. 315 f.

22 Vgl. R. Löw, Nietzsche, Sophist und Erzieher 83 ff.

Grundkategorien hält sich aber von den mechanistischen Grundlagen bis zur technologischen Verwendung durch. Mathematik *und* Mechanik verfallen dem Verdacht, "daß sie nichts mehr und nichts weniger sind als angewandte Logik auf die bestimmte und beweisliche Annahme hin, daß es 'identische Fälle' giebt" (N. August – September 1885 40 [27]). Die mechanistische Konstruktion (von Experimenten, Resultaten, und davon abhängigen Apparaten) gelingt zwar in Durchführung und Anwendung der logischen Zeichenschrift, trägt aber nichts zur "Erkenntniß eines Dings" bei (wobei die ontologische Bedeutung der logischen Zeichen ebenfalls unklar bleibt. Der moderne Physiker und Wissenschaftsphilosoph staunt immer noch, daß ein Verfahren glücken kann, das die Voraussetzung von – in Wirklichkeit nicht existierenden – identischen Fällen macht, bemängelt aber an Nietzsche, daß auch er "hierüber ... keine Aufklärung" gebe)[23]. Wie kam der Mensch in Wirklichkeit überhaupt zur Verwendung einer 'Zeichenlehre', einer 'Zeichen-Convention', wenn in ihr 'die Wirklichkeit gar nicht vorkommt' (GD Die "Vernunft" 3), – wenn die 'Zeichenschrift' der Wissenschaftslogik nur das "Muster einer vollständigen Fiction" ist (N. April – Juni 1885 34 [249]), eine "Schematisir- und Abkürzungskunst" (N. Sommer 1886 – Herbst 1887 5 [16])? Zunächst zwingt uns die 'biologische Nötigung' zum (letztlich praktischen) Gebrauch der logischen Zeichen, bis hin zu den Systemen der Naturwissenschaft:

Die von den Griechen entdeckte und bis heute (in einem 'naturwüchsigen' Prozeß sozusagen) stets verfeinerte, "bewunderungswürdigste logische Operation und Distinktion" – und Nietzsche differenziert nicht zwischen einer impliziten Logik in Begriffen, in Grammatik, Syntax oder im alltäglichen Sprachgebrauch, und irgendeiner 'formalen' Logik in Philosophie und Wissenschaft – das logische Operieren "ist nicht auf einmal geworden, sondern endlos langer Zeiträume *logisches* Ergebniß", d.h. es ist mit und in der Sprache entstanden: "Hat nicht die Sprache schon die Befähigung des Menschen zur Erzeugung der Logik verrathen? ... Die geistige Thätigkeit von Jahrtausenden in der Sprache niedergelegt" (N. Sommer 1872 – Anfang 1873 19 [117]), sodaß Sprach-, Begriffs- und Logikkritik zusammenfallen. "Hier ist an die Entstehung der Instinkte zu denken: ganz allmählich erwachsen" (l.c.), unser logisch-rationales Vermögen hat instinktive, triebhafte Grundlagen, *ist* nur Fortsetzung eines Urtriebs, der Mensch mit allen 'geistigen' (wissenschaftlichen etc.) Bestrebungen bloß "allerspätestes Resultat der Natur" – diese naturalistische Sicht wurde schon in vorhergehenden Kapiteln kritisiert.

Nietzsche sieht die 'archaische' Entstehung von Logik (und der ersten Ideen über 'Naturgesetze') in engem Zusammenhang mit dem "Ursprung des religiösen Cultus" (MA I 111)[24]: In den "Urculturen" bildete sich eine "Grundüberzeugung" über die "Natur und den Verkehr mit ihr" heraus; der Mensch (der aber, was Nietzsche nicht klärt, als kreatives, ganzheitliches Wesen sich schon vorfand) empfand sich als die

---

[23] C.F. v. Weizsäcker: Nietzsche (1981), in: Wahrn. d. Neuz. 1985, 102.

[24] Nietzsches Quelle für MA I 111 und ein Kolleg von 1875/76 war: John Lubbock: Die Entstehung der Civilisation und der Urzustand des Menschengeschlechtes..., mit Vorw. v. R. Virchow, Jena 1875 – Formulierungen und pointierte Meinungen Nietzsches sind oft auch stark von Zufallsfunden seiner Quellen abhängig.

Regel, die Natur als Regellosigkeit ('zufällige' Entstehung aus dem 'Chaos'!). "Das Nachdenken der magie- und wundergläubigen Menschen geht dahin, *der Natur ein Gesetz aufzulegen*". Wie solch vorausgesetzter, schon vorher-gehender 'Glaube', auf dem Weg von der 'interpretierenden' Amöbe zum Urmenschen, entstehen konnte, erklärt Nietzsche nicht. – Der erahnte rationale, gesetzmäßige Zusammenhang mit der Natur wird nun im 'religiösen Cultus' Gegenstand irgendwelcher Zelebrationen und Ritualen; wobei im Verhältnis des Menschen zur Natur sofort ein Machtwille am Werk gewesen sein muß, der, ein 'verwandtes Problem', als (von vornherein aggressiv getönte) "Zauberei zwischen Mensch und Mensch" ohnehin schon wirkte[25], – so als wäre die Einstellung der frühen Menschheit zur Natur, und die Herausbildung aller rationalen Elemente dieses Umgangs, nachweislich von einem Macht- und Aggressionstrieb, von der Aggressivität zwischen den Urhorden dirigiert – Nietzsches Unterstellung, die durch alle neueren Forschungen der Paläoanthropologie als widerlegt zu gelten hat –: "wie kann der *schwächere* Stamm dem *stärkeren* doch Gesetze dictiren, ihn bestimmen, seine Handlungen (im Verhalten zum schwächeren) leiten?" Und durch gewisse 'Rhythmisierungen' und Ritualisierungen im 'religiösen Cultus' lernte nun der Mensch, "die Natur zu menschlichem Vortheil zu bestimmen und zu bannen, also ihr eine *Gesetzlichkeit einzuprägen, die sie von vornherein nicht hat;* während in der jetzigen Zeit man die Gesetzlichkeit der Natur *erkennen* will, um sich in sie zu schicken". – Der Nachsatz will wohl sagen, daß die kausalforschende Naturwissenschaft heute den ursprünglich kämpferischen, imperativen Anspruch der natur-bezwingenden Rationalität vergessen und verdrängt hat und das Mittel selbst (zur Überwältigung der Natur) 'anbetet'; was auf die Unterwerfung des Menschen unter die von ihm geschaffene Logik der Naturwissenschaft und eine Selbst-Diskreditierung der Welt hinausläuft, "in der der Mensch zu wohnen und sich einzurichten seine Vernunft erfunden hatte" (N. Frühjahr 1888 14 [153]): die logischen *Mittel* werden "mißverstanden als Werthmaaß".

Wenn Nietzsche die Entstehung der Logik naturalistisch ('evolutionistisch') verstehen will, gerät er doch in gewissen Widerspruch mit seiner (Hypo-)These von der 'Zufälligkeit' *unserer* Logik (inzwischen *haben* wir mehrere), die nicht 'die einzige Art Logik' sein könne - "wir möchten vielmehr uns überreden, daß sie nur ein Spezialfall sei, und vielleicht einer der wunderlichsten und dümmsten" (FW 357); es sei denn, man nehme mit Nietzsche die 'Zufälligkeit' des 'Ganzen' an (oder man denkt an 'nicht-aristotelische' Logiken, von deren Möglichkeit im 19. Jahrhundert Nietzsche ebenso gewußt haben dürfte wie von der nichteuklidischer Geometrien). Ansonsten müßte man ja auf eine gewisse 'evolutionäre' Notwendigkeit in der Entstehungsgeschichte genau dieser unserer Rationalität und Logik kommen; *die* scheint Nietzsche auch anzunehmen, dagegen nur den Glauben an ihre absolute Gültigkeit, an ihre ontologische Bedeutung, und die "Consequenzen (dieser) Werthschätzungen" (N. Herbst 1887 9 [62]) zu attackieren (und hierin wird er von den Erkenntnissen neuerer Wissenschaft bestätigt): N. April – Juni 1885 34 [170]: "Ein

---

25 Ältere und neue Aggressionstheorien sowie Befunde zu 'Uraggressions'-Thesen stellt dar und kritisiert Erich Fromm: Anatomie der menschlichen Destruktivität. Stuttgart 1974.

logischer Vorgang, von der Art, wie er 'im Buche steht', *kommt nie vor*, so wenig als eine gerade Linie oder zwei 'gleiche Dinge'"; und zwar denkt Nietzsche gar nicht an von uns (bzw. der Wissenschaft) konstatierte 'logische Vorgänge' oder Relationen in der 'objektiven' Außenwelt, sondern an die Beteiligung trieb- und interessebestimmter Elemente in unserem Denken, das "grundverschieden" von Logik "läuft": "zwischen einem Gedanken und dem nächsten waltet eine Zwischenwelt *ganz anderer* Art z.B. Triebe zum Widerspruch oder zur Unterwerfung usw." (l.c.). Logisches Denken kann 'imperativisch', ein darauf sich berufendes Verhalten gewaltsam, von Leidenschaften und verborgenen praktischen Interessen bestimmt sein, von 'Rationalisierungen' im psychoanalytischen Sinn (wie die aus scheinbar rein logischer Forschungs-Eigendynamik sich ergebenden 'Sachzwänge' belegen).

Wie die Entwicklungsgeschichte des Denkens und der Logik[26], soweit sie sich einigermaßen gesichert in anthropologischer und Mythenforschung rekonstruieren läßt, zeigt, muß es in der Lebenspraxis sog. 'primitiver' Völker, bzw. in den Urgemeinschaften, unmittelbare – nicht nur mit Magie verbundene – Formen der Naturerkenntnis gegeben haben[27], wobei natürlich beim 'Urmenschen' nicht eine "Haltung reiner Neugier", eine 'interesselose' Einstellung gegenüber der Natur geherrscht haben konnte; vielmehr bestimmte die (von Beginn an numinos *und* rational erfahrene) Natur "seine existentiellen Reaktionen". Naturerkennen bedeutete für ihn etwas Lebenswichtiges, Konkretes, auch wenn er teilweise 'mystische' Kausalvorstellungen hegte und sich Naturerscheinungen 'übernatürlich' erklärte; er hätte sie nicht rational vorhersehen oder beeinflussen können, "wenn er sich ständig und überall in einer Spähre des Absurden bewegt hätte", und diese "Umgestaltung der Natur und des physischen Milieus", bzw. die geschickte Anpassung an sie, "gab den Anstoß zur Entwicklung der rationalen Mechanik", d.h. die "Grundlagen der technischen und beschreibenden Wissenschaften" wurden so geschaffen. Der Wissenschaftshistoriker John Bernal hierzu: "So erwarb der Mensch in der physischen Handhabung verschiedener Gegenstände, lange vor der Existenz irgendeiner anderen Wissenschaft, *eine innere Logik*, die ihrem Wesen nach mathematisch war."[28] Daß dies gelang, ist nur unter der Annahme grundlegender, der Natur *und* dem Menschen von Anbeginn gemeinsamer 'impliziter' Ordnungen denkbar. Nietzsche scheint hingegen bei seiner Vorstellung der Sprach- und Logik-Entstehung von einer Art naivem Empirismus, bzw. einem quasi-mechanistischen Evolutionismus auszugehen und bei der frühen Menschheit so etwas wie ein Reiz-Reaktions-Lernen voraussetzen (innerhalb eines chaotischen Zufallsspiels von Willen-zur-Macht-Komplexen, die zum Aufbau wirklicher – nicht 'fiktiver' –, subjektiver und objektiver 'Ordnungen'[29] nicht fähig sind). Am Anfang der Sprache und ihrer rudimentären Logik steht für ihn die Lüge, die 'Verfälschung'. Er projiziert somit, abhängig von

---

26 C.I. Gulian: Mythos und Kultur. Zur Entwicklungsgeschichte des Denkens. Frankfurt 1981.

27 Gulian 130 (ebenso folg. Zit.).

28 zit. Gulian 131.

29 Rein formal betrachtet, setzen die Prinzipien, auf denen Schlußfolgerungen in der empirischen Wissenschaft beruhen, also die induktive Analyse von je neuen Einzelfällen, immer schon – wie B. Russell bemerkt – eine gewisse 'organismische Erwartungshaltung' (Erwartung von Sinn, Bedeutung,

seiner naturwissenschaftlichen Lektüre, durchaus moderne vulgär-darwinistische, materialistische Konzeptionen in die Entstehungsgeschichte der Logik (als Teil menschlicher Vernunft und Geistigkeit) hinein – um diese Konzeptionen dann allerdings mit seiner Willen-zur-Macht-Philosophie zu überhöhen.

Die Anerkennung schon rudimentärster Formen einer 'nicht-lügenden' Rationalität wäre für Nietzsche gleichbedeutend mit der Anerkennung eines metaphysisch "Seienden", einer fixierten 'falschen', erstarrten Ordnung – und gleichzeitig eines Subjekts bzw. eines 'Ichs': was einer Welt des totalen Werdens widerspräche, "wenn schließlich der Glaube an das 'Ich' mit dem Glauben an die Logik d.h. metaphysische Wahrheit der Vernunft-Kategorie steht und fällt" (N. Ende 1886 – Frühjahr 1887 7 [55]).

In der Entstehung von Sprache und ihrer immanenten Logik im Aufbau einer vernünftig geordneten Welt müssen – alle Zeugnisse von Paläobiologie und -anthropologie lassen nur diese Interpretation zu[30] – rationale (logische) Elemente mit solchen religiöser Verehrung und moralischer (gemeinschaftstiftender) Normen untrennbar miteinander verbunden gewesen sein. Unsere Denkstrukturen tragen alle Merkmale der Einheit von 'Lebensform' und geistiger Entwicklung[31]. Das Denken sogenannter Primitiver, so Adolf Portmann, ist "in seiner steten Präsenz von (logischer) Verstandesarbeit und Imagination" zu sehen, strukturell vom modernen Denken nicht unterschieden, nur daß es "noch nicht ganz von der Dominanz der rationalen Funktion domestiziert" war[32]. Das Rational-Logische, als Grundlage für die Entwicklung von Wissenschaften, ist *ein* Aspekt, *eine* mögliche 'Perspektive' der menschlichen Welt, die sich freilich verselbständigen kann (so kann Nietzsche zurecht von der 'Entdeckung' der Logik durch die Griechen sprechen), die hyperthroph werden kann: Nietzsches Kritik gilt auch nicht der Wissenschaft an sich, sondern der Verwissenschaftlichung und Logisierung *aller* Lebensbezüge, die die Wissenschaft geradezu 'um ihre Unschuld bringt' (N. Frühjahr 1888 14 [153]).

Auch wenn für Nietzsche die evolutionär entstandene Logik innerhalb einer 'werdenden Welt' "das Muster einer vollständigen *Fiction*" (N. April – Juni 1885 34 [249]) darstellt, negiert er den Wert logischen Denkens in der Wissenschaft, für die es 'regulative Hypothesen' zu schaffen vermag, nicht absolut. Das Logische ist ein "*erdichtetes* Denken", damit aber ein schaffendes Moment im Menschen und ein Machtmittel, wir bringen es "zu einer *Zeichenschrift* und *Mitteilbarkeit* und *Merkbarkeit* der logischen Vorgänge" – "ich freue mich", verkündet Nietzsche, "daß es

---

Erfolg, sollte man ergänzen) bei den interpretierenden Subjekten voraus. Es zeige sich ein "gradueller und lückenloser Aufstieg von den simpelsten 'Organismuserwartungen' (animal expectations) bis hin zu den esoterischsten Gesetzen der Quantenphysik"; logisch beweisbar kann die Richtigkeit solcher Erwartung von "Gewohnheiten der Natur" (von 'gelingenden Normalfällen', aristotelisch gesagt) nicht sein (B. Russell: Philosophie. Die Entwicklung meines Denkens (1959), München 1973, 207).

30 Vgl. hierzu z.B. die Forschungen und Interpretationen Adolf Portmanns; oder Joachim Illies: Kulturbiologie des Menschen. Der Mensch zwischen Gesetz und Freiheit. München 1978.

31 A. Portmann: Das Ursprungsproblem (Eranos-Vortrag), in: Portmann: Um das Menschenbild. Stuttgart 1966, 25.

32 A. Portmann: Der Mensch im Bereich der Planung. In: Entläßt die Natur den Menschen? Ges. Aufsätze zur Biologie und Anthropologie. München 1970, 355.

.... eine Art der *Erkenntniß* geben *kann* und bewundere die Complicirtheit dieser Ermöglichung". Der Wert, der Rang dieser relativen Erkenntnis und chiffrierten Erklärung wird vom zugrundeliegenden 'Grundwillen' bestimmt. In den 'logischen Erdichtungen', zu denen die Wissenschaften zählen, ist ein meist unhinterfragter "Grundwille" wirksam, der seine ambiguen Potenzen entfaltet, wenn das wissenschaftliche Weltbild sich, im Vertrauen auf den praktischen Erfolg, dem Diktat jener Logik gänzlich unterwirft. Der 'Erfolg' des rational-wissenschaftlichen Zugriffs auf Natur steht nicht in Frage, umso mehr aber die – gerade logisch nicht mehr zu begründende! – Allgemeingültigkeit bzw. Verabsolutierung des daraus abgeleiteten Wirklichkeitsverständnisses: ihr Wert in der Rangordnung des Lebens. Der Wissenschaftsmythos des objektiven Bewußtseins, das kausallogische Netz, das der abstrakte Verstand über die Wirklichkeit zu werfen sucht, die logisierte Welt gilt Nietzsche als ein perspektivischer 'Traum' (vgl. N. April – Juni 1885 34 [246] über das "Leben als ein wacher *Traum*") und notwendiger Irrtum, der praktisch 'wahr' werden, nützen *oder* schaden kann, wenn ich ihn zu meiner individuellen Wahrheit mache, ihn mir 'einverleibe'. Gemessen an der "ebenso schauerlichen als erhabenen Zufälligkeit" aller Lebensereignisse, am änigmatischen Charakter der Welt, gehorchen die Logik des Traums und die Logik naturwissenschaftlicher 'Fakten' ähnlichen (Zufalls-) Gesetzen und *können* zur Steigerung der Kultur und der Persönlichkeit dienen, aber auch zum Untergang führen: für die Wahrheit oder Richtigkeit der logisch in sich stimmigen, wissenschaftlichen Weltbilder ist damit nichts ausgesagt.

Der pragmatische Erfolg der naturwissenschaftlichen Methode und ihre 'Durchschlagskraft' in der Evolution – wie sie sich in der schon 'positivistischen' Interpretation durch dieselbe Wissenschaft darstellt – sollte, nicht nur unter Nietzscheschen Prämissen, nicht zu ihrer Legitimation bemüht werden, als Gültigkeitsnachweis für die Wahrheit ihrer Naturauffassung. Sowenig man Logik durch Logik begründen kann, sowenig ist Wissenschaft, unter Berufung auf ihren (immer zweideutigen) 'Erfolg', wissenschaftlich zu legitimieren; sie ist stets nur Mittel, das auch zweckentfremdet werden kann, und der Zweck muß vom Menschen gesetzt werden.

Wenn der pragmatische Erfolg der Naturwissenschaft (so z.B. von Nicholas Rescher, 1985)[33] als "retrospektive Legitimation der angewandten Methode" herhalten muß, wird letztlich nur ein rein logischer Begründungszusammenhang konstruiert, für die Grundlegung einer "richtige(n) Sicht der Welt" durch Wissenschaft[34]. Die Werte, der Sinn in dieser 'pragmatischen Dimension', die Bedeutung des Wissenschaftserfolges, die Auswirkung auf die Lebenswelt der Menschen, kann in einem derartigen "kohärentistisch-systematischen Feedback-Zirkel" nicht mehr ernsthaft hinterfragt und reflektiert werden. Es ist, und nicht nur 'zum Schein'[35], zirkulär argumentiert und eine Selbstimmunisierungs-Strategie, wenn – so Puntel über Rescher – "einerseits die Induktion auf der Basis kohärentistisch-systematischer Überlegungen legitimiert und ... andererseits die ... Methodologie letztlich unter

---

33 Nicholas Rescher: Die Grenzen der Wissenschaft. Stuttgart 1985. Vorwort von L.B. Puntel, 30 ff.
34 Puntel 31.
35 Puntel 32.

Rekurs auf nur induktiv feststellbare pragmatische Faktoren gerechtfertigt wird". So tritt implizit in den meisten heutigen Wissenschaftstheorien auf 'methaphysischer', jedenfalls metatheoretischer Ebene noch ein "methodologischer Darwinismus" als geglaubte Voraussetzung hinzu, um den kognitiven Gültigkeitsanspruch durch den 'evolutionären Erfolg' abzusichern. Die extreme Logisierung aller Lebensbereiche, bzw. ihre technologische Durchdringung, könnte sich ebensogut als zum Absterben verurteilte (rationale) Hypertrophie erweisen und Nietzsches Untergangsprophezeiung bestätigen. Die für heutige Wirklichkeitsvorstellungen entscheidenen Ursprungs-Hypothesen sind auf die für unangreifbar gehaltenen *logischen* Grundlagen der Naturbeschreibung gestützt, d.h. größtenteils mittels logischer Schlüsse, und nicht empirischer Nachweise, hergeleitet[36].

Heutige Physiker würden einerseits Nietzsche (N. Frühjahr 1888 14 [186]) weitgehend zustimmen:"das Atom, das sie ansetzen, ist erschlossen nach der Logik (eines) Bewußtseins-Perspektivismus, – ist somit auch selbst eine subjektive Fiktion"; andererseits halten sie ihre 'Fiktion' doch wieder für die "'wahre Welt' auf ihre Art", da sie an eine "feste, für alle Wesen gleiche Atom-Systematisation in nothwendigen Bewegungen" glauben (l.c.). Im Rahmen der gegenwärtigen Quantenmechanik zeigt sich, in der ambivalenten Haltung der meisten Wissenschaftler gegenüber einer hypothetisierten *und* 'realen Wirklichkeit' zugleich, ein logischer Selbstwiderspruch, den David Bohm (selbst forschender und philosophierender Quantenphysiker) wie folgt umschreibt: Die Quantenphysiker behaupten "einerseits, es *gebe* eine Wirklichkeit, die Elementarteilchen seien *real*, und sie selbst als Physiker sind von dieser ihr Handeln motivierenden Wirklichkeit zutiefst überzeugt. Andererseits sagen sie, diese Elementarteilchen besäßen überhaupt keine Wirklichkeit; die einzige Realität seien vielmehr die Ergebnisse unserer Instrumente, und es gebe keine Möglichkeit, die Wirklichkeit zu beschreiben."[37] – Schlechta/Anders entdecken eine ganz ähnliche Paradoxie schon beim Nietzsche der 'verborgenen naturwissenschaftlichen Anfänge' 1872/73 im naturwissenschaftlichen "Erkenntniswillen", der zwischen einer "gewissen positivistischen Zuversicht" und extrem pessimistischer Erkenntis-Kritik oszilliert; und diese exemplarische Haltung entspreche "genau der Paradoxie unserer eigenen (modernen) wissenschaftlichen Haltung".[38]

Der Fehlschluß im Glauben an die Wissenschafts-Logik liegt jeweils darin, deren "consequente Zeichenschrift auf Grund der durchgeführten Voraussetzung (daß es identische Fälle giebt)", für eine "Erkenntniß der Welt selber" zu halten, wie

---

[36] John A. Wheeler, in: Misner/Thorne/Wheeler (Hrsg.): Gravitation. Oxford 1973, 1212 (zit. P. Davies 1989, 285) meint, "alle Physik" lasse sich auf "die Mathematik der Logik" zurückführen und glaubt, die Logik sei "der einzige Zweig der Mathematik, der 'über sich selbst nachdenken' kann"; wogegen sich schon das Gödel-Theorem einwenden ließe; an philosophische (Selbst-)Reflexion kann hier auch nicht gedacht sein. – John Wheeler vertritt als Quantenforscher den Standpunkt der "beobachtererzeugten Realität" im Quantenbereich, eine Art 'Esse-est-percipi-Theorie', die etwas zu mühelos die menschliche Logik mit der 'Quanten-Logik' in eins setzt.

[37] David Bohm, in: K. Wilber (Hrsg.) 1990, 68, über den logischen Selbstwiderspruch der Quantentheorie.

[38] Schlechta/Anders 57.

Nietzsche im Sommer 1885 notiert, während der Umarbeitung von MA und beschäftigt mit G. Teichmüller und A. Spir (vgl. KSA 14/728), in einer längeren Aufzeichnung (N. August – September 1885 40 [27]), die auch C.F. von Weizsäcker (1981) kommentiert hat:

(1) "So wie Mathematik und Mechanik lange Zeit als Wissenschaften mit absoluter Gültigkeit betrachtet wurden und erst jetzt sich der Verdacht zu entschleiern wagt, daß sie nichts mehr und nichts weniger sind als angewandte Logik auf die bestimmte und beweisliche Annahme hin, daß es 'identische Fälle' giebt – Logik selber aber eine consequente Zeichenschrift auf Grund der durchgeführten Voraussetzung (daß es identische Fälle giebt) –: so galt ehemals auch das *Wort* schon als Erkenntniß eines Dings, und noch jetzt sind die grammatischen Funktionen die bestgeglaubten Dinge, vor denen man sich nicht genug hüten kann." – Eine bestimmte Art Mensch habe sich, so Nietzsche weiter, eine 'philosophische Sprache ausgedacht': "*nicht*, wie sie meinten, als Zeichenschrift, sondern als Erkenntniß der Welt selber: aber welches 'das ist' bisher auch aufgestellt wurde, eine spätere und feinere Zeit hat immer wieder daran aufgedeckt, daß es nicht mehr ist als 'das bedeutet'.

(2) Noch jetzt ist die eigentliche Kritik der Begriffe oder (wie ich es einst bezeichnete) eine wirkliche 'Entstehungsgeschichte des Denkens' von den meisten Philos(ophen) nicht einmal *geahnt*. Man sollte die *Werthschätzungen* aufdecken und neu abschätzen, welche um die Logik herum liegen: z.B. 'das Gewisse ist mehr werth als das Ungewisse' 'das Denken ist unsre höchste Funktion'; ebenso den Optimismus im Logischen, das Siegesbewußtsein in jedem Schlusse, das Imperativische im Urtheil, die Unschuld im Glauben an die Begreifbarkeit im Begriff."

Was die Möglichkeit anlangt, von identischen Fällen zu *sprechen* (oder, wie in der Naturwissenschaft, sie vorauszusetzen), erweist sich in hohem Grade die 'Durchführbarkeit' der Wissenschaft. Dazu C.F. von Weizsäcker (1981): "Erkenntnistheoretisch ist mein Pathos das entgegengesetzte": es *gibt* keine identischen Fälle, aber das "Verfahren glückt, das diese Voraussetzung gleichwohl macht"[39]. *Warum* es "glückt", kann Nietzsche in der Tat (so Weizsäcker) nicht sagen; für ihn liegt die Fälschung der Wirklichkeit schon in der Verwendung begrifflicher Identitäten und künstlicher Gegensätze: "Das *Übersehen* des Individuellen giebt uns den Begriff und damit beginnt unsere Erkenntniß", d.h. sie beginnt mit einer Fälschung (N. Sommer 1872 – Anfang 1873 19 [217]). Als festgehaltene Verstandesbegriffe sind alle wissenschaftlichen wie erlebnis- und erfahrungsabhängigen Kategorien 'falsch' – aber praktikabel[40]; der Glaube, die logischen Zeichen verbürgten Realität, während sie "Bilderrede" sind, ist 'schlechte Interpretation', d.h. schlechte Praxis; "der mechanistische Begriff der *Bewegung* ist bereits eine Übersetzung des Original-Vorganges in die *Zeichensprache* von Auge und Getast" (N. Frühjahr 1888 14 [122]), obwohl andererseits ein "Bilderdenken" zwar "nicht von vornherein streng *logischer* Natur, aber doch mehr oder weniger logisch" sein muß (N. Sommer 1872 – Anfang

---

39 Weizsäcker: Nietzsche (1981), in Wahrn. d. Neuz. 102.
40 Hierzu R. Löw: Nietzsche, Sophist und Erzieher 100.

1873 19 [107]): Nietzsche denkt an unbewußte, 'instinktive' Regeln, die im normalen, 'richtigen' und auch im bildhaften Sprechen, lange vor jeder Entdeckung oder Reflexion einer expliziten Logik, benutzt und geübt werden.

Daß die in der modernen Naturwissenschaft verwendete Logik (und in der Quantentheorie wird diese geradezu thematisch) zweifelhaft und letztlich unbegründet ist (bzw. auf sie kein Wirklichkeits-Bild gegründet werden darf), wird erst in jüngster Zeit von (einigen) Wissenschaftsphilosophen betont. So schreibt Weizsäcker im "Aufbau der Physik" (1985), daß die "wissenschaftlich formulierte Erfahrung schon eine bestimmte, uns bekannte Logik ... sachlich voraussetzt"[41], ohne daß selbst die Logiker darüber einig wären, "ob es so etwas wie 'die wahre Logik'" gebe[42], und mit der Quantentheorie sei "diese Unklarheit in den logischen Grundlagen der Physik zum erstenmal ins Bewußtsein der Physiker gerückt". Die Schwierigkeit besteht darin, die Logik selbst zu begründen (aus der wissenschaftlichen Erfahrung kann sie nicht wiederum abgeleitet werden!), auf etwas, z.B. auf Ontologie, zurückzuführen, da man immer mithilfe von Schlüssen zu operieren gezwungen sei, "für welche man schon fordern muß, daß sie gemäß der Logik vollzogen werden" – ein "wesentlich zirkelhaftes Unterfangen"[43]; mit Nietzsche zu reden, kämen wir aus der 'Urfälschung' durch Begriffe nie heraus.

Unsere (Alltags-)Logik ist im allgemeinen eine Logik präsentischer Aussagen (Weizsäcker versucht den Ergebnissen der Quantentheorie mit einer Logik zeitlicher Aussagen gerechter zu werden), die mit einer gewissen "Ständigkeit der Natur" rechnet und rechnen muß, um überhaupt Erfahrung zu ermöglichen und nachzuprüfen; wenn wir sprechen, rechnen wir mit der nur "ungenauen oder ungefähren Geltung" der Logik[44]: unsere falschen 'Ding'-Vorstellungen machen nach Nietzsche die Welt erfahrbar und praktikabel. Selbst in der Physik (auch schon in der mechanistischen, klassischen!) besitzen die logischen Begriffe nur einen begrenzten Anwendungsbereich; der Kausalbegriff z.B. werde "praktisch a priori" gebraucht, sagt Heisenberg[45]; logisch scharf definiert sind die Begriffe nur hinsichtlich ihrer Verknüpfung in einem Definitionen- und Axiomensystem, das aber nie als reale, endgültige Beschreibung oder Abbild einer "ewigen Struktur der Natur" gelten kann. – Umgekehrt holen wir auch nicht unsere logischen Begriffe *aus* der Natur heraus, und Nietzsche kann zurecht sagen: "In der Wirklichkeit giebt es kein logisches Denken, und kein Satz der Arithmetik und Geometrie kann aus ihr genommen sein, weil er gar nicht vorkommt" (N. April – Juni 1885 34 [249]).

Weizsäcker spricht von der Gültigkeitsgrenze der Logik, die genau durch die Möglichkeit bestimmt sei, von Identitäten sprechen zu können (Nietzsche formuliert: 'angewandte Logik' unter 'Annahme' identischer Fälle bringt keine 'Erkenntnis der

---

41 Weizsäcker: Aufbau der Physik, 1985, 50.

42 Weizsäcker, l.c. 51.

43 Weizsäcker 53.

44 Weizsäcker 69.

45 W. Heisenberg: Physik und Philos. 71: daher können die physikalischen Begriffe auch nur im begrenzten Anwendungsbereich, im mathematischen Schema, "scharf definiert werden (aber nicht absolut) im Hinblick auf ihre Verknüpfung": wegen dieser Begrenztheit können sie kein Abbild einer "ewigen Struktur der Natur" – oder der Materie – liefern.

Welt'); wir dürfen keine Einsicht in 'ontologische' Sachverhalte erwarten: "wo Identität vorausgesetzt werden darf, ist Logik möglich, anderswo nicht. Man kann Logik präsentischer Aussagen treiben" (man kann Wissenschaft treiben!), "aber man muß wissen, daß sie eine Idealisierung der wirklichen Verhältnisse darstellt."[46]

Schließlich hat 'Wirklichkeit' immer einen offenen Zukunftsaspekt (Nietzsches Welt des Werdens!) – was nach Weizsäckers Hinweis[47] schon Aristoteles beachtet hat, der in De Interpret.9 die Gültigkeit des Satzes vom ausgeschlossenen Dritten für Aussagen über *zukünftige* Ereignisse in Zweifel zog und in Met. G 7 feststellt, der Satz: 'morgen wird A oder B sein', ist jetzt, im wirklichen Augenblick des Sprechens, nicht wahr oder falsch, sondern hat, in einer werdenden Welt, nur eine 'Wahrscheinlichkeit' (Vico weist dann *alle* physikalischen Aussagen in den Bereich des verisimile, der auch der Bereich des Rhetorischen ist). Böte die Wissenschaftslogik eine Garantie für 'ontologische Gültigkeit', wäre – so Weizsäcker – gar eine Art 'metaphysischer Determinismus' aus der Logik abzuleiten (hier fällt übrigens auf, daß auch Nietzsche eine 'Geschehens-*Notwendigkeit*'[48], eine Art indeterministische Determiniertheit, ebenfalls – rein logisch aus wenigen naturwissenschaftlichen Prämissen und seiner 'physikalisch' gewendeten Willen-zur-Macht-Doktrin ableitet). Auch Nietzsches Weltbild ist aufs Werden, aufs Futurische und aufs schöpferische Tun hin komponiert: Zukunftswahrscheinlichkeiten werden durch subjektiv-kreatives Handeln 'wahr'; nach Nietzsche *sind* wir in gewissem Sinne selber *Zeit*. Nietzsche 'entdeckt' die Welt, die für uns Bedeutung hat, als allein wirkliche, und darin das Werden, d.i. die gerichtete (unumkehrbare) Zeitlichkeit, deren Bedeutung von der modernen Physik explizit bestätigt wird. In einer Welt des Werdens (von einmaligen *Ereignissen*) muß jedes starr-fixierte, klassifizierende logische Regelsystem eine 'Fälschung' sein (eine "Veroberflächlichung und Generalisation" ist generell schon die Welt des Bewußtseins; "gerade das Nicht-Individuelle" wird allein bewußt: FW 354). – Ohne eine gewisse Kontinuität von 'Ähnlichkeiten' wäre aber nicht nur Wissenschaft, sondern menschliches Leben unmöglich. Nietzsche radikalisiert, verabsolutiert den Begriff Zeit (N. Juli – August 1882 1 [3]): Zeit ist "kein subjektiver Faktor"; Frühjahr 1884 25 [406]: er sieht Zeit nicht als *verbindenden*, sondern nur als trennenden Faktor (was für seine Lehre von der zyklischen Wiederkehr der Kraftkombinationen eine wichtige, wenn auch widersprüchliche Rolle spielt). Nietzsches Kritik der Wissenschaftslogik stammt von seiner genuinen 'Ontologie des Werdens' her, sie greift eine bereits depravierte Logik, ein System erstarrter Regeln an, wie es die normale Wissenschaft meist unhinterfragt voraussetzt und anwendet (z.B. im Hempel-Oppenheim-Schema).

Insoweit Nietzsches generalisierende Logikkritik sich nicht nur gegen die Naturwissenschaft richtet, sondern Teil seines Antiplatonismus ist, trifft sie nur eine traditionell-falsche, hypostasierende Ideenlehre, nicht den ursprünglich platonischen Logos. Dieser Logos war die 'Einheit der Idee', ein Sehen von Gestalten: eidos

---

[46] Weizsäcker 1985, 71.

[47] Weizsäcker l.c. 51 f.

[48] Siehe K. Spiekermann: Nietzsches Beweise für die ewige Wiederkehr, in N-St 17 (1988) 496-538.

ist die 'Gestalt *im* Bewegten' (Parm. 132 b 7 – c 11)[49]. Eine Logik, die von relevant Wirklichem handeln soll, so Weizsäcker[50], muß in ihrer Struktur die ontologische Struktur spiegeln; dabei kann, ja muß dieses 'relevant Wirkliche' durchaus als bewegt, als "werdend" aufgefaßt werden. Dann aber wäre der Logos als ein *Prozeß* dia-logischer, dialektischer Annäherung des Menschen an *seine* (daher immer interpretative, 'anthropomorphe') Wahrheit zu verstehen, in dem Nietzsches Probleme mit 'Identitäten' und 'Ähnlichkeiten' nicht mehr aufträten oder überwindbar wären.

'Evolutionisten' wie Lorenz und Popper betonen, "daß die Evolution, ja das Leben selbst eine strukturelle Analogie zur Erkenntnis habe"; wenn man so einen methodischen Darwinismus mit der Erkenntnistheorie des Pragmatismus verbindet, kommt man zu einer Definition der "Wahrheit als Handlungserfolg", die Nietzsches pragmatischem Wahrheitskriterium sehr ähnlich sieht. W. Chr. Zimmerli[51] (in einem Vortrag in Boston 1985) beschreibt ein "extra-logical pragmatical-evolutionary criterion" Nietzsches folgendermaßen: "... what we mean by 'truth' does obviously... depend on use and the situation of the use as well. In short: we have to name the criteria of truth by telling the story of the different situations in which it turned out to be *useful* to discriminate some metaphors from others by attributing 'truth' to them." Nietzsche, sagt Zimmerli, differenziere mit diesem Kriterium zwischen einer Objekt- und einer Metaebene; applikabel sei es auf beiden Ebenen. – Wissenschaftlich verwendbar kann ein solches Wahrheitskriterium nicht sein, ja es desavouiert von vornherein jede Logik der Wissenschaft: Nietzsche bewegt sich immer schon auf einer 'Metaebene' (der ganzen menschlichen Wirklichkeit), auf welcher die persönlichkeitssteigernde Leistung, der 'Wert' eines logos zur Debatte steht. Wahrheit in dem, was wir im einzelnen über Natur sagen, auch in dem, was wir aus Forschungsresultaten erschließen, kann für ihn nur jene Art von Irrtum sein, ohne welche eine bestimmte Art von lebendigen Wesen nicht leben könnte; oder mit Weizsäcker: "Realität, von der wir *sprechen* können, ist Realität für uns"[52]. Eine 'logisch isolierte' Einzelwahrheit in einer unermeßlich komplizierten Ereignisfülle kann ein "höchst nützliches Konstrukt"[53] sein, aber mit der logischen (physikalischen etc.) Analyse ist ein "Verlust möglicher Information" verbunden, ein "Verständnisverlust..., den jede logische Entscheidung mit sich bringt" (ein wichtiger Aspekt von Bohrs Entdeckung der Komplementarität); weshalb Weizsäcker eine fundamentale "Selbstkritik des logischen Charakters der Physik" für nötig erachtet[54]. Eine ehrliche Selbstreflexion der modernen Wissenschaft stößt, trotz ihres fraglosen Erfolges, auf 'unlogische Zentren', auf nichtbegriffliche Gestalten der Wirklichkeit und auf Grenzen ihrer Methode, alle Widersprüchlichkeiten aus ihrem Realitätsmodell zu eliminieren bzw.

---

49 Zu dieser Interpretation Platons siehe: C.F. v. Weizsäcker: Ein Blick auf Platon. Ideenlehre, Logik und Physik. Stuttgart 1981.

50 Weizsäcker 1985, 208: Biologische Präliminarien zur Logik.

51 W.Chr. Zimmerli, Ms. 1985, 14.

52 Weizsäcker 1985, 207.

53 Weizsäcker 592.

54 Weizsäcker 593.

dasselbe 'meßbar', d.h. logisch widerspruchsfrei zu machen – "Sogar die wissenschaftliche Intuition reagiert auf Strukturen, die der Wissenschaftler selbst meist nicht voll begrifflich auszusprechen vermag."[55] 'Logisch' und 'unlogisch' haben wir ohnehin nur künstlich 'getrennt' – ein zu verlernender Gegensatz (N. Juli – August 1882 1 [3]). Die von Nietzsche geforderte "eigentliche Kritik der Begriffe" und die Aufdeckung der "wirklichen Entstehungsgeschichte des Denkens" (N. August – September 1885 40 [27]) wäre aber erst dann geleistet, wenn die "Werthschätzungen..., welche um die Logik herum liegen"; aufgedeckt sind. Die kritische Selbstreflexion der Wissenschaft verfiele immer noch seiner (selber paradoxalen) Verleugnung der Möglichkeit vorurteils- und interesseloser Reflexion überhaupt, da das (logische) 'Werkzeug seine eigene Tauglichkeit nicht kritisieren *kann*' – ohne neuerliche 'moralische Hintergedanken' (N. Herbst 1885 – Herbst 1886 2 [161]). Whitehead[56] meint, es sei stets möglich, "das Vorgehen der Wissenschaft mit einer so geschickten Mehrdeutigkeit darzustellen, daß es sich in alle möglichen metaphysischen Interpretationen einfügen" lasse.

Die "Unschuld im Glauben" an die logische Begreifbarkeit, der "Optimismus im Logischen" (s.o.) rührt daher, daß wir, wie jedes schöpferisch organische Wesen, unsere Existenzbedingungen und Wertschätzungen, zu denen der Glaube an logische Strukturen (in uns und der Welt) notwendig gehört, *in* die Außenwelt projizieren. Diese "Vereinfachung der Außenwelt" muß weder "wahr" noch "präcis" sein. Das "Imperativische" im logisierenden Zurechtmachen der Welt läßt uns im Grunde sogar nur "Formeln für 'Machtverhältnisse'" erfinden (N. April – Juni 1885 34 [247]). Wir erkennen keinesfalls logische Ursachen: der unbeweisbare "Glaube an die causale Necessität der Dinge ruht auf dem Glauben, daß *wir* wirken", und wir "wollen gar nicht 'erkennen', sondern nicht im Glauben gestört werden, daß wir bereits *wissen*" (N. April – Juni 1885 34 [246]) – eine treffende Charakterisierung des wissenschaftlichen Utopismus, des Glaubens an die zukünftig erreichbare Eliminierung sämtlicher logischer Widersprüche ('metaphysischer' Probleme etc.).

Dennoch, so berechtigt die Kritik am 'logischen Optimismus' ausfällt, setzt Nietzsche seiner Ablehnung *jeder* 'vernünftigen' (im weiteren, nicht wiederum *logisch* begründbaren Sinne) logischen Struktur in der Gesamtheit der Erscheinungen – seien diese auch als perspektivische Interpretationen aufzufassen! –, *seinen* Glauben an ein "Chaos des Alls" (N. Frühjahr – Herbst 1881 11 [225]) immer schon, wenn auch als bloßes Postulat, voraus. Die Anerkennung *irgendwelcher* logischer Strukturen, subjektiver oder objektiver Art, hätte sofort das 'Reich der Zufälle und der Dummheit' (M 130) mit einem Ordnungsfaktor infiziert und die Anerkennung von Ordnungen erforderlich gemacht, damit auch Anerkennung von Zweckmäßigkeiten, Gesetzen usw. Alle 'logische' Ordnung kann aber höchstens nur "einem

---

55 Weizsäcker 618. Das begrifflich-logische Denken der Wissenschaft ist nicht nur unter "biologische Präliminarien" zu bringen, sondern auch "Kulturprodukt"; der assertorische Charakter der Wissenschaftslogik stammt aus der Logik selbst; diese wäre demnach abhängig von einer Erkenntnisart, die "unser begriffliches Wissen übertrifft", einer "Wahrnehmung des Ganzen": "Wir gingen vom fraglosen Erfolg der Physik aus und fragten nach dem, was jenseits der Physik liegen mag." (l.c.).

56 A.N. Whitehead: Die Funktion der Vernunft (1929), Stuttgart 1974, 46.

Zweckmäßigkeits-Entwurfe ähnlich sehen" und "nur ein *Ausdruck* für eine Ordnung von Machtsphären und deren Zusammenspiel" sein (N. Herbst 1887 9 [91]). Das Begriffsdenken der Wissenschaft aber gehört zur "*optimistische(n) Metaphysik der Logik*" (so schon N. Sommer 1872 – Anfang 1873 19 [103]), die uns fälschlich ein Sein (logischer Ordnungen!) in einer Welt des Werdens vorgaukelt. Nietzsches Dilemma ist: wenn er 'Ordnungen' als wirkliche Strukturen oder Tendenzen im Universum zugäbe, müßte er komplexe Ordnungen der objektiven Natur *und* in der subjektiven des Menschen akzeptieren – das Subjekt aber ist, letztlich in einer petitio principii, zur "illusionhabenden Illusion" (mit Hans Jonas[57] zu reden) erklärt. – Nietzsche trifft selbst ständig Aussagen über *seine* Ordnungsvorstellung der Wirklichkeit, macht darin *auch* eine Voraussetzung über die Einheit und Uniformität der Welt (in der Willen-zur-Macht- und der Wiederkehrlehre) – obwohl er ansonsten, Hume in diesem Falle radikalisierend, jede *notwendige* (rationale) Verknüpfung von Kräften mit einer Uniformität der Welt ablehnt. Die Ordnung (in) der Welt 'erscheint' uns nur, weil "Mittheilung nötig ist", also als "*zurechtgemacht*" (einzuwenden wäre: setzt 'Mitteilung' nicht schon wieder dia-logische Ordnungsstrukturen voraus?). Die scheinbare Realität einer 'Ordnung' besteht "in ihrem *logisirten Charakter*". "Also: die Undeutlichkeit und das Chaos des Sinneseindrucks wird gleichsam *logisirt*" – die letzte Wirklichkeit ist aber eine unerkennbare, "formlos-unformulirbare Welt des Sensationen-Chaos" (N. Herbst 1887 9 [106]).Nietzsche kann mit dieser 'Austreibung aller Ordnungsstrukturen' nicht argumentativ überzeugen; es war 1867 schon seine Überzeugung (so zitiert Mittasch 1952[58]):"Weltanschauungen werden durch Logik weder geschaffen noch vernichtet".

Logik in ihren unbewußt gebrauchten wie in ihren expliziten Formen abstrahiert von der Erfahrung der Einzelwesen, der lebendigen Subjekte. Doch alle ihre Begriffe, wenn auch von uns abstrahiert, sind, wie Whitehead in 'Science and the Modern World' es ausdrückt[59], irgendwie 'in die reale Welt einbezogen'. – Nietzsche leugnet schon die Möglichkeit von zwingender subjektiver Erfahrung, von Vernunft, von 'allgemeinen Bedingungen': obwohl er z.B. vage von 'normalen' Existenzbedingungen sprechen muß ("ähnliche Wesen, mit ähnlichen Existenzbedingungen": N. Frühjahr – Herbst 1881 11 [178]). – Mathematik und Logik sind die, wenn auch sicher menschen-förmige "Entdeckung, daß die Gesamtheit dieser allgemeinen abstrakten Bedingungen, die sich gleichzeitig auf die Beziehungen zwischen den Einzelwesen jedes einzelnen konkreten Ereignisses anwenden lassen, ihrerseits in der Form eines Musters, zu dem es einen Schlüssel gibt, miteinander verbunden sind"; und weiter meint Whitehead, eher vorsichtig formulierend: Sowohl die 'äußere Realität' wie unsere Vorstellung muß von einem Beziehungsmuster von Bedingungen beherrscht sein, sodaß ein Beziehungszusammenhang angenommen werden darf; wir 'erahnen' eine 'ästhetische Beziehung', ein harmonisches Muster, das in einem Ereignis 'exemplifiziert' ist. – Den Ereignis-Charakter (im Willen-zur-Macht-Geschehen)

---

[57] Hans Jonas: Macht oder Ohnmacht der Subjektivität? (1981), Frankfurt 1987.

[58] A. Mittasch 1952, 189.

[59] Vgl. Whitehead, Wissenschaft und moderne Welt, Frankfurt 1988, 41.

könnte Nietzsche noch konzedieren, doch nicht die Erkennbarkeit von Einzelereignissen, von 'Mustern' und 'Ordnungen', die wir nach Analogie der Selbsterkenntnis als wirklich (nicht nur fiktiv) erfahren: sie müßten seinem 'Metaphysik-Verdacht' verfallen, da der Glaube an 'harmonische Muster' schon den "übernatürlichen Ursprung der Vernunft" nahelegte; der Intellekt ist nur ein "Werkzeug" der kämpfenden Willen zur Macht, 'logisierende' Vorstellungen (wie 'Ursache und Wirkung') nur die "falsche Auslegung eines *Kriegs* und eines relativen *Siegs*" (N. Herbst 1887 9 [106]).

Doch selbst wenn wir (N. Herbst 1887 9 [144]) nur die "*Postulate* (der Logik) *in das Geschehen **hineinlegen***" aufgrund unserer "subjektiven Nöthigung, an die Logik zu glauben", und dies immer schon "längst bevor uns die Logik selber zum Bewußtsein kam", d.h. bevor ihre Regeln explizit entdeckt und formuliert worden sind: dann ist damit noch keineswegs über den 'ontologischen' oder nur 'perspektivischen' (interpretativen, pragmatischen usf.) Charakter ihrer Aussagen entschieden. Falsch wäre immerhin zu glauben, die Tatsache der "Nöthigung verbürge etwas über die 'Wahrheit'" (N. l.c.): aber die bloße Möglichkeit, 'harmonische Muster' oder logische Strukturen in jeder Form zu negieren (bzw. sie wieder auf Zufall und Chaos zu reduzieren), setzt immerhin die Möglichkeit von Ereignissen (und wäre es das Geschehnis der 'sinnvollen' Negation) schon voraus, die von Strukturen solchen (logischen) Sinns getragen werden, in denen Nietzsche sich bewegt und die er benutzt.[60]

Nietzsche bekämpft – in seiner Kritik der Wissenschaftslogik – vielmehr die ontologisierende Festlegung bestimmter Wahrheiten, falsche Objektivierungen und Hypostasierungen auf der bloß formalistischen Grundlage logischer (plus mathematischer) Formeln. Die abstrakten Gleichungen und Aussagen der theoretischen Physik beispielsweise können sich auf bestimmte, ebenfalls abstrakte Eigenschaften von Veränderungsvorgängen in einem von uns gewählten Welt-Ausschnitt beziehen. Die Physik – wie Bertrand Russell in 'My Philosophical Development' klar herausstellt – "verfügt über gewisse Grundgleichungen, mit deren Hilfe sie der logischen Struktur der Ereignisse nachgehen kann; aber dabei bleibt vollkommen im Dunkeln, wie die Ereignisse, deren logische Struktur beschrieben wird, inhaltlich und an sich beschaffen sind. Diese Seite der Ereignisse lernen wir nur kennen, wenn sie uns selber zustoßen; und es gibt in der ganzen theoretischen Physik nichts, was uns Auskunft darüber geben könnte, wie die Ereignisse anderswo an sich beschaffen sind."[61] Was Russell damit kennzeichnet, ist der Widerspruch zwischen den Wirklichkeitsebenen der sinnlich-praktisch erfahrbaren Lebenswelt (in der Subjekte sich immer bewegen, aus der der Physiker als 'interpretierendes Subjekt' seine 'Analogien' nehmen muß),

---

60 Nietzsches Vorstellung von "notwendigen" Ordnungsstrukturen, die dann im Weltbild der ewigen Wiederkehr eine definitive Rolle spielt, wäre einmal mit bestimmten philosophischen Interpretationen der Quantentheorie (wie derjenigen David Bohms) zu vergleichen, die die Natur als großen sich ausweitenden Geschehens-Nexus, Wirklichkeit als Geflecht grundlegender, strukturierter Ordnungen verstehen. Hierzu: Ken Wilber (Hrsg.): The Holographic Paradigma and other Paradoxes. Boston 1982; oder D. Bohm: Wholeness and the Implicate Order. Dt.: Die implizite Ordnung. München 1987.

61 Russell: Philosophie 16 f.

und der ontologisch diffusen, aber logisch exakten, abstrakten Verstandeswelt der Naturwissenschaft. Das Problem ontologischer Bedeutung des logisch 'Erkannten' bleibt ungelöst. Die Kluft tut sich auf zwischen dem (wie Nietzsche es nennt) "Originalvorgang", dem "Urerlebnis" im "unlogischen Centrum der Welt" auf der einen Seite, und den hypothetischen, 'fingierten' Objekten der Wissenschaft auf der anderen: zwischen der Musik des änigmatischen Lebens und der mathematisch-logischen Analyse der 'Notenschrift' des Daseins[62]. ("Unser Glaube an die Existenz dieser Gebilde", sagt Russell[63], "beruht auf gewissen Schlußfolgerungen, und deshalb wissen wir von ihrer Beschaffenheit auch nicht mehr als durch die Funktion, die sie innerhalb dieser Schlußfolgerungen ausüben, festgelegt worden ist"). Der Abstraktionsprozeß der Naturwissenschaft bedarf in jeder seiner Phasen, auf jeder Abstraktionsstufe, der Interpretationen seitens der ihn durchführenden und sinnsetzenden Subjekte: dem logischen Zeichensystem müssen metaphorische (aus der Lebenswelt übertragene) Bedeutungen erst unterlegt werden, da der Weg immer von konkreten handhabbaren Ereignissen und Fakten *ausgeht* und am Ende aller Operationen zu ebensolchen zurückkommt. Dieser logisch formalisierende Abstraktionsprozeß kann an unterschiedlichen Stellen (von näherem oder fernerem Realitätsbezug; mit mehr oder weniger Berechtigung) konkretisierend abgebrochen werden. Russell kennzeichnet den Punkt: je abstrakter die Wissenschaft, etwa die theoretische Physik, desto schwieriger ist "der Rückweg von der Abstraktion zum konkreten Faktum"; der Physiker gerät "leichter in Versuchung, irgendwo unterwegs einfach Halt zu machen und dem Semi-Abstraktum, bei dem wir gerade angekommen sind, eine konkrete Realität zuzuschreiben, die ihm von Rechts wegen nicht zusteht."[64]

Im übrigen kann die Wissenschaft die abstrahierende Analyse jeweils immer noch weiter treiben – wirklich ist sie ja auch von der utopischen Vorstellung getragen, zu 'letzten Grundbausteinen' vorzustoßen, die sich als 'Ereignisse' herausstellen, die erneut beliebiger anthropomorpher Interpretation ausgesetzt wären (auch Nietzsches Kraftzentren wären ein entsprechendes Beispiel, da ihnen eine gewisse reale Erkennbarkeit ja zugestanden werden müßte).

Jedes (von Russell so benannte) Semi-Abstraktum kann, logisch in sich schlüssig, zum einen als experimentell erschlossenes Faktum mit inhaltlichen Bezügen zu den "Gegenständen der Experimentalgesetze", zum andern als eine "physikalische Tatsache", im Sinne der Duhem'schen Wissenschaftstheorie[65], aufgefaßt werden. Die *physikalische* (logisch-mathematische) 'Tatsache' aber steht nur "innerhalb des Horizontes einer physikalischen Theorie" und setzt ein ganzes "Bündel von Hypothesen" (über Realität) schon voraus: was beim 'Semi-Abstrahieren' ganz simpel zur

---

62 Ein möglicher Einwand gegen Nietzsches oft gebrauchtes Beispiel: ein Musiker, der die 'logische Zeichenschrift' der Musik liest, hört und 'erschafft' in sich die Musik in ihrer Fülle. Der Unterschied zu den hochabstrakten Zeichensystemen der Physik (deren Symbole keine 'Bedeutung' mehr für sich haben): jede *Note* für sich ist ziemlich eindeutig der sinnlich erfahrbaren Welt (einem Geigenton, einem Paukenschlag...) zugeordnet.

63 Russell 21.

64 Russell 19.

65 R. Löw: Wissenschaftliche Entwicklung und gesunder Menschenverstand. Zur Aktualität der Wissenschaftstheorie von Pierre Duhem. 1983, 276 f.

Verwechslung 'konkreter Realität' mit einem hypothetischen Gebilde führt. (Umgekehrt liegt die Gefahr nahe, alle qualitativ erfahrenen Wirklichkeiten des Lebens rückwirkend zu hypothetisieren, da alle nichtwissenschaftlichen Erfahrungen, von der physikalischen Theorie aus gesehen, bestenfalls allzu weitläufige, 'falsche' Hypothesen sind: *auch* ein Erfolg naturwissenschaftlicher Methode). Der Physiker kann keine Auskunft darüber geben, *was* seine Vorstellungen von Elementarteilchen, Energiefeldern etc., deren er sich bedient, wirklich real bedeuten, was diese Objekte *sind*.

Die physikalische Theorie als Ganzes ist, wie David Bohm feststellt, "in pragmatischer Sprache formuliert", wobei "allerlei nichtpragmatische Ideen", höchst spekulative Aspekte in die Berechnungen und bestimmte gedankliche Vorstellungsbilder in die Gleichungen einfließen[66]. – Ebenso können, auf dem Wege des 'Semi-Abstrahierens', Teilaspekte aus den Theorien wieder herausgeholt werden und sich verselbständigend entfalten: wobei es nicht unbedingt 'logisch zugeht'. Die gedanklichen Vorstellungs-Bilder *über* den Begriffen und logischen Zeichen der abstrakten Theorie werden mit diesen vertauscht, werden als "Wahrheit" verstanden, und geraten selbst zu aussagekräftigen Metaphern oder Metonymien. – So erklärt Nietzsche die *Wirkung* wissenschaftlicher Theorien auf unsere 'Lebenswelt' gerade durch eine 'Loslösung von Abstraktionen': "Die *Abstraktionen* sind *Metonymien* d.h. Vertauschungen von Ursache und Wirkung. Nun aber ist jeder Begriff eine Metonymie und in Begriffen geht das Erkennen vor sich. 'Wahrheit' wird zu einer *Macht*, wenn wir sie erst als Abstraktion losgelöst haben." (N. Sommer 1872 – Anfang 1873 19 [204]). So können die "fingirten" logischen Teilwahrheiten, "die wir geschaffen haben", machtvoll wirken: "Logik ist der Versuch, nach einem von uns gesetzten Seins-Schema die wirkliche Welt zu begreifen, richtiger, uns *formulirbar*, berechenbar zu machen..." (N. Herbst 1887 9 [97]). Die hypothetischen Abstraktionen der Wissenschaft beruhen auf Schlußfolgerungen und haben zunächst theoretische Zwecke zu erfüllen, die Theorien als ganze stehen unter praktischen Zielsetzungen und finden (als Beispiel: die Elementarteilchen-Theorien) immer einen Rückweg zur manipulierbaren Makrowelt. Aber die 'imperativische' Methode setzt sich den praktischen Zweck im vorhinein – um nochmals Russell zu zitieren: "die Gebilde, denen wir in der mathematischen Physik begegnen, gehören nicht zu dem Stoff, aus dem die Welt gemacht ist, sondern es handelt sich bei ihnen um Gegenstände, die unter dem Gesichtspunkt der besseren Manipulierbarkeit aus Ereignissen konstruiert worden sind."[67]

Verbliebe der Wissenschaftler nur im Rahmen seiner logischen Theorie, wirkte ihre 'Wahrheit' nicht. Logisch-begriffliches Erkennen hat, Nietzsche zufolge, (*als* 'Lüge', Verfälschung) dann Macht über die Menschen, und gibt diesem Macht über 'Wahrheit' und 'Unwahrheit', wenn es (wie Reinhard Löw[68] zur Interpretation des Fragments N. Sommer 1872 – Anfang 1873 19 [204] bemerkt) "als ein Spezialfall der Wahrheit der Kunst" auftritt. Oder wenn, wie Nietzsche N. Herbst 1881 15 [9]

---

[66] Vgl. David Bohm/Renée Weber: Implizite und explizite Ordnung. Zwei Aspekte des Universums. In: K. Wilber (Hrsg.), Dt. Ausg. 1990, 58.

[67] Russell, Philosophie 26.

[68] R. Löw: Nietzsche, Sophist und Erzieher (1984) 140.

notiert, die Wissenschaft zur "dichterisch-logischen Macht" wird und ihr Erkenntnistrieb von den logischen Irrtümern und Abstraktionen die "Umwege *zu uns* hin, zu unseren Bedürfnissen" findet, denn "Die Wissenschaft hat ein feines Gehör für den Nothschrei der Bedürfnisse, und oft ein prophetisches Gehör" (N. l.c.). Welchen Nutzen die aus der Wissenschaft, aus jener "*wildfremden* eben entdeckten *neuen* Welt" (N. Herbst 1881 14 [2]) losgelösten Abstraktionen der Menschheit bringen, ist damit noch nicht entschieden.

Gerade im Herbst 1881, da er nach wissenschaftlichen Beweisen für die Wiederkehrdoktrin sucht, hofft Nietzsche, "die Wahrheit" der 'kalten' und 'fremden' Wissenschaft, d.h. die in seinem Sinne 'richtigen' wissenschaftlichen logoi, möchten "sich in unseren Traum verketten und – wir sollen einmal *wahrer träumen!*" (N. l.c.); indem wir den logisch und naturwissenschaftlich – vermeintlich – abgesicherten logos von der ewigen Wiederkehr uns einverleiben, *damit* er als 'Schwergewicht', als 'existentieller Imperativ', seine Macht entfalte, denn auch "Die Meinungen und Irrthümer verwandeln den Menschen und geben ihm die Triebe – oder: *die einverleibten Irrthümer*" (N. Frühjahr-Herbst 1881 11 [144]).[69]

Die dichterisch-logische Macht *in den Wissenschaften*

Das logisch-alogische 'Wahrer träumen' – der wissenschaftliche logos als 'Symptom der Stärke'! – findet in einer Welt jenseits logischer Gesetze und Gegensätze statt. Eine von Nietzsche selbst vorgebrachte, bis in ihre Konsequenzen verfolgte und ausgeleuchtete 'naturwissenschaftliche' These setzt eine zugehörige Antithese noch nicht außer Kraft, und vice versa; *beide* für 'wahr' zu halten, 'wahr' zu *machen*, ist möglich, ebenso wie eine "psychologische Ableitung unseres Glaubens" an jede 'logisch begründete' These – wie an Vernunft überhaupt: jeder gesetzte Begriff, Position wie Negation, "ist von unserem *'Subjekt'*-Gefühle entnommen" (N. Herbst 1887 9 [98]), aus dem auch der Glaube an logisch gesicherte (z.B. "wissenschaftliche") Wahrheiten stammt. "Es giebt keine Gegensätze: nur von denen der Logik haben wir den Begriff des Gegensatzes – und von denen aus fälschlich in die Dinge übertragen" (N. Herbst 1887 9 [91]). Wissenschaftliche wie erlebnis- und erfahrungsabhängige Kategorien sind, als festgehaltene Verstandesbegriffe, 'falsch'; es bleibt der "Schein" als die "wirkliche und einzige Realität der Dinge" (N. August – September 1885 40 [53]). Diese von Nietzsche immerhin postulierte, niemals – oder eher noch intuitiv-künstlerisch als wissenschaftlich faßbare Realität 'formulieren' und erschaffen wir: *auch* in der Wissenschaft, *auch* mithilfe "logischer Axiome", die vielleicht nicht "dem Wirklichen adäquat" sind, aber "Maaßstäbe und Mittel, um Wirkliches den Begriff 'Wirklichkeit' für uns erst zu *schaffen*" (N. Herbst 1887 9 [97]). Als "Formen- und Rhythmen-bildendes Geschöpf" kann der Mensch auch

---

[69] Vgl. das Kapitel 'Der logos als Schwergewicht' in Löw 1984, 130-138. Zum 'existential imperative' s. Bernd Magnus: Nietzsche's Existential Imperative. Bloomington & London 1978.

eine logisch konzipierte Welt der Naturwissenschaft schaffen, unter der Einschränkung: "dieser ganzen uns allein zugehörigen, von uns erst geschaffenen Welt entspricht keine vermeinte 'eigentliche Wirklichkeit', kein 'An sich der Dinge'" (N. Juni – Juli 1885 38 [10]). Natürlich verwandeln wir dabei nur unsere perspektivische Illusion zur 'Außenwelt' (N. Sommer – Herbst 1884 26 [38/44]).

Innerhalb dieser erkenntnistheoretischen Artistik Nietzsches gilt dann für die Wissenschaftslogik (und deren "Logik" ist "unableitbar"): "Die Gedanken sind Kräfte. Die Natur ergiebt sich als eine Menge von Relationen von Kräften: es sind Gedanken, *logisch absolut sichere Prozesse*, es fehlt alle Möglichkeit des Irrthums. Unsere Wissenschaft hat den Gang gemacht, *überall* logische Formeln und nichts weiter ausfindig zu machen." (N. Sommer – Herbst 1884 26 [38]). Das Naturgeschehen ist für Nietzsche natürlich nicht 'überall' auf logische Formeln zu bringen. Aber wenn Wissenschaft das tut, entdeckt sie doch menschliche "Tastorgane ... und deren Gesetze", die "ein genügender Beweis für die Realität" sein können? (fragt Nietzsche N. Frühjahr 1880 – Frühjahr 1881 10 [D 83]). Wissenschaft und ihre logischen Prozesse, gerade aufgrund ihres 'provisorischen Charakters' (N. l.c. 10 [D 87]) sind als experimentelle Kraftäußerungen und Teil des Lebensprozesses zu verstehen; über den Wahrheitsanspruch "logischer Formeln und Prozesse" ist damit gar nichts gesagt. Sie sind legitimiert (ähnlich dem 'wünschenswerten' Tun der 'Dichter und Metaphysiker') als 'phantasierendes' oder auch 'produktives Denken'; und dessen Wert besteht darin, "Möglichkeiten auszudenken und ... Mechanismen des Gefühls einzuüben, welche später als Werkzeuge verwandt werden können zur Ergründung des wirklichen Seins": es sind "Versuchsstationen" (N. 1880/81 10 [D 85]). Gewiß kommen 'logische Vorgänge' weder in der Natur noch im Denken 'wirklich' vor (N. April – Juni 1885 34 [170]): aber als experimentelle Entwürfe und 'Versuche', so scheint es, dürfen ihre 'Wahrheiten' (vorläufig) geglaubt und angesetzt werden: "Alle *Mechanismen* bei der großen Arbeit der strengen Forschung sind zuerst als 'die Wahrheit' selber aufgestellt und eingeübt worden" (N. 1880/81 10[D 85]). Könnte man daraus – neuerlicher Beleg für die vielschichtige Auslegbarkeit Nietzsches – vielleicht die Rechtfertigung des 'logischen Optimismus' und des utopischen Fortschrittsglaubens der Wissenschaft (an sich selbst) ziehen? Findet die Wissenschaft über vorläufige 'Wahrheiten', in 'logisch sicheren Prozessen', deren Teilergebnisse "Irrtümer" sein mögen, letzten Endes zu dem 'wirklichen Sein' (das Nietzsche hier immerhin ansetzt); wenn es auch "durch alle möglichen Versuche gleichsam erst errathen und als Beute des Zufalls entdeckt werden" müßte (N. l.c.) und sämtliche bisherigen 'Wahrheiten' bis zur allfälligen späteren 'Falsifizierung' zur Disposition stehen? Aber alle Logik ist doch a priori pragmatisch, – nur ein, recht wirksames, Instrument zur Interpretation oder Handhabung von (in ihrer Bedeutung unerklärten) Wirklichkeitsausschnitten. Somit ist noch keineswegs der zeitgenössische Glaube an 'Tatsachen' und Wissenschaftslogik begründbar, wie ihn apodiktisch-dogmatisch etwa Emil du Bois-Reymond oder Otto Liebmann vertraten.

Letzterer legt, in seinem (von Nietzsche gelesenen) Buch 'Analysis der Wirklichkeit' (1880) "eine absolute Weltintelligenz hypothetisch zugrunde", die uns "die vollendete Logik der Tatsachen in der objektiven Weltvernunft" gewissermaßen metaphysisch garantieren soll.[70] Die logische Weltformel des Laplaceschen Weltgeistes: das wäre nach Nietzsche immer noch jener 'logische Optimismus' des Mechanisten, der diese (cartesianische!) Hypothese bevorzugt, schätzt, für "wahr" hält – weil sie "ihm am meisten das Gefühl von Macht und Sicherheit" gibt: "Die logische Bestimmtheit Durchsichtigkeit als Kriterium der Wahrheit ... damit ist die mechanische Welthypothese erwünscht und glaublich" (N. Herbst 1887 9 [91]). Der entscheidende Einwand Nietzsches wäre: die mechanistische Hypothese (von der er ahnte, daß ihre Tage als beherrschendes Paradigma gezählt waren), vielleicht *wegen* ihrer allzu-logischen Klarheit, hat noch kein Ziel; aber "Die Menschen müssen sich eins *geben*", wenn "die *Voraussetzungen* für alle früheren Ziele... vernichtet" sind: "Die Wissenschaft zeigt den Fluß, aber nicht das Ziel: sie giebt aber *Voraussetzungen*, denen das neue Ziel entsprechen muß" (N. November 1882 – Februar 1883 4[137]).

Indessen verläuft der normale Gang der Wissenschaft bei weitem nicht so 'logisch bestimmt', wie sie selber glaubt – so sehr sie auch auf 'durchsichtige mechanische Welthypothesen' aus ist; das cartesianische Koordinatensystem dient mehr zur Stütze des physikalistischen Selbstbewußtseins. Unsere Logik, sagt Nietzsches in FW 357 erstaunlich behutsam vorgetragene These, paßt nicht auf wirkliche Ereignisse – "insofern wir unsrer menschlichen Logik nicht geneigt sind einzuräumen" (daß schon der Mensch nicht nur über *eine* "viereckige", die sog. klassische Logik verfügt, ist außer Acht gelassen), "daß sie die Logik an sich, die einzige Art Logik sei (wir möchten vielmehr uns überreden, daß sie nur ein Spezialfall sei, und vielleicht einer der wunderlichsten und dümmsten –)."

Der Kern der Quantentheorie ist eine 'nicht-klassische', mehrwertige Logik zeitlicher Aussagen, die klassische ist der Grenzfall; doch die "nichtübliche Logik" ist paradoxerweise "aus einer empirisch mit Hilfe der üblichen Logik gefundenen Theorie" hergeleitet, also doch von dieser abhängig[71].

Die normale Logik versagt (d.h. sagt nichts über das wirkliche Ereignis), wenn wir quantifizierende Formeln und Zahlenverhältnisse aus physikalischen oder chemischen Experimenten ziehen (N. Frühjahr – Herbst 1881 11 [149]): "Auch die

---

70 Emil du Bois-Reymond: Über die Grenzen des Naturerkennens. Reden, Erste Folge. Leipzig 1886; Otto Liebmann ([1]1876): Zur Analysis der Wirklichkeit. [2]Strassburg 1880 (in Nietzsches Bibliothek). Liebmann beruft sich (S. 205) auf die "Laplace'sche Formel"; seine Betonung der 'Logik der Tatsachen' ebenso wie Bois-Reymonds 'Verzicht auf Erklärung' (unter Berufung auf die Mathematisierbarkeit der Natur!) war im damals fortschwelenden 'Materialismusstreit' der Intention nach vermeintlich gegen die materialistisch-mechanistische Naturauffassung gerichtet; was nicht hinderte, daß sich gerade die radikalsten Materialisten darauf berufen konnten. Siehe hierzu E. Cassirer: Zur modernen Physik, Darmstadt 1964, 134-143. – Den 'Optimismus im Logischen', in Form einer Hoffnung auf mögliche "Vollständigkeit deskriptiven Wissens", teilt der moderne Wissenschaftler i.a. nicht mehr – um den Preis, daß er die philosophischen Probleme für unlösbar (oder nichtexistent) erklärt und sich auf logische Sprachanalyse zurückzieht. Nicholas Rescher: "Wahrheit" ist eine "linguistische Entität"; eine "Tatsache" dagegen ist *keine* solche, sondern "ein wirklich vorliegender Umstand oder Sachverhalt. Alles, was sich in irgendeiner *möglichen* Sprache behaupten läßt, ist eine Tatsache." (Rescher 70 f.); Strawsons Regel: Tatsachen sind, was Aussagen, sofern sie wahr sind, aussagen (zit. bei Rescher 350, Am. 9).

71 Weizsäcker, Aufbau der Physik 313 ff., hier 314.

chemischen Qualitäten fließen und ändern sich: mag der Zeitraum auch ungeheuer sein, daß die jetzige Formel einer Zusammensetzung durch den Erfolg *widerlegt* wird." Dennoch, *vorläufig*, als effektive und praktikable Hypothesen, "Einstweilen sind die Formeln wahr: denn sie sind grob". Jedes konstatierte Zahlenverhältnis täuscht eine Pseudo-Exaktheit vor und ist "vollends unmöglich genau zu machen, es ist immer ein Fehler bei der Verwirklichung, folglich eine gewisse Spannweite, innerhalb deren das Experiment gelingt" – was der normalen Wissenschaft zumeist als Bestätigung gilt, das wirkliche Geschehen, die Wirklichkeit selbst verstanden zu haben. Prekär wird ebendies Verstanden-haben-wollen, das definitive Festlegen von "Formen" und "Qualitäten" mittels quantifizierender Formeln – die 'logische' Ableitung eines Wirklichkeitsbildes aus diesen materiellen Bedingungen, weil unvermerkt ein allzumenschlicher Sinn (oder Unsinn) in das Mikrogeschehen hineingelesen wird. Die gefundene Formel bleibt brauchbar für 'Vorhersagen' (die wieder nur auf *neues* experimentelles Tun sich bezieht), aber wir vergessen, daß "gewiß unsere Begriffe Erdichtungen sind", wie Nietzsche (N. l.c. 11 [151]) notiert. Experiment und Experimentator, die untersuchten Objekte und die (scheinbar durchgängig) 'logischen Prozesse', die der Wissenschaftler in Gang setzt, sind "ewiger Veränderung" und dem "Fluß der Dinge", der dauernden Entstehung von 'etwas Neuem' ausgesetzt; wenn auch, sagt Nietzsche, "diese Neuheit zu fein für alle Messungen ist, ja die ganze Entwicklung aller der Neuheiten während der Dauer des Menschengeschlechts vielleicht noch nicht groß genug ist, um die Formel zu widerlegen" (N.l.c. 11[149]), was sich im übrigen mit der von der heutigen Kosmologie vorgebrachten Vermutung trifft, Naturgesetzlichkeiten könnten sich im expandierenden Universum evolutiv verändern.

In der 4. Auflage von Langes 'Geschichte des Materialismus'[72] konnte Nietzsche lesen, wie die "Theoretiker der Deszendenzlehre" durch angeblich "wohlbegründete indirekte Schlüsse " (Haeckel[73]) aus der "chemischen Mischung" des 'Protoplasma' direkte Bestätigung für darwinistische Theoriebestandteile schöpften (hier die scheinbare Übereinstimmung von Onto- und Phylogenie), welche, wie Lange anmerkt, für diese Theoretiker 'heuristisch wichtig' waren; sie sprachen von Strukturen der "chemischen Beschaffenheit", bzw. von Strukturlosigkeit, womit nach Lange nichts weiter gesagt ist, "als daß wir mit unsern groben Beobachtungsmitteln keine Struktur zu erkennen vermögen", was die darwinistischen Interpreten nicht abhielt, von quantitativ formulierten chemischen Strukturen auf qualitative "Wesensunterschiede" zu schließen. Das wäre nach Nietzsche ein unzulässiger Schluß – oder Sprung – von der Welt der Logik und Artihmetik auf bzw. in die qualitative Welt der Erfahrung; *an sich* kommt weder das eine noch das andere vor (N. Sommer 1886 – Frühjahr 1887 6 [14]), da die geringste, von unsern groben Organen nicht erfaßbare Änderung der Quantität eine absolut neue Qualität hervorruft; aber *wir* (die Wissenschaft) können nicht vom einen aufs andere schließen. "Die Reduktion aller Qualitäten auf Quantitäten ist Unsinn: was sich ergiebt, ist daß eins

72 Lange II 339 ff.

73 Haeckel, zit. bei Lange 340.

und das andere beisammen steht, eine Analogie" (N. Herbst 1885 – Herbst 1886 2 [157]), *wir* projizieren unseren, aus der Logik stammenden, Begriff des Gegensatzes in die Dinge (N. Herbst 1887 9 [91]).

Das niemals direkt beobacht- und erfahrbare molekulare oder subatomare 'Geschehen' mag unter einer (in Nietzsches Sinn) unergründlichen 'Notwendigkeit' stehen: unsere logischen Kategorien (mathematische, kausale, 'substantielle') verfehlen es ebenso notwendig, sind ihm nicht adäquat; sie stammen per Analogie aus unserem (auch schon jeweils fehlinterpretierten) sinnlich-emotionalen Dasein. Diese Kritik drückt, durch Nietzsches radikalere Erkenntnisskepsis verschärft, eine lapidare Tatsache neuzeitlicher Wissenschaft aus: all ihr streng logisches Denken hat es, inspiriert von der Mathematik und verführt vom Zauber eines eng interpretierten Platon, nur mit idealen Objekten – oder hypostasierten 'Ideen' –, nicht mit Objekten der sinnlichen Wirklichkeit zu tun; sofern sie zu Bildern (Analogien) kommt, um das physikalische (oder chemische etc.) Geschehen auszudrücken, sind diese *nachträglich* über Abstraktionen errichtet. Die ständige Versuchung liegt nahe, die 'Ideen', mit denen die Wissenschaft operiert, auf einer unbestimmten Stufe des Abstraktionsprozesses zu 'materialisieren'. Es gelingt uns aber nicht, unsere 'erdichteten Begriffe' analog den 'mathematischen Gestalten' (Fläche, Kreis, Linie), wie Nietzsche sagt: zu "*verwirklichen*", denn: "Die ganze Unendlichkeit liegt immer als Realität und Hemmniß zwischen 2 Punkten" (N. Frühjahr – Herbst 1881 11 [151]).

Ordnungen in der Natur

Was wir dennoch erkennen (wenn auch von Nietzsche mit weniger wissenschaftlicher als 'metaphysischer' Begründung *nicht* als solche anerkannt), sind dynamische *Ordnungs*strukturen auf verschiedenen Objekt- und Wahrnehmungs-Ebenen. Aus der Entdeckung thermodynamischer, zeitlich unumkehrbarer, je einmaliger Ereignisse, wie aus dem Bewußtwerden, daß neuartige, mehrdimensionale Raumgeometrien physikalisch bedeutsam sein und die traditionelle Wissenschaftslogik zum Scheitern bringen könnten, vermochte zwar die Wissenschaft im 19. Jahrhundert noch nicht notwendige philosophische Konsequenzen zu ziehen. (Nietzsches Philosophie des 'Werdens', seine Machtzentren-"Physik", die beide in der Wiederkehr-Lehre gipfeln, sind intelligente, vorahnende Reaktionen darauf; was Thema einer eigenen Arbeit wäre.) Wenn der Mensch, wie in Nietzsches (mathematisch übrigens nicht ganz korrektem) Beispiel, in der molekularen Chemie oder in anderen nichtsinnlichen, nur durch Theorie und auf sie gestütztes Experiment erschlossenen Bereichen interpretiert, schließt er – dafür fand Nietzsche bei Lange[74] u.a. genügend Beispiele – von der Ordnungsebene der Körper, einschließlich des eigenen des Wissenschaftlers, anhand gemessener Kraftwirkungen, auf Körperhaftigkeit oder Substantialität: doch in einer ganz anderen, messend und theoretisch erschlossenen Ordnungsebene von 'Atomen'; man baut gut materialistisch die Atome in seiner

[74] Lange II 375.

Vorstellung analog dem Körper und die Körper wiederum aus Atomen auf. Einige Wissenschaftler und Wissenschaftstheoretiker ahnten immerhin, daß dieser Sprung von einer Ebene zur anderen illegitim, d.h. logisch nicht zu rechtfertigen sein könnte; z.B. schon aus Gründen der eingeschränkten Gültigkeit unserer gewöhnlichen Raumvorstellungen, so etwa, wenn sich "elektrische Erscheinungen" oder die "Spektra der chemischen Elemente" nicht mehr durch Molekularvorgänge in einem 'normalen' Raum erklären ließen, ja die Elemente selbst in einem *mehr* als dreidimensionalen Raum existierend zu denken wären (Ernst Mach 1872, in einer Arbeit, die Nietzsche kannte[75]).

Heute wissen wir um die allgemeine Kontextabhängigkeit der verschiedenen Ordnungssysteme – auch um die des Systems menschlicher und wissenschaftlicher Logik, das als Instrument für die Praxis, aber nicht für die Erklärung der wirklichen Vorgänge taugt – (nur) in dem Sinne hat Nietzsche recht, wenn er sagt, 'die Logik' komme in der Wirklichkeit gar nicht vor. (Nietzsche irrte in seiner Sprachkritik, wenn er das praktisch unbegrenzte Sinnpotential der sprachlichen Ordnung mit dem Regelsystem der Logik gleichsetzte; die Sprache läßt sich – so der Quantenphysiker D. Bohm[76] – "durch keine endliche Menge von Unterschieden" oder auch Gegensätzen "definieren" und ist 'unendlich' viel reicher als ihre verschiedenen "Unterordnungen niedrigeren Grades", der Regeln von Syntax und Semantik etwa; auch die logischen Regelsysteme sind nur Derivate aus und Unter-Ordnungen in der Fülle sprachlicher Möglichkeiten und Funktionen.) Was immer wir über eine definite Ordnung in der Natur sagen, ist nicht die Ordnung der Natur selbst. Das mechanistische Denken, mit dem Nietzsche sich auseinandersetzte, glaubte irrtümlich und 'imperativisch' an die Fortsetzbarkeit seiner linearen Logik in alle Wirklichkeitsbereiche; es scheiterte schon auf rein naturwissenschaftlicher Ebene und erwies sich als inkommensurabel mit deren eigenen Resultaten.

Eine philosophisch unvoreingenommene Interpretation der Entropie, der Rolle der Subjektivität in der Quantentheorie (Bohr, Heisenberg, Weizsäcker) und ihrer "verborgenen" wie offenkundigen Ordnungen (D. Bohm) gibt den Blick frei auf eine "komplexe Verflechtung" von (gleich objektiven wie gleich subjektiven) Ordnungen. Diese anzuerkennen oder in ihrer Bedeutung für die menschliche Welt zu interpretieren, liegt vorläufig noch "jenseits der Physik"[77], zumindest der herkömmlichen, und übersteigt die Möglichkeiten ihrer Methode. Wie Bohm/Peat feststellen[78], gibt es in physikalischen Systemen "ein ganzes Spektrum mit Ordnungen niedrigen Grades am einen Ende und 'Chaos' und 'Zufälligkeit'[79] am anderen.

---

[75] Ernst Mach: Die Geschichte und die Wurzel des Satzes von der Erhaltung der Arbeit, Prag 1872, von Nietzsche vermutlich um 1882 gelesen – s. Mittasch 1952, 369.

[76] D. Bohm/D. Peat: Science, Order and Creativity. New York 1987. Dt.: Das neue Weltbild: Naturwissenschaft, Ordnung und Kreativität. München 1990, 140 ff.

[77] Weizsäcker, Aufbau der Physik 634 ff.

[78] Bohm/Peat 151.

[79] Um ein "Chaos" zu definieren, benötigt man einen Ordnungsbegriff; auch im physikalischen Sinn kann man (es sei denn metaphorisch) kein 'zufälliges Chaos' konstatieren, sondern nur ein Kontinuum von Ordnungen von sehr niedrigem zu höherem Grad; schon eine "anfängliche Zufallsordnung" (Prigogine) ist, nicht nur-sprachlich allein, stets von einer "weiteren anfänglichen Ordnung niedrigen Grades überlagert", die jene um-formt (so D. Bohm; wir scheinen uns wieder Aristoteles zu nähern!).

Dazwischen liegen weitere Ordnungen von großer Subtilität, die weder niedrigen Grades noch 'chaotisch' sind. Die Wissenschaft hat jedoch bis jetzt diese Zwischenordnungen in keinem nennenswerten Ausmaß erforscht." In diese 'subtilen' Ordnungssysteme greift der Mensch experimentierend und interpretierend ein: indem er dabei auf sein grob-logisches Regel-, Zeichen- und Begriffs-System vertraut, und dadurch immer Gefahr läuft – von vorgängigen Werten (und Unwerten) bestimmt – bei 'Semi-Abstraktionen' stehenzubleiben, logische Artefakte zu hypostasieren; wobei eine "ganze Unendlichkeit... als Realität und Hemmniß" sich zwischen unsere Begriffe und die Wirklichkeit schieben kann (N. Frühjahr – Herbst 1881 11 [151]).

Wenn wir, ausgehend von der modernen Quantenmechanik (die einen Umsturz im physikalischen Weltbild bewirkte und zugleich erkenntnistheoretische Probleme aufwarf, die Nietzsche höchstens in seiner Zeitatomlehre, Frühjahr 1873 26 [11-12], und dem Konzept raum- und zeit-transzendierender Willen-zur-Macht-Punktationen intuitiv "erahnte": originell dabei war immerhin der Rückgang auf Boscovich), von der 'logischen Struktur' auf verschiedenen Ordnungsebenen sprechen, ist eins zu beachten. Der Interpret der Quantentheorie liest in die dort gefundenen – wenngleich paradoxalen – logischen und translogischen Strukturen, durchaus begründet, scheinbar objektiv in der Natur vorzufindende Erscheinungen hinein, die auf zumindest geist- oder bewußseinsähnliche Prozesse schließen lassen. Das braucht nicht zu bedeuten, daß das, was wir als Geist und Bewußtsein im Menschen, *in uns*, kennen, *dort* in den materiellen Partikeln zu finden wäre, diese gleichsam transzendierend und von dort ausgehend bis in unsere höheren Organisationen hinaufreichend. Das vermeintlich 'Geistige' in der Materie, die dort vorfindliche 'logische Struktur', mag uns zum Beleg eines die ganze Natur durchwaltenden Ordnungsprinzips ('objektiver Naturzwecke') dienen und Ausdruck eines inneren Zusammenhangs, einer Einheit und Ganzheitlichkeit der gesamten 'materiellen Ebene' (besser: der Natur) sein, die Bewußtsein *ermöglicht*. Der logische Formalismus der Quantenphysik kann Geist- und Bewußtseins-Analogien aufweisen und so die Idee einer 'Materie', bzw. eine nach dem Newtonschen Schema verstandene Naturmechanik, absolut transzendieren: aber es *ist* nicht *unser* Geist *in* der 'Materie', und wir *sind* nicht allein geistig strukturiert analog der materiellen Ebene (unser Selbstbewußtsein ist nicht vorrangig 'logisch'). Der Mensch ist nicht nur (beschreibender) Beobachter einer 'logischen Struktur' und einer Ordnung der Materie, sondern trägt selber – das *zeigt* die Selbsterfahrung – eine nicht vollständig logisierbare, nicht quantifizierbare Ordnung höheren Grades *in sich*, oder er 'verkörpert' sie – und ist fähig, dies zu erkennen. Die Frage ist, ob wir ein auslegendes Subjekt, als 'letztes Faktum', zu dem wir *hinauf* können, anzuerkennen bereit sind – oder, wie Nietzsche, die erkennbare Ordnung als Auslegung durch ein 'letztes Faktum' verstehen wollen, zu welchem wir *hinunter* kommen.

Nicht *wir* sind mit unserem Geist und Bewußtsein nach Analogie *jener* logischen Ordnung "konstruiert" (die verbleibt in der materiellen Ebene, ist Bedingung, Mittel), sondern wir erkennen vielleicht jene nach Analogie der unseren (weshalb vermutlich für uns überhaupt Analogien erkennbar sind und im Erkennen eine primäre Rolle spielen!). Der Mensch braucht sich gewissermaßen nicht die 'Bestätigung' seiner Geistigkeit aus der Quantenmechanik, das heißt aber aus der als solche definierten Materie, zu holen. – Nietzsche ist stets geneigt, vielmehr entschlossen, *seiner* "Quantenebene", nämlich der der 'Machtquanten' (Kraftzentren; Wille-zur-Macht-Quanten, die je für sich, partikularistisch, "die letzte Consequenz" ziehen, usw.) gleichsam eine ontologische Vorrangstellung einzuräumen. Er erklärt die unmittelbar und selbstreflektiv erfahrenen Ordnungen für fiktiv und spielt dabei den vieldeutigen, ebenso quasi-transzendental wie 'physikalisch' erscheinenden Charakter der Machtquanten aus (eine "theorievernichtende Theorie", in Hans Jonas' Ausdruck). Wogegen, etwas pointiert, einzuwenden wäre, daß *wir* die Materie interpretieren und transzendieren, und nicht eine Materie den *Menschen* interpretiert, der bestimmte, von ihm selbst gesetzte und abstrahierte Wirklichkeitsaspekte erst zur so genannten 'Materie' (oder, Nietzsches letzte Wirklichkeit, auch als universalen Kampf von Machtquanten, von Geschehens-Komplexen) deklarieren kann[80].

Intuition und logische Prozesse

Das wissenschaftliche Weltbild ist je unsere Schöpfung, "*unsre* Vorstellung", deren objektive Gültigkeit durch die Anwendung der Logik noch nicht gewährleistet wird: darin kommt Nietzsche mit Langes[81] neukantianischen Anschauungen überein (ohne den metaphysischen "Standpunkt des Ideals" und Langes Folgerungen zu teilen), daß die Welt "ein Produkt der Organisation der *Gattung* ..., des *Individuums* in der frei mit dem Objekt schaltenden Synthese" sei; aber "ein absolut festes, von uns unabhängiges und doch von uns erkanntes Dasein" wäre eine "eingebildete" Wirklichkeit nach Art der Materialisten. Lange begründet: eine solche Wirklichkeit kann es nicht geben, "da sich der synthetische, schaffende Faktor unsrer Erkenntnis in der Tat bis in die ersten Sinneseindrücke und bis in die Elemente der Logik hinein

---

[80] Auf der Suche nach 'geistigen Prinzipien' *in* der Natur (z.B. der Quantenmechanik) – soweit diese Suche statthat! – begehen wir somit eine Art Kategorial-Fehler. Wenn feststeht, daß das klassische Objektivitätsideal nicht mehr aufrechtzuerhalten ist (Heisenberg), weil das beobachtende *Subjekt* mit *seinem* Bewußtsein (und nicht nur dessen 'logische Struktur'!) *in* jedes Experiment und jede Natur-Beobachtung einbezogen ist, ja Forschung als Ganzes *sein* Tun ist – können die Bewußtseinsstrukturen nicht als rein objektive Eigenschaften der Natur der Objekte, unabhängig von uns, wiedergefunden werden. Gerade daraus ergibt sich, daß wissenschaftliches Tun – was Nietzsches originäre Einsicht war, die ihm damals kaum ein Physiker abgenommen hätte! – und schon die 'Beobachtung' der Natur, der wissenschaftliche Blick auf die Dinge, niemals 'wertfrei' ist. Die theoretische, methodisch und experimentell vor-entschiedene Hypostasierung einer bestimmten Materiestruktur (z.B. heute von Bosonen, Leptonen etc. – von ganzen 'Teilchenfamilien' mit "farbigen" oder "charm"anten Mitgliedern) steht immer im Kontext eines wissenschaftlichen Glauben der scientific community und ihrer Werturteile. Diese Wertvorstellungen stammen aus anderen, kulturellen etc. Quellen, sind selbst niemals logisch-naturwissenschaftlich darstellbar, sondern werden auf Alltagsebene erfahren und erworben (sie können auch, wie der inhärente 'Machtfaktor', verdrängt werden). Bündig gesagt, mit F. Capra, unter Berufung auf Heisenberg: "Naturwissenschaft ist stets implizit einer Wertvorstellung verschrieben, und die Naturwissenschaftler sind nicht nur intellektuell, sondern auch moralisch für ihre Forschungsarbeit verantwortlich" (zit. bei Wilber 1990, 235) – und dies schon, *bevor* sie sich einem speziellen 'Forschungsfeld' zuwenden.

[81] Lange II 665 f.

[82] Lange II 666. Zum 'synthetisch-schaffenden Faktor' in der Logik: Der Identitätssatz, sagt Lange, sei zwar Grundlage alles logischen/wissenschaftlichen Erkennens, selbst aber "keine Erkenntnis, sondern

erstreckt"[82]. Den schaffenden Faktor im logischen und wissenschaftlichen Denken anerkennt und betont besonders auch Nietzsche. Naturwissenschaft ist, vor allem, wenn sie in ihren antimetaphysischen Konsequenzen 'gefährlich' ist (N. Frühjahr 1884 25 [309]), das Werk schöpferischer, starker Einzelner, deren 'Material' die allgemeinsten, anthropomorphesten Fiktionen der 'Gattung' sind. Vor der eigentlichen Lebensrealität freilich ist auch der Wissenschaftler – 'nur Narr, nur Dichter': seinen Leidenschaften und (außerwissenschaftlichen) Wertvorstellungen unterworfen. "Das Begierden-Erdreich, aus dem die *Logik* herausgewachsen ist: Heerden-Instinkt im Hintergrunde, die Annahme der gleichen Fälle setzt die 'gleiche Seele' voraus. *Zum Zweck der Verständigung und der Herrschaft*" (N. Ende 1886 – Frühjahr 1887 7 [41]). Erst wenn ein Wahrheitspathos sich mit den logischen Fiktionen, mit der "Unschuld im Glauben an die Begreifbarkeit im Begriff" verbindet und verselbständigt, kann eine ziellose Wissenschaft 'zum Untergang treiben'. Die Bedeutung, die (schon Lange, und) Nietzsche dem frei-schöpferischen Element, dem 'schaffenden Faktor' gibt, muß (uns) zur Einsicht leiten, daß die Erkenntnis- und methodischen Dogmen der Naturwissenschaft und ihre daraus abgeleitete unbeschränkte Handlungsfreiheit (die praktische Anwendbarkeit ist inhärentes Ziel: N. Frühjahr 1884 25 [308]) in Frage gestellt werden dürfen, im Namen anderer 'Rangordnungen' und Werte (FW 373, 374; GM I 17).

Keinesfalls ist der Gang der Wissenschaft im ganzen ein 'logischer' Prozeß, und auch im Denken der einzelnen Wissenschaftler (das eine Handlung und in einen Praxiszusammenhang gestellt ist) gibt es keine rein "logischen Vorgänge"; sie kommen "so wenig als eine gerade Linie oder zwei 'gleiche Dinge'" vor. "Unser Denken läuft grundverschieden: zwischen einem Gedanken und dem nächsten waltet eine Zwischenwelt *ganz anderer* Art z.B. Triebe zum Widerspruch oder zur Unterwerfung usw." (N. April – Juni 1885 34 [170]); da das logische Vorgehen des Wissenschaftlers ein 'Bemächtigungs'-Denken ist, ordnet sich seine 'Logik' bewußt oder unbewußt selbstgesetzten Zielen und Zwecken, also meist Werturteilen 'metaphysischer' Provenienz unter.

Nietzsche will "das *Überschüssige Phantasiren* bei Metaphysikern Mathematikern abschneiden: obwohl es nothwendig ist, als ein Experimentiren darauf hin, was vielleicht zufällig dabei erwischt wird" (N. Frühjahr 1884 25 [308]). – Auch den *mathematischen 'Hinterweltlern'* sollte der Boden entzogen werden, obwohl sie wertvoller trouvaillen für fähig befunden sind. (Mit reinen Mathematikern befaßte Nietzsche sich kaum; also ist wohl an die mechanistischen Rechner gedacht – auch sie zwar Fiktionalisten, aber Er-finder 'allerweitester regulativer Hypothesen'). Das

eine Tat des Geistes, ein Akt ursprünglicher Synthesis", der eine Gleichheit setzt, "die sich in der Natur nur vergleichsweise und annähernd, niemals aber absolut und vollkommen vorfindet". So zeige sich "gleich auf der Schwelle der Logik die Relativität und Idealität alles unsres Erkennens" (II 702, Anm. 40, die Nietzsche nicht kannte, da seine Ausgabe der 4. Auflage von Langes Buch keinen Anmerkungsteil enthielt). – African Spir hat auf der These, daß dem Identitätssatz keine Natur-wirklichkeit entspricht, sein eigenes philosophisches System errichtet. – Nietzsche (N. Ende 1886 – Frühjahr 1887 7 [4]), gegen Kant sich wendend, zählt den Satz der Identität zu den "regulativen Glaubensartikeln"; er sei ein "theologisches Vorurtheil" und ein "unbewußter Dogmatismus" Kants und darin "seine moralische Perspektive als herrschend, lenkend, befehlend".

ist einmal auf die falschen logischen Synthetisierungen der (immer noch an die Ordnung, Einheitlichkeit und Erkennbarkeit der 'Materie' glaubenden) Herren Positivisten und Mechanisten gemünzt, deren Materialismus sich ja auf die naturwissenschaftlichen Resultate stützt. Nietzsche dürfte F.A. Langes (den er im Frühjahr 1884 erneut liest) Charakterisierung des Materialismus[83] zustimmen, dabei dessen grundsätzlich positive Wertung des 'Standpunkts des Ideals' aber ablehnen: "Der Materialismus ist die erste, die niedrigste, aber auch vergleichsweise festeste Stufe der Philosophie. Im unmittelbaren Naturerkennen schließt er sich zum System, indem er die Schranken desselben übersieht." Die 'Notwendigkeit (die "Sicherheit in jedem Schlusse", wie Nietzsche N. August – September 1885 40 [27] sagt) im Gebiet der Naturwissenschaften' gibt dem System vermeintliche Sicherheit. Gerade die 'Grundhypothese' des Materialismus ist aber "der unsicherste Teil und... unhaltbar vor einer tiefer eingehenden Kritik." Diese "Sicherheit" ist aber nur die der sogenannten "Tatsachen der Wissenschaft", das "unmittelbar gegebene Einzelne" (in der modernen Wissenschaft: nur noch die abstrakte Gleichung.) "Der Einheitspunkt, welcher die Tatsachen zur Wissenschaft und die Wissenschaft zum (materialistischen) System macht, ist ein Erzeugnis freier Synthesis und entspringt also derselben Quelle wie die Schöpfung des Ideals." Hier kommt, in der 'wissenschaftlichen Induktion', das technisch-praktische Moment: als Lösung einer vorgegebenen Aufgabe, ins Spiel, aber auch, wie Lange sagt, der Einfluß des "dichtenden Geistes"; ebenso aber die "Zwischenwelt ganz anderer Art", von der Nietzsche spricht: eine Trieb- und Werte-Welt, die jene falschen Synthetisierungen und nachträglichen Logisierungen bestimmt; der exzessive Gebrauch (und Mißbrauch) der Logik; ihr Streben nach Gewißheit und Sicherheit im 'Beweisbaren', nach 'wissenschaftlicher Genauigkeit' "bei den *oberflächlichsten* Erscheinungen" (N. Sommer – Herbst 1887 5 [17]); die metaphysisch-optimistische Haltung: "Was sich beweisen läßt, ist wahr" (N. l.c. 5 [18]), denn: "die Logik zweifelt nicht, etwas vom An-sich-Wahren aussagen zu können" (N. Herbst 1887 9 [97]). – Wir sehen heute, daß in der Naturwissenschaftspraxis gar nicht vorrangig die Anwendung logischer Regeln stattfindet, und sehen auch deutlicher die Rolle des Subjekts, und seiner Vorurteile, im Fortgang wissenschaftlicher Forschung – nicht nur in Zeiten 'revolutionärer' Umbrüche und Entdeckungen, die jeweils ganz "typisch die intuitive Leistung eines einzelnen" und "eher der Kunst als der Wissenschaft verwandt" sind.[84] Erst *nach* der 'wissenschaftlichen Induktion' zumeist bekommt die Logik ihren Platz als eine 'Reflexion des Denkens auf sich selbst', als Wissenschaft von den Folgerun-

---

[83] Lange II 664 ff.

[84] Agnes Arber: Sehen und Denken in der biologischen Forschung. Reinbek 1960, 24 ff., verweist auf Henri Poincarés Untersuchungen zum Entdeckungsprozeß in Naturwissenschaft und Mathematik (1908). In diesem Prozeß folgt nach intensivster bewußter Denktätigkeit eine Phase der Abwendung, des Kombinierens, der fruchtbaren Verbindung, wozu eine sensibilité esthéthique nötig sei (Poincaré in seinem Beispiel schlägt sich allerdings eben mit dem hypothetischen Mechanismus von "Häkchenatomen" herum) und freie Assoziation eine Rolle spielt. Das begrifflich-logische Denken selbst werde dann, einschließlich einer visuellen, bildhaften, imaginativen Komponente "durch intensive Anspannung auf ein Niveau erhoben..., auf dem es sich unlösbar mit dem Gefühl und den Gemütsbewegungen verbunden findet", eine "Zusammenarbeit von Verstand und Intuition", die etwa

gen (nicht als philosophische Selbstreflexion und -besinnung). Ihr Ziel *könnte* dann sein, das Wissenschafts-Denken zu klären, und zwar sowohl in bezug auf das Gemeinte als auf Folgerungen daraus: *darin*, im Folgern, kommt es in der Wissenschaft zum möglichen Mißbrauch der Logik, z.B. zur mißbräuchlichen Anwendung in Fehlschlüssen auf reduktionistisch verstandene Ursache-Wirkungs-Verhältnisse. Der abusive Gebrauch der Induktion ist es, was Nietzsche in der Logik der Naturwissenschaften angreift: der – 'theoriengeladene' und von meist positivistischen Vorurteilen bestimmte – Mißbrauch wissenschaftlicher Rationalität, jene 'reine' und 'exakte' Forschungs-Intelligenz, die *nur* Verstandesbestimmungen zuläßt und alles ausscheidet, "was nicht durch den Verstand auflösbar und erklärbar ist"[85], um sodann ihre positivistischen Reduktionen auf die materiellen Bedingungen aller Phänomene zum gültigen Welt- und Wirklichkeitsbild zu deklarieren. So kann "die ganze Richtung der Werthe" zur "*Verleumdung des Lebens*" führen – "Die Naivetät war nur die, die anthropocentrische Idiosynkrasie als *Maß der Dinge*, als Richtschnur über 'real' und 'unreal' zu nehmen: kurz, eine Bedingtheit zu verabsolutiren" (N. Frühjahr 1888 14 [153]).[86]

Spinozas laetitia, durch die der Geist zu größerer Vollkommenheit übergeht, entspreche (Ethik III, XI, 105). – Wobei hinzuzufügen wäre: kein Zweifel, daß die 'Entdeckung' oder Kreation einer neuen Formel (nebst neuer Weltsicht) eine große schöpferische Leistung für die Wissenschaft bedeutet; sie wird dadurch nicht zur 'Tatsache', sie bleibt 'Interpretation'.

[85] F.G. Jünger in: Die Perfektion der Technik (1939). Frankfurt 1946, S. 89, betont das "Aggressive" dieser aktiven Arbeit des abstrakten Verstandes – in der (immer positivistischen!) Naturwissenschaft wird diese Haltung methodisch – während die Natur (als natura naturata) sich "leidend und passiv verhält", wodurch eben das Substrat, die Natur, verändert, in Mit-leidenschaft gezogen wird. "Wir müssen nach den Zwecken fragen, die der Verstand sich selbst in der Natur setzt" (90); das apodiktisch-Gewisse verbürge keine Wahrheit, sondern "Erschleichungen von seiten des mechanischen Exakten" (91). "Nicht in seinem Wissen, sondern in seinem Glauben an dieses Wissen ist der Techniker dogmatisch" (6). – Zur Entfesselung des logisch-abstrakten Verstandes, die "Unendlichkeit seiner Fragekettten" in der (wie in der modernen Wissenschaftlichkeit) die Form der Logik "merkwürdigerweise selber Inhalt" wird, und die daraus folgende Atomisierung der Wertgebiete: siehe Hermann Broch: Der Zerfall der Werte. In: Erkennen und Handeln. Essays Bd. II, hrsg. v. Hannah Arendt, Zürich 1955, 5-44; Logik einer zerfallenden Welt. 45-60.

[86] B. Russell: Philosophie, S. 213: "In jeder Wissenschaft bezieht man sich auf 'selbstgemachte Entitäten', deren angenommene Beschaffenheit auf die Manipulierbarkeit im Rahmen eines bestimmten Kalküls zugeschnitten ist" (die logisch-mathematisch operierende Naturwissenschaft, sagt der Logiker Russell 82 f., hantiere mit "undefinierbaren Grundbegriffen", die einen "unauflösbaren Rückstand" jeder Theorie bildeten, da sie nie sicher sei, auf welche "erschlossene Entitäten" sich ihr "Blick durch das geistige Teleskop" wirklich richte). – Dies schränkt jeden Rückschluß von den abstrakten Realitäten der mathematisierenden Naturwissenschaften auf unser Wirklichkeits-Bild prinzipiell ein. Die logischen Postulate, die die Wissenschaft implizit voraussetzt, sind (wie das Vorwissen um mögliche, sinnvolle Interaktion mit der Natur überhaupt) schon aus unserem Alltagswissen abstrahiert. Bei möglichen "strukturellen Ensprechungen" zwischen wissenschaftlich (per Eingriff) erschlossenen Naturvorgängen mit unserer unmittelbar erlebten Welt sind wir auch die Schöpfer jener Analogie – und, als 'Täter' der Tat-Handlung Wissenschaft für ihre Tragweite verantwortlich (da, nach Nietzsche N. Frühjahr 1884 25 [158], "*jede* Handlung eines Menschen einen *unbegränzt großen* Einfluß hat auf alles Kommende").

IX. Die Mathematisierung der Natur

> Ob die bei den religiösen Fragen so überaus reizbaren Mathematiker in ihrer eigenen Wissenschaft ebenso skrupulös sind? Ob sie sich nicht auch Autoritäten unterwerfen, Dinge auf gut Glauben annehmen, Unbegreifliches für wahr halten?
>
> Berkeley, The Analyst, Query 64

"Wenn nämlich alles erklärt wird durch ein X, das nicht erklärt wird, so ist total gesehen gar nichts erklärt" – der Satz könnte in Nietzsches Nachlaß stehen; "total gesehen" bedeutete dann etwa: gemessen am pluralistisch konzipierten, änigmatischen 'Weltganzen' aller Willen zur Macht (letztlich monistisch weltimmanent verstanden), für "X" wäre 'ein Begriff', 'ein Naturgesetz', 'eine Formel', 'eine Zahl' einzusetzen. Kierkegaard[1], der ihn 1846 im Tagebuch als "Einwand gegen die Naturwissenschaften" formuliert, denkt an die un-bedingte, transzendente Verantwortung, ("die ethische Übernahme des Talents"), die der mathematisierende Wissenschaftler, in "Skepsis" oder "Aberglaube", verfehlt: man "kann ... nicht eine Überzeugung haben im Verhältnis zum Mathematischen" ("Überzeugung, weil sie *über* das Zeugnis und den Beweis hinausgeht")[2].

---

1 Kierkegaard, Die Tagebücher 1834-1855, hrsg. u. übers. v. Theodor Haecker, München 1953, 249.

2 Kierkegaard 251. Vergleichende Interpretationen von Nietzsches und Kierkegaards Kritik der Naturwissenschaft liegen kaum vor (vermutlich, weil Nietzsche den Dänen nicht mehr zur Kenntnis nehmen konnte; Georg Brandes' brieflicher Hinweis von 1888 kam zu spät). Ansätze dazu liefert (erstaunlicher- und mutigerweise, was die Zeit betrifft) Max Bense in einem kurzen Artikel: "Die Idee der Naturerkenntnis bei Nietzsche und Kierkegaard", in: Unsere Welt Bd. 29, Bad Godesberg 1937, 33-36. Bei allem Unterschied in der Deutung menschlicher Existenz geht Nietzsches und Kierkegaards Wertung der Naturwissenschaft vom wirklich existierenden 'Einzelnen' aus; Kierkegaard stellt den 'konkreten Denker' dem 'abstrakten' gegenüber. Der 'abstrakte Denker' ist zuletzt gar nicht möglich, weil es im abstrakten Denken (der Wissenschaft) "keinen Denkenden mehr gibt" (Philos. Brocken, zit. Bense 34): keine Subjektivität, kein (sokratisches) "vorausgehendes Selbstverständnis": das "Ethisch-Religiöse" als "das einzig Gewisse"(Tageb. 245) wird dem "Sophisma" der Naturwissenschaft entgegengesetzt. Das naturwissenschaftliche Bewußtsein hat "innerhalb des Umfangs seines Talents, einen vielleicht verblüffenden Scharfsinn, Kombinationsgabe... usw. Aber das Verhältnis wird im höchsten Falle dieses sein: ein solches eminentes Talent, einzigartig durch seine Begabung, erklärt die ganze Natur aber versteht nicht sich selbst. Es wird nicht sich selbst durchsichtig in der Bestimmung des Geistes, in der ethischen Übernahme des Talents usw.": wenn "ein Unbekanntes, ein X" (die Abstraktion der 'unpersönlichen' 'objektiven' Methode, der mathematische Formalismus) "alles erklären" soll, ist "total gesehen gar nichts erklärt": "Ist dieses nicht Skepsis, so ist es Aberglaube" (Tageb. 248 f.). Wissenschaft wird zum Szientismus, wenn sie erklärt, eine 'Bestimmung des Geistes' und ethische, das Biologische transzendierende Werte existierten nicht, da sie nicht meßbar, nicht mathematisierbar sind; oder sie *werden* meßbar gemacht, d.h. biologistisch (weg-)erklärt. Die "mate-

Der Glaubensgrund beider Denker, aus dem die Kritik am 'Mathematischen' kommt, mag sehr verschieden sein; der 'existentielle Bezug' auf eine 'absolute Verantwortlichkeit' – in der Kritik an der be-rechnenden Wissenschaft! – ist beiden ähnlich. Für Nietzsche hat der geglaubte und einverleibte logos der Naturwissenschaft die Funktion des "Schwergewichts" – die er verfehlen kann, indem das Schwergewicht nicht innerer Schwerpunkt, sondern Ballast ist, der 'zum Untergang' zieht. In mathematischer Formelsprache läßt sich ein kategorischer, existentieller Imperativ, ein Appell an 'absolute Verantwortlichkeit'[3] kaum formulieren, eher schon wird die ver-zeichnende (N. Herbst 1885 – Herbst 1886 2 [139]) Zeichensprache ein Mittel, sich aus dieser wegzuschleichen: da "die eigentlichen *grossen* Probleme und Fragezeichen gar nicht in Sicht" kommen, wenn "das Dasein zu einer Rechenknechts-Uebung und Stubenhockerei für Mathematiker" herabgewürdigt und "seines *vieldeutigen* Charakters" entkleidet wird (FW 373; "*'Wissenschaft' als Vorurtheil*"): der Aphorismus findet schrill-polemische Töne ("Geisteskrankheit") für die an mathematische Wahrheiten glaubende 'Welt-Interpretation', "eine solche, die Zählen, Rechnen, Wägen, Sehn und Greifen und nichts weiter zulässt" (l.c. KSA 3/625). Mathematiker, die nur 'Sicht- und Greifbares' zulassen? Die 'Rechenknechts-Uebung' geht gut mit dem plumpesten mechanistischen Materialismus zusammen; schließlich kann man noch heute teilchenforschender Mathematiker sein und sonst nur an das, was man 'mit Händen greifen kann', glauben: d.h. 'die Welt' oder 'das Universum' als Summe empirischer und berechneter Relationen verstehen, oder als Summe aller (digitalisierbaren) Ereignisse im Universum; man glaubt noch an die Handgreiflichkeit, wo sie nur mathematisch erschlossen ist. Die normal science and technology hat es nicht vornehmlich mit den platonischen Zahl-Ideen zu tun (die freilich Heisenberg in der Ästhetik der quantenmechanischen Formeln wiederzufinden glaubt).

Eine mathematisch fundierte Grundlagenkritik dürfen wir von Nietzsche, der nach dem Urteil Mittaschs nur "geringe Neigung und Befähigung zur Mathematik mitbrachte"[4], nicht erwarten; obschon sich formal (nicht inhaltlich oder der Intention

---

rialistische Physiologie" z.B. ist für Kierkegaard im eigentlichen Sinne gar nicht Wissenschaft, sondern nur Neugier, daher (im existentiellen Sinne) "komisch" (und "sophistisch"): "im besondern wird alle solche Wissenschaft gefährlich und verderblich, wenn sie auch in das Gebiet des Geistes hereinwill... den menschlichen Geist auf diese Weise behandeln, ist Blasphemie, die nur die Leidenschaft des Ethischen und des Religiösen schwächt" (Tageb. 243). Daher: "Alles Verderben wird zuletzt von den Naturwissenschaften kommen" (l.c.). Bei Nietzsche (1872/73) heißt es: "Unsere Naturwissenschaft geht auf den Untergang, im Ziele der Erkenntnis." Wie die abstrahierend, sezierend vorgehende Methode selbst den Sinn von Existenz untergraben und zu 'nihilistischer' Skepsis führen muß, haben im 19. Jh. nur Kierkegaard und Nietzsche in dieser Schärfe ausgesprochen.

[3] Nietzsches "absolute Verantwortlichkeit" hat natürlich ihre Kehrseite im 'Immoralismus'; erst im Zusammenhang der Wissenschafts-Kritik wird die Bedrohung der von Nietzsche in GD (Streifzüge 39) geforderten Selbstverantwortlichkeit deutlich. Vgl. hierzu Reinhard Löw, Nietzsche, Sophist und Erzieher S. 193-196.

[4] A. Mittasch: Friedrich Nietzsche als Naturphilosoph (1952), 54. Laut Mittasch hat Nietzsche sich um 1868 mit der Geschichte der Mathematik befaßt sowie Cantors 'Mathematische Beiträge' zwischen 1870-74 aus der Baseler Bibliothek entliehen; im Herbst 1880 (berichtet Elisabeth Förster-Nietzsche) habe ihn A. Spir: Die mathematischen Elemente der Erkenntnistheorie, beschäftigt (Mittasch 36). Im Brief an C. v. Gersdorff v. 5. April 1873 (Schlechta-Ausgabe III 1088) schreibt Nietzsche: "Auch war

nach) eine Nähe zum späteren Intuitionismus Brouwers konstruieren ließe, wonach mathematische Gegenstände als 'mentale', durch die 'geistige' Aktivität des Mathematikers 'geschaffene' Konstruktionen zu gelten haben. Die heute vorherrschende, die Grundlagenfragen 'verdrängende' Haltung ist ein erklärtermaßen *pragmatischer* Formalismus, bzw. ein neuer Konstruktivismus, der seine ausreichende Begründung eben *in* seiner Anwendbarkeit auf die exakten Wissenschaften zu finden glaubt.[5]

Mathematik als messende und 'wägende', auf Eingriff, Veränderung und Beherrschung der Natur gehende Anwendung der Zahlbegriffe, ist für Nietzsche die äußerste Abstraktion von der phänomenalen Wirklichkeit, ist selber Schein oder 'Perspektive' – als solche aber 'einhängbar' und praktikabel; auf fiktiven Grundlagen beruhend wie die Logik, ja Mathematik *ist* angewandte Logik, folglich im Sinne von GD (Die "Vernunft" in der Philosophie 3) noch 'Metaphysik' und "Noch-nicht-Wissenschaft" – "*Oder* Formal-Wissenschaft, Zeichenlehre: wie die Logik und jene angewandte Logik, die Mathematik" (KSA 6/76). Die *Radikalität* der Nietzscheschen Grundlagenkritik – die sich aus seinem lebensweltlichen, kulturkritischen Standpunkt ergibt – erschiene heute vielleicht weniger extrem, zöge man wirklich Konsequenzen aus dem Zugeständnis moderner Mathematiker (und Logiker): daß a) "die gesamte reine Mathematik aus rein logischen Prämissen ableitbar ist und alle in ihr auftretenden Grundbegriffe sich rein logisch definieren lassen"[6], was Russell und Whitehead in den 'Principia mathematica' nachzuweisen suchten; und b) diese logischen Prämissen schon in sich unweigerlich auf Widersprüche stoßen, ja sich aus ihnen "eine unendlich große Zahl von Widersprüchen fabrizieren" läßt[7], noch bevor die Frage der Übertragbarkeit ihrer Formalismen auf die Wirklichkeit beantwortet ist.

Im Winter 1872/73, zur Zeit des Basler Vorplatoniker-Kollegs – so Schlechta/Anders[8] zurecht – hat Nietzsche der Zahl und der Mathematik noch durchaus eine 'essentielle Bedeutung' zuerkannt. Ist auch die mathematische wie alle Erkenntnis nur metaphorisch (siehe die *Kritik* der Metapher in WL), so bilden die Metaphern doch ein System, das unter dem 'Gesetz' der Zahl steht, eine Art Abbild realer *Verhältnisse* der Dinge zueinander darstellt. "So gefaßte naturwissenschaftliche Gesetze würden dann echten Aussagewert besitzen"[9], mit der Einschränkung: es handelt sich um quantitative Relationen *unbekannter* Größen; wir wissen nicht, *was*

---

ich genötigt, die sonderbarsten Studien zu jenem Zwecke (d.h. für das Manuskript von PHG) zu treiben, selbst die Mathematik trat in die Nähe, ohne Furcht einzuflößen, dann Mechanik, chemische Atomenlehre usw."

5 Vgl. Ch. Thiel: Artikel "Grundlagenstreit" im Hist. Wört. d. Philos. Bd. 3 1974, Sp. 910-918.

6 B. Russell, Philosophie (1959), 75.

7 Russell 78. – Wittgenstein gelang es weitgehend, Russell "zu überzeugen, daß die Mathematik ohnehin nicht mehr als Tautologien zu bieten hat", berichtet Alan Wood: Die Philosophie Bertrand Russells. Nachwort zu: Russell, Philosophie (1959), S. 273. Russell S. 219 gesteht "mit großem Widerstreben" seine Ansicht (1959), "daß einem hinreichend leistungsstarken Intellekt die gesamte Mathematik trivial erscheinen würde"; und in der 'Zeitlosigkeit' bzw. 'zeitlosen Gültigkeit' der Mathematik sieht er nicht mehr "einen besonders erhabenen Zug, sondern nur einen Ausdruck für die Tatsache, daß reine Mathematiker sich nicht für die Zeit interessieren."

8 Schlechta/Anders 114.

9 Schlechta/Anders 115.

die Dinge sind, denen Zahlenverhältnisse zugrunde liegen. – In seinem reichlich spekulativen Entwurf einer 'Zeitatomen-Lehre' hat Nietzsche auch mit Kraft-Relationen oder -Proportionen, die zwischen den 'Formen der Anschauung' herrschen sollen, zu operieren versucht; so als setze er voraus, es wären mit diesen Verhältnissen Formen eines objektiven Geschehens erfaßt und sogar ein Wesen der physischen Welt in Zahlen auszudrücken. Ebenso N. Sommer – Herbst 1884 27 [55]: "Welche Wohlthat, daß so vieles in der Natur zählbar und rechenbar ist – kurz daß unser fälschender beschränkter Menschen-Verstand nicht alle Gesetze vorgeschrieben hat". Mit der späteren Fundamentalkritik: "Die Wissenschaft der Mathematik löst die Welt in *Formeln* auf", und diese könnten *nur* Mittel zur Berechenbarkeit und praktischen Manipulation sein, damit "der Mensch sich der Natur bedienen könne" (N. Frühjahr 1884 25 [308]), sowie mit der Ablehnung jeder objektiven Naturordnung, ist dies schwerlich vereinbar. Erklärlich ist es aus der in den frühen Jahren noch unentschiedenen Haltung, der 'dualistischen' Anschauung (N. Winter 1869 – Frühjahr 1870 3 [23]): "Die eine Seite der Welt ist rein *mathematisch*, die andre ist nur Wille, Lust und Unlust. Erkenntniß von absolutem Werthe rein in Zahl und Raum", und der im 7. Exkurs des Vorplatonikerkollegs (daher auch als 'exoterische' Meinung zu verstehende) vorgetragenen, wissenschaftsfreundlichen Interpretation der pythagoreischen Zahlenlehre. Die Wirklichkeit scheint gespalten in die qualitativ erlebte, von uns 'triebhaft' erfahrene, und die wesentlich in Zahlenverhältnissen ausdrückbare Welt, was Nietzsche am pythagoreischen Beispiel der Musik erläutert: in uns nur existiert die Musik; aber ihre Töne lassen sich, sichtbar an der Saite, in harmonischen Proportionen darstellen. "Gleichniß an der Musik: auf der einen Seite reine *Zahl* auf der andren reiner *Wille*", heißt es (gut Schopenhauerianisch) in der Notiz vom Winter 1869 – Frühjahr 1870 3 [23]. In der Vorlesung schlägt Nietzsche, erstaunlich affirmativ sprechend – so daß der Hörer die Betonung 'absolut *undurchdringbarer* Kräfte' überhören konnte –, den Bogen direkt zur modernen Naturwissenschaft: "Und dies ist jetzt streng das Gebiet der Chemie und der Naturwissenschaften: überall für absolut undurchdringbare Kräfte die mathematischen Formeln zu finden. In diesem Sinne ist unsere Wissenschaft pythagoreisch. In der Chemie haben wir eine Verbindung von Atomistik und Pythagoreismus... So haben die Pythagoreer in der Hauptsache etwas höchst Wichtiges hinzuerfunden: die Bedeutung der Zahl, also die Möglichkeit einer ganz genauen Untersuchung in physischen Dingen. In den anderen physikalischen Systemen war immer von Elementen und deren Verbindung die Rede. Durch Zusammensetzung oder Ausscheidung sollten die verschiedenen Qualitäten entstehen: jetzt endlich war das Wort gesprochen, daß nur in Differenzen der Proportionen die verschiedenen Qualitäten ruhen" (GOA XIX 217). Nietzsche, so scheint es zumindest, gesteht den quantifizierenden Naturwissenschaften hier nicht nur die Fähigkeit zu, die zahlenmäßig erfaßbare Seite der 'an sich' wohl unbegreifbaren Dinge in mathematische Gesetze zu bringen und sonst nur qualitativ beschreibbare Vorgänge quantitativ zu formulieren, sondern auch die Vollmacht zur exakten "Untersuchung in physischen Dingen", zum quantifizierenden Vorgehen der modernen Naturwissenschaften auszusprechen – zu denen die Pythagoreer, im Verein mit Demokrits materialistischem Atomismus, den Grund gelegt hätten. Dies widerspricht, innerhalb des pragmatischen Wahrheitsverständnisses Nietzsches, noch nicht der Ablehnung jeglichen Wahrheitsanspruchs der Wissenschaft. Als Schaffender und Handelnder wird der Mensch mit allen (mathematischen, technischen) Mitteln zur Natur-bewältigung arbeiten. So noch in FW 246: "Wir wollen die Feinheit und Strenge der Mathematik in alle Wissenschaften hineintreiben, so weit diess nur irgend möglich ist, nicht im Glauben, dass wir auf diesem Wege die Dinge erkennen werden, sondern um damit unsere menschliche Relation zu den Dingen *festzustellen.* Die Mathematik ist nur das Mittel der allgemeinen und letzten Menschenkenntniss": die Wissenschaft ist stets Mittel – in einem "praktisch-teleologischen Verhältnis" (R. Löw[10]). -

Aber die Bedeutung der Zahl, wie die Pythagoreer entdeckten, bestand ja nur in der 'Möglichkeit einer ganz genauen Untersuchung in *physischen* Dingen', ja der Entschluß zur Methode bedingt schon nur-physische 'Dinge', setzt also schon die falschen Verdinglichungen voraus (die mit dem 'Begriff' gegeben sind, siehe die Kritik in WL); die quantifizierende Methode *bewirkt* die (fiktiven) Reifizierungen, *setzt* Einheiten, und gilt *nur* auf der Ebene "physischer Dinge"; damit ist aber Nietzsches ganze Kritik am positivistischen Tatsachenbegriff impliziert, denn die Anwendung der Methode macht jedes 'Objekt' zu einem materiellen (als Ursachen, deren Wirkungen wir messen können). "Die *Abzählbarkeit* gewisser Vorgänge, z.B. vieler chemischen, und eine Berechenbarkeit derselben giebt noch keinen Grund ab, hier an 'absolute Wahrheiten' zu tasten. Es ist immer nur eine Zahl im Verhältniß zum Menschen, zu irgend einem festgewordenen Hang oder Maaß im Menschen. Die Zahl selber ist durch und durch *unsere* Erfindung" (N. April – Juni 1885 34 [169]).

Eine andere Frage wäre, ob "unsere Wissenschaft pythagoreisch" genannt werden kann. Das pythagoreische (und auch platonische) Zahlen-Verständnis steht im Zusammenhang mit der ('Ideen'-)*Schau* einer harmonischen Natur-Ordnung, war immer schon mit den Ideen des Wahren, Schönen und Guten verbunden. Die Ordnung der 'Tatsachen' ist für die Pythagoreer gerade nichts mit den Sinnen Beobachtbares, sondern "sympathetische Kontemplation" einer universalen Ordnung/Harmonie, theoria, Schau des Göttlichen, in der mathematisch-musikalische, kosmische und ethisch-'soziale' Ordnung eins ist. Wie immer '*neu*pythagoreische' Auffassungen bei wenigen frühen Vertretern neuzeitlicher Wissenschaft mitgewirkt haben (Kepler) – die mit Galilei und einigen Vorläufern beginnende, systematische und aktive 'Mathematisierung' und Meßbar-machung der gesamten 'Natur' ist denkbar weit von dem ethisch-religiösen Gehalt der alten pythagoreischen Theorie entfernt[11].

---

[10] Löw 1984: Zur Aktualität von Nietzsches Wissenschaftskritik, 401.

[11] Die ursprüngliche pythagoreische Idee von Harmonie und Proportion in Zahlenverhältnissen (als dem Wesen der Wirklichkeit) ist allein dadurch von modernen Auffassungen einer 'restlos' mathematisierbaren Natur geschieden, als sie *theoria*, kontemplative Schau des Göttlichen war: die "sympathetische Kontemplation" dieser Ordnung schloß die religiöse, ethische und soziale Dimension ein, sie war nie 'interesselose' wissenschaftliche Einstellung und weit entfernt von der Instrumentalisierung der Mathematik, ihrer Verwendung als 'schärfstes Instrument' beim aktiven Eingriff in die Natur. Ähnliches gilt von Platons Unterscheidung von Zahl-Ideen und arithmetischen Zahlen, welche ihm "nur als Symbol für die Ideenlehre" dienten (hierzu Ernst Hoffmann: Platon. Hamburg 1961. S. 42 ff.), übrigens auch zur Widerlegung des relativistischen Standpunktes (des

Wenn sich moderne Naturwissenschaftler wieder teilweise als pythagoreisierende 'Platoniker' verstehen wollen, dann insofern, als sie – nach dem Untergang der mechanistischen Weltsicht – erneut eine wissenschaftsphilosophische Erkenntnis in der 'Schau' einer Natur-Ordnung anstreben. Das gewaltsame Eindringen aber in subatomare Materie-Regionen gehört an sich zur "secirenden *Thätigkeit*" positivistischer Wissenschaft und sollte sich nicht als 'platonisch' oder 'pythagoreisch' (miß)verstehen; hier ist 'die Zahl' nur noch "unser großes Mittel, uns die Welt handlich zu machen. Wir begreifen so weit, als wir zählen können..." (N. April – Juni 1885 34 [58]), und das Zählen und Messen (besonders die zerstückelnde Quantifizierung der Zeit) erschafft geradezu eine eigene reduzierte Wirklichkeit, in der jede unmittelbare Erfahrung (nicht nur die kontemplative Schau der Ideen) verneint ist. Zwar *glaubt* die Wissenschaft noch, an eine Art pyhtagoreischer Zahlenharmonie zu glauben – "Die reine Harmoniewelt der Zahlen", meint ein moderner Kritiker, "der jede Qualität gleichgültig ist, ist auch heute noch der Abstraktionsgrad, der die Naturwissenschaften eint"[12] – doch hat sich die digitalisierte Zahlenwelt längst 'als Abstraktion losgelöst'. Mit dem Einbruch des Computers, des zur materiellen Macht gewordenen abstrakten Modells par excellence, mußten (sagt Joseph Weizenbaum) die Wirklichkeitserfahrungen "immer zwanghafter... als Zahlen darstellbar sein, um in den Augen der allgemeinen Wissenschaft den Anschein der Legitimität zu wahren. Heute ist man so weit zu glauben, daß wir mit extrem komplizierten Manipulationen mit oft riesigen Zahlenkolonnen neue Aspekte der Wirklichkeit hervorbringen könnten"[13]. Die Produktion abstrakt-reduzierter, mathematischer 'Wirklichkeiten' stellt aber eine Perversion des antiken (ob pythagoreischen, platonischen oder aristotelischen) Wirklichkeitsbegriffs *und* der antiken Idee der Zahl dar. Der moderne Wissenschaftler und Logiker ist glücklich, "die Zahlen als metaphysische Wesenheiten losgeworden" zu sein[14]; andererseits glaubt er an die 'schlechte Metaphysik' einer ad infinitum quantifizierbaren Wirklichkeit.

Kant, in der Sicht des späteren Nietzsche (er sieht ausschließlich den 'vernunftkritischen' und 'moralisierenden' Kant), ist bei der apriorischen, d.h. 'rein vernunftmäßigen' Begründung der "mathematischen Urtheile" seinem "Dogmatismus", seinem "theologischen Vorurtheil" erlegen; er hat die Möglichkeit (synthetisch apriorischer) 'mathematischer Urteile' zu retten versucht, um die Möglichkeit einer

---

Protagoras). Für Platon war *nicht* "die mathematische Kategorie des Quantums die allein herrschende... Worauf es ihm ankommt, ist die allen lebendigen Dingen eigene und dem lebendigen Gedanken zugängliche mathematische 'Form', sozusagen die innere Mathematik des Seins und Werdens, die sowohl den Objekten wie den Subjekten aller Wahrheitskenntnis eignet, dasjenige an ihnen ausmacht, was 'Gutes' verbürgt, das heißt gedeihlichen Bestand und Affinität der Erkenntnis mit ihrem Gegenstand ermöglicht" (Hoffmann l.c.).

12 H. Kurnitzky: Triebstruktur des Geldes. Ein Beitrag zur Theorie der Weiblichkeit. Berlin 1974; zit. Pietschmann 284.

13 J. Weizenbaum: Die Macht der Computer und die Ohnmacht der Vernunft, Frankfurt 1978, zit. Pietschmann 286.

14 Russell, Philosophie 72. In der Introduction to Mathematical Philosophy (1919), dt. Einführung in die mathematische Philosophie, Wiesbaden o.J. 119 f., fragt Russell noch nach der Mathematisierbarkeit von Natur und 'Realität', und inwiefern 'Zahlen' mit der empirisch erfahrbaren 'Wirklichkeit' zusammenhängen. Die Frage nach dem Zusammenhang zwischen der unter reellen Zahlen bestehen-

"Erkenntniß der Dinge durch die reine Vernunft" und damit, nach Nietzsche, von Metaphysik zu demonstrieren, – was Nietzsche mit seinem großen "Quaeritur!" versehen muß: "Mathematik ist möglich unter Bedingungen, unter denen Metaphysik *nie* möglich ist" (N. Ende 1886 – Frühjahr 1887 7 [4] = KSA 12/266).[15] Die Suche nach 'apriorischen Elementen' in den isolierten Verstandesfunktionen muß Nietzsche vergeblich erscheinen, dennoch ist Mathematik für ihn 'möglich'; er denkt an die praktische Verwendung der Zahlen und der mathematischen Sätze als "regulative Glaubensartikel" (N. l.c.), die für ihn 'logisch' nicht ableitbar sind, sondern höchstens ein machtförmiges Verhaltensschema vorgeben können.

F.A. Lange in seiner 'Geschichte des Materialismus' wies darauf hin: Kant habe einen Zusammenhang der verstandesmäßig synthetischen, also auch 'mathematischen Urteile', mit der *Sinnlichkeit* angenommen, nämlich, so Lange, "daß beide vielleicht *aus einer gemeinschaftlichen, uns unbekannten Wurzel* entspringen"; was Lange für inzwischen belegt hält durch die 'spezifischen Sinnesenergien', da in den unmittelbaren Sinneseindrücken schon "Vorgänge mitwirken, welche durch Elimination oder Ergänzung gewisser logischer Mittelglieder den Schlüssen und Trugschlüssen des bewußten Denkens auffallend entsprechen"[16] – sodaß die Zahlbegriffe und mathematischen Urteile, soweit sie auf die 'Logik der Sinnesorgane' zurückzuführen sind, gleichsam naturalistisch erklärt werden könnten. – Nietzsche hätte eine solche 'Erklärung' der Kategorien – wie sie von modernen Evolutionisten wieder aufgegriffen wird – durchwegs als 'logische', aber nur lebensdienliche Fiktionen, ohne 'Wahrheitswert', betrachtet: wir 'legen' sie in das Naturgeschehen 'hinein' am 'Leitfaden unseres Leibes'; und daß wir, in jeder Naturerfahrung, besonders aber (und systematisch) die Kategorien, auch die mathematischen, als subjektive 'Bedingungen der Möglichkeit von Erfahrung', in die Natur *hineinlegen*, ist eine Erkenntnis des späten Kant im opus postumum ebenso wie die Nietzsches. Schon in den 'Metaphysischen Anfangsgründen der Naturwissenschaft' ist die mittels mathema-

---

den Stetigkeit, und der Stetigkeit, wie sie z.B. das in einem gegebenen Augenblick von uns Gesehene aufweist, hält Russell für lösbar: er glaubt, daß ein "irgendwie als stetig definierbares empirisches Material durch geeignete Behandlung" auf seine, Russells, mathematische Auffassung "in einem abstrakt-logischen Schema zurückgeführt werden kann". Nach Heisenberg und Bohr 'besteht' die Wirklichkeit nicht aus 'als stetig definierbarem Material'; ihnen scheint es klar, daß wir in der Quantenmechanik auf mathematisch *noch* formulierbare 'Sachverhalte' stoßen (sogar auf Sachverhalte, die auf verschiedene, äquivalente Weise mathematisch beschreibbar sind, wie im Dualismus von Wellen- und Teilchenvorstellung), die aber unter keinen Umständen mehr anschaulich zu beschreiben, im Grunde also nicht einmal mehr 'physikalisch interpretierbar' sind: wegen des "Elements der *Unstetigkeit*", das "ein echter Zug der Wirklichkeit" sei (Heisenberg, Der Teil und das Ganze S. 90). Nietzsche bekämpft den "jetzt herrschenden Glauben an die Zahl" (MA II): die "Verführung", das Nicht-Mathematisierbare als nicht-wirklich zu eliminieren und "absolute Wahrheiten" in der "Abzählbarkeit gewisser Vorgänge zu tasten" (N. April – Juni 1885 34 [169]). Die neuzeitliche Konzeption einer mathematisierbaren Wirklichkeit, die 'Idee eines rational unendlichen Seinsalls mit einer systematisch es beherrschenden rationalen Wissenschaft' macht Husserl für die 'Krisis' der modernen Wissenschaften selbst verantwortlich, die letztlich eine Krise des Wirklichkeitsverständnisses ist. Die phänomenale, konkrete Wirklichkeit löst sich in den postulierten 'unendlichen mathematischen Horizonten' auf in 'rein ideale Limesgestalten'(Husserl, Krisis §12, 71 ff.).

15 Mitte Mai – Anfang Juni 1887 las Nietzsche u.a. Kant in der Bibliothek von Chur (Kommentar zu N. Ende 1886 – Frühj. 1887 7 [4], in KSA 14/739).

16 Lange II 53 f.

tischer Methoden erreichte physikalische Erkenntnis "doch zuletzt bloß empirisch". Mathematisch formulierte Hypothesen führen, auch wenn sie durch die Erfahrung bestätigt werden, nur zu bloßen "Erfahrungsgesetzen", die "kein Bewußtsein ihrer Notwendigkeit bei sich führen" (Kant, Metaphysische Anfangsgründe VI). – Was Nietzsche ablehnt, aber auch – wie Weizsäcker sagt[17] – den "Wissenschaftler unserer Tage in Versuchung (führt), Kant nicht weiter zuzuhören", ist eben dessen Erkenntnis, daß Naturwissenschaft notwendig auf "metaphysischen Anfangsgründen"[18] aufbauen *muß*: die axiomatische Mathematik gewährt dem Naturwissenschaftler noch keinerlei (auch nicht in Nietzsches Sinne 'lebensdienliche') Erkenntnis, solange ihren *praktisch* benutzten, experimentell angewandten Begriffen keine inhaltliche Bedeutung, kein Sinn gegeben ist (der in der mathematischen Methodologie noch nicht per se enthalten ist). Hier beginnt das in einem 'spontanen Aktus' sich vollziehende und interpretierende 'Hineinlegen' des Subjektiven in die Erfahrung, mit allen Risiken der Fehl-Interpretation. Das mathematische Verfahren allein garantiert der Naturwissenschaft keinen 'Wahrheitsanspruch' – sie stößt nur auf selbst 'hineingelegte' formale Richtigkeiten, perspektivische Wahrheiten nach Nietzsche (die Zahl ist, wie Raum und Zeit, eine 'perspektivische Form': N. August – September 1885 40 [39]), und: "'Wahrheit' giebt es eigentlich nur in den Dingen, die der Mensch *erfindet* zum Beispiel Zahl. Er legt etwas hinein und findet es nachher wieder – das ist die Art menschlicher Wahrheit" (N. Herbst 1880 6 [441]). Nietzsche dagegen scheint Kant die Anschauung zu unterstellen, die apriorisch begründete mathematische Methode sichere wissenschaftlichen Resultaten den "absoluten" oder "metaphysischen" Wahrheitsgehalt; die mathematisch-naturwissenschaftliche Methode kann aber – nach Kants Unterscheidung in den 'Metaphysischen Anfangsgründen' – immer nur auf die "Natur in materieller Bedeutung", also auf Gegenstände unserer sinnlichen Erfahrung angewandt werden und zu empirischen (wahrscheinlichen) Ergebnissen führen – die wir, Nietzsche zufolge, fälschlich auf seiende 'Dinge' oder 'Substanzen' beziehen: ein Ausdruck dafür, daß "die hypothetischen Resultate der Naturwissenschaft ontologisiert" werden[19]. Die Selbsttäuschung des Vorgehens stammt v.a. aus der Pseudo-Gewißheit der mathematischen und "logischen Fictionen", *ohne* die aber, "ohne eine beständige Fälschung der Welt durch die Zahl der Mensch nicht leben könnte" (JGB 4).

Die "Fälschung" hat statt im Meßakt selbst, im Setzen einer 'Maßstruktur' oder Maßrelation; der Akt des Messens muß sich auf eine vor-liegende materielle Welt sinnlich-empirischer Daten, Fakten, Gegebenheiten schon stützen. Gemessen wird immer ein 'Etwas', z.B. die Entfernung zwischen zwei gesetzten (Raum- oder Zeit-) Punkten: sie müssen 'gegeben' sein; und dann liegt, Nietzsche zufolge, immer

[17] C.F. von Weizsäcker: Kants Theorie der Natur nach P. Plaass (1965), in: Einheit der Natur, München 1971, 405-427, hier 413.

[18] Kant, Metaphysische Anfangsgründe A XII: "Alle Naturphilosophen, welche in ihrem Geschäfte mathematisch verfahren wollten, haben sich daher jederzeit (obschon sich selbst unbewußt) metaphysischer Prinzipien bedient und bedienen müssen, wenn sie sich gleich sonst wider allen Anspruch der Metaphysik auf ihre Wissenschaft feierlich verwahrten."

[19] Vgl. R. Löw, Artikel 'Natur' in Herders Staatslexikon 1987, Sp. 1291-1296, hier Sp. 1294.

noch 'die ganze Unendlichkeit als Realität und Hemmnis zwischen 2 Punkten'. Das erkenntnistheoretische Problem aller Physik beginnt, wo das physikalische Messen am Ende ist. Dieses Spannungsverhältnis zwischen Maß-Struktur und deren Träger, der substantiellen stofflichen Wirklichkeit (in welche Relation aber noch der teilnehmende Beobachter einzubeziehen ist), charakterisiert J. Meurers[20]: "Der Meßakt, als ein Handeln des Humanum, ist nicht autark in der Wirklichkeit. Es gibt immer und je den Träger der Maß-Struktur, d.h. dasjenige, was gemessen wird, und dieser Träger ist nicht identisch mit dem Messen selbst, kann daher auch nicht durch das Messen erforscht oder auch nur besser erkannt werden, bzw. nur insoweit erkannt werden, als er Maß-Struktur trägt". – Die mathematische Sprache, der mathematische Formalismus ist, soweit er mit idealen Gebilden operiert, exakt, d.h. *vor* jeder Erfahrung der Realität (ein 'freies Spiel', wie in der modernen Tensoranalysis, meint Meurers). Aber der Mensch muß in einem zusätzlichen Denkakt die Formel 'ausfüllen' und anwenden: eben im Spannungsfeld zwischen den intellektuellen, geistigen 'Ideal-Konstruktionen' und der ontologisch-realen Wirklichkeit. In bezug auf die *Anwendung* der mathematischen Logik auf 'die' Wirklichkeit ist auch die mathematische Sprache ungenau, analog zur alltäglichen verbalen Sprache (an 'Wirklichkeitsgehalt' sogar weit ungenauer): "Die Mathematik (z.B. eine Tensoranalyse in der modernen Physik) ist formal exakt, aber bei deren praktischer Anwendung wird diese Exaktheit nicht ausgenutzt bzw. kann nicht ausgenutzt werden" (Meurers[21]). – Nietzsche spricht von der "Illusion, daß etwas *erkannt sei*, wo wir eine mathematische Formel für das Geschehen haben: es ist nur *bezeichnet, beschrieben*; nichts mehr!" (N. Herbst 1885 – Herbst 1886 2 [89]).

Die Einheit jeder Maßstruktur muß der Mensch in einem Willensakt setzen; und einen derartigen Anspruch, im Messen eine ontologisch-reale Wirklichkeit zu erfassen, bzw. gegen nachträgliche Ontologisierungen solch gemessener (hypothetischer) Resultate, *trifft* auch Nietzsches Kritik am Setzen falscher Einheiten und Gleichheiten: "Der Wille zur Gleichheit ist der Wille zur Macht" (N. Herbst 1885 – Herbst 1886 2 [90]). Es bleibt aber nach Nietzsche immer noch "das Geheimniß: wie kam das Organische zum Urtheil des Gleichen und Ähnlichen und Beharrenden?" (N. l.c.), auf der humanen Stufe des Organischen: wie kam der Mensch zur Zahl und (von ihr) zur systematischen Anwendung der Mathematik auf die Wirklichkeit?

In MA I 19 ("Die Zahl") heißt es – mit deutlichen Rückgriffen auf WL –, die "Erfindung der Gesetze der Zahlen" beruhe auf falscher Ver-dinglichung und Identifizierung nicht-gleicher "Dinge", auf fingierten "Einheiten, die es nicht giebt", und diese wiederum auf einer irrtümlichen Verabsolutierung der relativen Raum- und Zeit-Kategorien (in der Newtonschen, mechanistischen Physik programmatisch; aber 'in praxi' setzt auch noch die neue relativistische Physik ihre Raum- und Zeit-*Berechnungen* quasi absolut). Zu den irrtümlichen Ontologisierungen aber kommt es am Ende einer Kette von Irrtümern, deren einzelne Glieder durch ihre mathematische Pseudo-Exaktheit zusammengehalten werden: "Bei allen wissenschaftlichen Fest-

[20] Meurers, Metaphysik und Naturwissenschaft 141.
[21] Meurers 148.

stellungen rechnen wir unvermeidlich immer mit einigen falschen Grössen: aber weil diese Grössen wenigstens *constant* sind, wie zum Beispiel unsere Zeit- und Raumempfindung, so bekommen die Resultate der Wissenschaft doch eine vollkommene Strenge und Sicherheit in ihrem Zusammenhange miteinander; man kann auf ihnen fortbauen – bis an jenes letzte Ende, wo die irrthümliche Grundannahme, jene constanten Fehler, in Widerspruch mit den Resultaten treten, zum Beispiel in der Atomenlehre" (MA I 19; KSA 2/40 f.) – wo wir zur Annahme von Substanzen genötigt seien, nachdem wir zuvor alles in Energie und Bewegung aufgelöst hätten.[22] – Das läßt an die quantentheoretischen Dilemmata, z.B. an die Welle-Teilchen-Unschärfe oder -Komplementarität denken; worauf die Physiker einwenden könnten, daß ein Dilemma keineswegs in den, in sich konsistenten, mathematischen Gleichungen und Prozeduren liege, sondern nur im Versuch, deren Ergebnisse zu *veranschaulichen*. – Jedes Sprechen *über* jene Resultate hängt unabdingbar an Anschauungen, an Vorstellungs-Bildern. Darum sprechen wir – wenn wir inhaltlich beispielsweise über 'Teilchen' und Quantenvorgänge reden – nicht über *die Natur*, sondern – dies auch Nietzsches Anschauung – über einen bestimmten "*Begriff der Natur*", und das ist für Nietzsche eine "Welt als Vorstellung, das heisst als Irrthum" (l.c. KSA 2/40), als "Aufsummirung einer Menge von Irrthümern des Verstandes": "Auf eine Welt, welche *nicht* unsere Vorstellung ist, sind die Gesetze der Zahlen gänzlich unanwendbar: diese gelten allein in der Menschen-Welt" – die 'Natur' der Naturwissenschaft ist durch und durch anthropomorph, 'Menschenwelt', nicht an sich und von sich her seiende Natur; vielleicht wird die Begegnung mit 'Natur in formaler Hinsicht', mit Kant zu reden, gerade durch den Versuch verhindert, 'Natur an sich' zu mathematisieren.

Die ursprüngliche 'Erfindung' und der anfängliche Versuch, die Wirklichkeit in Zahlen zu fassen, muß einen 'biologischen', einen Sinn fürs Leben gehabt haben; deshalb glaubt Nietzsche, daß die Einheiten, die "nöthig (sind), um rechnen zu können", vom (für ihn fiktiven) Ich- oder Subjektbegriff abgeleitet sind: "Wir haben den Begriff der Einheit entlehnt von unserem 'Ich'begriff , – unserem ältesten Glaubensartikel", durch eine "Übertragung des falschen Subjektbegriffs" auf den "Zahlbegriff" (N. Frühjahr 1888 14 [79]); wir 'imaginieren' die 'mechanistische Welt' "so, daß sie berechnet werden kann"; im "Zahlbegriff" haben wir "unser *Auge* unsere *Psychologie* immer noch darin" (l.c.). – Das "Zurechtmachen... nach Gestalten und Rhythmen" wird mit jenem "Ernährungsvorgang" und der bemächtigenden "Einverleibung" verglichen, die wir 'Leben' heißen; der Mensch bildet Formen und Rhythmen, in die "alles Geschehen" hineingelegt wird, aber: "Die Gestalten und Formen, die wir sehen und in denen wir die Dinge zu haben glauben, sind alle nicht vorhanden. Wir vereinfachen uns und verbinden irgend welche 'Eindrücke' durch

---

22 Mittasch 1950, S. 55, meint zu MA I 19, Nietzsche denke weniger an Widersprüche in den Raum- und Zeit- oder Zahlbegriffen selbst, er kritisiere vielmehr die Annahme von 'Dingartigem' (Atomen, Substanzen), "das sich bei logischer Zergliederung in 'Bewegungen', also in *Vorgänge* auflöst; diese Vorgänge aber sollen, gemäß Nietzsches Heraklitischem Grundzug, immer neu und anders, also im Grunde *nicht zählbar* sein". Warum das 'Zählen' von fiktiven Verdinglichungen so effektive praktische Bedeutung erlangt, das "Doppelgesicht" seiner Zahlenlehre erklärt Nietzsche nicht.

Figuren, die *wir* schaffen" (N. Winter 1883 – 1884 24 [14]). Als ein 'formen- und rhythmenbildendes Geschöpf' legt der Mensch die 'Zahl', später die Zahlbegriffe, sozusagen 'leibhaft' in die Natur hinein. Nietzsche hätte sich darin von den Forschungen der Umweltlehre bestätigt fühlen können. Die Zahl ist (so Jacob von Uexküll in seiner 'Theoretischen Biologie'[23]) "kein angeborenes Naturerzeugnis, sondern ein von den Menschen ersonnenes Kunstprodukt... Ursprünglich wird die Zahl wohl dadurch entstanden sein, daß man mit der taktschlagenden Hand Striche nebeneinander in den Sand ritzte" (sodaß die Zahl vielleicht, in doppelter Hinsicht, aus der Musik entstanden sein könnte; da Musik und Dichtung ursprünglich untrennbar miteinander verbunden waren[24], wäre Nietzsches 'wir haben zuerst dort gedichtet, wo wir dann gerechnet haben', in diesem Sinne zu verstehen. Dem mathematischen "Begriffsdenken" geht, vom ersten 'Erfinden' der 'rhythmischen' Zahlen auf dem Wege über die Kunst, v.a. die Musik, bis zur Wissenschaft, ein in sich schon 'mehr oder weniger logisches' "Bilderdenken" voran). Nach J.v. Uexküll schufen wir damit "ein Bindeglied zwischen Zeitgrößen und Raumgrößen", welches Bindeglied wir Zahl nennen. "... so dürfen wir die Fähigkeit, Zahlen zu bilden, letzten Endes auf einen Rhythmus der Aufmerksamkeit zurückführen"[25]. – Ähnlich Nietzsche in N. Sommer 1872 – Anfang 1973 19 [153]: "Raum und Zeit sind nur *gemessene*, an einem Rhythmus gemessene Dinge"; daß sie "wahrscheinlich... streng der Wahrheit adäquat" – d.h. aber: praktikabel und funktionstüchtig sind, wird hier allerdings mit der Entstehung der Intellekt-*Formen* "aus der Materie", also 'darwinistisch' begründet.

Die Deutung des Ursprungs von Zählen und Messen (und damit des Ursprungs von Naturwissenschaft überhaupt) in biologisch sinnvollen Handlungen lebendiger Subjekte hat Thure von Uexküll[26] weiterverfolgt (dieser umwelttheoretischen Deutung kommt die Nietzschesche sehr nahe, mit dem schon aufgezeigten Unterschied, daß die Subjekt-Analogie Gefahr läuft, sinnlos zu werden, wenn die Selbsterfahrung und Zweckhaftigkeit dieses Subjekts selbst nur als 'Illusion' zu gelten hätte). Nach Thure von Uexküll hat der Mensch die räumlich-zeitlichen Dimensionen durch nachträgliche Abstraktion aus der lebendig erfahrenen Wirklichkeit erzeugt. Er sucht Einheiten im Mannigfaltigen, setzt sog. 'Lokal-Zeichen' innerhalb biologisch festgelegter "Szenen des Lebens", und ein solches Lokal-Zeichen war auch die erste 'Zahl': die Vielheit wird wieder zur Einheit gebunden, das 'Zählen' wird zur ersten Orientierung. Das ursprüngliche, vor-mathematische Zählen war mit biologischen Zielen, einem für die Zwecke des Lebens notwendigen Sinn verbunden. – Die mehr oder weniger 'beliebigen' Konstruktionen (wie die der messenden Wissenschaft) werden erst dort möglich, wo das Zählen nicht mehr den unmittelbaren Zwecken des

[23] Jacob von Uexküll: Theoretische Biologie (1928). Frankfurt 1973, S. 73.

[24] Zur ursprünglichen Einheit von (griechischer) Sprache, Rhythmus, Musik und Tanz – aus deren Wurzel die theoretische Sprache, der Begriff, erst allmählich herauswuchs, siehe Thrasybulos Georgiades: Musik und Rhythmus bei den Griechen. Zum Ursprung der abendländischen Musik. Hamburg 1958, bes. S. 49 ff.

[25] J. v. Uexküll, Theoret. Biologie S. 74 f.

[26] Ernesto Grassi/Thure von Uexküll: Von Ursprung und Grenzen der Geisteswissenschaften und Naturwissenschaften. München 1950. S. 123 ff.

Lebens dient: "das reine Vergleichen der Summen untereinander ist das quantitative Messen der Physik"[27]; dann erst entsteht "Gleiches" usw., und eine willkürliche Bestimmung von Maß-Einheiten, womit wir "das Objektive zu besitzen glauben", wird möglich – eine scheinbare Objektivität, denn später erst entsteht der Irrtum, das Maß sei schon *vor* der biologischen Einheit da gewesen. Das Messen mit unseren Instrumenten und abstrahierten Maßeinheiten, für sich genommen, sei – so Uexküll – "für sich allein eine völlig sinnlose Konstruktion"[28], da 'Sinn' und 'Gültigkeit' immer nur an Zielen und Zwecken des Lebens zu messen sind.[29] – Die naturwissenschaftlichen Grundkategorien – Raummaße, Zeitmaße, die Maßeinheit selber: die Zahl, etc. – werden vom Menschen in einer 'biologischen Handlung' immer von neuem konstruiert. Erst in dieser "kleinsten Einheit der Medium-Handlung" (wie Uexküll es nennt, und dabei, wie schon Nietzsche, auf K.E. von Baers Entdeckung des zeitlichen 'Moments' hinweist) treten Phänomene wie die meßbare Zeit, das Zählen, der abgeleitete abstrakte Raum, eine zu vermessende 'objektive' Außenwelt und ein Gegensatz von Subjekt und Objekt überhaupt auf. Das naturwissenschaftliche Quantifizieren und Messen geschieht aus der menschlichen Freiheit heraus, eine (jetzt als 'unabhängig' und 'objektiv' betrachtete) Welt der wissenschaftlichen Tatbestände zu entwerfen; Nietzsche hebt mehr das – ebenfalls schaffende – Moment der 'biologischen Nötigung' hervor. Diese menschliche Freiheit erlaubt, aus der unmittelbaren Bindung an die (ursprünglichen) Triebhandlungen herauszutreten, d.h. nach Uexküll, sie "erlaubt in Handlungsräume einzudringen, für welche die Natur den Menschen (ursprünglich) nicht ausgestattet hat".[30] Damit verbunden sind

---

[27] Th. v. Uexküll a.O. 221 f.

[28] Th. v. Uexküll 223.

[29] Schon auf rein biologischer Stufe ist (mit E.H. Erikson: Kindheit und Gesellschaft. Stuttgart 1965. S. 70 ff.) festzuhalten: Selbst die naturwissenschaftlichen Grundkategorien sind biologisch-emotionalen Ursprungs wie die Anfänge allen Wissens; die ihnen zugrundeliegenden Maß-Stäbe werden als "grundsätzliche Modalitäten des menschlichen Daseins" in frühen entscheidenden Phasen der Sozialisation, in der Totalität zweier Organismen, aus der dyadischen Mutter-Kind-Beziehung herausgebildet. Die Rekonstruktion der Welt und all ihrer (später abstrahierten) Maßstäbe sind von daher mit einer Totalität der frühesten Wirklichkeitserfahrung besetzt und daher niemals ganz 'losgelöst', 'an sich'. John von Neumann: The Computer and the Brain. New Haven, Conn. 1958, 82 (dt. zit. bei Weizenbaum 203) stellt, in seiner kybernetischen Sprechweise, fest: Die Sprache der Mathematik ist nicht die Sprache unseres Nervensystems (nicht die 'Sprache des Leibes', mit Nietzsche zu reden): "Wenn wir über Mathematik reden, dann diskutieren wir vielleicht eine *Sekundär*sprache, die auf der *Primär*sprache aufgebaut ist, die in Wirklichkeit vom Zentralnervensystem verwendet wird. Somit sind die äußeren Formen *unserer* Mathematik nicht absolut relevant, wenn es um ein Urteil darüber geht, welche mathematische oder logische Sprache vom Zentralnervensystem nun *wirklich* benutzt wird." – Henri Poincaré spricht von der "unbewußten Arbeit bei mathematischen Erfindungen", der Rolle der "emotionalen Sensibilität" und der "unbewußten Phänomene" bei Anwendung der Mathematik auf physikalische Probleme (in seinem berühmten Aufsatz über mathematische Kreativität, zit. Weizenbaum 287). Damit hängt zusammen, daß trotz mathematischer Genauigkeit und formaler Beweisbarkeit einer naturwissenschaftlichen 'Tatsache', diese stets hinter der Realität zurückbleiben muß; nur-rationales, mathematisierendes Denken verzerrt das Beobachtete (Whiteheads 'Irrtum der Pseudo-Konkretheit'!). Gödels Unvollständigkeitssatz enthält auch die Einsicht, daß "das menschliche Denken nicht imstande (ist), alle mathematischen Intutionen zu formulieren. Das heißt: wenn es ihm gelungen ist, einige davon (etwa in mathematischer Formelsprache) zu formulieren, so führt bereits diese Tatsache zu neuem Wissen" (nach J. Weizenbaum).

[30] Thure von Uexküll a.O. 239.

ein enormer Machtzuwachs, neue Machtmöglichkeiten über eine beherrsch- und berechenbar werdende Umwelt und der daraus resultierende spätere Glaube an eine "voraussetzungslose Naturwissenschaft", an deren "reine Erkenntnis"[31]. Die eigenen Voraussetzungen vermag Naturwissenschaft nicht selbst zu schaffen und auch mit eigenen Erkenntnismitteln nicht zu begründen; man vergißt, "daß die von der Physik geschaffenen Voraussetzungen Instrumente sind, die durch ihren Zweck bestimmt werden"[32], vor allem durch die Nötigung zur *Voraussage* (und 'Voraussagbarkeit' ist der Schlüssel zu jeder Definition neuzeitlicher Wissenschaft). Die Voraussage bezieht sich (zunächst) auf ein für den Menschen bedeut-sames Ereignis, das ihn angeht; sodaß sich, sagt Uexküll, die mathematisch-physikalischen Konstruktionen "schließlich und letzten Endes doch immer vor den Zwecken des Lebens bewähren müssen"[33] – zu ergänzen wäre nur: jene exaktesten Konstruktionen, z.B. wenn sich die ihnen innewohnenden (praktischen!) Ziele verselbständigen, können eben vor den 'Zwecken des Lebens' auch *versagen*, sich als lebensfeindlich und zerstörerisch herausstellen; aber dem müssen dann reduktionistische, szientistische Verkürzungen des 'Weltbildes' jeweils schon vorausgegangen sein.

Ein szientistisches Weltbild, das auf logisch-mathematische Projektionen sich stützt und damit an eine "Erkenntniß von absolutem Werthe rein in Zahl und Raum" glaubt (die Nietzsche in N. Winter 1869-70 – Frühjahr 1870 3 [23] noch für möglich zu halten scheint), gibt bestenfalls eine (bessere oder schlechtere) *Metapher*, eine "Summe von anthropomorphischen Relationen" ab für die Wirklichkeit, denn – "Besonders die Zahl: die Auflösung aller Gesetze in Vielheiten, ihr Ausdruck in Zahlenformeln ist eine metaphorá, wie jemand, der nicht hören kann, die Musik und den Ton nach den Chladnischen Klangfiguren beurtheilt" (so schon N. Sommer 1872 – Anfang 1873 19 [237]). Auf mathematischen Zahlenverhältnissen beruhende Rückschlüsse auf die 'wirkliche' Struktur der Natur, des Kosmos, der Materie haben bildhaften Charakter; der Versuch der Pythagoreer – von Nietzsche als "*Apologie der mathematischen Wissenschaften* gegen den Eleatismus" (Vorplatoniker-Kolleg, GOA XIX 115) gesehen –, eine "*gänzlich qualitätslos gedachte Materie* ... nur durch Zahlenverhältnisse" zu bestimmen, ein Bemühen, das die neuzeitliche Naturwissenschaft wiederholt, ein Rechnen mit falschen Einheiten und 'konstanten' Größen, scheitert am Werde-Charakter der Welt. Im umfangreichen Exkurs des Heraklit-Abschnitts (Vorplatoniker-Kolleg 1872) will Nietzsche zeigen, daß es schon "im Rahmen der Physik keinen für noch so kurze Zeit gleichbleibenden Zustand der

---

[31] Th. v. Uexküll 240.

[32] Th. v. Uexküll 241.

[33] Th. v. Uexküll 242. – Jede mathematisch-naturwissenschaftliche 'Konstruktion' muß sich an 'Zwekken des Lebens messen'; solche 'Zwecke' (Machtwille, persönliche Ambitionen, ökonomische Gründe etc.) mischen sich schon in die "operationelle, positivistische und empirizistische Philosophie", die den "normalen Physiker" bestimmt, dem es im Grunde nicht um die Wirklichkeit geht, sondern ausschließlich um Vorhersage und Kontrolle: "Würden die Formeln der Quantenphysik dem Physiker nicht die Möglichkeit geben, die Durchschnittsergebnisse seiner Instrumente vorherzusagen, dann würde er sagen: das hat keinen Sinn. Er würde die Sache einfach aufgeben" (David Bohm, in: Ken Wilber (Hrsg.): Das holographische Weltbild. München 1990. S. 67).

Elemente gibt"[34]. Nietzsche übernimmt Karl Ernst von Baers[35] Überlegung, daß die Schnelligkeit des Empfindens jedes individuellen Lebewesens proportional dem Pulsrhythmus sei (s. den Zusammenhang von Rhythmus und Zählen – auch Th. v. Uexküll beruft sich auf K.E. v. Baer) und daher für jedes Lebewesen ein spezifisches Grundmaß der Zeit gelte: der Mensch erlebt Grundmaße (Zeit, Gestalt, Größe – als Voraussetzung aller Berechnungen) von seinem 'relativ kleinen' eigenen Grundmaß aus, und so erscheinen ihm Gestalt und Größe als etwas Bleibendes. Alle künstlich begrenzenden mathematischen Berechnungen 'unendlich' kleiner und großer Dimensionen – d.h. also im Mikro- und Makrobereich – bleiben an eine spezifisch menschliche Art der Perzeption gebunden; von einer "absoluten Strenge unserer Zeitskala" könne nicht die Rede sein, zitiert Nietzsche Helmholtz (im Exkurs des Heraklit-Abschnitts, Vorplatoniker-Kolleg). *Könnten* wir unsere Perzeption 'steigern', unsere Begrenzung (als deren Ausdruck die Anwendung der Mathematik auf die Mikro- und Makrowelt verstanden werden muß) wirklich übersteigen, uns dem 'Rhythmus' der Zell- (oder Quanten-)Vorgänge bzw. den astronomischen, kosmischen Verläufen gleichsam 'anpassen' – dann würden sich alle Naturvorgänge in ein ständiges Werden auflösen. Die Natur selber hat keine Grenzen, meint Nietzsche, sie ist vielmehr "nach innen ebenso unendlich als nach außen: wir gelangen jetzt bis zur Zelle und zu den Teilen der Zelle: aber es gibt gar keine Grenze, wo man sagen könnte, hier ist der letzte Punkt nach innen, das Werden hört bis ins unendlich Kleine nie auf"[36]. Nietzsche denkt aber, von den 'verborgenen Anfängen' (der naturwissenschaftlichen Grundlegung seines Denkens) bis in die Spätzeit, an 'größere oder kleinere' "Empfindungscomplexe", die er auch schon als "Willen" benennt und die 'Geschehnischarakter' haben müssen (N. Sommer 1872 – Anfang 1873 19 [159]); in dem "Durcheinander von kleinsten größeren und größten Empfindungscentren" (l.c.) wird "Alles Erkennen" zu einem "Messen an einem Maßstabe" (l.c. 19 [155]). Der Maßstab aber, abhängig von den je individuellen, subjektiven 'Grundmaßen' der empfindenden 'Monaden', kann nie 'Allgemeingültigkeit' verbürgen. Alles menschliche Messen, und a fortiori das Vermessen von Bereichen des 'unendlich Kleinen' oder 'Großen' – der Quarks und der Quasare, um hypothetische Konstrukte der neueren Forschung zu nennen, die mathematisch er-schlossen und dann 'ontologisierend' verbildlicht werden – gewährt uns, bei aller rechnerischen Präzision der Instrumente, "keine Schlupf- und Schleichwege in die *wirkliche Welt*" (M 117, wo noch einmal die Folgerungen aus v. Baers 'subjektiven Grundmaßen' gezogen sind): denn "wir können gar nichts fangen, als was sich eben in *unserem* Netze fangen läßt" – dem 'Netz des Physikers' (wie der Heisenberg-Schüler H.-P. Dürr formuliert), dem cartesischen Koordinaten-Netz, das eine "Horizont-Linie" (M 117; KSA 3/110) für unser physikalisch-naturwissenschaftliches Erkennen bildet – sobald wir Meß-Ergebnisse als die (letzte) Wirklichkeit ausgeben.

---

[34] Schlechta/Anders 64 ff.

[35] K. E. von Baer, zit. Schlechta/Anders 65 f. – Den Einfluß v. Baers auf Nietzsches Begriffe von 'Sein und Werden' interpretiert R. Löw, Nietzsche Sophist und Erzieher 109 f.

[36] Zit. Schlechta/Anders 67.

Es geht Nietzsche nicht nur um die Kritik szientistisch verstandener Wahrheiten: "Alles, Alles Irrthümer an sich!" (M 117) – diese 'Irrtümer' haben Folgen für ein Welt- und Menschenbild. Nietzsche sah, gewiß deutlicher und klarer als seine Zeitgenossen, durch eine mathematisierend-reduktionistische Wirklichkeits-Konzeption eine Bedrohung für jede höhere, menschlichere Kultur heraufziehen (wie immer er sich deren 'Steigerung' vorstellte). Die Menschen, die rechnend, messend und sezierend in die Welt elementarer 'Teilchen' einer (vorgängig materiell verstandenen) Natur eindringen, oder mittels mathematischer Extrapolationen die 'Horizontlinie' der schweigenden unendlichen Räume (und damit Zeiten) zu überschreiten glauben, haben immer weniger 'Acht ihrer selbst' (um Petrarcas berühmtes Wort auf dem Mont Ventoux für die moderne Situation umzumünzen).

Doch Nietzsche argumentiert durchaus auch im Rahmen seiner naturwissenschaftlich-physikalischen Kenntnisse. Aus Überlegungen Helmholtz' zur Thermodynamik im Sonnensystem (in dessen Abhandlung "Über die Wechselwirkung der Naturkräfte", die er aus Langes Buch kannte[37]), schließt er, daß "von einer absoluten Strenge unserer astronomischen *Zeit*skala nicht die Rede sein" könne[38]; das 'Werden', die Veränderlichkeit, die 'Grenzenlosigkeit' zumindest für unsere Erkenntnismittel (einschließlich der 'exakten' Berechnung) hört auch im astronomischen Bereich niemals auf. Nietzsche ist am Nachweis interessiert, daß es im (Mikro- wie) Makrobereich "nichts Konstantes, Beharrendes gibt, daß auch für die Naturwissenschaften das Problem des Werdens ein zentrales Problem ist"[39]. Das – höchst aktuelle – Problem beginnt genau dort (und es erscheint legitim, Nietzsche auf diese Weise aktualisierend zu verstehen in einer Zeit, in der die Wissenschaft die 'Horizontlinie' immer weiter verschiebt) wo der Astro- oder Quantenphysiker seine er-rechneten, 'hypothetischen Gebilde' bewußt oder unbewußt ontologisiert, als Aussagen über wirkliches Sein und als *Erklärungen* versteht, Rückschlüsse bezüglich der – mathematisch abgesicherten! – Entstehungsgeschichte von Materie, Leben, Universum zieht, wie es heute selbstverständlich geschieht. Die Sicherheit solchen Schließens will Nietzsche mit seinen (an relativitätstheoretische Szenarien erinnernden) 'relativistischen' Gedankenexperimenten erschüttern. Denn eben die vermeintliche 'Strenge und Sicherheit' der Beweisführung macht vergessen, daß Daten und 'Fakten', als Grundlagen aller Mathematisierungen, schon bloße Reduktionen auf (nie vollständig verstandene) sinnlich-phänomenale Gegebenheiten sind; ebenso vergessen ist die unhinterfragte Voraussetzung der 'materiellen Natur', die schon durch die mathematische Methode bedingt ist: der Mensch projiziert *sich* gewissermaßen, mit all den Beschränkungen seiner 'anthropomorphen' Relationen und subjektiven Maßstäbe, in zeitlich oder räumlich ('unendlich') weit entfernte Dimensionen hinein (oder zurück; wobei die 'Brücke', die ihn trägt, die abstrakte Gewißheit seiner Formeln ist) – in dem Sinne wäre auch die folgende Notiz (N. Winter 1883-1884 24 [17]) zu verstehen, die sich speziell auf die wissenschaftlich-anthropomorphe 'Rück-Projektion' in die Zeit der Entstehung des Lebens bezieht:

---

[37] vermuten Schlechta/Anders 67.

[38] Schechta/Anders l.c.

[39] Schlechta/Anders 68.

"Bei der Entstehung der Organismen denkt er sich *zugegen*: was ist bei diesem Vorgange mit Augen und Getast wahrzunehmen gewesen? Was ist in Zahlen zu bringen? Welche Regeln zeigen sich in den Bewegungen? Also: der Mensch will alles Geschehen sich als ein *Geschehen für Auge und Getast* zurechtlegen, folglich als Bewegungen: und will *Formeln* finden, die ungeheure Masse dieser Erfahrungen zu *vereinfachen. Reduktion alles Geschehens* auf den Sinnenmenschen und Mathematiker.

Es handelt sich um ein *Inventarium der menschlichen Erfahrungen:* gesetzt, daß der Mensch, oder vielmehr das *menschliche Auge* und *Begriffsvermögen*, der ewige Zeuge aller Dinge gewesen sei."

Wie weit träfen diese kritischen Anti-Argumente die modernen, detailreichen Rekonstruktionsversuche der Entstehungs- und Entwicklungsgeschichten, der Organismen nicht nur, sondern des Lebens überhaupt und des gesamten Universums? (Wenn schon die kritischen Einwände im Kontext wiederum nicht völlig eindeutig als solche, sondern 'ambivalent' erscheinen könnten: schon in der unmittelbar nachfolgenden Überlegung 24 [18] 'ergibt sich' die Physik, die Wissenschaft als "der Weg zur *Kenntniß*" – des Menschen, seiner selbst – s.u.). Nietzsches entscheidende Gegenthese gegen jene mathematisch fundierten 'Entstehungsgeschichten' – die sich fast immer zu ontologischen Aussagen verleiten lassen, sich als Erklärungen selbstmißverstehen, die ihre affirmative 'Bestätigung' in einem mathematischen Modell finden – wäre also: sie sind eine 'vereinfachende Reduktion auf den Sinnenmenschen und Mathematiker'. Sie stellen ein interpretatorisches Wechselspiel dar zwischen: 1. der 'Strenge und Sicherheit' der jeweiligen mathematischen Modelle und Konstruktionen; 2. der Annahme 'theoretischer Entitäten' (die als solche wieder unerklärte Reste behalten: z.B. 'Energie'); 3. begleitenden anschaulichen (empirischen) Vorstellungen; und 4. implizierten welt-anschaulichen Folgerungen aus den 'Erklärungen'.

Die mathematische Stringenz hat für Nietzsche keine Beweiskraft; die Zahl ist eine 'perspektivische Form', und es ist nur ein Rechnen möglich mit "einigen falschen Größen", "irrthümlichen Grundannahmen" und falschen Konstanten, die am Ende "in Widerspruch mit den Resultaten treten" (MA I 19), spätestens am Ende aller Berechnungen, wenn wir gezwungen sind, das 'Bewiesene' mit irgendwelchen anschaulichen Vorstellungsinhalten zu verbinden. Jeder Versuch, die Evolution des Kosmos (und des organischen Lebens) mit naturwissenschaftlichen Methoden exakt zu rekonstruieren als ein "Spiel, bei dem am Anfang nichts festlag als Materie und Spielregeln" (Manfred Eigen[40]), bzw. eine schon irgendwie vor-definierte 'Energie' und mathematische Gesetze, wäre für Nietzsche eine unhinterfragt-fragwürdige Verbindung des 'Mathematikers', d.h. von dessen 'logischen Illusionen', und des 'Sinnenmenschen', der eine phänomenale, empirische 'Daten'- und 'Faktenwelt' schon voraussetzt, z. B. eine bewegte und bewegende 'Kraft', deren "Wesen ... uns

---

[40] Siehe Manfred Eigen: Das Spiel. München 1975; zit. bei R. Löw: Leben aus dem Labor, Gentechnologie und Verantwortung – Biologie und Moral. München 1985, S. 21: darin eine kritische Darstellung der Rolle, die Urknall- und Hyperzyklus-Theorie für eine (defiziente) Ethik der Bio-Wissenschaften und -Technologien spielen.

verhüllt" ist (auch wenn die retrospektive Schau der Naturwissenschaft wieder als evolutionäre, 'selbstorganisierende' Konstruktion sich darstellt): die 'vereinfachende Reduktion' aber wäre im Namen (zunächst unbewußter) *praktischer* Zielsetzungen durchgeführt – entsprechend N. Frühjahr – Herbst 1881 11 [235]: "Bewegung können wir nicht ohne Linien uns denken: ihr Wesen ist uns verhüllt. 'Kraft' in mathematischen Punkten und mathematischen Linien – ist die letzte Consequenz, und zeigt den ganzen Unsinn. – Es sind zuletzt *praktische* Wissenschaften, ausgehend von den Fundamentalirrthümern des Menschen, daß es Dinge, und Gleiches giebt."

Alle Berechnungen kosmologischer 'Entstehungsgeschichten' (ein 'anschauliches', sehr bekannt gewordenes Beispiel liefert heute Steven Weinberg[41]) sind abhängig von bestimmten mathematischen Modellen (meist sog. Friedmann-Modellen[42]), die auf kosmologische Probleme, d.h. auf ein 'von Materie dominiertes' Universum angewandt werden, das (meist) als homogen und isotrop vorausgesetzt wird. Die Anwendbarkeit des rechnerischen Modells proportional zur Zeitfunktion ist selbst eine Voraus-Setzung. Ausgehend vom 'singulären Ereignis' des 'Urknalls' kommt man zu sehr detaillierten Annahmen: beispielsweise einer sog. inflationären Phase mit exponentieller Expansion, die exakt 10^{-33} Sekunden dauerte. Die Homogenität der uns vor-liegenden Welt wird damit erklärt, *daß* es diese inflationäre Phase in dieser Form hatte und *weil* das Universum bei einer Temperatur (in Energie gemessen) von 10^{15} GeV so klein war – nämlich nur einen Durchmesser von 10^{-24}mm hatte, d.i. etwa ein Trillionstel der Dimension eines einzigen Protons. Zuvor war 'das Universum' "vermutlich...völlig chaotisch", dann erfolgte "aus globalen Wechselwirkungen" automatisch eine 'vollständige Homogenisierung' etc[43]. – "Wenn die heutige astrophysikalische Urknalltheorie zutrifft", schreibt Stegmüller, "dann hat *das gesamte Universum* einmal nur die Ausdehnung (der sog.) Vereinheitlichungslänge von 10^{-29} Zentimetern besessen"[44]. Nun bleibt einem jeden überlassen, in diesen paradoxen Ursprung der Strahlungsenergie des Universums in einem mathematischen Punkt *seine* Interpretation '*hineinzulegen*'[45]. – Wir müssen uns vor Augen

---

[41] Steven Weinberg: The First Three Minutes. A Modern View of the Origin of the Universe. New York 1977. Dt. Die ersten drei Minuten. Der Ursprung des Universums. München 1977.

[42] Zu den 'Friedmann-Modellen' vgl. Weinberg S. 47 ff. Das *gewählte mathematische Modell* entscheidet, ob aus der mittleren Dichte der Materie im Universum, bzw. dem kritischen Wert dieser Dichte, auf räumliche Endlichkeit oder Unendlichkeit des Kosmos zu schließen ist; das Modell war mathematisch schon entwickelt, *bevor* seine "kosmologische Tragweite" (Weinberg 49) erkannt wurde: die Anwendbarkeit für ein (u.U. vorgefaßtes) Theorem entscheidet. Auch Nietzsche trifft für sein Wiederkehr-Universum in praktischer Wirkungsabsicht, um dessen Geschlossenheit und 'Welt-Immanenz' zu wahren, eine quasi-mathematische Vorentscheidung: für räumliche Endlichkeit und zeitliche 'Unendlichkeit'; siehe hierzu Verf.: Nietzsches Beweise für die ewige Wiederkehr, in N-St 17 (1988).

[43] Das Beispiel stammt aus einem Vortrag von Leon C.P. Van Hove bei der Jahresversammlung der Dt. Akad. d. Naturforscher Leopoldina in Halle (Saale) 1983. Nach NZZ v. 30.11.1983, S. 37: 'Nichtgleichgewichtsprozesse im frühen Universum'.

[44] W. Stegmüller: Hauptströmungen der Gegenwartsphilosophie Bd. III. Stuttgart 1986, 154.

[45] Italo Calvino versucht in seinen 'Cosmicomiche vecchie e nuove', Milano 1984 (dt. Cosmicomics, München/Wien 1989) diese Paradoxien, die uns die Urknalltheorie an den Kopf wirft, mit der Erkundung aufzufangen, wie ein Kosmos, in dessen Zentrum ein *Bewußtsein* steht, sich "von innen" anfühlen könnte.

halten,daß der mathematisierende Urknall-Theoretiker, wenn er seine Energie-Konzepte dem mathematischen Schema unterwirft, es mit "theoretischen Entitäten" zu tun hat, die ursprünglich bei der "*experimentellen* Erzeugung solcher Energien" auf dem Umweg über die Elementarteilchen-Forschung, d.h. auf indirektem Wege über "komplizierte theoretische Schlußketten" gewonnen wurden, und W. Stegmüller[46] verbindet die Frage, wie Physiker so tief in das "Phänomen 'Materie'" eindringen können, "obwohl uns hier alle anschaulichen Vorstellungen im Stich lassen", sehr zurecht mit der anderen: "Woher wissen wir, daß uns nicht letzten Endes auch das mathematische Abstraktionsvermögen im Stich lassen wird?"

Die Vielheit, die im 'mathematischen Punkt' des singulären Ereignisses angenommen wird, sagt Nietzsche (MA I 19), setzt voraus, daß es ein *Etwas* gibt, fingierte Wesen und Einheiten, die als "stoffliches 'Substrat'" gedacht werden müssen – wir "kommen aus diesem Zirkel nicht heraus". Gezwungen zur 'sinnlichen' Anschauung, 'denken wir uns zugegen' – so sehr die 'Unanschaulichkeit' singulärer und subatomarer Ereignisse betont wird –, und gerade weil der Mathematiker *auch* "Sinnenmensch" ist, suggerieren die neuen Weltentwürfe nach Art des Urknall-Modells ein reduktionistisches 'Nichts-als-Universum' materieller Natur, aus dem per Selbstorganisation sich alles "automatisch" entwickelt. – Aus diesem Zirkel kommen wir auch in dem gewiß "mathematisch wie molekularchemisch genialen Entwurf"[47] der Hyperzyklus-Theorie zur Entstehung organischen Lebens nicht heraus. Die Evolution beruht nach Jacques Monods 'Zufall und Notwendigkeit' auf "elementaren Mechanismen" (vor allem mathematisch-statistischer Natur!), die nicht nur grundsätzlich begriffen, sondern auch "genau identifiziert" seien[48] – während Monod andererseits "Verständnisschwierigkeiten im Bereich der Physik, sei sie mikroskopisch oder kosmologisch" zugibt, wo der "Größenmaßstab der beobachteten Erscheinungen ... mit den Kategorien unserer unmittelbaren Erfahrung nicht zu fassen" sei, welchen Mangel aber "die Abstraktion ausgleichen", wenn auch nicht beheben könne[49]; d.h. die Beweise für die kosmischen und biologischen 'Entstehungsgeschichten' und ihre Stringenz werden der 'mathematischen Fundamentalstruktur'[50] der fraglichen Theorien aufgebürdet. – Der Entschluß zur *Anwendung* dieser mathematisch-logischen Strukturen impliziert, in Nietzsches Sprache und Denkweise, uneingestanden intendierte 'Mittel- und Zweck-Erklärungen': "Die Mathematik enthält Beschreibungen (Definitionen) und Folgerungen aus Definitionen. Ihre

---

46 Stegmüller 156 u. 108 f. Stegmüller referiert 306 f. *Sneeds* Einwände gegen den prinzipiellen Fehler, der in "logischen Analysen physikalischer Theorien" gemacht werde, d.h. schon in der Anwendung eines mathematischen Strukturbegriffs auf physikalische Ergebnisse (worin sich ein Widerspruch zwischen logischen und empirischen Komponenten auftun müsse). "Der Fehler besteht, grob gesprochen, darin, daß man davon ausging, eine physikalische Theorie werde dadurch zu einer *empirischen* Theorie, daß man die für sie charakteristische Fundamentalstruktur auf ein physikalisches System anwendet" (Stegmüller 307).

47 R. Löw: Leben aus dem Labor 22. Dort v.a. zu den möglichen (oder nichtgezogenen) *ethischen* Konsequenzen aus diesen 'Entwürfen'.

48 Jacques Monod: Zufall und Notwendigkeit. Philosophische Fragen der modernen Biologie (1970). München 1979, 124 f.

49 Monod 124.

50 Stegmüller a.O. 307.

Gegenstände *existiren nicht*. Die Wahrheit ihrer Folgerungen beruht auf der Richtigkeit des logischen Denkens. – Wenn die Mathematik angewendet wird, so geschieht dasselbe, wie bei den 'Mittel- und Zweck'-Erklärungen: es wird das Wirkliche erst *zurechtgemacht* und *vereinfacht* (*gefälscht* —)" (N. Frühjahr 1884 25 [307]). Die praktische Absicht und Bedeutung bestimmt die Vorannahmen und die Art der Resultate der Theorie, denn "Die Zahl ist unser großes Mittel, uns die Welt handlich zu machen" (N. April – Juni 1885 34 [58]). Wenn Quantenmechaniker und -mathematiker (wie etwa Richard Feynman[51], der besten Gewissens wesentliche mathematische Grundlagen für den ersten Atombombenabwurf schuf) immer wieder die große 'Einfachheit' und Schönheit "der Natur" hervorheben (gedacht ist eher an die Schönheit, Symmetrien von Formeln und Gleichungen), so nicht deshalb, weil die Forschungen die 'Wahrheit' enthüllten, sondern weil sie *nützliche Modelle* ermöglichen, die systematisch die Beobachtungen (durch hochkomplexe Instrumente) miteinander in Beziehung setzen – und sie dadurch 'operabel', praktikabel und verfügbar für bestimmte Anwendungen machen. Niels Bohr drückte diese 'positivistische' Ansicht so aus: die Physik sage uns nicht, *was* oder *wie* das Universum *sei*, sondern was wir darüber *wissen* können[52]; dieses Wissen gilt nicht der 'an sich seienden Natur', sondern geht im Baconschen Sinne auf Macht, auf Herrschaft über Naturkräfte.Die exakt nur noch mathematisch formulierbaren Resultate der kosmischen bzw. biologischen Ursprungs- und Entwicklungstheorien stehen unter dem ("mechanistischen") Diktat dessen, was das Wesen und die Grenze (die De-finition) jeder physikalischen Erkenntnis ausmacht: die Beschränkung auf "praktikable" Naturgesetze, d.h. auf korrekte Vorhersage für die Zukunft und damit die Beherrschbarkeit der materiellen Natur.[53]

Der Praxischarakter der angewandten mathematischen Methoden umfaßt schon die Verwendung subtilster (wiederum auf Theorien beruhender) Beobachtungsinstrumente, in denen sich der (allerdings erheblich reduzierte) "Sinnenmensch" und

[51] Richard Feynman, zit. bei Paul Davies: Gott und die moderne Physik, München 1989, 280. Feynman, einer der talentiertesten Mathematiker unseres Jahrhunderts, glaubte, die Atombombe in Los Alamos *'gegen Hitler'* mit-zukonstruieren; nach dessen Fall wurde noch verstärkt weitergeforscht. Feynmans spätere Einsicht: "Das Unmoralische meines Tuns bestand darin, daß ich mir nicht mehr klarmachte, warum ich es tat. Als sich an dem Grund etwas änderte, d.h. als Deutschland besiegt war, kam ich nicht ein einziges Mal auf die Idee, daß ich mir nun überlegen müßte, warum ich weitermachte. Ich habe einfach nicht nachgedacht" (zit. bei B. Easlea 1986: Väter der Vernichtung, S. 102). Brecht schrieb 1940 in der 'Steffinischen Sammlung': "Die Konstrukteure hocken / Gekrümmt in den Zeichensälen: / Eine falsche Ziffer, und die Städte des Feindes / Bleiben unzerstört."

[52] Niels Bohr, in: Physical Review, vol. 48, 1935, p. 697-702.

[53] Unter vorgeblichem Verzicht auf *anschauliche* Deutung; dennoch enthält die statistifizierte, mathematisierte 'Wirklichkeit' immer welt-anschauliche Implikationen. Auch wenn der mathematische Formalismus selbst zum *wesentlichen* Inhalt der Physik geworden ist, glaubt man, er bringe eine "wirkliche Beschaffenheit der Natur zum Ausdruck" (David Bohm/F. David Peat: Science, Order, and Creativity. New York 1987. Dt. Das neue Weltbild. Naturwissenschaft, Ordnung und Kreativität. München 1990, S. 38). Die Mathematik stellt in der Naturwissenschaft ein extrem abstraktes, engbegrenztes linguistisches Schema dar, präzise und kohärent, dessen Aussagekraft, z.B. für 'wirkliche Zustände' im Universum, beschränkt ist und nur ein fragmentiertes Wissen vermittelt. D. Peat (l.c.) bringt den glücklichen Vergleich mit René Magrittes Bild der Pfeife ("Ceci n'est pas une pipe"), und Alfred Korzybskis Ausspruch: Eine Sache ist nie das, was wir darüber sagen. Peat: "Vielleicht sollte jede Theorie des Universums, im Geiste Magrittes, die fundamentale Aussage enthalten: 'Dies ist kein Universum.'"

der "Mathematiker" sozusagen modellhaft begegnen. Immerhin sind die leibhaft beobachtenden und experimentierenden 'Subjekte' nicht ganz zu eliminieren; bestenfalls bei der Ablesung von Meß-Daten könnte noch ein 'klassisches' positivistisches Element entdeckt werden; die eigentliche 'Wahrnehmung' findet streng im Rahmen der mathematisch entworfenen Theorie statt. "Die Wechselwirkung mit der Außenwelt ist vermittelt durch komplizierte Instrumente, die auf der Grundlage dieser Theorien konstruiert wurden" (David Bohm/David Peat[54]); diese vermittelten Wirkungen müssen *interpretiert* werden (durchaus im Nietzscheschen Sinne von 'Interpretation') – der Wissenschaftler gewinnt seine eigene Theorie gar nie als Deduktion aus experimentellen Fakten plus mathematisierender Methode, sondern in einer Deutung dessen, was die 'Beobachtungen' *in* seinen Gleichungen und Algorithmen be-deuten können. Die mathematischen Gleichungen haben nur Sinn bzw. Bedeutung (was nicht heißt, daß sie "richtig" sind, d.h. 'Wirklichkeit' be-deuten müßten), wenn ein teilnehmend-beobachtendes Subjekt vorausgesetzt wird. Der Mensch liest nicht 'mathematische Gesetzmäßigkeiten' *aus* der Natur heraus, sondern legt ebensogut, im gesamten praktisch-theoretischen Handlungszusammenhang seines wissenschaftlichen Tuns, seine "unbewußten Zweckhandlungen" in die Natur hinein (und Natur wäre auch noch auf ganz andere Arten zu erfahren, als nur durch die in der Neuzeit überwiegenden, 'sinnlich-mathematischen' und reduzierenden Methoden).

Nach Nietzsche kommt nicht der rechnende Mensch der Natur des Universums (oder der Organismen, usw.) endlich 'auf die Schliche', sondern er entdeckt *seine* eigene Komplexität *in* der Natur wieder, deren Teil er ja ist – "wir selber sind Natur"; er postuliert, lange vor Wheeler oder Breuer, eine Variation des 'anthropischen Prinzips', mit dem Unterschied freilich, daß nicht der menschliche Beobachter in irgendeinem essentiellen oder gar ontologischen Sinne das Beobachtete konstituiert, oder ein universales telos *auf den Menschen hin* gearbeitet hätte: unsere Beobachtungen und Berechnungen bleiben 'anthropomorphe Schattenspiele'. Mit extrem komplizierten, 'losgelöst abstrakten' Zahlen- und Formelmanipulationen glauben wir heute, *neue* Aspekte der (kosmischen und Lebens-)Wirklichkeit *hervorbringen* zu können; die "vollkommene Strenge und Sicherheit der Resultate" (MA I 19) dieser Zahlenoperationen stößt in der 'Atomlehre' und in kosmischen Dimensionen, dort weniger nachprüfbar, auf Widersprüche in unseren Wirklichkeits-Bildern. Zahlen, so Nietzsches Einwand, sind nur auf eine Welt, welche *unsere* Vorstellung ist, anwendbar, sie machen den Kosmos zur "Menschen-Welt" (l.c.). Dies könnte sich auch gegen den Irrtum einer dualistisch denkenden Naturwissenschaft richten, die ihre mathematischen Extrapolationen und deren Resultate für eine explikative Entstehungsgeschichte (des Kosmos im Ganzen[55], des Lebens usw.) hält, dabei

---

[54] Bohm/Peat 65. Das subjektive Element schon in der Fragestellung der Naturwissenschaften ist nicht sinnlicher Natur, sondern ist bedingt durch ihren Ausgang von einem "bereits existierenden Wissensfundus" und durch "die ganze gesellschaftliche und geistige Einstellung, mit der Wissenschaft betrieben wird" (65 f.).

[55] Ehrlichere mathematisierende Kosmologen geben heute, nachdem sich die klassisch-deterministischen Programme der Physik als undurchführbar herausstellen, prinzipiell *nicht* beantwortbare Fragehorizonte

'Geist' und 'Bewußtsein' in der Idee einer automatischen 'Selbstorganisation' von Energie plus Naturgesetz sich auflösen läßt. (Es läuft auf eine extreme Form von Reduktionismus hinaus, wenn 'die Wirklichkeit' als mathematisch beschreibbares 'Spiel' von momentan anerkannten vier Hauptkräften erklärt wird – von starken und schwachen Wechselwirkungen der Kernkraft, elektromagnetischer und Schwerkraft: theoretische und immer noch 'anthropomorphe' Konstrukte.) Dem hält Nietzsche (schon N. Sommer 1872 – Anfang 1873 19 [118]) entgegen, der Mensch als das "allerspäteste Resultat der Natur" projiziere seine eigene Geistigkeit, sein komplexes Wissen in die Phänomene: er überträgt die "Wirkungen der complicirtesten Mechanismen, des Gehirns" auf die Welt und die "unbewußten Zweckhandlungen auf das Urwesen der Dinge". Die Naturwissenschaft als "späte" menschliche Errungenschaft konstatiert "Wirkungen" der Natur auf den Menschen, der *sich* selber als zu dieser Natur gehörig entdeckt: und dies nicht allein als ein "allerspätestes" 'Endprodukt' einer materiellen 'Entwicklung', sondern raum- und zeitübergreifend, in seiner Selbsterfahrung ontologisch real im hic et nunc, eine Art 'absoluter Perspektive', obschon 'relativ' in bezug auf das zu interpretierende Welt-Ganze. Jedes interpretierende Subjekt ist sein eigener Anfang und Ausgangspunkt, aber auch ein komplexes Resultat der gesamten kosmischen Entwicklung, auf die es von seinem 'Standort' aus einen wertenden, urteilenden Blick wirft. Diese Standortabhängigkeit, naturalistisch betrachtet, wird durch das moderne relativitätstheoretische Weltbild ebenso nahegelegt. Auch Nietzsche kommt zu seiner Wiederkehr-Idee mittels Absolutsetzung einer relativistisch und naturalistisch gedeuteten "Subjektivität", eines perspektivisch im Zenit des Geschehens und der Zeit sich befindlichen "monadischen" Individuums, eines primum mobile[56], in dem der Kosmos sich gleichsam spiegelt. Der Wissenschaftler konstruiert, mittels seiner "complicirtesten Mechanismen" ebenfalls hochkomplizierte, geistige und materielle Instrumente, zu denen die Mathematik und die gesamte wissenschaftliche Apparatur gehören – und womit er sich und seine ganze Komplexität in die Erscheinungswelt hineinprojiziert, dabei aber den hineingetragenen 'Geist', *indem* er sich auf die Wahrnehmung von

---

für "Ereignisse" jenseits faßbarer "Ereignishorizonte", also eine Art "kosmischer Unschärferelation", zu (was jede generelle, welt-anschauliche Aussage über Ursprung und Schicksal des Universums verböte). Stephen Hawking, in Erwiderung auf Einsteins berühmten Ausspruch: "Der Herrgott spielt nicht nur Würfel. Manchmal wirft er sie auch dorthin, wo man sie nicht mehr sehen kann" (vgl. George Greenstein: Der gefrorene Stern. Pulsare, Schwarze Löcher und das Schicksal des Alls. München 1988, S. 33).

56 Der Wiederkehrzirkel, den Nietzsche ja auch räumlich-zeitlich, naturwissenschaftlich begründbar sich wünscht und vorstellt, soll gerade jeden 'äußeren', über-natürlichen "ersten Beweger", irgendein metaphysisches oder göttliches Prinzip ausschließen; dies sein Mißverständnis; Kant hielte dagegen, ein 'erster Beweger' wäre in Kategorien der "Bewegung der Materie", von Raum und Zeit etc. nicht einmal sinnvoll denkbar (Kant, KdU §91, Weischedel-Ausg. Bd. 8, S. 617, B 480), – nicht beweisbar und folglich nicht widerlegbar. Das Argument träfe auch die Versuche von modernen Kosmologen (wie Stephen Hawking), szientifisch eine radikale Weltimmanenz zu postulieren. – Nietzsches Gesamtbild der Willen zur Macht in einer Wiederkehrwelt, eine Metaphysik der reinen Weltimmanenz, – diese "Gedankenform" stellt, wie Jaspers (Nietzsche, [4]1981, 315 f.) treffend bemerkt, auch eine "Hypothese über Zugrundeliegendgedachtes" (die universellen Willen zur Macht) dar, gewonnen durch eine "Verabsolutierung eines relativ universellen in der Welt vorkommenden Phänomens": die Verabsolutierung einer Teil- oder Ausschnittswahrheit hat Nietzsche mit der positivistischen Wissenschaft gemein.

Erscheinungen beschränkt und konzentriert, schon programmatisch eliminiert hat, und folglich nicht nachträglich dort 'entdecken' kann, jedenfalls nicht mit Mitteln der Wissenschaft selbst. – Nietzsche zieht daraus die Konsequenz: "Der Mensch kennt die Welt in dem Grade, als er sich kennt: d.h. ihre Tiefe entschleiert sich ihm in dem Grade, als er über sich und seine Komplicirtheit erstaunt" (N. l.c.). In diesem Sinne kann die mathematisierende Naturwissenschaft auch als *ein* 'Mittel der allgemeinen und letzten Menschenkenntnis' verstanden werden; mit den Erkenntnissen (z.B.) der Astrophysik stellen wir unsere Relation, "unsere Bedürfnisse und deren Befriedigung fest, dazu gehören Sonne Sterne Atome, es sind Umwege zu uns" (N. Herbst 1880 6 [439]). Der Mensch darf und muß dann jedoch jederzeit nach dem Wohin? und Wozu?, nach dem 'Nutzen fürs Leben' jeder wissenschaftlichen Erkenntnis und Interpretation fragen: "Auf die Dauer leiden wir *Schaden* an jeder fehlerhaften Relation (Annahme einer Relation)" (N. l.c.); wobei die mögliche 'Fehlerhaftigkeit einer Relation' sich nicht auf die 'Richtigkeit' der Meßresultate beziehen kann, sondern vorrangig auf den anthropologischen Wert unserer Interpretation. Und so erst, als Mittel zur Selbsterkenntnis dienend (eine Forderung, die von der normal science nur zum geringen Teil erfüllt wird!), *kann* Naturwissenschaft einen Nutzen haben, kann sich, wie Nietzsche (N. Winter 1883-1884 24 [18]), im Anschluß an die Kritik der 'Reduktion alles Geschehens auf den Sinnenmenschen und Mathematiker' formuliert, sogar die Physik "als eine *Wohlthat* für das Gemüth" ergeben, nämlich als "eine Art *praktischen Nachdenkens* über ***unsere Existenzbedingungen*** als Erkennende."

Das aber erforderte, daß die 'instrumentelle' naturwissenschaftliche Vernunft sich der "Verführung durch 'Zahl und Logik'" (N. Sommer 1886 – Herbst 1887 5 [14]) zu entziehen hätte, sodaß 'Natur' nicht nur in manipulierbare 'Realität' verwandelt[57] würde, und daß eine selbst-reflektierende Wissenschaft sich die *Ziele* (und nötigen Begrenzungen!) von der praktischen Vernunft vorgeben ließe[58]. Das verhindert aber weitgehend schon die Optik (bzw. die 'Perspektive') der Naturwis-

---

57 Vgl. C.F. v. Weizsäcker: Die Tragweite der Wissenschaft. Stuttgart 1976: Galileis mathematische Analyse zerlegt "die Komplexität der wirklichen Erscheinungen in einzelne Elemente" und verwandelt "die gegebene 'Natur' in eine manipulierbare 'Realität'" (zit. Pietschmann 20).

58 Die Dimension *praktischer Vernunft*, d.h. ethischer Reflexion der *Zwecke* wissenschaftlichen Tuns und Treibens, werden innerhalb der Naturwissenschaften eliminiert, weil ihre 'Gegenstände' als scheinbar zweck-lose konstituiert sind: weil, in Nietzsches Worten N. Winter 1883-1884 24 [13], "die Physik auch die empfindende Welt *consequent als **ohne Empfindung und Zwecke*** construiren" muß, und weil die scheinbar "vollkommene Strenge und Sicherheit der Resultate", d.h. die imperiale mathematische Methode, ihren Teil zur Verselbständigung von Wissenschaft (Emanzipation von moralischer Reflexion) beiträgt. Hypothetische Resultate werden ontologisiert und als (im Grunde) metaphysische Aussagen über Kosmos, Leben, Bewußtsein usw. interpretiert. Die Protagonisten sind sich dessen nicht bewußt, daß, wie Nietzsche sagt, "die Naturwissenschaft nur hinter dem Scheine her ist: den sie höchst ernsthaft als Realität behandelt" (N. Ende 1870 6 [4]); "Schein" hier in der Bedeutung a) des 'logischen Scheins', der Fiktionalität der Abstraktionen; b) der Ontologisierung der 'theoretischen Entitäten' der Wissenschaft. Wobei in der Interpretation wieder anthropomorphe, sinnliche, psychologische Momente einfließen, insofern der 'Sinnenmensch *und* Mathematiker' interpretiert. (Die scheinbare als die phänomenal erfahrbare Welt ist dagegen nach Nietzsche womöglich die einzig reale!). Aus den empirischen Bedingungen und Bedingtheiten, hinter denen die Naturwissenschaft her ist, lassen sich aber keine Welt-erklärungen ableiten. In diesem Sinne träfe auf die neuere (mathematische) Naturwissenschaft *nicht*, oder nur in jener dialektischen Doppeldeutigkeit zu, was Nietzsche N. Frühjahr 1888

senschaft, die, seit Galilei darauf aus, "den gesunden Menschenverstand durch Mathematik zu widerlegen"[59], sich vorgängig nur mit dem abstraktesten, formalisier- und mathematisierbaren Teil der gesamten menschlichen Erfahrung befaßt, und somit Selbstreflexivität und subjektive Verantwortlichkeit gar nicht in ihr Blickfeld gerät[60]. (Ein anderes Dilemma ist: die 'reinen', vermeintlich nur 'objektiv messenden' Naturwissenschaften werden Opfer ihres eigenen Ideals der totalen "Wertfreiheit", das natürlich selbst ein Werturteil darstellt, das *andere*, vielleicht umfassendere, höherrangige Werte destruiert.)

Nietzsches Kritik der Mathematisierung, der ver-messenden Naturwissenschaft gilt letztlich der "barbarisierenden Wirkung" einer wertdestruktiven, sowohl naturbeherrschenden wie -zerstörenden Methodik (über seine eigenen Wert-Ambivalenzen und Umwertungsversuche hinweg) auf die Kultur: "Woher, wohin, wozu alle Wissenschaft, wenn sie nicht zur Kultur führen soll? ... nun, dann vielleicht zur

---

14 [103] festhält: "daß die Wissenschaft sich heute resignirt, auf die scheinbare Welt angewiesen zu sein". – In der Selbstvergessenheit ihrer analytisch-mathematischen Methode (Nietzsches Diktum vom Sieg der Methode *über* Wissenschaft, der Mathematik *über* die Reflexion) fällt die Naturwissenschaft meist hinter die *Kant*sche Einsicht (1783) zurück, daß "auch reine Mathematik sowohl als reine Naturwissenschaft niemals auf irgend etwas mehr als bloße Erscheinungen gehen können, und nur das vorstellen, was entweder Erfahrung überhaupt möglich macht, oder was ... jederzeit in irgend einer möglichen Erfahrung muß vorgestellt werden können" (Prolegomena, Zweiter Teil, § 30, A 102). Die mathematische Naturwissenschaft hat, Kant zufolge, keine "Grenzen" (A 167), sie kann die "Kette nach allgemeinen Gesetzen verknüpfter Erscheinungen" (A 170) beispielsweise bis zum hypothetisch angenommenen Urknall zurückverfolgen, aber sie hat "Schranken" (A 167), was ihre ontologisierenden, quasi-metaphysischen Wirklichkeitsaussagen betrifft: "denn Mathematik geht nur auf *Erscheinungen*, und was nicht ein Gegenstand der sinnlichen Anschauung sein kann, als die Begriffe der Metaphysik und Moral, das liegt ganz außerhalb ihrer Sphäre, und dahin kann sie niemals führen" (A 168; demnach ist Naturwissenschaft nicht nur außerstande, 'metaphysische' Folgerungen oder Existenzaussagen *aus* ihren Forschungsergebnissen zu ziehen; sondern ihre Versuche in dieser Richtung *behindern* geradezu die metaphysische und moralische Reflexion *über* Naturwissenschaft). Mathematisch erschlossene, theoretische Entitäten oder "Verstandesbegriffe" der Naturwissenschaft als 'wirkliche', objektiv raum-zeitliche Aussagen zu interpretieren, wäre (schon nach der 'vorkritischen' Definition Kants in 'De Mundi sensibilis...' von 1770) eine Subreption, ein "erschlichenes Axiom". Diese "Verstandesbegriffe" werden bei der Interpretation mathematisch begründeter und experimentell erschlossener Resultate hineingelegt; z.B. wenn ein bestimmter Energiebegriff, oder ein Begriff von Naturgesetz, für die 'Entstehung des Kosmos' als 'letzte bzw. erste Realität' vorausgesetzt und nachträglich zur allgemeingültigen ewigen 'Spielregel' allen kosmischen und lebendigen Geschehens hypostasiert wird.

Hier von 'Verstandesbegriffen' zu sprechen wäre insoweit berechtigt, als eine ganze *Theorie* (ein 'Paradigma') inklusive der freigewählten mathematischen Fundamentalstruktur die *Art* der erzielten Resultate formal und inhaltlich schon im vorhinein festlegt. (Sinnliche Beobachtung spielt bei den durch und durch mathematisierten Methoden kaum eine Rolle.) Der Typus der messenden Methode bedingt den der Resultate – dies Heideggers (wohl auch von Nietzsche inspirierte) Einsicht: das Entscheidende der Methode, sagt Heidegger in 'Sein und Zeit' 362, liegt nicht in Beobachtungs-Tatsachen, nicht einmal in der "Anwendung von Mathematik in der Bestimmung der Naturvorgänge, sondern im mathematischen Entwurf der Natur selbst".

59 C.F. v. Weizsäcker: Die Tragweite der Wissenschaft. Stuttgart 1976 (zit. Pietschmann 20).

60 So schreibt Erwin Chargaff als kompetenter und vehementer Wissenschaftskritiker in: Unbegreifliches Geheimnis. Wissenschaft als Kampf für und gegen die Natur (1980). Frankfurt 1989, S. 87: "Die unglaubliche Brutalität, mit der z.B. Eingriffe in den Erbapparat oder das Seelenleben des Menschen erwogen werden, ist die direkte Konsequenz der 'Statistifizierung' des wissenschaftlichen Denkens, die – von der Physik, Chemie und Biotechnologie ausgehend, wo sie durchaus notwendig ist – auch die Lehre vom Menschen ergriffen hat."

Barbarei"; sie gilt jener radikal positivistischen Sicht, die menschlichen Werten im (eigenen unbekannten) Inneren feindselig gegenübersteht, alle Gegebenheiten auf ihre empirischen Eigenschaften reduziert, Leidenschaften und Existenzerfahrungen, nach Nietzsche die 'wesentlich unlogischen Mächte' Kunst, Liebe, Religion, methodisch ausklammert (oder selbst zum Objekt ihrer Statistifizierungen degradiert), diese somit zum "verbotenen Territorium" macht – und damit eine "Flucht vor Verpflichtungen in der Maske einer Erkenntnisdefinition" (Leszek Kolakowski[61]) zur Folge hat. Seit der Eliminierung aller lebendigen Widersprüche[62] und Werte durch die Galileische Meßbar-Machung des Nicht-Meßbaren, verbunden mit den Descartesschen[63] Regeln für die 'exakte' neue Wissenschaft (die ein zweckmäßiges

---

61 Leszek Kolakowski in: The Alienation of Reason, 1968. – 1892 schrieb Carl Pearson in 'The Grammar of Science', London 1911, S. 11: "Der Naturwissenschaftler muß vor allem anderen darum bemüht sein, bei seinen Urteilen sich selbst auszuschalten."

62 Der theoretische Physiker H. Pietschmann in: Das Ende des naturwissenschaftlichen Zeitalters, 1980, S. 27: "Immer weitere Bereiche der Wirklichkeit werden widerspruchsfrei im Modell erfaßt, immer mehr wird die Natur umgestaltet und im Sinne des Experimentes vereinfacht" durch Widerspruchs-Elimination; er zitiert (S. 28) Hegel (Phän. d.G.): "Etwas ist also lebendig, nur insoferne es den Widerspruch in sich enthält", und "diese Kraft (des Lebendigen) ist, den Widerspruch in sich zu fassen und auszuhalten"; dagegen wäre das mathematische Modell der Wirklichkeit, das alle Widersprüche tilgen will, tot.

63 Giambattista Vico hat in seiner Schrift (ursprünglich Rede) De nostri temporis studiorum ratione (1708) scharfe Kritik am Descartesschen Wissenschaftsideal geübt, die – ähnlich Nietzsches Wissenschaftskritik – aus der Sorge um die Rangordnung der (Bildungs-) Werte entspringt (G. Vico: De nostri temporis studiorum ratione – Vom Wesen und Weg der geistigen Bildung. Hrsg. v. W.F. Otto, Darmstadt 1963). Inhaltliche und intentionale Parallelen zu Nietzsches späterer Kritik der Wissenschaft aus erzieherischer Absicht sind erstaunlich (wie Nietzsches Nähe zur rhetorisch-humanistischen Tradition überhaupt: ein noch zu schreibendes Kapitel) und können hier nur angedeutet werden. Für Vico hat die 'geometrische Methode' in der Physik "den Nachteil ..., daß in der Geometrie nichts bestritten werden kann, wenn man nicht die Gesamtvoraussetzung selbst angreift" (Kap. IV, S. 39). "Da sagen aber die Gelehrten, ebendiese Physik, so wie sie sie lehren, sei die Natur selbst; und wo immer man sich hinwende, um das Universum zu betrachten, immer habe man diese Physik vor Augen." Die Natur ist aber nicht notwendig *so*, da sie am Gebäude der 'geometrischen Physik' "die Fundamente in gefährlicher Weise außer Acht lassen" (41). Logik und Mathematik sind in der Physik in gewissem Sinne ein untrüglicher Weg der Beweisführung; aber "da, wo die Sache einen (exakten) Beweis nicht zuläßt", kann die Logik eine "betrügerische Argumentation" und "hinterlistig (insidiosissimam)" sein. Physik gehört, bei aller geometrischen Strenge, zum Gebiet des verisimile, des nur Wahr-scheinlichen; die Physik stellt gar keine reale Erkenntnis der Natur dar, denn sie erweist sich *als rein praktische Tätigkeit*. Aufgebaut auf methodischen Prinzipien der Mathematik, helfe sie dem Menschen in praktischer Hinsicht, sich der Natur zu bemächtigen und sie sich verfügbar zu machen; ihre 'Wahrheiten' aber haben von der Geometrie nur die Methode, "nicht aber die Evidenz der Beweise. Die Geometrie beweisen wir, sofern wir sie hervorbringen: Vermöchten wir das Physikalische zu beweisen, so würden wir es hervorbringen" (Kap. IV, S. 85). Die technischen Erfolge beweisen allerdings, daß wir auch 'das Physikalische hervorbringen' können; doch zeigt sich gerade darin die Ambivalenz der Technik (denn erst dort, wo "die Mathematik angewendet wird", wird, so Nietzsche N. Frühjahr 1884 25 [307], "das Wirkliche erst *zurechtgemacht* und *vereinfacht (gefälscht)*". Vgl. auch N. Herbst 1880 6 [441]: "'Wahrheit' giebt es eigentlich nur in den Dingen, die der Mensch *erfindet* z.B. Zahl. Er legt etwas hinein und findet es nachher wieder das ist die Art menschlicher Weisheit"). Dank der prinzipiellen, 'ingeniösen' Fähigkeit des Menschen zur *Metapher* und Analogie (die für Vico eine eigene *Erkenntnis*fähigkeit ist), baut er seine spezifische Welt, eine nach außen projizierte Ordnung auf; der speziell menschliche, verändernde Eingriff in die Natur, nach Aristoteles eine mechanè, ist ein meta-pherein, eine 'metaphorische Tätigkeit' (43). N. Sommer 1872 – Anfang 1873 19 [237]: Naturgesetze sind anthropomorphische Relationen. "Besonders die Zahl: die Auflösung aller Gesetze in Vielheiten, ihr Ausdruck in Zahlenformeln ist eine metaphorà..."). Die Gefahr bei den naturwissenschaftlichen Studien nach Art der (überbewerteten) geometrisch-physikalischen Methode

Modell der mathematisierten Wirklichkeit anstrebt, das sich auf Zahlen abbilden läßt) schien der Sieg der 'wertfreien' Methode vollständig. Der szientistische Glaube an die Mathematik, als das "schärfste Instrument" (C.F. v. Weizsäcker) der Naturwissenschaft, perpetuiert – jedenfalls in den praktischen und ideologischen Auswirkungen alltäglicher Wissenschaft und Technologie – einen 'cartesianischen' Dualismus von Geist (subjektivem Wissen und Gewissen) und 'Material'. So wie Laplace (gegenüber Napoleon) 'die Hypothese Gott nicht benötigte', scheinen es die von den praktischen Erfolgen der mathematischen Methoden Überzeugten gar nicht mehr nötig zu haben, gewisse subjektivistische 'Hypothesen auszuschließen', – um freie Hand für eine 'entfesselte Forschung' und deren (von subjektivistischen Bedenken unbeschwerte) Anwendung zu haben: in der (Herrschafts-)Praxis der normalen Wissenschaft regiert immer noch das dualistisch-mechanistische Weltbild. Der Glaube an die (zumindest künftige) mathematisch stringente Beweisbarkeit aller verfügbaren technischen und Welt-Modelle hat die wesentlich unbewußte Funktion, störende Reflexionen und Bedenken, z.B. ethische, auszuschalten: wissenschaftliche "Objektivität – als modernes Mittel, *sich* loszuwerden, aus Geringschätzung", mit Nietzsche zu reden. In dieser Haltung haben die 'Verselbständigung der Wissenschaft' und ihr 'Vergessen der Lebenswelt' (Husserl) ihren vor- und außerwissenschaftlichen Ursprung. Nietzsche gab der Wissenschaft eine Aufgabe in der Überwindung einer falschen Moral und Metaphysik – aber *diese* Elimination der 'Hypothese Gott' schien ihm eine der dümmst-möglichen 'Interpretationen' der Wirklichkeit, und ein szientistisch banalisierter 'Tod Gottes' wohl eine "zu schwere Tat" für Positivisten und Mechanisten: deren für 'letzte Wahrheiten' über die Welt als Ganzes ausgegebenen "Rechenknechts-Übungen" konnten, in Nietzsches Sicht, nur zur Herrschaft, sprich Selbst-Knechtschaft des "letzten Menschen" führen.[64] Und die Ursachen dieser 'Krisis', die möglicherweise fatalen Konsequenzen eines ambivalenten Herrschaftswillens glaubte er, von Beginn seiner wissenschaftskritischen Reflexionen an, schon in den 'Grundkonzepten', der "Urstiftung" (Husserl)

---

liegt für Vico in der daraus entspringenden Vernachlässigung der moralischen Studien, mit fatalen Folgen für die Bildung (Nietzsche: die barbarisierenden Wirkungen).

[64] Die Konsequenzen einer Erkenntnisform, einer Methode und ihre Anwendung können 'barbarisierend' sein und zur 'Herrschaft des letzten Menschen' führen, weil Naturwissenschaft immer schon in einem *Handlungs*zusammenhang steht, *Praxis*charakter trägt. Der Praxis-Begriff oder pragmatische Wahrheitsbegriff, der sich *aus* der Naturwissenschaft gewinnen ließe, führt zu einer verkürzten, depravierten Praxis, weil er im vorhinein mit einem verarmten Realitätsbegriff belastet ist, z.B. schließt er künstlerische, ethische, erzieherische Werte aus. Das "Begriffsdenken" der Naturwissenschaft verschreibt sich einer "optimistischen Metaphysik der Logik"; und eine sich selbst überlassene szientistische "Logik, als Alleinherrscherin führt zur Lüge". Das szientistische Wahrheitsverständnis schließt die 'allein rettenden Wahrheiten', die 'unlogischen Mächte' Liebe, Religion, Kunst aus. "Das andre Wahrheitsgefühl stammt aus der *Liebe*, Beweis der Kraft", aus nicht-mitteilbaren, wissenschaftlich nicht faßbaren "Erkenntnissen der Einzelnen" (N. Sommer 1872 Anfang 1873 19 [107]). Die normale Wissenschaft ist noch weit entfernt von der Einsicht weniger (darunter ihrer größten) philosophisch gesinnter Naturwissenschaftler, die seit der Quantentheorie den "cartesianischen Dualismus von Bewußtsein und Materie (für) überflüssig" ansehen und einen offenen Weg zu einer Versöhnung von Wissenschaft und spiritueller Religion erblicken (C.F. v. Weizsäcker: Bewußtseinswandel, 1988, Kap. 4: Die unvollendete Religion). Am "gegenwärtigen Deutschland" konnte Nietzsche nur konstatieren, "daß die Blüthe der Wissenschaften in einer barbarisirten Kultur möglich ist": N. Sommer 1872 – Anfang 1873 19 [171].

neuzeitlicher Naturwissenschaft aufzuspüren. Sommer 1872 – Anfang 1873 notierte Nietzsche (19[206]): "Wenn ich von der furchtbaren Möglichkeit rede, daß die Erkenntniß zum Untergang treibt, so bin ich am wenigsten gewillt, der jetzt lebenden Generation ein Compliment zu machen: von solchen Tendenzen hat sie nichts an sich. Aber wenn man den Gang der Wissenschaft seit dem 15ten Jahrhundert sieht, so offenbart sich allerdings eine solche Macht und Möglichkeit." – Die Entwicklung der mathematischen Naturgesetze (so betont Weizsäcker[65]) war ein geschichtlicher Prozeß, ein historisches Handeln, von vielen vor- oder nichtwissenschaftlichen, lebensweltlichen Interessen und Motiven durchtränkt. Experimente und theoretische Vorausberechnungen wurden 'konstruiert', die Phänomene erzeugten, die die Natur von sich aus nie 'zeigt'. Galilei glaubte an die Mathematisierbarkeit der natürlichen Phänomene, "aber er begründet sie nicht. Er begründet sie nur durch den Erfolg"[66] (die "theologischen Formeln" vom mathematisch geschriebenen 'Buch der Natur', oder die Berufung auf Platons 'Timaios' implizieren noch keinen Auftrag, Erde, Kosmos und später den Menschen meß- und quantifizierbar zu *machen*). Die 'Selbstverkleinerung' des Menschen begann mit der Vermessung und Meßbarmachung der 'Natur', ihrem Messen an einem 'Standard', mit der Geometrisierung und damit der potentiellen Eliminierung des Menschen – als eines letztlich höchst widersprüchlichen Wesens.

Galileis erste gedruckte wissenschaftliche Arbeit galt einem neuen Meßgerät für militärische Zwecke ('Die Operationen des geometrisch-militärischen Zirkels', 1606), auch etliche seiner späteren Arbeiten sind der mathematischen Präzision der Waffenarsenale gewidmet[67]. Als 24jähriger hielt er in Florenz mathematische Vorträge über Lage, Größe und Anordnung von Dantes Inferno; im 16. Jahrhundert war die Divina Commedia, vornehmlich die 'interessantere' Hölle, Gegenstand zahlreicher naturwissenschaftlicher und geometrischer Erörterungen: eine geniale Methode, die Schrecken realer Höllen vergessen – oder auch 'reproduzierbar' zu machen: Mathematik als "feine Notwehr gegen die *Wahrheit*" (GT, 2. Vorrede 1).

---

65 Weizsäcker, Aufbau der Physik 29.

66 Weizsäcker, Platonische Wissenschaft im Laufe der Geschichte (1970), in: Ein Blick auf Platon. Stuttgart 1981. S. 117.

67 Siehe hierzu Karl von Meyenn (Hrsg.): Triumph und Krise der Mechanik. Ein Lesebuch zur Geschichte der Physik. München 1990. Vorwort S. 36; Johannes Hemleben: Galileo Galilei (Rowohlts Monographie). Reinbek 1969. S. 23; sowie Oskar Negt/Alexander Kluge: Geschichte und Eigensinn. Frankfurt 1981. S. 1027-1029: Vermessung der Hölle Dantes nach Galileo Galilei, 1587/88. (Galileis Text in: Galileo Galilei: Sidereus Nuncius. Hrsg. v. H. Blumenberg. Frankfurt 1965. S. 231 ff.). Negt/Kluge zitieren Ernst Kantorowicz (Kaiser Friedrich der Zweite. 4. Aufl. München 1936 u. Nachdr. 1973): Der Staufenkaiser hielt sich für mit Gott vergleichbar "vermöge seiner Kenntnisse in der Mathematik"; dazu Negt/Kluge: "Die Charaktere der Neugier sind so wenig furchtsam, weil sie vom Grauen wegblicken" (1029). Die mathematisch saubere Konstruktion wissenschaftlicher Schrecken (von den Venezianischen Waffenarsenalen bis heute) ist geeignetes Mittel, 'sich loszuwerden'. Nietzsche notiert im Sommer 1875: "Je vollkommener die Maschine, desto mehr Moralität macht sie nötig. (Beil Flinte usw.)". 1981 kommentiert C.F. von Weizsäcker Nietzsches Aufforderung "Man sollte die *Werthschätzungen* aufdecken und neu abschätzen, welche um die Logik herum liegen", wie. z.B. "die Unschuld im Glauben an die Begreifbarkeit im Begriff" (N. August – September 1885 40[27]) lapidar wie folgt: Nietzsches Diktum "deutet in kluger Ironie ein Pathos an, das heute tragische politische Zukunft hat ('nach dem dritten Weltkrieg wird man die Physiker hängen', sagte mir ein Physiker 1944)" (in: Wahrnehmung der Neuzeit, München 1985, S. 103).

Nietzsches (unsystematische) Analyse der logisch-lügenden, pseudo-exakten Grundlagen der Mathematik, der aktiv abstrahierenden Auflösung und Reduktion aller Phänomene und Qualitäten in Quantitäten, ist zugleich die ihres 'nihilistischen' Machtwillens (dessen 'gewaltsamer', destruktiver Komponente), die der Mathematisierung und Berechenbar-Machung des Lebens-Wirklichen (der Kunst, der Werte, der schöpferischen Subjektivität) zugrundeliegt. Die Analyse mündet schließlich in die Kritik des 'paradoxen' "wissenschaftlichen Menschen" – "rings umstarren ihn die schrecklichsten Probleme, an Abgründen wandelt er und er pflückt eine Blume um ihre Staubfäden zu zählen": N. Frühjahr – Herbst 1873 28 [1] – und einer 'barbarisierenden' Technik, eines nivellierenden Staates und einer 'egoistischen' Gesellschaft, die eine servile (ihre "Utilität" zeigende) Wissenschaft "in ihren Frohndienst genommen (haben), um sie auszubeuten zu *ihren* Zwecken" (N. Sommer 1872 – Anfang 1873 19 [69])[68]: "ein Zeitalter der Barbarei beginnt, die Wissenschaften werden ihm dienen!" (N. Winter 1880-1881 8 [61]).

[68] Der zit. Passage in Fragm. N. Sommer 1872 – Anfang 1873 19 [69] folgt unmittelbar: "Der normale Zustand ist der *Krieg*: wir schließen *Frieden* nur auf bestimmte Zeiten"; im Zusammenhang der "Wissenschaft im Dienste der Egoismen" von Staat und Gesellschaft wäre (auch) an den Krieg gegen die Natur zu denken.

X. Machtquanten, Subjekt und Quantentheorie

... der Hauptfehler in der Philosophie ist die Überbetonung.

Whitehead, Process and Reality

Wiederholt haben wir gegen Nietzsche eingewandt, er entziehe seiner berechtigten Wissenschaftskritik das Fundament, indem er, von einer verdeckten Theorie der Selbsterfahrung her, dem wechselseitigen Interpretieren der Kraftquanten, dem *subjektlosen* Vorgang einen ontologischen Vorrang einräume und somit *Subjektivität* als Voraussetzung auch *seiner* Kritik destruiere. Vielfach interferieren in Nietzsches experimentellem Denken subjektiv-transzendentale und quasi-objektive Bedeutungsebenen: "Fehlerhafter Dogmatismus" wäre nach N. Herbst 1887 10 [57] die "falsche Verselbständigung des 'Individuums' als Atom" – das Atom aber ist fiktionale Projektion dieses ego-Subjekts; ja das projizierende Subjekt 'versubstantialisiert' *sich* im Reflex alles projizierten Anderen, wenn das "'ego' (...) als atomistisch genommen, in einem falschen Gegensatz zum 'Nicht-ich'" erst aufscheint. Der interpretatorische Prozeß in und zwischen den relativen Geschehenskomplexen verliert sich jenseits von Subjekt und Objekt offensichtlich im unnennbaren 'Es', in einem Phantasma, das 'sich' dennoch, erstaunlicherweise, an einem (N. August – September 1885 40 [31]) "großen Familienzug" mit 'Allem' "*verwandt* wiedererkennt". Doch die naturwissenschaftlichen 'Kommentierungen' erschienen Nietzsche häufig "weniger phantastisch"[1] als der Ausgang von der Selbsterfahrung bzw. vom *Subjekt*, dem *jeder* ontologische Status entzogen ist. Im Fluß aller experimentellen Denkbewegungen scheint das Realitätsprinzip selber abgeschafft, und es bleibt als ein perennierendes *Interesse* Nietzsches die – wie Figl[2] konstatiert – "Auflösung der mit sich selbst identischen personhaften Subjekte..., von denen die Aktivität des Interpretierens ausgeht". Daß aber die Zirkelhaftigkeit des Unternehmens, das Interpretationsgeschehen mit physiologisch-physikalischen Argumenten zu entsubjektivieren und zugleich per Analogie dieses demolierten Subjekts die Grundlagenkritik zu betreiben, diese Kritik partiell unterläuft und unterminiert (ohne sie entwerten zu müssen für den, der aus dem 'Zirkel' *heraustritt!)*, war meine These.

Unsere kritische Gegenposition braucht damit nicht unvermeidbar *unter* die – v.a. mit den gründlichen 'immanent-kritischen' Analysen Müller-Lauters und Figls[3] – schon gewonnene 'Verständnisebene' zurückzufallen. Nietzsches perspektivische

---

1 Müller-Lauter 1978, Der Organismus als innerer Kampf, S. 195.
2 Figl S. 83.
3 Müller-Lauter, Nietzsches Lehre vom Willen zur Macht, in N-St 3 (1974), S. 57 f., Anm. 192; Figl 1982.

Deutung ist sicher kein "dogmatischer Naturalismus"; sie intendiert zumindest eine "Symbiose" von 'transzendentalem' *und* 'naturalistischem' Denken und versucht somit, "Aussagen über den Interpretationscharakter auch des unorganischen und organischen Seienden zu machen."[4]

Zu erinnern wäre übrigens, daß diese Intention schon im Frühwerk nachzuweisen ist. Lange vor der Konzeption der Willens- und Machtquanten, sehr früh schon spricht Nietzsche von dem "Durcheinander von kleinsten größeren und größten Empfindungscentren" und "Empfindungscomplexen", die "Wille" zu nennen wären (N. Sommer 1872 – Anfang 1873 19 [159]). *In sich* konsequent ist Nietzsches 'Erkenntnistheorie' durch alle Schaffensperioden allemal – noch ihre Selbstwidersprüche lassen sich integrieren. Meine Kritik setzt an bei der *'letzten Faktizität'* der Willen-zur-Macht-Quanten (an die Nietzsche wohl glaubt, auch wenn er die Suche der *Positivisten* nach einem "Factum 'an sich'" als "Unsinn" bezeichnet) – die G. Abel[5] affirmativ so beschreibt: "Es geht um einen Sinn von 'Faktum', bis zu dem 'wir', d.h. das interpretierende Wesen Mensch, hinunterkönnen" ('wir': das sind die schon 'apostrophierten', selbst von den Machtwillen schon interpretierten Quasi-Subjekte, Schein-Einheiten 'kämpfender Teile'): ein Programm, das ich als einen sublim versteckten Reduktionismus bezeichne. Es sei "gewiß", glaubt Nietzsche N. November 1887 – März 1888 11 [73], "daß die *kleinste Welt an Dauer die dauerhafteste ist* ...". Der eigentliche Sinn, das Motiv, schlechthin alles auf die totalisierende Geschehensebene der Machtquanten zu bringen, ist nicht *nur* die versuchte Überwindung der Subjekt-Objekt-*Zweiteilung* und die Loslösung von "neuzeitlicher Rationalität", sondern, wie Abel gleichfalls feststellt, die "doppelte Auflösung des alten Subjektbegriffs", nämlich als "Rückgang hinter die Einheit des Subjekts in das plurale Willen-zur-Macht-Geschehen"[6] (und zweitens zum Über-

---

[4] Müller-Lauter l.c. – Vergl. Piaget 1985, S. 234 und 282 f. – Nietzsche vermischt in seiner konkreten Naturwissenschaftskritik häufig die Erklärungsebenen (die 'Vermischung physikalischer und metaphysischer Probleme': s. N. Winter 1872-73 23 [18], ist erklärte Intention): das bringt der Allerklärungs-Anspruch der Willen-zur-Macht-Philosophie mit sich. Piaget S. 234 wendet sich dagegen, allen Lebensformen, etwa der Amöbe, "die Eigenschaften der am weitesten entwickelten Formen des geistigen Lebens", eine anthropomorphe Subjektivität, seelische Strukturen etc. zuschreiben zu wollen: so wenn man sage, die Amöbe "denkt" (oder, wie Nietzsche hypothetisch, 'die Materie schließt', 'empfindet' etc.), unter Überspringung der qualitativ und strukturell verschiedenen Stufen dazwischen. – Diese Vermengung der Erklärungsebenen scheint mir die Voraussetzung, wenn man entweder die gesamte Natur vermenschlichen will – oder wenn man den 'Geist' zum sekundären Epiphänomen oder zur 'décadence'-Erscheinung im Naturganzen deklarieren möchte. – Piagets Vorwurf gegen seine philosophischen Kritiker, sie wüßten immer schon, "was das 'Subjekt' ist, während wir noch danach suchen" (Piaget S. 281), träfe Nietzsche, insofern dieser immer schon weiß, was das Subjekt *nicht ist* (und nicht sein darf): er hält die Fragestellung nach möglicher personhafter Subjektivität *nicht offen*.

[5] G. Abel 1981/82 in der Diskussion mit Müller-Lauter, Figl u.a., S. 401-407, hier 405. – Im übrigen könnte ich nicht, wie Abel das mit seiner Interpretation des "endogenen Geschehen(s) der Willen-zur-Macht-Komplexionen" tut, Nietzsche als unbestechlichen Kronzeugen für die 'Abschaffung' aller 'alten' Probleme der Metaphysik (des Subjekts) und der abendländischen Philosophie insgesamt anrufen. Meine Auseinandersetzung mit Abel, s. K. Spiekermann, Nietzsches Beweise für die ewige Wiederkehr, in N-St 17 (1988), 518-531.

[6] Abel l.c. S. 396. – Gilles Deleuze, in 'Logique du sens', Paris 1969 (v.a. S. 120 f., 127 ff.), entwirft seine Theorie (als Hypothese, S. 120) nicht-allgemeiner *und* nichtpersonaler, vorindividueller *singularités* in direkter Entsprechung zu Nietzsches Willen-zur-Macht-Komplexionen. Diese 'nomadischen Ereig-

menschen hin), die aber im rein verbalen (oder metaphorischen) Erklärungsmodus scheitert. Auch Nietzsche vermag nicht aus dem Zirkel der Subjekt-Analogien herauszutreten – um dann das Subjekt aber *vollständig* und restlos im ziellosen "*Ineinander*" (N. Herbst 1885 – Herbst 1886 2 [139]) eines all- und wechselseitigen Interpretierens aufgehen zu lassen. Die "Kraft", die interpretiert im "Kampf der Atome, wie der Individuen" (N. Herbst 1885 43 [2] – das Fragment beginnt mit "Mißverständnis der Logik") ist "continuirlich" zu denken in einer Art Ereignisfeld: von der atomaren über die biologische bis zur Bewußtseinsebene wären alle Phänomene als 'auflösende' und 'verdichtende' "*Wirkungen* des Willens zur Macht zu begreifen" bis in "seine kleinsten Fragmente hinein", denn, so endet das Fragment: "Weltkörper und Atome nur größenverschieden, aber *gleiche Gesetze*." Nietzsches unbewußte Immunisierungsstrategie besteht darin, die interpretierende, unbenennbare und nicht zu konkretisierende "Kraft" dann doch wieder, wenngleich hypothetisch, "als eine Einheit zu denken, in der Wollen Fühlen und Denken noch gemischt und unentschieden sind", da "als 'real' nichts gegeben (ist) als Denken und Empfinden und Triebe", was "*ausreicht*, die Welt zu construiren?" (N. August – September 1885 40 [37]). D.h. zunächst wird jede Vorstellung substantieller oder essentieller 'Atome' als letzter Wirklichkeitselemente als dualistisch-metaphysische zerstört und, letztlich aber doch wieder vom empfindenden Subjekt ausgehend, kritisch zersetzt. Den an die Stelle der 'Atome' gesetzten Kraftzentren/Machtquanten wäre dann wieder ein quasi-subjektiver Charakter zuzuschreiben: um überhaupt Empfindungen, Gedächtnis, Machtaggregationen – jede Art Komplexität in der Natur erklären zu können. Mithilfe einer quasi-naturalistischen oder -biologistischen Kraftzentren-'Physik' wird dann die Einheit des Subjekts, die Faktizität des Subjektiven, reduktiv destruiert. Von der Quantenebene bis zum Selbstbewußtsein – alles "muß den großen Familienzug haben, an dem sich Alles mit ihm", d.h. dem nicht benennbaren 'Etwas', "wiedererkennt –" (N. August – September 1885 40 [31]). Kein Zweifel, diese 'Theorie' erklärt immer zuviel und zuwenig zugleich; ob man sie nun auf der 'faktischen' physikalischen Ebene heranzieht, etwa um das Interpretations-Handeln des Naturwissenschaftlers zu verstehen, oder sie 'subjektiv' als pragmatische Wahrheit in die Tat umsetzen wollte.

---

nis-Singularitäten' oder *émissions de singularités* haben eine 'genetische Kraft', eine 'freie, nicht gebundene Energie', eine selbst-vereinheitlichende Tendenz, 'anonyme','nomadische' Quasi-Subjekte und 'Sinn' zu erzeugen. Die Vorstellung einer 'dionysischen Maschine zur Sinnerzeugung' (Deleuze S. 137) trifft durchaus den ambivalenten Charakter von Nietzsches pluraler Kraftzentren-Welt, in der 'Geist' und menschliches (Selbst-)Bewußtsein 'chaotisch' und 'zufällig' aus-'gewürfelt' sind – genetisch und funktionell 'erklärt' und als 'letzte Realität' weg-erklärt werden; vgl. N. Frühjahr – Herbst 1881 11 [122]: Chaos und Zufall 'würfeln' im 'Geist'; er ist "das letzte Stückchen Welt, wo etwas Neues combinirt wird, wenigstens soweit das menschliche Auge reicht. Und zuletzt wird es im Grunde eben auch eine neue allerfeinste chemische Combination sein, die wirklich im Werden der Welt noch nicht ihres Gleichen hat." – Die *singularités*, 'Selbstvereinheitlichungen' in 'Zufallsserien', bei Deleuze tragen wie Nietzsches Machtquanten den transzendental/physikalischen Doppelcharakter; auch Deleuze beruft sich auf biologisch-physiologische Theorien 'vorindividueller Singluaritäten' (des Biologen Gilbert Simondon), die "die Genese sowohl des Lebendigen als auch des erkennenden Subjekts" behandeln (dt. Übersetzung der Deleuze-Passagen aus 'Logique du sens' in Taureck 1988, S, 146-152).

Um noch einmal zum Problem des 'subjektiven Faktors' in der modernen *Quantentheorie* zurückzukommen: vom Standpunkt eines solch polymorph applikablen Interpretationsmodus aus würde man in ihren Resultaten auf gar kein erkenntnistheoretisches Paradoxon stoßen, da die Entdeckung der konstituierenden Rolle eines mit-spielenden Subjekts a priori belanglos, tauto-logisch wäre und das 'Subjektive', auf das ein Beobachter schließt, nur epi-phänomenale Zutat eines umfassenden (subjektlosen) Interpretationsgeschehens wäre. Diese 'Entsubjektivierungs'-Strategie ist aber selbst stark von szientifischen Vorannahmen durchsetzt, weshalb mir Einwände gegen die Stichhaltigkeit ihrer Folgerungen (Interpretation ohne Interpreten; 'Subjekt-Eliminierung') auch vonseiten reflektiert-wissenschaftlicher Positionen aus möglich und legitim erschienen.

Nietzsche bestreitet apodiktisch jede Möglichkeit impliziter Ordnungen und Einheiten, verwirft sie als idealistisches Relikt. In den beiden Nachlaß-Fragmenten vom Frühjahr 1888 14 [144] und 14 [145] lesen wir: "Wo es eine Einheit in der Gruppirung giebt, hat man immer den *Geist* als Ursache dieser Coordination gesetzt: wozu jeder Grund fehlt. Warum sollte die Idee eines complexen Factums eine der Bedingungen dieses Factums sein? oder warum müßte einem complexen Factum die Vorstellung davon präzedieren? –". Nietzsche fällt hinter die Teleologiediskussion in Kants 'Kritik der Urteilskraft' zurück. Sein Kampf gegen jede Idee einer Ordnung gilt – eben dieser *Idee* selbst. Die Ordnung und Einheit kann aber der Natur inhärent/implizit gedacht werden, ohne einen ihr 'vorangehenden' Entwurf[7]. Alle neueren kosmologischen Befunde (von der Quantentheorie bis hin zur Erforschung komplexer Systeme) stimmen hierin überwältigend überein. Was Nietzsche den Wissenschaftlern und Philosophen vorwirft: einen 'Täter' in *alle* Naturprozesse hinein-zuinterpretieren, hypostasiert *er*, um mit der metaphysischen auch jede denkmögliche natürliche Teleologie zu liquidieren. Jenes starre Kausalitäts-Konzept, das er den Naturwissenschaften unterstellt, war z.T. schon zu seiner Zeit und ist heute endgültig aufgegeben. Daß wir "eine Welt, für die uns alle feineren Organe abgehen", und daß wir "eine *tausendfache Complexität* noch als Einheit empfinden", glaubt Nietzsche N. Frühjahr 1888 14 [145], würde nur vom falschen 'metaphysischen' *Kausalitätsdenken* verursacht. Dagegen sollen die stets im Werden begriffenen 'Aggregationen'

---

7 Ein Vergleich Nietzsches mit A.N. Whiteheads organistischer Prozeßphilosophie der 'actual entities' könnte der Interpretation beider dienlich sein. – Auch bei Whitehead "entsteht das Subjekt aus der Welt" (Prozeß und Realität 175), ist der Mensch naturalistisch in die Welt eingeordnet, als eine nichtsubstantielle, subjektiv-relative, aus 'actual entities' aufgebaute 'society'; Whiteheads Kritik am neuzeitlichen Subjektivismus geht aber nicht auf eine "'Vernichtung' des Subjekts im Sinne einer Reduktion auf 'subjektlose' Geschehnisse oder Systeme": M.-S. Lotter, in Holzhey u.a. [Hrsg.] 1990, S. 197. F. Rapp (Das Subjekt in Whiteheads kosmologischer Metaphysik, in Holzhey, S. 165) konstatiert: Whiteheads "Grundgedanke der Aktivität und der Kreativität als Wurzel allen Seins hat interessante Berührungspunkte mit Nietzsches Willen zur Macht, wobei in beiden Fällen das Subjekt als Element einer Ereignis- und Geschehensphilosophie erscheint." – Der definitive Unterschied wäre, daß Whitehead ein 'Prinzip der kreativen Individualität' mit einem 'Prinzip der Solidarität' verbunden hat (Harvard-Vorlesungen 1926; vgl. Lotter in Holzhey 193), sodaß der 'Prozeß' nicht auf ein kämpfendes Gegeneinander von Machtquanten reduziert ist, sondern Whitehead ein welthaltiges Ich, eine 'personale Ordnung' mit subjektiven Zielen und einen "Nexus mit sozialer Ordnung" begründen kann. –

und 'Disgregationen' der Macht- und Kraftzentren keine sinnvolle, sich durchhaltende dynamische Struktur erkennen lassen, sondern müssen als geschehensnotwendige Zufallskombinationen 'erklärt' werden. Eine universale schöpferische Tendenz aller kosmischen Entitäten zu Vereinheitlichungen auf jeweils höheren Ebenen und nach komplexeren Organisationsprinzipien bis hin zum Bewußtsein setzt eine 'solidarische Welt' (Whitehead) voraus, – deren Idee in der postulierten Machtquantenwelt nur als subjektiv-perspektivische Interpretation erschiene, der Nietzsche seine 'Solidarität' verweigern müßte.

Im Weltbild der neueren Quantentheorie, die 'Objekte' als endliche Objekte für endliche Subjekte (Weizsäcker[8]), beide aber als sinnvolle Ausschnitte eines umfassenden Zusammenhangs versteht, kann alle Erfahrung von Ordnungen/Einheiten auch als subjekt-bedingte, wenn man will anthropomorphe 'Interpretation' verstanden werden. Diese Interpretation ist aber, wie jede mögliche Erfahrung als solche, "immer bereits strukturiert und darüber hinaus unbegrenzt strukturierbar"[9]. Die logischen Strukturen, die uns in jeder Formulierung von Erfahrung 'nötigen' (die 'biologische Nötigung' *im* Interpretieren), sind wie wir selbst Teil der Natur und bestimmen schon das Handeln der Subjekte-in-der-Welt. Solch sinnvolle Strukturen (die ja durchaus dynamischen, Ereignis- und Prozeßcharakter haben können, und nicht substantiell-unabhängig gedacht werden müssen) nennt Piaget[10] den "formalisierten Ausdruck der allgemeinen Koordinationen der Aktionen des Subjekts", und sie sind schon bei ihrer Leugnung, bei jedem theoretischen Insistieren auf dem Chaos-Charakter der Welt benutzt und vorausgesetzt. – Daß der Mensch "zuletzt in den Dingen nichts wieder (findet) als was er selbst in sie hineingesteckt hat" (N. Herbst 1885 – Herbst 1886 2 [174]), desavouiert noch nicht jede gefundene Ordnungsstruktur, verbürgt noch nicht einen 'chaotischen' "Gesammtcharakter des Seins" (N. November 1887 – März 1888 11 [74]) – und des menschlichen Bewußtseins.

Vielleicht kommt Nietzsche der eigenständigen Funktion, die dem (menschlichen) Bewußtsein bzw. der 'Subjektivität' im modernen physikalischen Weltbild eingeräumt wird, mit seiner 'perspektivensetzenden Kraft' nahe: "Die Physiker vergaßen, eine perspektiven-setzende Kraft ins Sein zu setzen – die perspektivensetzende Kraft ist das Subjektsein; sie halten es für entwickelt, hinzugekommen." (N. Frühjahr 1888 14 [186]). Der Nachsatz besagt doch wohl: die Physiker halten das Bewußtsein für ein 'späteres', hinzutretendes, von den Objekten getrenntes Evolutionsprodukt (für Nietzsche gibt es keine gerichtete Höher-Entwicklung; die Produkte des Machtquanten-Kampfes scheinen jenseits der Raumzeit), also für etwas Autonomes, womöglich Substantielles. Der Quantentheoretiker heute kann aber das Bewußtsein nicht mehr restlos wie ein Produkt neben anderen im Universum objektivieren. Er würde vielmehr das Kontinuum von bewußtseins-analogen (Quanten-)'Ereignissen' in ihrer systemischen Verschränktheit mit dem menschlichen Bewußtsein betonen und hätte wohl nichts gegen ein all- oder gegenseitiges

---

8 Weizsäcker, Garten des Menschlichen 185.
9 Piaget 1985, S. 77.
10 Piaget l.c. 75.

'Interpretieren' einzuwenden, ohne jedoch den "Bewußtseins-Perspektivismus", wie Nietzsche l.c., als "logische Fiktion", als unwesentlich oder sekundär, als Epiphänomen abzutun.

Das Bewußtsein ist in Nietzsches *dualisierender* Betrachtungsweise immer "in zweiter Rolle, fast indifferent, überflüssig, bestimmt vielleicht zu verschwinden (...)" (N. Frühjahr 1888 14 [145]). 'Geist' und Bewußtsein *scheinen* nur die "Eigenthümlichkeit" zu besitzen, 'complexe Fakten', die Phäomene zu ordnen ("zu organisiren und zu systematisiren"): "die Bewußtseinswelt ist hinzugefügt". Nietzsche setzt aber erklärtermaßen einen "Gesammtprozeß der Adaptation und Systematisation" voraus (l.c.; KSA 13/329), d.h. auch er postuliert zumindest eine 'wahre Wirklichkeit', deren Ereignisse 'irgendwie' systematisch erfolgen. Nur *unser* Schluß auf ein 'System' *und* auf einen einheitsstiftenden 'Geist' sei falsch. Dieser Geist, seine Bewußtseinsprozesse, seine 'inneren Phänomene' dürften nicht hypostasiert, nicht vergegenständlicht werden. Um das Bewußtsein und seine 'Ordnungen' zur Illusion stempeln zu können, greift Nietzsche einen imaginären Kontrahenten an, dem er dann eine *Substantialisierung* des Bewußtseins unterstellt: nichts sei "fehlerhafter als aus psychischen und physischen Phänomenen die zwei Gesichter die zwei Offenbarungen einer und derselben Substanz zu machen" – da ja der Begriff Substanz zur Erklärung "vollkommen unbrauchbar" ist. (Nicht den Glauben an die eine *Substanz*, aber an die *eine Wirklichkeit* legt uns die moderne Physik nahe.)

Einzuwenden wäre gegen diese Festlegung, daß eine erkennbare komplexe Ordnung nicht als *substantielle* verstanden werden muß (aber Nietzsches Vorwurf richtet sich gegen zeitgenössische Idealisten und Materialisten!), um sowohl den Realitätsanspruch einer kontinuierlichen Ordnung der Natur *wie* unserer Bewußtseinsprozesse zu begründen. Die Abwertung der Rolle des Bewußtseins kann ja nur erfolgen, weil Nietzsche selbst eine strikte Dichotomie zwischen den "inneren Phänomenen" (des Selbstbewußtseins; der Vorstellung von Einheit im Komplexen) und den sog. äußeren, "sichtbare(n) und andere(n) Phänomene(n)" als anscheinend generelle These der Wissenschaft vor-stellt. Zwar *möchte* er mit seiner pluralen Kraftzentren-Welt ("eine Welt, für die uns alle feineren Organe abgehen": l.c. 14[145]) genau diesen Dualismus überwinden. Er schafft aber einen *neuen* Gegensatz zwischen zwei, allerdings nicht gleich gewichteten, Ereignisfeldern: nämlich eine nicht überbrückbare Dualität zwischen dem 'illusionären' und phantastischen *Bewußtsein*, das eine 'falsche' Einheit in die "Complexität" (N. l.c. 14 [144]) hineininterpretiere – *und* jener 'chaotisch'-komplexen 'wahren Wirklichkeit'!

Die Vorstellung der Quantentheorie von einer "Complexität" (die für Nietzsche, l.c. 14 [144], immerhin ein "Factum" ist) schließt sozusagen auch die 'subjektive' 'Bewußtseins-Perspektive' in einen 'objektiven' Horizont des gesamten Ereignisfeldes allen Interpretierens mit ein (auch wenn diese Interpretation vom Subjekt her auf Paradoxien stößt). Dieses Ereignisfeld, zu dessen Feldstruktur das reale Subjekt unweigerlich gehört, ist somit zwar keine 'Wirklichkeit an sich' mehr, aber dennoch eine nicht hintergehbare, uns unbedingt angehende Realität (Heisenbergs Feststellung, wir begegneten keiner 'Welt an sich' mehr, sondern nur einer "der menschlichen Fragestellung ausgesetzten Natur", ist so radikal neu nicht, sondern galt schon für den methodischen Zugriff der früheren Physik[11]; insofern wären vice versa erkenntnistheoretische Folgerungen auch auf die Gesamtwirklichkeit übertragbar!). Die 'perspektivensetzende Kraft' wirkt auf verschieden hoch organisierten Komplexitätsstufen; man kann nicht umhin, dem perspektiven-wählenden Menschen und seinem Organisationsniveau eine Vorrangstellung einzuräumen – die Nietzsche, ohne wirklich zu begründen, apriorisch verneint.

Die Quantentheorie könnte die 'Welt als Ganzes' ('das Ganze' gibt es zwar nicht, sagt Nietzsche, widerspricht sich aber selbst in der Wiederkehrlehre) durchaus als ein verschränktes System gegenseitigen Interpretierens verstehen, in dem 'an sich' keine isolierten, polarisierten Objekte und Subjekte existieren (nur wenn ich meine Subjektivität *wegdenke* – Nietzsches wiederholtes Gedankenexperiment – bleibt, immer noch in meiner Vorstellung, so etwas wie eine plurale Kraftquantenwelt übrig; ich *kann* mich aber nicht aus der Realität wegdenken). Das Objekt tritt erst auf (und das Subjekt erlebt sich erst als 'isoliertes'), wenn der Mensch ein Objekt in einem Kontext aus-wählt (eine Perspektive setzt) und aktualisiert, d.h. die ursprüngliche Ganzheit, die aber weiterbesteht, handelnd-denkend durch-bricht. Diese aktive, bewußte Zweiteilung der sonst als Ganzheit, Einheit erlebten Welt, zu deren Vereinheitlichung wir immer wieder existentiell genötigt sind, geschieht auf eine sehr spezifische Art und systematisch in der Naturwissenschaft (und es gibt andere, auf ihre Art objektive Methoden und Kontext-Wahlmöglichkeiten: künstlerische, emotionale usw.). Im kleinsten für uns wählbaren Ausschnitt aus der phänomenalen Welt, im Quantenbereich, stoßen wir offensichtlich an immanente Grenzen der Möglichkeit, die Phänomene noch weiter zu vergegenständlichen. (Ich beziehe mich hier und im folgenden auf Überlegungen zur 'Komplementarität' des Züricher Biologen H. Primas[12]). "Die Idee einer unteilbaren Welt steht im Gegensatz zu der polarisierenden Wirklichkeit unseres Bewußtseins, das immer eine Subjekt-Objekt-Trennung fordert. Erst diese erzwungene Zweiteilung schafft sowohl die empirisch isolierbaren Phänomene als auch die Bilder in unserem Vorstellungsraum."[13] – Alle wirklich existierenden Korrelationen zwischen 'Objekten' selbst und dem Subjekt (das zugleich ein 'Objekt', ein Teil der Welt ist) werden in einem bewußten Akt unterdrückt und ausgeblendet; im Interpretationsvorgang der Quantenmechanik spricht man von der "Brechung der holistischen Symmetrie", bzw. von einer "epistemischen Symmetriebrechung"[14].

Interessant für unseren Zusammenhang scheint mir erstens, daß die Quantentheorie eine Ganzheit *und* eine Pluralität, aber auch die Existenz eines der *wirklichen* Welt zugehörigen (phänomenalen) Bewußtseins – nicht nur zuläßt, sondern konsistent darlegt. Womit sie in gewissem Sinne, in Teichmüller-Nietzsches Termini, den

---

11 H. Lenk, in Kanitscheider 1984, S. 117, kritisiert die *Überbetonung* (z.B. bei M. Drieschner 1981) der *Neuartigkeit* des Beobachter-Anteils am Realitätsbild der neuen Physik. Auch die frühere Physik untersuchte die *uns* erscheinende, auf unsere Experimente reagierende, durch unsere Kategorien vorstrukturierte – die von uns 'angeklagte' Natur (Kant!).

12 H. Primas, Verschränkte Systeme und Komplementarität, in Kanitscheider 1984, S. 243-260.

13 Primas 255.

14 Primas 256. – Die 'epistemische Symmetriebrechung' könnte vielleicht als naturwissenschaftlich konkretisierte Ensprechung dessen verstanden werden, was sich als grundsätzlicher "Bruch der Einheit

ontologischen Widerspruch zwischen 'wahrer' und 'scheinbarer' Welt überwindet: pointiert gesagt, sind beide 'gleich wirklich'.

Zweitens ist bedeutsam im Vergleich (der hier nur angedeutet werden kann) mit Nietzsches Interpretations- und Perspektivismus-Konzept: Aus der Quantentheorie wäre zu folgern, daß die "konstruierte Realität", die aus der Aktualisierung einer 'Bewußtseins-Perspektive' erwächst, als eine *objektive* ontische Wirklichkeit zu verstehen ist. Sie ist objektiv in dem Sinne, daß wir uns zwar stets "für eine bestimmte Optik entscheiden" müssen (das gilt für den Zwang zur Entscheidung über Orts- oder Impuls-Messung im Teilchenbereich ebenso wie für die Entscheidung zum quantisierenden Vorgehen der Physik überhaupt!). *Wenn* wir uns aber einmal für eine Optik/ eine Perspektive entschieden haben, wird in deren Rahmen sozusagen eine Realität (mit den je gültigen spezifischen Prämissen) konstruiert. Dann ist "eine neue Realität erschaffen" oder aktualisiert. Die Charakterisierung dieser Vorgänge als *Schaffen* einer 'Realität', abgeleitet aus der Tatsache, daß im Meßvorgang der Quantentheorie 'potentielle Eigenschaften' der Teilchenwelt 'aktualisiert' und 'wirklich gemacht' werden, mag überzogen erscheinen. Es ist damit aber zweifellos ein Grundzug menschlichen Interpretierens überhaupt getroffen.

Das entscheidende Ergebnis aus der bisherigen Quantenforschung für unsere Diskussion wäre zum einen: Dem menschlichen Bewußtsein (nicht nur als erkennend-abstrahierendem, sondern dem Bewußtsein eines Selbst, das als 'Quantensystem' sui generis einen Teil der wirklichen Ganzheit bildet) kann eine aktualisierende Potenz, eine definierbare und integrale Rolle im Wirklichkeitszusammenhang zugeteilt werden.

Und zum andern: Das menschliche Bewußtsein als das "hierarchisch höhere aktualisierte Teilsystem" kann, wie Primas[15] feststellt, "nicht unabhängig von

---

von Subjekt und Objekt" auf anthropologischer Ebene abspielt (vgl. Ernesto Grassi, Die Macht der Phantasie, S. 255 ff.): Der Mensch hat keine unmittelbare Umwelt wie das rein organische Leben, die menschliche Welt muß "von jedem Einzelnen aufgebaut werden" (Grassi 256), wenn die averbale Kommunikation zerbrochen ist. Die Induktion (epagoge), quasi biologischen Ursprungs, tritt "als rationaler Vollzug" auf, "indem aus einer Mannigfaltigkeit die Einheit abstrahiert wird". Jetzt erst treten Dinge und abstrakte, feststehende 'Gegenstände' einem individualisierten Menschen gegenüber, eine innere 'subjektive' und äußere Welt wird vorgestellt – nachdem die "ursprüngliche Einheit" (257) von Subjekt und Objekt "duchbrochen" wurde. Der Mensch muß nun alle Phänomene neu bestimmen, neu deuten ('interpretieren' bei Nietzsche!), um die "verlorene Einheit" durch Sprache, d.h. durch rational-logische Prozesse in umfassender Bedeutung wieder herzustellen (der Wissenschaftsprozeß ist nur *eine* hochabstrahierte Form vielfältig möglichen logischen Handelns): Sprache als ein rationales Tun ist meta-phorisch, über-trägt Bedeutungen, hat ursprünglich vitale Bedeutung, und muß nicht, wie Nietzsche es sieht, vom 'Leben' entfernen (die Lebens-feindlichkeit beginnt mit der kulturellen Verselbständigung abstrakter rationaler Prozesse, z.B. in der Naturwissenschaft). Grassi 258: "Die sinnvolle existentielle Funktion der Sprache entsteht und erklärt sich nur als Überwindung einer schon vorher eingetretenen 'Isolierung' bzw. 'Abstrahierung', also aus der Trennung von Subjekt und Objekt – nicht umgekehrt... Sprache ist nicht die *Ursache* der Distanzierung, der Dualität von Subjekt und Objekt...". – (Nietzsches Ent-subjektivierung geht von der Subjekt-Prädikat-'Illusion' aus, von der "Verführung der Sprache", die bei ihm *keine* existentielle Bedeutung mehr hat: GM I 13). In Quantensystemen, in dem objektivierten, extrem kleinen Realitätsausschnitt, stößt der Mensch auf den Widerspruch zwischen 'ursprünglicher Einheit' aller Geschehnisse und seiner Wahlfreiheit, potentielle 'Ereignisse' erst als isolierte Objekte zu aktualisieren.

15 Primas S. 257.

hierarchisch tieferen aktualisierten Teilsystemen existieren... Es ist ja auch nicht sinnvoll, eine Regierung unabhängig von dem zu regierenden Volk zu betrachten". Unter Realität haben wir eine komplexe Beziehung zu verstehen zwischen dem Subjekt (inklusive seines abstrahierenden, logisierenden Verstandes, der Perspektiven *aus-wählen* kann, nicht nur Perspektive *ist*) – und einem 'Objekt'; eine Relation zwischen dem Beobachter (den Niels Bohr als freien Mitspieler und Zuschauer des Geschehens zugleich bezeichnete) und dem Beobachteten.

Der Mensch, im speziellen Fall der Beobachter im quantentheoretischen Zusammenhang, ist lebendiger Teil in einem hierarchischen System, das jeweils Wirklichkeit 'erzeugt' oder 'erschafft' (*fabricator mundi* nennt ihn Leonardo) – er ist selber ein solches System und repräsentiert die Ganzheit. Er muß jeweils wählen, sich entscheiden, *was* er 'beobachten' will (in der Quantenmechanik ist das 'Beobachten' ein *Ereignis*; etwas geschieht, ein Photon wird ausgetauscht usw.) und damit zur Wirklichkeit *macht*. Die Subjekt-Objekt-Relation ist dabei nur ein perspektivisches Moment, ein (theoretischer, erkenntnismäßiger) Aspekt des *ganzen* Geschehens. Wir können aber Wirklichkeit immer unter divergierenden, 'komplementären' Perspektiven erleben bzw. 'fabrizieren' – die sich nur für uns als *gleichzeitige* ausschließen. – Nietzsche schloß, aus dieser Sicht zu unrecht, von der 'Relativität' der *einen* objektivierenden Perspektive (die z.B. die Wissenschaft wählt, und die nicht die *allein*-gültige ist) auf die Fiktionalität theoretischer Erkenntnis, ja der Wirklichkeits-Konstitution durch Subjekte überhaupt.

Diese Folgerungen aus der Quantentheorie besagen gerade nicht, unsere Erkenntnisse – ob in der Wissenschaft oder im Alltag – seien '*nur* subjektiv'. Sondern vielmehr, daß gerade auch die "geistigen Abstraktionen" so wie unser Selbst-Bewußtsein aus unserem Wirklichkeitsbild nicht mehr – mit szientifischer Begründung – "ausgeklammert"[16] werden können, da sie genuin eigenständige 'Ereignisse' im Wirklichkeitskontinuum sind. –

Scheint Nietzsche nicht ähnlich gedacht zu haben? – nämlich daß, wie H. Figl[17] präzise analysiert hat, der Mensch selbst als ein interpretatives Geschehen aufzufassen sei? und damit eine strenge Subjekt-Objekt-Unterscheidung "zwischen Interpreten und Interpretiertem letztlich nicht mehr haltbar ist, sondern vielmehr das Subjektsein so notwendig zum Interpretieren von Gegenständen gehört, daß es die Seinsweise derselben essentiell mitkonstituiert"?[18] Nietzsches Aussage N. Herbst 1887 9[40], es sei eine "*ganz müssige Hypothese*" und falsch anzunehmen, daß "die Dinge eine *Beschaffenheit an sich* haben, ganz abgesehen von der Interpretation und Subjektivität", scheint aus dem Geist und der Realitäts-Erfahrung der Quantenphysik gesprochen, die ebenfalls nicht mehr voraussetzen kann, daß (immer noch in Nietzsches Worten, l.c.) "ein Ding aus allen Relationen gelöst noch Ding sei". Aber – Nietzsche nivelliert wieder jede Differenz zwischen dem (Pseudo-)Subjektsein der Macht-Quanten-Ebene und dem menschlichen (für ihn auch: Pseudo-)Subjekt, da dies letztere ja '*nur*' wieder eine Zurechtmachung durch das 'Subjekt' selber sein soll.

---

16 Primas S. 258.
17 Figl S. 122.
18 Figl S. 123.

Der 'ontologische Befund' einer reflektierten Quantentheorie widerspräche Nietzsches differenzloser, nivellierender 'Zurechtmachung' unterschiedlicher Komplexitätsstufen, deren eine, die untere Ebene elementarer 'Entitäten', erklärtermaßen *wir* interpretieren – deren andere wir aber unmittelbar erfahren und *sind*. Nietzsches These, aus der ich zuerst und zuletzt den *Willen* zur De-komposition des verantwortlichen Subjekts (des Ich, der Person) mit quasi-naturwissenschaftlichen Mitteln herauslese, ist angesichts des 'ontologischen Befunds' der reflektierten Quantentheorie nicht zu halten, eines Befundes, der m.E. den Vorrang höherer, komplexerer 'Interpretations'-Ebenen und die Nicht-Fiktionalität, die Realitätshaltigkeit unserer menschlichen Subjektivität, zu belegen imstande ist. Mit der Erforschung neuer Ordnungen irreversibler Zeitstrukturen nähern wir uns zudem einer möglichen *qualitativen* Beschreibung eines Universums, die fähig ist, humane (geistige, soziale) Phänomene, d.h. unsere 'Lebenswelt' in den natürlichen Gesamtprozeß zu integrieren. Der Mensch ist, meint Ilya Prigogine, in dieser nichtreduktionistischen Sichtweise nicht mehr als 'Zigeuner am Rande des Alls' zu betrachten; oder, in den Anfangsworten von WL (KSA 1/875) gesagt (die das Nietzschesche *Programm* ausdrücken): die 'Erfindung des Erkennens' durch die "klugen Thiere" *muß nicht* notwendig die "verlogenste Minute der 'Weltgeschichte'" markieren. (Nietzsches originäre Leistung bleibt, den radikalen Wandel im physikalischen Weltbild intensiver als die Physiker oder die Wissenschaftsideologen seiner Zeit erahnt, 'erlebt', ja z.T. beschrieben zu haben!). – "Die Abwärtsverursachung gewinnt die Oberhand über die Aufwärtsverursachung", wie P. Davies[19] die subjekt-relevanten Ergebnisse der Quanten- und der Komplexitätsforschung résumiert.

Dies ein – zugegeben allzu knapper – Versuch, der Nietzscheschen 'Überwindung' der Subjekt-Objekt-Teilung, die eine Eliminierung des für sich und andere verantwortlichen Subjekts im Gefolge führt, wenigstens alternative Ansätze aus der (reflektierenden) Naturwissenschaft gegenüberzustellen – zu den sachlich-faktischen Wissenschaftsresultaten wollten seine Gegenentwürfe zumindest nicht in offenem Widerspruch stehen! –, Ansätze, die das Ich, das Selbst, das Selbstbewußtsein *nicht* zum illusionären und epiphänomenalen Schein degradieren. Allerdings gilt immer noch, was Lange (in der Ausgabe, die Nietzsche kannte), du Bois-Reymond zustimmend referierend, bemerkt: "... naturwissenschaftlich erkennen können wir ein für allemal nur die Symptome und 'Bedingungen' des Geistigen außer uns"[20] – hinzuzufügen wäre heute: und *in* uns, den 'Beobachtern' – "nicht dieses selbst."

Mir scheint bemerkenswert, daß ein Quantenphysiker (C.F. v. Weizsäcker) aus seiner konsequent durchdachten Theorie, die von sich aus formal zwar nicht explizit auf ganzheitliche, sondern logisch-empirische Subjektivität reflektiert, zu dem Ergebnis gelangt, daß heute nicht einmal mehr die Naturwissenschaft "konsistent gemacht werden kann, wenn sie das, was wir philosophisch Subjekt nennen,

---

19 Davies 1990, S. 243 f. – Vgl. Nicolis/Prigogine, Die Erforschung des Komplexen, 1987.
20 Lange II 205.

ausklammert"[21]. So wären aus der Quantentheorie zwingende Schlüsse möglich auf ein Selbst "jenseits der Vielheit" – und dieses wäre erst die Voraussetzung der wirklich 'letzten Faktizität', zu der wir *hinauf*kommen, einer "Haltung fundamentaler Ethik", wie Weizsäcker sagt, "die nicht erlaubt, irgendetwas ernster zu nehmen als den Mitmenschen"[22].

---

[21] Weizsäcker, Garten des Menschlichen, S. 165.

[22] Weizsäcker l.c. 186 – womit m. E. genau der 'blinde Fleck' in Nietzsche, im Denker und in seiner Theorie, bezeichnet wäre (aus welchem konstitutionellen Skotom u.a. seine 'proto-faschistoiden' Menschheits-Experimente sich erklärten). – Daß Nietzsche die Ungebundenheit und Einmaligkeit des ('großen'!) Individuums betont – N. Winter 1883-84 24 [32; 33]: "Das Individuum ist etwas ganz *Neues* und *Neuschaffendes*", "etwas Absolutes, alle Handlungen ganz *sein* eigen" – wäre kein Widerspruch zu meiner These der 'Abschaffung des Subjekts', sondern folgt logisch aus der zugleich pluralen und singularisierenden Machtquanten-Philosophie. Nietzsche kann die 'Individualität' als um sich greifende Macht-Maximierung akzentuieren, *weil* es ein *allgemein* geltendes Gesetz und damit 'Mensch-heit' für ihn nicht gibt (andererseits gehört das "Individuum" natürlich in einer Welt der "fortwährenden Übergänge" und Nicht-Identitäten auch zu den "Scheinbarkeiten", s. N. Juni – Juli 1985 26 [23]. – Die 'Entsubjektivierung', die "Abschaffung der ein für allemal identischen Individualität" (Pierre Klossowski 1969: Nietzsche und der Circulus vitiosus deus, München 1986, S. 290) spielt nicht nur im transzendentalen Feld, sondern hat ihre praktisch-ethischen Folgen: eine Verantwortung *für den Anderen* (den Mit-Menschen) kennt das 'große Individuum' nicht; insofern haben Deleuze, Foucault u.a. ganz 'authentisch' gedeutet, der 'Tod Gottes' bedeute – so zuerst Klossowki, Polytheismus und Parodie (1957), bei Hamacher 1986, S. 40 – "daß der absolute Garant der Identität des verantwortlichen Ich im Horizont von Nietzsches Bewußtsein verschwindet". Diese 'Befreiung' vom Prinzip verantwortlicher Subjektivität, beim großen 'Immoralisten' wie bei einigen postmetaphysischen Epigonen, könnte natürlich wieder jede moralisch-politische Konsequenz aus der Technik- und Naturwissenschaftskritik unterlaufen.

XI. Folgerungen und Kritik

> ... die sokratische Rückfrage: Weißt du eigentlich, was du tust? Verstehst du eigentlich, was du soeben gesagt hast?
>
> C.F. v. Weizsäcker, Aufbau der Physik

Die Ausgangsfrage war: wie weit Nietzsche mit seiner Kritik naturwissenschaftlicher Grundkonzepte 'philosophisch recht habe', auch angesichts neuerer Erkenntnisse und Selbsterkenntnisse der Naturwissenschaften selbst, nach dem Umsturz im physikalischen Weltbild; sodann, ob Nietzsche nicht selber die Fundamente dessen destruiere, was seine Kritik bewahren will: das verantwortliche Subjekt und seine Lebenswirklichkeit. Und dennoch: von eben dieser Lebenswelt aus zieht Nietzsche den Szientismus in Zweifel, hat dabei selbst oft "den Boden der Wissenschaft entschieden betreten" (K. Jaspers[1]). Indem er schon in ihren Grundkonzeptionen und -kategorien lebensweltliche Interessen, Triebe und Motive aufzuweisen sucht, wird das Unternehmen neuzeitlicher Naturwissenschaft wieder in umfassendere Wirklichkeits- und Handlungszusammenhänge gestellt, die der Verantwortlichkeit ihrer Akteure unterliegen. Die wesentlichen Einsichten aus dem kritischen Nachvollzug von Nietzsches Grundlagenkritik, und aus ihrer Prüfung an neueren Wissenschaftsresultaten, seien kurz zusammengefaßt.

Nietzsche stößt, in seinen Gedankenexperimenten über naturwissenschaftliche Daten und "Fakten" reflektierend, auf erkenntnistheoretische Paradoxa, die jenen der modernen Physik zumindest strukturell, und gewiß in den Konsequenzen für unser Welt-Bild und 'Weltgefühl' ähnlich sind. Daß er sich einerseits so entschieden auf den Boden der positiven Naturwissenschaft stellt – obwohl er den Positivisten gerade das 'Vorliegen' von 'Tatsachen' bestreitet –, gibt seiner (stets ambivalenten) Kritik ein zusätzliches, sozusagen existentielles Gewicht – er erleidet sie selbst (der 'Darwinismus-Schock' als Beispiel). Wie kaum ein (naturphilosophischer oder -wissenschaftlicher) Denker im "Jahrhundert der mechanischen Naturauffassung" (wie es Ludwig Boltzmann 1886 charakterisiert[2]) nimmt Nietzsche, wenn auch eher intuitiv, die bevorstehende Erkenntnis- und Grundlagenkrise vorweg. Während Chemie und Physik seiner Zeit höchste Triumphe feiern und glauben, daß mittels mechanistischer Theorie und einem "Chaos von Apparaten die Wahrheit gefangen werden könne" und "das Wesen der Dinge zu entschleiern" wäre (Boltzmann[3]), sieht Nietzsche darin eine

---

[1] Jaspers [4]1981, S. 171.

[2] Ludwig Boltzmann (1886), in: Populäre Schriften. Leipzig 1905. S. 28.

[3] Boltzmann a.O. S. 27.

"souveräne Unwissenheit" sich vorbereiten: "Die Entwicklung der Wissenschaft löst das 'Bekannte' immer mehr in ein Unbekanntes auf" (N. Sommer 1886 – Herbst 1887 5 [14]), bestenfalls stellt der Mensch 'sich selber fest', da seine Interpretationen der Natur unentrinnbar anthropomorphen Beschränkungen unterliegen bzw. nur 'Machtverhältnisse' im 'Kampf' mit oder gegen die Natur festsetzen. Sowohl unser "Erkenntnisapparat" wie auch das subsidiäre Instrumentarium unserer Experimente sind nur "Abstraktions- und Simplifikationsapparate", geeignet für eine "Bemächtigung der Dinge" (N. Sommer – Herbst 1884 26 [61]). Jeder Anspruch auf 'objektive Wahrheit' entfällt.

Zu ähnlicher Bescheidenheit im Erkenntnisanspruch wurde die moderne Wissenschaft ihrerseits erst durch umwälzende Entdeckungen der Quantenphysik gezwungen. Nach Heisenberg steht in der heutigen Physik der Mensch "nur noch sich selbst gegenüber"[4], und laut Weizsäcker hat sich "jede klassische Physik, wenn sie als Fundamentaltheorie gemeint ist", d.h. sich als Wahrheit versteht, als unmöglich bzw. undurchführbar herausgestellt[5]; die philosophische Deutung der Quantentheorie zwinge zum "Verzicht auf den Glauben an die 'objektive Realität' der physikalischen Objekte"[6]. Was Naturwissenschaft wirklich leistet, wäre nur noch zu verstehen, wenn ihre apriorischen Vorannahmen, ihr (außerwissenschaftliches, sprachliches etc.) Vorwissen und -verständnis geklärt wären. Daß die un-bedachte Übertragung des abendländischen "Wahrheitspathos" auf die Methodik der messenden, mathematischen Naturwissenschaften den Begriff der Wahrheit selbst entleerte, versucht Nietzsche in seiner Sprach- und Erkenntniskritik zu zeigen. Klassische und vielleicht jede Physik, die sich selbst als letztgültige Wahrheit über die Natur mißversteht, ist (so Weizsäcker) "als semantisch konsistente Theorie... unmöglich" geworden[7], mag sie auch in sich 'mathematisch konsistent' und noch so erfolgreich in ihrer Anwendung und praktischen Natur-Veränderung sein.

Diese Einschränkung des Wahrheitsanspruchs gilt nicht nur für die – zu Nietzsches Zeiten triumphierende – mechanistische Theorie. Sie gilt durch alle "Paradigmenwechsel" und "Fortschritte" hindurch und würde auch jede künftige, (vielleicht in sich unmögliche) "abgeschlossene" physikalische Theorie treffen. 'Reine Theorie' gibt es für Nietzsche nicht, denn 'reines Erkennen' ist für ihn ein 'mythologischer Prozeß' (N. Sommer – Herbst 1884 16 [413]); es gibt nur mehr oder weniger ehrliche, *redliche* Versuche, 'die Welt anschaulich (und handhabbar) zu konstruieren' (N. April – Juni 1885 34 [127]). So scheint auch die Konfrontierung von Nietzsches Grundlagenkritik mit neueren, z.B. quantenmechanischen Konzeptionen berechtigt, ebenso die Eingrenzung auf physikalische "Grundkonzepte", insofern die Reduktion auf Physik – und damit die Vorweg-Definition ihrer Objekte als "materielle" – für die neuzeitliche Wissenschaft methodisch wurde. – In seiner Kritik des Atomismus nimmt Nietzsche, *wie* intuitiv und spekulativ immer, in manchen Gedanken-Experimenten gewissermaßen ein "Grundmuster", eine Grundstruktur erkennt-

4 Heisenberg 1955, S. 17.
5 C.F. v. Weizsäcker (1985), Aufbau der Physik, S. 288.
6 Weizsäcker a.O. S. 539.
7 Weizsäcker l.c.

nistheoretischer Dilemmata der Quantentheorie vorweg: bereits in der "Zeitatomenlehre" seiner "verborgenen Anfänge" versteht er die physikalischen Begriffe, die Vorgänge in der (scheinbar) "vorhandenen Welt" erfassen sollen, als *nur* aus unseren 'Empfindungen' und Vorstellungen (dem uns als Beobachter primär Gegebenen) *ableitbar*. Durch seine prinzipielle Ablehnung von "unveränderlichen Atom-Kräften", von "όnta im parmenideischen Sinne" (N. Frühjahr 1873 26 [12], KSA 7/578) führt er, obschon naturgemäß in mehr metaphorischer als physikalisch-exakter Sprechweise, gleichsam den 'Beobachterstandpunkt' in *seine* hypothetische Zeit- und Atom-Theorie ein (was, ähnlich wie in der erweiterten Quantentheorie, Folgen für unser Realitätsverständnis überhaupt zeitigen müßte). Was wir (– heute in aufwendiger experimenteller "Beobachtung", die selbst schon eine "metaphorische" Übersetzung der Naturvorgänge in, wie Nietzsche sagen würde, 'unsere Sinnensprache' *voraussetzt* –) an Bewegungsgesetzen und Zahlenverhältnissen fest-stellen, versucht Nietzsche in zeitliche Gesetze zu transponieren, die *wir* in die Beobachtung hineintragen, um dadurch den Gegensatz von 'Materie' und 'Empfindung' aufzuheben: die "Materie selbst ist nur als Empfindung gegeben", d.h. nur als subjektive Interpretation, und: "Jeder Schluß hinter sie ist unerlaubt" (N. l.c. 26 [11]). Es gibt nur "Wirkende(s) in der Zeit", "Alle Kräfte sind nur *Funktion der Zeit*"[8], "Die Ordnung der Welt wäre die Regelmäßigkeit der Zeitfiguren" (KSA 7/576 f.). Diese Zeit-'Atomistik' soll nach Nietzsche mit einer 'Empfindungslehre' zusammenfallen. Bedeutsam erscheint darin die Abhängigkeit der zeitlich-dynamischen Ordnungen von einem "empfindenden", das heißt aber hier: einem *interpretierenden* Beobachter-Subjekt, und somit die per definitionem notwendige Rückführung der 'naturwissenschaftlichen' Interpretation auf eine menschliche Geamtwirklichkeit; die (pragmatische) Wahrheit der Natur-Beobachtung und -Wissenschaft, *wenn* es sie gibt, liegt in der Wahrheit des lebendigen, auslegenden Subjekts, das Teil dieser Natur ist.

Von den großen 'anthropomorphen Schattenspielen' der kühn auslegenden Vorsokratiker bis zu den mechanistisch-pragmatischen Naturdeutungen und -zurechtlegungen der Zeitgenossen entkommt der Mensch (der, Nietzsche zufolge, sich selber nur allzu-menschliche "Interpretation" ist) nicht seinen anthropomorphistischen Beschränkungen. Immer erklärt er sich die Natur mit dem Maß seiner 'kleinen viereckigen Menschenvernunft' und "nach Analogie einzelner menschlicher Eigenschaften" (N. Sommer 1872 – Anfang 1873 19 [149]) und kommt über seine "falsche humanitäre Auslegung" (N. August – September 1885 40 [55]) nie hinaus. Jeden festen Standpunkt des erkennenden und messenden Menschen haben wir uns selbst "unter den Füßen weggezogen" (N. Sommer 1872 – Anfang 1873 19 [156]), weil unsere Maße selbst (hier benutzt Nietzsche das 'wissenschaftlich'-darwinistische Resultat argumentativ) im "Werden" des ziel-losen Evolutionsgeschehens entstanden sind. Dennoch kann die Wissenschaft den 'Spiegel' der praktischen Naturer-

[8] Weizsäcker a.O. S. 571 f.: "In diesem speziellen Sinne erweist sich schon in der klassischen (d.h. vorquantentheoretischen) Physik als das eigentlich Bleibende (in allen fundamentalen Naturgesetzen) die Zeit selbst."

kenntnis 'immer adäquater' machen, wenn sie sich konsequent 'der Analogie des Menschen zu Ende bedient'. Naturwissenschaftliche Kategorien sind dann für Nietzsche nicht nur anthropomorphe Verfälschungen, sondern sie machen 'aktives Erkennen' möglich und ein schöpferisches Umgestalten der Wirklichkeit, eine "möglichst getreue Anmenschlichung der Dinge" (N. Frühjahr 1884 23 [308]). Die sogenannten Naturgesetze sind für Nietzsche nur "Symptome eines innerlichen Geschehens", N. l.c. 36 [31], das per Subjektanalogie zu deuten ist; wobei die Deutung durch den Menschen ebenso agonal, als 'Feststellung von Machtverhältnissen' aufzufassen wäre wie die 'wirklichen' inneren Vorgänge selber. Die *Wahrheit* wird durch solches Interpretieren nie erreicht.

Wenn Nietzsche zufolge mit naturwissenschaftlichen Kategorien und Methoden niemals die 'Wirklichkeit der Dinge' erreicht wird (wobei die Negierung schon mit einer Korrespondenztheorie der Wahrheit hinterm Busch hält), sondern nur die 'Erscheinungen', so nicht im Sinne der 'Illusion', sondern als eine Art Schöpfung aus dem Nichts, aus dem formlosen Werden der Welt. Nietzsche ignoriert, daß 'Werte' (wissenschaftlicher und anderer Erkenntnis) nicht nur unsre anthropomorphe 'Schöpfung', von 'starken Individuen' geschaffen sind, sondern auch und zuerst sich erschließen, sich uns zeigen, und erfahren werden, indem sie sich zeigen. Das von sich her Seiende, das Sich-uns-Zeigen der Natur (auch der Natur in uns – aber das hätte Nietzsche als noumenale, "hinterweltliche" Erfahrung abgetan!) konstituiert erst Werte, die (in der wahren Bedeutung) *objektive* Erfahrung werden können. Nietzsche scheint unfähig oder unwillens, das wirklich Andere (beginnend bei mitmenschlich Anderen) gelten bzw. *sein* zu lassen; er anerkennt in praxi nur das selbstherrliche (punktförmig isolierte) Individuum, für welches dann Erkenntnis freilich nur noch 'Perspektive', 'Erscheinung' ist, keine mögliche Wahrheit, die immer gemeinschaftlich ist (ein Anerkennen des Von-sich-her-sich-Zeigenden, bei aller dabei möglichen Täuschung. Erkenntnis- wie andere Werte werden nicht nur aus dem Nichts, dem 'Chaos' geschaffen. Die primordiale Anerkennung aber wäre die der Erfahrung eigener Subjektivität, die, wenn auch als 'Dauer im Wechsel', allein Einheitlichkeit verbürgt, und nach deren Analogie wir erst 'Dinge' und Erfahrungen konstituieren. Am Anfang steht die Anerkennung anderer Ichs, anderer Subjektivität: der duale oder dialogische Charakter allen Erkennens). Nicht jede Erkenntnis, die wir übernehmen, hat anfangs *total jeder* etablierten Ordnung widersprochen und kann nicht nur gewaltsam-willkürlich sein (als Schöpfung 'der Mächtigen'). Wie relativ immer unsere Begriffe sind, sie sind nicht creatio ex nihilo. Nietzsche kann nicht erklären, warum eine 'bedeutungslose' Welt überhaupt bedeutung-suchende Wesen hervorbrachte, oder weshalb aus dem Chaos ziel-loser Pluralitäten zielstrebig zielsuchende 'Singularitäten', ja Ziele in 'sich' und über 'sich' hinaus suchende Subjekte emportauchen; der große Wiederkehr-Kreislauf käme ohne sie aus – aber um *diesen* zu definieren braucht es *jene*! All seine Definitionen setzen schon die Möglichkeit von umgreifender Erfahrung und *Bedeutung* voraus (so wie die Naturwissenschaft auf ein bereits geordnetes Vorwissen baut), und zwar stets auf einer höheren Sinn-Ebene als das jeweils verwendete rationale, sinn-volle Konzept. Nietzsches Bestreben geht zuerst auf Elimination jeder (möglichen) Transzendenz.

Es gelingt ihm aber, einen verengten, unkreativen, nur den Schwachen und Schwächen dienenden Wissenschaftsbegriff zu sprengen, den einer verkürzten, verselbständigten Naturwissenschaft, die sich Totalitätsaussagen anmaßt. Da Werte aber auch für Nietzsche dennoch nicht nur-'subjektiv' sein können, sondern wie die künstlerische Inspiration in irgendeiner Form *Erfahrung eines Objektiven* sein müssen, gerät er ins Dilemma jeder Sinn-Leugnung. Dann ist auch unsere Subjektivität nicht unsere "späteste, jüngste Erfahrung", sondern ebenfalls eine objektive Erfahrung, der wir uns zu stellen haben. Wenn "wahr" gleich "lebensdienlich" ist, – "Leben" aber "kein Argument" (FW 121: die Lebens-Bedingungen selbst könnten den Irrtum einschließen), kann Nietzsche nur jene Wissenschaft kritisieren, die *sich für wahr hält*. Etwas *soll* wahr sein (wobei im Sollens-Anspruch schon wieder Intention auf Wahrheit vorausgesetzt ist): dabei ist der subjektiv-schöpferische Faktor übersteigert, überbetont, denn: etwas kann *sich zeigen*. Nietzsche muß das Individuum wieder *wegdenken*, um alles als bloße Perspektive zu deuten; anders gesagt: den Perspektivismus im Sinne Nietzsches kann es erst geben, wenn bzw. weil es reale Individuen (und die Gültigkeit der subjektiven Selbsterfahrung) gibt. Die ganze Paradoxie kommt in der Wiederkehrdoktrin zum Ausdruck: dort soll das Individuum nichts als die Objektivation der gesamten Welt-Immanenz, ein einzigartiger, individuierter, aber nicht-substantieller "Fokus" des 'Gesamt-Prozesses' sein (jedes Einzelwesen *ist* 'der ganze Prozeß in gerader Linie'). Dennoch soll das Individuum, durch das 'Schwergewicht' der Lehre, ungeheure Bedeutung *als* Fokus des Gesamtprozesses bekommen – im Bewußtsein des 'synthetisierenden Übermenschen'.[9]

---

[9] Der Absatz verdankt wesentliche Anregungen der vorzüglichen Dissertation von Lawrence J. Hatab (1976): The Problem of Time and Becoming as an Approach to Friedrich Nietzsche's Notion of Eternal Recurrence. – Im Unterschied etwa zu Whitehead mit seinen monaden-ähnlichen 'events and processes' kann man bei Nietzsche nicht von einem monadologischen Weltmodell sprechen, da es im Grunde keine Einheiten, keine personal und solidarisch strukturierte Individuen und letztlich keine erkennenden Subjekte gibt (sogar noch der Kampf gegen den 'Atomismus' war zuerst gegen 'individuelle Substanzen' gerichtet), wie Djurić (1985) nachwies: "Keine 'atomistische' oder 'monadologische' Vision der Wirklichkeitsstrukturen" habe Nietzsche bewegt, sonst wären ihm "sogar die Grundvoraussetzungen seines Denkens unklar geblieben", meint Djuric´ (S. 80): "Das *Individuelle* hat bei ihm *keinen metaphyischen Status* , es ist kein Ding im Sinne von Substanz, kein letzter, unteilbarer Teil des Subjekts, sondern es bezeichnet lediglich ein Moment des kontinuierlichen dynamischen Quanten-Feldes, d.h. es stellt den augenblicklichen Ausdruck der tatsächlichen Kraftverhältnisse zwischen verschiedenen, einander entgegengesetzten Willen zur Macht dar". – Die Auflösung der erfahr- und begründbaren Subjektivität hat Nietzsche aber durchaus mit einer vorherrschenden szientistisch-naturalistischen Schlußweise gemeinsam; was seiner Wissenschaftskritik, die zuweilen agonal wetteifert mit Wissenschaftstendenzen, zusätzlich ein ironisches Moment verleiht. Wissenschaft kann und darf für Nietzsche nicht begründbar, nicht 'wahr' sein, weil sie mit einer 'Welt an sich' und erkennbaren 'Kongruenzen', das wären aber: mit nicht von uns geschaffenen Ordnungsstrukturen rechnet; sei diese 'Welt an sich' nun materialistisch oder 'metaphysisch' (was ohnehin zusammenfiele) konzipiert. Die Welt, so N. Frühjahr 1888 14 [93], "existirt *nicht* als Welt 'an sich' / sie ist essentiell Relations-Welt: sie hat (...) von jedem Punkt aus ihr *verschiedenes Gesicht*: ihr Sein ist essentiell an jedem Punkte anders: sie drückt auf jeden Punkt, es widersteht ihr jeder Punkt – und diese Summirungen sind in jedem Falle gänzlich *incongruent*." Am Ende bestimmt nur ein "Maß von Macht" – Nietzsches durchgängig *agonale* "Weltconception": seine Eliminierung wirklicher Subjektivität fällt letztlich in eins mit einer abgründigen Entfremdung von aller humanen Solidarität.

Für Nietzsche ist es ein moderner Irrtum, "sichere" Aussagen über Dinge, die uns wesentlich angehen, aus der Naturwissenschaft gewinnen zu wollen – dieses Sicherheitsbedürfnis wird als "religiöser Nachtrieb" 'entlarvt': "Nichts wäre verkehrter, als abwarten zu wollen, was die Wissenschaft über die ersten und letzten Dinge einmal endgültig feststellen wird ... Der Trieb, auf diesem Gebiete durchaus *nur Sicherheiten* haben zu wollen", ist immer noch ein – in Nietzsches Sinne *unredliches* – "metaphysisches Bedürfnis". So trifft seine kritische Intention eine (im Sinne Ortegas) 'utopische', ja pseudoreligiöse Wissenschaftsgläubigkeit; nur ist die dahinterstehende, äquivoke Haltung Nietzsches selber nicht frei von quasi-metaphysischen, wenngleich destruktiven Absichten. Nietzsches eigenes Interesse geht, unter Zuhilfenahme auch naturwissenschaftlicher Argumente, auf Begründung einer 'reinen Weltimmanenz'[10] (die bereits durch den Glauben an gesetzmäßige Ordnungen in der Natur gefährdet erscheint). Auch die positivistischen Methoden, der 'wissenschaftliche Geist' sind geeignet, den Glauben überhaupt an 'letzte endgültige Wahrheiten' zu zersetzen, um z.B. Moral-Ideologien auf physiologische (und dann chemische, mechanistische) Erklärungen zu reduzieren: Nietzsche decouvriert die subtilsten *Motive* in der neuzeitlichen Rationalität; er ent-deckt nicht das subversive *Interesse* seines eigenen Experimentaldenkens.

An diesem Punkt fällt Nietzsche 'hinter Kant zurück', hält nicht wie dieser sein Denken – und trotz aller Begriffs-Kritik auch *seine* Begriffe nicht – offen. Nietzsche glaubt, *seine* metaphysische (apriorische) Annahme von 'Grundkräften' (die er schließlich als Willen zur Macht benennt und konzeptuell vergegenständlicht) erlaube die 'pespektivische', auch von den Naturwissenschaften erborgte Deutung: insoweit sie ihm nämlich zur Destruktion 'idealistischer' oder moralischer 'Illusionen' tauglich erscheinen. Kant wies jeden Versuch, die "nicht weiter abhängigen" 'Grundkräfte' als so und so beschaffen zu definieren (um dann weltanschauliche Folgerungen aus der Definition dieser, nur empirisch erschließbaren, Kräfte zu ziehen), entschieden zurück: es sei ein "Erbfehler" der menschlichen Vernunft, sagt Kant, "daß sie schlechterdings keine *Grundkräfte* a priori erdenken kann und darf (weil sie alsdenn lauter leere Begriffe aushecken würde)" (Über den Gebrauch teleologischer Prinzipien A 129, Weischedel-Ausg. 8/129).

Nietzsches Haltung gegenüber naturwissenschaftlichen Kategorien bleibt unentschieden äquivok. So kann er sich, 'perspektivisch' gleichsam, der Subjekt-Analogien für *seine* Zwecke bedienen und kann sogar, um die Beweise für die 'wissenschaftlichste' aller Weltbild-Interpretationen (die Wiederkehrdoktrin) mit den hierfür nötigen 'Einheiten' auszustatten, seine Kraftzentren wie quasi-substantielle, prinzipiell abzählbare Entitäten behandeln: man muß, so die einzig 'brauchbare' Vorstellung, die Welt als "bestimmte Zahl von Kraftcentren" denken (N. Frühjahr 1888 14 [188]). Anders wäre auch, wie ich andernorts nachzuweisen versuchte, die Kraft-Kombinatorik seiner Wiederkehrdoktrin inkonsistent, ihr 'Auswürfeln' aller "Formen" (so schon in: 'Die Teleologie seit Kant' 285) gar nicht denk- und durchführbar, – und Nietzsche selber war sich nicht im klaren (sagt M. Djurić[11]), "ob

---

[10] Siehe hierzu Jaspers (1936), ⁴1981, S. 318-330.
[11] Djurić, 1985, S. 141.

der Begriff des Willen zur Macht den physikalischen Begriff der Kraft ersetzen oder nur ergänzen solle". Und wenn Nietzsche sein Weltbild naturwissenschaftlich abzustützen sucht, treibt er es (sein Vorwurf an die Wissenschaft in JGB 21) ebenfalls "mythologisch" und mischt "diese Zeichen-Welt als 'an sich' in die Dinge" hinein. Obwohl oder (nach JGB 22) *weil* "alle Gesetze fehlen", herrscht in der Natur eine Geschehens-'Notwendigkeit', die dem sich selbst ermächtigenden Denker eine Art 'Berechenbarkeit' kosmischer Abläufe und 'Gesamtlagen' wieder ermöglichen soll: Nietzsches 'Umwandlung der Natur' in grandiose, aber ambigue Macht-Begriffe ("Unendlichkeitschimären", Gottfried Benn), ein vergeblicher und auto-suggestiver Versuch, "lange Entschlüsse über Methoden (zu) fassen, auf Jahrhunderte hin!" (N. Frühjahr 1884 25 [135]).

Eine von sich her seiende, sich zeigende Natur existiert für Nietzsche nicht, es sei denn als unerkennbares 'chaos sive natura'. Er macht jene praktisch so erfolgreiche "Verwechslung" zwar durchsichtig, deren Opfer wir (nach Thure von Uexküll[12]) geworden sind, indem die neuzeitliche Wissenschaft "die Natur nur im Hinblick auf unsere Maßstäbe befragt" hat – Natur aber *hat* nicht nur *unsere* Maßstäbe, sondern sie spricht "für sich selbst". Nietzsche hat keinen korrigierenden Maßstab anzubieten, da er im bemächtigenden Interpretieren dieser Natur ein für sich *und* Andere verantwortliches Subjekt verabschiedet oder, poststruktural gesprochen, dekonstruiert hat.

Wenn für Kant der "Versuch der Vernunft", in der Interpretation der Natur "das Ganze aller Bedingungen zu fassen", notwendig scheitern muß, vermag die Vernunft, reflektierend, immer noch "von den Gegenständen auf sich selbst zurückzukehren" (Metaphys. Anfangsgr. der Naturwiss. A 158). Physikalische Welterfahrung ist dann noch möglich als Selbsterfahrung lebendiger Subjekte[13], die aber nach Nietzsche ebenso illusionär ist (wie die Natur-Erfahrung); dabei kritisiert er unentwegt die Selbstreflektivität mit Mitteln der Reflexion. Er demoliert eben das Subjekt, das er dem naturwissenschaftlichen Zugriff entziehen will, begibt sich damit jeder Möglichkeit, subjektive Veranwortlichkeit zu begründen, die aus dem Nachweis des durchgehenden Praxischarakters von Wissenschaft zu folgern wäre. Wenn nach Nietzsche die Naturforscher in ihrer "mechanistischen Tölpelei" ihre "erdichteten" Kategorien "fehlerhaft *verdinglichen*", so verdinglicht, ver-objektiviert Nietzsche umgekehrt auch das interpretierende Ich, indem er es mit 'wissenschaftlichem Blick' von außen betrachtet: um es dann wieder, wie alle Substantialität, als bloß perspektivische Täuschung zu negieren und das individuelle "Verlangen, die ganze und letzte Verantwortlichkeit für seine Handlungen selbst zu tragen", zu diffamieren als einen Münchhausen-Versuch, "sich selbst aus dem Sumpf des Nichts an den Haaren in's Dasein zu ziehen" (JGB 21).

Naturwissenschaftliches Tun bliebe so nur noch als leerer Interpretationismus ohne Text und ohne Interpretierenden übrig. Der Anthropomorphismus- und Interpretationismus-Einwand Nietzsches droht in eine kontradiktorische Leerformel

---

12 Vgl. Th. v. Uexküll (1953).
13 Vgl. Spaemann/Löw (1981), S. 140.

umzuschlagen. Letzlich geht es Nietzsche auch in der Wissenschaftskritik gar nicht um argumentative Wahrheit, sondern um rhetorische Überredung – aber im Sinne seiner 'aristokratischen' Ziele der Steigerung und 'Erhöhung' von Mensch und Kultur. Aber der "Reiz seiner logoi" liege nicht zuletzt darin, "widerlegbar zu sein", meint R. Löw[14]; und ihr Selbstwiderspruch mindert kaum ihren Wert als indirektes Wahrheitszeugnis.

Die bleibende Leistung der Nietzscheschen Wissenschaftskritik ist die Entdekkung der Interessen, Motive und Wertschätzungen in den naturwissenschaftlichen Grundkategorien selbst. Naturwissenschaft ist *bemächtigende* Interpretation, ein Wille zur Beherrschung steht dahinter. Da aber Selbst-beherrschung, Selbstherrschaft das höhere Erziehungsziel ist, können gerade die äußerlichen Siege der antipersönlichen wissenschaftlichen Methode (ein Sieg 'über die Wissenschaft' selbst) und ihre technischen Erfolge zum Verhängnis werden. Dieser apriorische *Praxis*charakter, die Praxisbedingtheit schon im *Entschluß*, die Natur quantifizierenden Methoden zu unterwerfen, ist von einer Wissenschaft, die sich für 'reine Forschung' hält, bislang nicht reflektiert worden. Wäre Naturwissenschaft nicht schon in ihrer Grundkonzeption technê, Techno-logie, d.h. auf Macht- und Beherrschbarkeit aus, dann hätte sie nicht *diese* Gestalt. Die Entdeckung eines Macht- und Herrschaftswillens, des imperativischen Anspruchs in der abstrahierenden Zerlegung und mathematisierenden Unterwerfung der Natur, müßte die Einsicht zur Folge haben, daß die Verantwortung dieses Handlungs-Wissens schon in und vor der theoretischen Forschung beginnt. Daß die Naturwissenschaft die Natur "unter dem Aspekt der Machbarkeit" betrachtet, diesen Standpunkt Kants[15] hat Nietzsche radikal pointiert und das 'gesetzgeberische Verhalten unseres Verstandes' als Machtwillen entlarvt. Die Wissenschafts-*Logik* schon "steht unter der Herrschaft von Werthurteilen" (N. Herbst 1887 9 [95]). Aus der Ambiguität des Machtwillens folgen doppeldeutige Auswirkungen der Anwendung von Naturwissenschaft auf unsere wirkliche Lebenswelt: schwächende, zum faden Scheinglück des 'letzten Menschen' und zur 'Natur-Vergewaltigung' – *oder* stärkende, zu Selbststeigerung und Selbstbeherrschung führende. Die scheinbare Wertneutralität (die *selbst* schon ein für das menschliche Selbstverständnis pejoratives Werturteil darstellt), die "Wissenschaftlichkeit" als Glaubensersatz, der Glaube an die "Objektivität" – sie bewirken nur einen "Mangel an Person, Mangel an Willen, Unfähigkeit zur Liebe" (N. Herbst 1887 9 [165]). Zu lernen wäre aus Nietzsches Kritik, daß unsere Wissenschaft mit ihren exaktesten Methoden von Anfang an in einem praktisch-ethischen Handlungszusammenhang steht (auch wenn Nietzsche ein eigentlicher Praxis-Begriff fehlt); daß die Selbsteinschätzung der "Wertneutralität" ein bloßes Mißverständnis darstellt und meist nur als "moralischer Aufputz" (N. l.c.) dient. "Wer Dinge macht, die nicht wertfrei sind, dessen Tätigkeit ist eben auch nicht wertfrei" (W. Heitler[16]). Der Verselbständigung der Methode in einer 'entfesselten Forschung' und naturzerstörenden Technifizie-

---

14 Löw (1984), S. 198.
15 Hierzu Spaemann/Löw (1981), S. 134.
16 W. Heitler (1970), S. 102.

rung geht die Wert-Vergessenheit und der Verlust an Verantwortlichkeit voraus. Wissenschaft kann erst dann von Staat und Gesellschaft "in ihren Frohndienst genommen" und "im Dienst des Egoismus" (N. Sommer 1872 – Anfang 1873 19 [69]) augebeutet werden, wenn der 'wissenschaftliche Objektivismus' gelehrt hat, die Welt als "essentiell mechanische" und damit als "essentiell sinnlose" zu sehen (FW 373). Anzuschließen hätte sich folgerichtig eine Untersuchung von Nietzsches Kritik an der technisch-praktischen Einstellung zur Welt insgesamt, an den bildungsfeindlichen, 'barbarisierenden' Wirkungen einer hybriden Technologie – d.h. an den *"Prämissen des Maschinen-Zeitalters"* (MAII, WS 278), "deren tausendjährige Conclusion noch Niemand zu ziehen gewagt hat"[17]. Diese "tausendjährige Conclusion" zu ziehen, war *ein* Ziel der Grundlagenkritik Nietzsches. Der Nachvollzug seiner Wissenschaftskritik – und unsere Kritik an ihr – sollten dazu beitragen, den "Willen zur Selbstverantwortlichkeit" (GD Streifzüge 38) gegen eine sich verselbständigende Wissenschaft wiederzugewinnen oder zu stärken. "Wer die Menschheit eines Experimentes wegen vergiften wollte, würde von uns wie ein ganz gefährliches Subjekt in Banden gelegt werden; wir fordern: das Wohl der Menschheit muß der Grenzgesichtspunkt im Bereich der Forschung nach Wahrheit sein (nicht der leitende Gedanke, aber der, welcher gewisse Grenzen zieht)" (N. Ende 1876 – Sommer 1877 23 [82]): hundert Jahre nach Nietzsche, eingeholt von der Realität solcher Experimente, brauchen wir diesen *leitenden Gedanken* schon, um die Grenzen sinnvoller Forschung klar auszumachen.

---

[17] Vgl. Barbera/Campioni (1984) und McGinn (1980).

Bibliographie

Friedrich Nietzsche: Sämtliche Werke. Kritische Studienausgabe in 15 Bdn., Hrsg.: Giorgio Colli u. Mazzino Montinari. München, Berlin, New York 1980.

Friedrich Nietzsche: Werke in drei Bänden und einem Index-Bd., Hrsg.: Karl Schlechta, München 1966.

Friedrich Nietzsche: Gesammelte Werke. (Musarion-Ausgabe in 23 Bdn.), Hrsg.: Max und Richard Oehler, F.C. Würzbach. 1922-1929 (v.a. Bd. 2, 1923, S. 269-291: Die Teleologie seit Kant. Frühjahr 1868.)

Nietzsches Werke. 2. Aufl. in 19 Bdn. Leipzig 1901-1913 (Großoktav-Ausgabe = GOA).

Zitatangaben in der Regel nach der Kritischen Studienausgabe = KSA

Abkürzungen:

AC	Der Antichrist
EH	Ecce homo
FW	Die fröhliche Wissenschaft
GD	Götzen-Dämmerung
GM	Zur Genealogie der Moral
GT	Die Geburt der Tragödie
JGB	Jenseits von Gut und Böse
M	Morgenröthe
MA	Menschliches, Allzumenschliches (I-II)
N	Nachgelassene Fragmente
NW	Nietzsche contra Wagner
WL	Ueber Wahrheit und Lüge im aussermoralischen Sinne
WS	Der Wanderer und sein Schatten

Abel, Günter: Nietzsche contra 'Selbsterhaltung'... In: N-St 10/11 (1981/82) 367-384 und Diskussion 395-407.

— : Nietzsche. Die Dynamik der Willen zur Macht und die ewige Wiederkehr. Berlin/New York 1984.

Andler, Charles: Nietzsche. Sa vie et sa pensée. 6 Bde. Paris 1920-31.

Andreas-Salomé, Lou: Friedrich Nietzsche in seinen Werken. Wien 1894.

Angermeier, Heinz: Geschichtsfeindlichkeit und Zeitverständnis bei Nietzsche. In: Angermeier: Geschichte oder Gegenwart. Reflexionen über das Verhältnis von Zeit und Geist. München 1974, 88-105.

Anzalone, Luigi: Montinari: la cosmodicea di Nietzsche. In: Risconti 3 (1981) n. 23, 163-73.

Arber, Agnes: Sehen und Denken in der biologischen Forschung. Reinbek 1960.

Bacon, Francis: Nova Atlantis. Dt. Ausg. in: Der utopische Staat. Hrsg. v. K.J. Heinisch. Reinbek 1960.

Baier, Horst: Nietzsche als Wissenschaftskritiker. Eine neue Perspektive der Nietzsche-Forschung in einem Buch von Karl Schlechta und Anni Anders. In: Zs. f. philos. Forschung 20 (1966) 130-143.

Balmer, Peter: Freiheit statt Teleologie? Ein Grundgedanke von Nietzsche. Freiburg/ München 1977.

Barbera, Sandro: Der 'griechische' Nietzsche des Giorgio Colli. In: N-St 18 (1989) 83-102.

— / Campioni, Giuliano: Wissenschaft und Philosophie der Macht bei Nietzsche und Renan. In: N-St 13 (1984) 279-315.

Bauer, M.: Zur Genealogie von Nietzsches Kraftbegriff. Nietzsches Auseinandersetzung mit J.G. Vogt. In: N-St 13 (1984) 211-227.

Becker, Oskar: Nietzsches Beweise für seine Lehre von der ewigen Wiederkunft. In: Blätter für Deutsche Philosophie 1936, 368-387.

Behler, Ernst: Nietzsche in der marxistischen Kritik Osteuropas. In: N-St 10/11 (1981/82) 80-110.

Bense, Max: Die Idee der Naturerkenntnis bei Nietzsche und Kierkegaard. In: Unsere Welt 29 (1937) 33-36.

Bindschedler, Maria: Nietzsche und die poetische Lüge. Berlin 1966 (Basel 1954).

Biser, Eugen: Gott ist tot. Nietzsches Destruktion des christlichen Bewußseins. München 1962.

— : Das Desiderat einer Nietzsche-Hermeneutik. In: N-St 9 (1980) 1-37.

Bohm, David: Wholeness and the Implicate Order. London 1980.

— / Peat, F. David : Science, Order, and Creativity. New York 1987. Dt. Das neue Weltbild. Naturwissenschaft, Ordnung und Kreativität. München 1990.

Broch, Hermann: Erkennen und Handeln. Essays Bd. 2. Hrsg. v. Hannah Arendt. Zürich 1955.

Bunge, Mario: Nietzsche and Science: abstract. In: Nature 156 (Sept. 1945) 263

Cassirer, Ernst: Das Erkenntnisproblem in der Philosophie und Wissenschaft der neueren Zeit, Bd. 4: Von Hegels Tod bis zur Gegenwart. Darmstadt 1973.

Caton, Hiram: Toward a Diagnosis of Progress (Nietzsche). In: Independent Journal of Philosophy. Paris 1983 (4) 1-14.

Chargaff, Erwin: Unbegreifliches Geheimnis. Wissenschaft als Kampf für und gegen die Natur (1980). Frankfurt 1989.

Combee, Jerry H.: Nietzsche as Cosmologist: The Idea of the Eternal Recurrence as a Cosmological Doctrine and some Aspects of its Relation to the Doctrine of the Will to Power. In: Interpretation, New York 1974-75 (4) 38-47.

Danto, Arthur C.: Nietzsche as Philosopher. New York/London 1965.

— : Friedrich Nietzsche. In: Norbert Hoerster (Hrsg.): Klassiker des philosophischen Denkens. Bd. 2. München 1982. 230-273.

Davies, Paul: God and the New Physics. Dt.: Gott und die moderne Physik. München 1986.

— : Prinzip Chaos. Die neue Ordnung des Kosmos. München 1988.

Deleuze, Gilles: Logique du sens. Paris 1969.

Dickopp, Karl-Heinz: Zum Wandel von Nietzsches Seinsverständnis - African Spir und Gustav Teichmüller. In: Zs. f. philos. Forschung 24 (1970) 50-71.

Diels, Hermann: Wissenschaft und Romantik. In: Sitzungsberichte der Preuss. Akad. d. Wiss. 4, Berlin 1902, 25-43.

Djurić, Mihailo: Die antiken Quellen der Wiederkunftslehre. In: N-St 8 (1979) 1-16.

— : Nietzsche und die Metaphysik. Berlin/New York 1985.

— / Simon, Josef (Hg.): Kunst und Wissenschaft bei Nietzsche. Würzburg 1986.

Drieschner, Michael: Einführung in die Naturphilosophie. Darmstadt 1981.

Du Bois-Reymond, Emil: Über die Grenzen des Naturerkennens, und: Die sieben Welträtsel. Zwei Vorträge. 7. Aufl. Leipzig 1916.

Dürr, Hans-Peter: Das Netz des Physikers. München 1988.

Easlea, Brian: Fathering the Unthinkable. Dt.: Väter der Vernichtung. Männlichkeit, Naturwissenschaftler und der nukleare Rüstungswettlauf. Reinbek bei Hamburg 1986.

Figl, Johann: Interpretation als philosophisches Prinzip. Friedrich Nietzsches universale Theorie der Auslegung im späten Nachlaß. Berlin/New York 1982.

Fink, Eugen: Nietzsches Philosophie. 4. Aufl. Stuttgart 1979.

Fischer, Kurt Rudolf: Nietzsche und der Wiener Kreis. In: Grazer Philosophische Studien 16/17 (1982) 255-269.

Fleiter, Michael: Wider den Kult des Realen. Königstein/Taunus 1984.

Funke, Monika: Ideologiekritik und ihre Ideologie bei Nietzsche. Stuttgart-Bad Cannstatt 1974.

Gebhard, Walter: Zur Gleichnissprache Nietzsches. Probleme der Bildlichkeit und Wissenschaftlichkeit. In: N-St 9 (1980) 61-90.

— : Nietzsches Totalismus. Philosophie der Natur zwischen Verklärung und Verhängnis. Berlin/New York 1982.

Gerhardt, Volker: Pathos und Distanz. Studien zur Philosophie Friedrich Nietzsches, Stuttgart 1988.

Gerl, Hanna-Barbara: Einführung in die Philosophie der Renaissance, Darmstadt 1989.

Gierer, Alfred: Physik, Leben, Seele. München 1985.

Granier, Jean: Le problème de la vérité dans la philosophie de Nietzsche. Paris 1966.

— : La pensée nietzschéenne du chaos. In: Revue de Métaphysique et de Morale 76 (1971) 129-66.

Grassi, Ernesto: Vom Vorrang des Logos. München 1939.

— : Kunst und Mythos. Hamburg 1957. Erw. Neuausg. Frankfurt a. M. 1990

— : Probleme der humanistischen Überlieferung. In: Philosophie der Renaissance. Beginn der Naturwissenschaft. Geschichte der Philosophie III. Reinbek 1965. 256-259.

— : Macht des Bildes: Ohnmacht der rationalen Sprache. Zur Rettung des Rhetorischen. Köln 1970.

— : Humanismus und Marxismus. Zur Kritik der Verselbständigung von Wissenschaft. Reinbek 1973.

— : Reisen ohne anzukommen. Eine Konfrontation mit Südamerika. München 1974.

— : Die Macht der Phantasie. Zur Geschichte abendländischen Denkens. Königstein/Ts. 1979.

— / Thure von Uexküll: Von Ursprung und Grenzen der Geisteswissenschaften und der Naturwissenschaften. München 1950.

Grimm, Ruediger Hermann: Nietzsche's Theory of Knowledge. Berlin/New York 1977.

Guha, Anton-Andreas / Papcke, Sven (Hrsg.): Entfesselte Forschung. Die Folgen einer Wissenschaft ohne Ethik. Frankfurt 1987.

Guillen, Michael: Brücken ins Unendliche. Die menschliche Seite der Mathematik. München 1984.

Gulian, C.I.: Mythos und Kultur. Zur Entwicklungsgeschichte des Denkens (1971). Frankfurt 1981.

Guzzoni, Alfredo (Hrsg.): 90 Jahre philosophische Nietzsche-Rezeption. Hain; Königstein/ Taunus 1979.

Habermas, Jürgen: Zu Nietzsches Erkenntnistheorie. Nachwort zu: Nietzsches erkenntnistheoretische Schriften (1968). In: Kultur und Kritik. Frankfurt 1973. 260 ff.

— : Erkenntnis und Interesse. Frankfurt 1973.

Hatab, Lawrence James: The Problem of Time and Becoming as an Approach Toward Friedrich Nietzsche's Notion of Eternal Recurrence. Bronx (Fordham) 1976.

Hayman, Ronald: Friedrich Nietzsche. Der mißbrauchte Philosoph. München 1985.

Heftrich, Eckhard: Nietzsches Philosophie: Identität von Welt und Nichts. Frankfurt 1962.

Heidegger, Martin: Nietzsche. 2 Bde. Pfullingen 1961.

Heintel, Erich: Philosophie und organischer Prozeß. N-St 3 (1974) 61-104.

Heisenberg, Werner: Das Naturbild der heutigen Physik (1955). Hamburg 1965.

— : Physik und Philosophie (1959). Berlin 1968.

— : Der Teil und das Ganze. Gespräche im Umkreis der Atomphysik. München 1969.

Heitler, Walter: Naturphilosophische Streifzüge. Vorträge und Aufsätze. Braunschweig 1970.

Hennemann, Gerhard: Friedrich Nietzsche als Naturphilosoph. In: Philosophia Naturalis 11 (1969) 490-501.

Herbert, Nick: Quantum Reality, Beyond the New Physics. New York 1985. Dt. Quantenrealität. Jenseits der neuen Physik. Basel 1987.

Herbig, Jost: Im Anfang war das Wort. Die Evolution des Menschlichen. München/Wien 1984.

Hermann, Armin: Wie die Wissenschaft ihre Unschuld verlor. Macht und Mißbrauch der Forscher. Frankfurt/Berlin/Wien 1984.

Hermann, Dieter B.: Karl Friedrich Zöllner. (Biographien hervorragender Naturwissenschaftler... Bd. 57). Leipzig 1982.

Hilpert, Konrad: Die Überwindung der objektiven Gültigkeit. In: N- St 9 (1980) 91-121.

Hofmiller, Josef: Nietzsche. In: Süddeutsche Monatshefte 29/2 (Nov. 1931) 74-131.

Hoppe, Hansgeorg: Kants Theorie der Physik. Eine Untersuchung über das Opus postumum von Kant. Frankfurt 1969.

Husserl, Edmund: Die Krisis der europäischen Wissenschaften und die transzendentale Phänomenologie. Eine Einleitung in die phänomenologische Philosophie. Hrsg. u. eingel. v. Elisabeth Ströker. Hamburg 1982.

— : Phänomenologie der Lebenswelt. Ausgewählte Texte II. Hrsg. u. eingel. v. Klaus Held. Stuttgart 1986.

Illies, Joachim: Kulturbiologie des Menschen. Der Mensch zwischen Gesetz und Freiheit. München 1978.

Izutsu, Toshihiko: Philosophie des Zen-Buddhismus. Reinbeck 1979.

Jacobelli Isoldi, Angela M.: Nietzsche. La visione e l'enigma. Roma, Studium, 1983.

Janz, Curt Paul: Friedrich Nietzsche. Biographie. 3 Bde. München/Wien 1978/79.

Jaspers, Karl: Nietzsche. Einführung in das Verständnis seines Philosophierens (1935). 4. Aufl. Berlin 1981.

Jonas, Hans: Das Prinzip Verantwortung. Versuch einer Ethik für die technische Zivilisation (1979). Frankfurt 1984.

— : Macht oder Ohnmacht der Subjektivität? Das Leib-Seele-Problem im Vorfeld des Prinzips Verantwortung (1981). Frankfurt 1987.

— : Materie, Geist und Schöpfung. Kosmologischer Befund und kosmogonische Vermutung. Frankfurt 1988.

Jünger, Friedrich Georg: Die Perfektion der Technik. Frankfurt 1946.

Juranville, Alain: Physique de Nietzsche. Collection Grand Format Médiations, Paris, Denoel-Gonthier 1973.

Kain, Philip J.: Nietzsche, Skepticism, and Eternal Recurrence. In: Canadian Journal of Philosophy 13 (1983) 365-87.

Kanitscheider, Bernulf: Philosophie und moderne Physik. Systeme - Strukturen - Synthesen. Darmstadt 1979.

— (Hrsg.): Moderne Naturphilosophie. Würzburg 1984.

Kant, Immanuel: Werke in zehn Bänden. Hrsg. v. Wilhelm Weischedel. Darmstadt 1960.

Kaufmann, Walter: Nietzsche. Philosoph, Psychologe, Antichrist. Darmstadt 1982.

Kaulbach, Friedrich: Nietzsche und der monadologische Gedanke. In: N-St 8 (1979) 127-156.

— : Nietzsches Idee einer Experimentalphilosophie. Köln/Wien 1980.

— : Nietzsches Interpretation der Natur. In: N-St 10/11 (1981/82) 442-481.

Kierkegaard, Sören: Die Tagebücher 1834-1855. Hrsg. v. Theodor Haecker. 4. Aufl. München 1953.

Klossowski, Pierre: Nietzsche und der circulus vitiosus deus. München 1986.

Köhler, Jochen: Diderot in den Laboratorien des XX. Jahrhunderts. Ein längeres Gedankenspiel. Nachwort zu: Diderot: Über die Natur. Frankfurt 1989. S. 243 ff.

Köster, Peter: Die Problematik wissenschaftlicher Nietzsche-Interpretation. In: N-St 2 (1973) 31-60.

Krueger, Joe: The Ethical Significance of Eternal Recurrence in the Philosophy of Friedrich Nietzsche. Los Angeles (South Cal.) 1976 (Diss.)

— : Nietzschean Recurrence as a Cosmological Hypothesis. In: Journal of the History of Philosophy 16 (1978) 435-44.

Kuhn, Thomas S.: Die Entstehung des Neuen. Studien zur Struktur der Wissenschaftsgeschichte. Frankfurt 1977.

Lampl, Hans Erich: Flair du livre: Friedrich Nietzsche und Théodule Ribot. In: N-St 18 (1989) 573-586.

Lange, Friedrich Albert: Geschichte des Materialismus und Kritik seiner Bedeutung in der Gegenwart (2. Aufl. 1873). 2 Bde. Leipzig 1905.

Löb, Walther: Naturwissenschaftliche Elemente in Nietzsches Gedanken. Deutsche Rundschau, Berlin, Nov. 1908, 261-269.

Löw, Reinhard: Naturwissenschaften: Theorie und Geschichte. In: Chemie in unserer Zeit. 13 (1979) 82-86.

— : Ethische Ziele und naturwissenschaftliche Entwicklung. Probleme einer vernachlässigten Beziehung. In: Chemie in unserer Zeit. 14 (1980) 167-175.

— : Philosophie des Lebendigen. Frankfurt 1980.

— : Evolution und Erkenntnis - Tragweite und Grenzen der evolutionären Erkenntnistheorie in philosophischer Absicht. In: K. Lorenz/F.W. Wuketis (Hrsg.): Die Evolution des Denkens. München 1983. 2. Aufl. 1984. 331-360.

— : Wissenschaftliche Entwicklung und gesunder Menschenverstand. Zur Aktualität der Wissenschaftstheorie von Pierre Duhem. In: Zs. f. philos. Forschg. 37 (1983) 275-281.

— : Nietzsche, Sophist und Erzieher. Philosophische Untersuchungen zum systematischen Ort von Friedrich Nietzsches Denken. Weinheim 1984 (Acta humaniora).

— : Die Aktualität von Nietzsches Wissenschaftskritik. In: Merkur 426 (1984) 399-409.

— : Leben aus dem Labor. Gentechnologie und Verantwortung - Biologie und Moral. München 1985.

— : Artikel 'Natur'. In: Herder Staatslexikon. 1987. Sp. 1291-1296.

— : Ordnung der Wirklichkeit. Werner Heisenberg in seinen philosophischen Schriften. In: Universitas 11 (1987) 1167-1176.

— : Vom Prinzip Hoffnung zum Projekt Verantwortung. In: Universitas 7 (1988) 727-731.

— / Robert Spaemann: Die Frage Wozu. Geschichte und Wiederentdeckung des teleologischen Denkens. München 1981.

Löwith, Karl: Nietzsches Philosophie der ewigen Wiederkehr des Gleichen, 3. Aufl. Hamburg 1978.

Lorenz, Konrad: Die Rückseite des Spiegels. Versuch einer Naturgeschichte menschlichen Erkennens. München 1973.

Loscerbo, John: Being and Technology (Heidegger, Nietzsche). Den Haag 1981.

Lukács, Georg: Die Zerstörung der Vernunft. 2. Aufl. Berlin 1955.

March, Arthur: Das neue Denken der modernen Physik. Hamburg 1957.

Magnus, Bernd: "Eternal Recurrence". In: N-St 8 (1979) 362-377.

— : Nietzsche's Extential Imperative. Bloomington & London, Indiana University Press, 1978. Dazu J. Salaquarda: Rezension zu Magnus in N-St 9 (1980).

Maurer, Reinhart: Das Subjekt der Erfahrungswissenschaft. In: Rolf E. Vente: Erfahrung und Erfahrungswissenschaft. Die Frage des Zusammenhangs wissenschaftlicher und gesellschaftlicher Entwicklung. Stuttgart 1974. S. 50-71.

— : Nietzsche und die kritische Theorie. In: N-St 10/11 (1981/82) 34-79.

Mc Ginn, Robert E.: Nietzsche on Technology. In: Journal of the History of Ideas. 41 (1980) 679-691.

Meurers, Joseph: Metaphysik und Naturwissenschaft. Eine philosophische Studie über naturwissenschaftliche Problemkreise der Gegenwart. Darmstadt 1976.

Meyenn, Karl von (Hrsg.): Triumph und Krise der Mechanik. Ein Lesebuch zur Geschichte der Physik. München 1990.

Meyer-Abich, Klaus M.: Wege zum Frieden mit der Natur. Praktische Naturphilosophie für die Umweltpolitik. München 1984.

Mittasch, Alwin: Der Kraftbegriff bei Leibniz, Robert Mayer, Nietzsche. In: Proteus 3 (1942) 69-76.

— : Friedrich Nietzsches Verhältnis zu Robert Mayer. In: Blätter für Deutsche Philosophie 16 (1942) 139-161.

— : Friedrich Nietzsches Stellung zur Chemie. Berlin 1944.

— : Friedrich Nietzsches Naturbeflissenheit. Heidelberg 1950.

— : Friedrich Nietzsche als Naturphilosoph. Stuttgart 1952.

Monod, Jacques: Zufall und Notwendigkeit. Philosophische Fragen der modernen Biologie (1970). München 1979.

Montinari, Mazzino: Nietzsche und Wagner vor hundert Jahren. Schlußwort der Diskussion über seinen Vortrag. In: N-St 7 (1980). 30 f.

Müller-Lauter, Wolfgang: Nietzsche. Seine Philosophie der Gegensätze und die Gegensätze seiner Philosophie. Berlin/New York 1971.

— : Nietzsches Lehre vom Willen zur Macht. In: N-St 3 (1974) 1-61.

— : Der Organismus als innerer Kampf. Der Einfluß von Wilhelm Roux auf Friedrich Nietzsche. In: N-St 7 (1978) 189-235.

— : Das Willenswesen und der Übermensch. Ein Beitrag zu Heideggers Nietzsche-Interpretation. In: N-St 9 (1980) 132-192.

— :Ständige Herausforderung. Über Mazzino Montinaris Verhältnis zu Nietzsche. In: N-St 18 (1989) 32-82.

Natur, Subjektivität, Gott. Zur Prozeßphilosophie Alfred N. Whiteheads. Hrsg. v. Helmut Holzhey u.a. Frankfurt 1990.

Nicolis, Grégoire/Prigogine, Ilya: Die Erforschung des Komplexen. Auf dem Weg zu einem neuen Verständnis der Naturwissenschaften. München/Zürich 1987.

Nietzsche aujourd'hui? Hrsg. v. Centre Culturel de Clérisy-la-Salle 10/18. Tome 1: Intensités; Tome 2: Passion. Paris 1973.

Nohl, Hermann: Eine historische Quelle zu Nietzsches Perspektivismus: G. Teichmüller, "Die wirkliche und die scheinbare Welt". In: Zs. f. Philosophie und philos. Kritik 149 (Leipzig 1913) 106-115.

Okochi, Ryogi: Nietzsches Naturbegriff aus östlicher Sicht. In: N-St 17 (1988) 108-124.

Ortega y Gasset, José: Das Fiasko der physikalischen Vernunft. In: Geschichte als System. 2. Aufl. Stuttgart 1952. S. 25-32.

Passmore, John: Science and its Critics. London 1972.

Piaget, Jean: Weisheit und Illusionen der Philosophie. Frankfurt am Main 1985.

Pietschmann, Herbert: Das Ende des naturwissenschaftlichen Zeitalters. Wien/Hamburg 1980.

Planck, Max: Vorträge und Erinnerungen. 10. Aufl. Darmstadt 1975.

Pörksen, Uwe: Die Funktion einer naturwissenschaftlichen Metapher in einem Satz Nietzsches. In: N-St 13 (1984) 443-447.

Poggi, Stefano: Positivistische Philosophie und naturwissenschaftliches Denken. In: W. Röd (Hrsg.): Geschichte der Philosophie. Bd. X. München 1989. S. 13-151.

Porcarelli, Franco: Il concetto di natura in Nietzsche e nella Scuola di Francoforte. In: Il Cannochiale 2 (1977) 61-82.

Portmann, Adolf: Das Ursprungsproblem (Eranos-Vortrag). In: Um das Menschenbild. Stuttgart 1966.

— : Der Mensch im Bereich der Planung. In: Entläßt die Natur den Menschen? Ges. Aufsätze zur Biologie und Anthropologie. München 1970.

Prigogine, Ilya / Stengers, Isabelle: Dialog mit der Natur. Neue Wege naturwissenschaftlichen Denkens. München/Zürich 4. Aufl. 1983.

Rescher, Nicholas: Die Grenzen der Wissenschaft. Hrsg. u. Einl. v. Lorenz B. Puntel. Stuttgart 1985.

Röd, Wilhelm: Die Philosophie der Antike 1. München. 2. Aufl. 1988.

Rohrmoser, Günter: Nietzsche und das Ende der Emanzipation. Freiburg i.Br. 1971.

Ross, Werner: Der ängstliche Adler. Friedrich Nietzsches Lebensroman. Stuttgart 1980.

Roszak, Theodore: The Making of a Counter Culture. Reflections on the Technocratic Society and Its Youthful Opposition. New York 1968/1969. Dt.: Gegenkultur. München 1973.

Russell, Bertrand: My Philosophical Development (1959). Dt.: Philosophie. Die Entwicklung meines Denkens. München 1973.

— : Introduction to Mathematical Philosophy (1919). Dt.: Einführung in die mathematische Philosophie. Wiesbaden o.J.

Salaquarda, Jörg: Nietzsche und Lange. In: N-St 7 (1978) 236-260.

— : (Hrsg.): Nietzsche. Wege der Forschung. Darmstadt 1980.

Sambursky, Shmuel: Der Weg der Physik. 2500 Jahre physikalischen Denkens. Zürich 1975.

Sartre, J.P.: Die ewige Wiederkunft des Gleichen. In: A. Guzzoni: 90 Jahre philosophische Nietzsche-Rezeption. Hain 1979. S. 103-107 (aus: Saint-Genet - comédien et martyre, chap. 'Cain').

Schacht, Richard: Nietzsche. London, Routledge and Kegan Paul, 1983.

Schipperges, Heinrich: Am Leitfaden des Leibes. Zur Anthropologik und Therapeutik Friedrich Nietzsches. Stuttgart 1975.

Schlechta, Karl: Nietzsches Großer Mittag. Frankfurt 1954.

— : Der Fall Nietzsche. Aufsätze und Vorträge. 2. Aufl. Müchen 1959.

— / Anders, Anni: Friedrich Nietzsche. Von den verborgenen Anfängen seines Philosophierens. Stuttgart-Bad Canstatt 1962.

Schmidt, Alfred: Zur Frage der Dialektik in Nietzsches Erkenntnistheorie. Frankfurt 1963 (auch in: A.S.: Zeugnis, Ff. 1963; und in: Salquarda (Hrsg.), S. 124-152).

Schrödinger, Erwin: Die Natur und die Griechen (1955). Zürich 1989.

Small, Robin: Three Interpretaions of Eternal Recurrence (Nietzsche). In: Dialogue 22 (1983) 91-112.

— : Nietzsche and a Platonist Tradition of the Cosmos. Center everywhere and Circumference nowhere. In: Journal of the History of Ideas 44 (1983) 89-104.

— : Possibility, Probability, and Recurrence. In: International Studies in Philosophy 18 (1986) 29-46.

— : Boscovich Contra Nietzsche. In: Philosophy and Phenomenological Research 46/3 (1986) 419-435.

— : Incommensurability and Recurrence: From Oresme to Simmel. (Ms. 1989).

— : Absolute Becoming and Absolute Necessity (Conference in New York 1989; ersch. voraussichtl. in: International Studies in Philosophy).

— : Nietzsche, Dühring and Time (Manuskript: erscheint voraussichtl. in: Journal of the History of Philosophy).

Soll, Ivan: Reflections on Recurrence: A Re-examination of Nietzsche's Doctrine, die Ewige Wiederkehr des Gleichen. In: R.C. Solomon (ed.): Nietzsche: A Collection of Critical Essays. Garden City, New York 1973, S. 327-28.

Solomon, R. (Hrsg.): Nietzsche. A Collection of Critical Essays. New York Doubleday Anchor, 1973.

Spaemann, Robert: Philosophische Essays. Stuttgart 1983.

— : Das Natürliche und das Vernünftige. Essays zur Anthropologie. München/Zürich 1987.

— / Löw, Reinhard: Die Frage Wozu? Geschichte und Wiederentdeckung des teleologischen Denkens. München 1981. Neuausgabe 1985.

Spiekermann, Klaus: Nietzsches Beweise für die ewige Wiederkehr. In: N-St 17 (1988) 496-538.

Stack, George J.: Nietzsches Analysis of Causality. In: Idealistic Studies 12 (1982) 260-275.

— : Lange and Nietzsche, Berlin/New York 1983.

— : Eternal Recurrence Again. Philosophy Today 28 (1984) 242-263.

Stambaugh, Joan: Nietzsche's Thought of Eternal Return. Baltimore and London 1972.

— : Untersuchungen zum Problem der Zeit bei Nietzsche. Diss. Freiburg 1958. 1959.

Stegmüller, Wolfgang: Rationale Rekonstruktion von Wissenschaft und ihrem Wandel. Stuttgart 1979.

— : Hauptströmungen der Gegenwartsphilosophie. Bd. III. 7. Aufl. Stuttgart 1986.

Sterling, M.C.: Recent Discussions of Eternal Recurrence: Some Critical Comments. In: N-St 6 (1977) 261-291.

Stern, Joseph Peter: A Study of Nietzsche (1978). Dt.: Nietzsche. Die Moralität der äußersten Anstrengung. Köln-Lövenich 1982.

Steverding, Bernhard: Nietzsches Verhältnis zu Naturwissenschaft und Naturphilosophie. Diss. Münster 1951.

Taureck, Bernhard: Französische Philosophie im 20. Jahrhundert. Analysen, Texte, Kommentare. Reinbek bei Hamburg 1988.

— : Nietzsche und der Faschismus. Eine Studie über Nietzsches politische Philosophie und ihre Folgen. Hamburg 1989.

Thurnher, Rainer: Sprache und Welt bei Friedrich Nietzsche. In: N-St 9 (1980). S. 38-60.

Toulmin, Stephen: Einführung in die Philosophie der Wissenschaft (1953). Göttingen o.J.

Türcke, Christoph: Der tolle Mensch. Nietzsche und der Wahnsinn der Vernunft. Frankfurt 1989.

Tugnoli, Claudio: Nietzsche e la critica della conoscenza. Abano Terme: Francisci 1979.

Uexküll, Jacob von: Theoretische Biologie (1928). Frankfurt 1973.

Uexküll, Thure von: Der Mensch und die Natur. Grundzüge einer Naturphilosophie. Bern/München 1953.

— : Naturwissenschaft als Zeichenlehre. In: Merkur 481 (1989). S. 225-234.

Ulmer, Karl: Nietzsche. Einheit und Sinn seines Werkes. Bern 1962.

Vente, Rolf E. (Hrsg.): Erfahrung und Erfahrungswissenschaft. Die Frage des Zusammenhangs wissenschaftlicher und gesellschaftlicher Entwicklung. Stuttgart 1974.

Vattimo, Gianni: Nietzsche heute. In: Philos. Rundschau 24 (1977) 67-91.

Vico, Giambattista: Die neue Wissenschaft. Hamburg 1966.

— : De nostri temporis studiorum ratione - Vom Wesen und Weg der geistigen Bildung. (Nachw. v. C.F. v. Weizsäcker). Darmstadt 1963.

Weber, Max: Schriften zur Religionssoziologie. Hrsg. v. E. Graf zu Solms. Stuttgart 1948.

Weinberg, Steven: The First Three Minutes. A Modern View of the Origin of the Universe. New York 1977. Dt.: Die ersten drei Minuten. Der Ursprung des Universums. München 1977.

Weizenbaum, Joseph: Die Macht der Computer und die Ohnmacht der Vernunft. Frankfurt 1978.

Weizsäcker, Carl Friedrich von: Die Einheit der Natur. München/Wien 1971.

— : Der Garten des Menschlichen. Beiträge zur geschichtlichen Anthropologie. München/ Wien 1977.

— : Ein Blick auf Platon. Stuttgart 1981.

— : Nietzsche (1981). In: Wahrnehmung der Neuzeit. München/Wien 1983, 70-105.

— : Wahrnehmung der Neuzeit. München/Wien 1983.

— : Aufbau der Physik. München/Wien 1985.

Weyembergh, Maurice: Nietzsche und das Problem des Fortschritts. In: Tijdschrift voor de Studie van de Verdichting 8-9, n. 1-3 (1980-81) 55-72.

Whitehead, Alfred North: Wissenschaft und moderne Welt (1925). Frankfurt 1988.

— : Die Funktion der Vernunft (1929). Stuttgart 1974.

— : Prozeß und Realität. Entwurf einer Kosmologie (1929). Frankfurt 1987.

Wieland, Wolfgang: Die aristotelische Physik. Göttigen 1962.

Wilber, Ken (Hrsg.): The Holographic Paradigma and other Paradoxes (1982). Dt.: Das holographische Weltbild. Wissenschaft und Forschung auf dem Weg zu einem ganzheitlichen Weltverständnis. München 1990.

Wilcox, John T.: Truth and Value in Nietzsche. A Study of his Metaethics and Epistemology. Forew. W. Kaufmann. Ann Arbor/ Mich.: University of Michigan Press 1974/1982.

Wolff, Hans M.: Friedrich Nietzsche: Der Weg zum Nichts. Bern 1956.

Zimmerli, Walter Christian: Friedrich Nietzsche's Criticism of Science. Vortrag Boston Colloquium for the Philos. of Science 1985 (Manuskript).

Personenregister

Sachregister

MONOGRAPHIEN UND TEXTE ZUR NIETZSCHE-FORSCHUNG

HENNING OTTMANN

Philosophie und Politik bei Nietzsche

Groß-Oktav. XII, 418 Seiten. 1987. Ganzleinen DM 150,-
ISBN 3 11 010061 4 (Band 17)

KURT BRAATZ

Friedrich Nietzsche - Eine Studie zur Theorie der Öffentlichen Meinung

Groß-Oktav. X, 308 Seiten. 1988. Ganzleinen DM 124,-
ISBN 3 11 011337 6 (Band 18)

CLAUDIA CRAWFORD

The Beginnings of Nietzsche's Theory of Language

Large-octavo. XXIV, 312 pages. 1988. Cloth DM 154,-
ISBN 3 11 011336 8 (Volume 19)

THOMAS BÖNING

Metaphysik, Kunst und Sprache beim frühen Nietzsche

Groß-Oktav. XIV, 518 Seiten. 1988. Ganzleinen DM 238,-
ISBN 3 11 011463 1 (Band 20)

Preisänderungen vorbehalten

Bei Fragen zur Produktsicherheit wenden Sie sich bitte an:
If you have any questions regarding product safety,
please contact:

Walter de Gruyter GmbH
Genthiner Straße 13
10785 Berlin
productsafety@degruyterbrill.com